职业教育计算机网络技术专业
校企互动应用型系列教材

Windows Server 2022 系统管理与服务器配置

蔡　伟　张　杰　张文库　主　编
叶文俊　陈冠卿　徐锦乾　副主编

電子工業出版社
Publishing House of Electronics Industry
北京•BEIJING

内 容 简 介

本书以 Windows Server 2022 服务器操作系统为基础，内容涵盖了 Windows Server 2022 的安装、配置、管理，以及各种应用服务的实现。按照“项目-任务”的编写方式，以岗位技能为导向，将理论与实践相结合，力求做到理论够用、依托实践、深入浅出。

本书突出对职业能力、实践技能的培养，采用项目驱动模式设计了在典型工作环境下丰富的工作案例，步骤清晰，图文并茂，应用性强。本书可以作为职业院校、技工院校计算机网络技术专业学生的一体化教材使用，也可以作为计算机网络专业相关职业资格、网络系统应用相关职业技能考生的等级考试用书，还可以作为从事网络系统运行与维护人员的参考用书。

图书在版编目（CIP）数据

Windows Server 2022 系统管理与服务器配置 / 蔡伟，张杰，张文库主编. —北京：电子工业出版社，2023.8

ISBN 978-7-121-46052-4

Ⅰ. ①W… Ⅱ. ①蔡… ②张… ③张… Ⅲ. ①Windows 操作系统－网络服务器 Ⅳ. ①TP316.86

中国国家版本馆 CIP 数据核字（2023）第 142076 号

责任编辑：罗美娜
印　　刷：三河市君旺印务有限公司
装　　订：三河市君旺印务有限公司
出版发行：电子工业出版社
　　　　　北京市海淀区万寿路 173 信箱　　　邮编：100036
开　　本：880×1 230　1/16　印张：18.25　字数：377 千字
版　　次：2023 年 8 月第 1 版
印　　次：2024 年 2 月第 2 次印刷
定　　价：52.00 元

凡所购买电子工业出版社图书有缺损问题，请向购买书店调换。若书店售缺，请与本社发行部联系，联系及邮购电话：（010）88254888，88258888。

质量投诉请发邮件至 zlts@phei.com.cn，盗版侵权举报请发邮件至 dbqq@phei.com.cn。

本书咨询联系方式：（010）88254617，luomn@phei.com.cn。

前言

Windows Server 2022 是微软公司提供的稳定的、功能强大的 64 位 Windows Server 服务器操作系统，具备安全性、弹性技术、可靠性和可管理性等显著特点，非常适合搭建中小型园区网络中的各种服务。

本书在编写过程中坚持科技是第一生产力、人才是第一资源、创新是第一动力的思想理念，其内容安排以基础性和实践性为重点，在讲述 Windows Server 基本工作原理的基础上，注重对学生实践技能的培养。本书的项目是从工作现场需求与实践应用中引入的，坚持问题导向，书中列举了当前网络中流行的服务器操作系统，内容涉及操作系统的安装、配置与管理，以及网络服务的配置与管理。

本书以 Windows Server 2022 服务器操作系统为实例，全面、翔实地讲述了 Windows Server 服务器操作系统的系统管理、服务管理和数据安全管理等操作技能的知识，主要内容包括安装 Windows Server 2022 服务器操作系统，配置 Windows Server 2022 基本环境，管理本地用户账户、本地组账户和本地组策略，配置与管理文件服务器，管理磁盘，部署与管理 Active Directory 域服务，配置与管理 DNS 服务器，配置与管理 DHCP 服务器，配置与管理 Web 服务器，配置与管理 FTP 服务器等。

本书内容全面、结构清晰、图文并茂，所有操作都可以按照任务步骤有序进行，因此读者可以边看书边上机操作，通过演示操作，更好地理解理论基础知识。为方便阅读，本书将每个项目内容涉及的主要英语单词整理出来放在每个项目的首页。本书的基础知识介绍所占篇幅较少，充分体现以应用技术为重点，尽量避免讲解高难度的专业理论，使读者更容易上手。

1. 课时分配

本书参考课时为 108 课时，读者可以根据自己的接受能力与专业需求灵活选择，具体课时参考下面表格。

课时参考分配表

项目	项目名	课时分配		
		讲授	实训	合计
1	安装 Windows Server 2022 服务器操作系统	2	4	6
2	配置 Windows Server 2022 基本环境	2	4	6
3	管理本地用户账户、本地组账户和本地组策略	2	4	6
4	配置与管理文件服务器	4	10	14
5	管理磁盘	4	6	10
6	部署与管理 Active Directory 域服务	4	8	12
7	配置与管理 DNS 服务器	4	12	16
8	配置与管理 DHCP 服务器	4	6	10
9	配置与管理 Web 服务器	4	6	10
10	配置与管理 FTP 服务器	4	6	10
11	综合实训	4	4	8
合计		38	70	108

2. 教学资源

为了提高学习效率和教学效果，方便教师教学，作者为本书配备了包括教学大纲、电子课件、视频和教案等教学资源。请有此需要的读者登录华信教育资源网免费注册后进行下载，有问题时请在网站留言板留言或与电子工业出版社联系（E-mail:hxedu@phei.com.cn）。

3. 本书作者

本书由蔡伟、张杰和张文库担任主编，叶文俊、陈冠卿和徐锦乾担任副主编，参加编写的人员还有牛峰和程晓楠。本书具体编写分工如下：蔡伟负责编写项目 1 至项目 3，张杰负责编写项目 4 和项目 5，叶文俊负责编写项目 6，陈冠卿负责编写项目 7，张文库负责编写项目 8，徐锦乾负责编写项目 9，程晓楠负责编写项目 10，牛峰负责编写项目 11；全书由蔡伟和张杰负责统稿与审校，张文库负责全书视频的录制。

由于编写时间较为仓促，以及计算机网络技术发展日新月异，因此书中难免存在一些疏漏和不足，敬请专家和读者不吝赐教。联系邮箱：113506995@qq.com。

作者

2023 年 3 月

目 录

安装Windows Server 2022服务器操作系统

知识目标

1. 熟悉不同的虚拟机软件。
2. 了解不同的服务器操作系统。
3. 了解服务器操作系统的功能与特性。

能力目标

1. 能安装 VMware Workstation 虚拟机软件。
2. 能完成虚拟机系统的创建。
3. 能独立完成 Windows Server 2022 服务器操作系统的安装。
4. 能实现虚拟机的克隆和快照。

素质目标

1. 终身学习是一种积极向上的生活态度和人生追求。打好专业基础，提高自主学习能力。

2. 树立正确使用软件、合理下载软件、安全使用软件、保护知识产权的意识。

3. 激发科技报国的决心，意识到软件自主的重要性。

本项目单词

Server：服务器	Essentials：基础的	Standard：标准
Datacenter：数据中心	Edition：版本	Tool：工具
Pro：专业的	Snapshot：快照	Clone：克隆

项目需求

某公司是一家电子商务运营公司，随着业务的拓展和规模的扩大，需要购置几台服务器，因此派小王去安装并配置这些服务器。那么，如何选择一种既安全又易于管理的服务器操作系统呢？由于 Windows Server 2022 是中小企业信息化建设的首选服务器操作系统，因此本书以微软公司推出的 Windows Server 2022 服务器操作系统为例进行介绍。

小王准备搭建网络实验环境来模拟这些服务器的配置。搭建网络实验环境通常要有计算机和交换机才能进行，但小王只有一台计算机，该怎么办？多买几台计算机，凑齐所有的设备来搭建，显然不实际。VMware Workstation 虚拟机软件可以使用户即使仅有一台计算机，也能进行这些实验。利用 VMware 虚拟化技术，用户可以在一台计算机上同时虚拟多台计算机，使它们连成一个网络，甚至可以使他们连上 Internet，模拟真实的网络环境。多台虚拟机之间、虚拟机和物理主机之间也可以通过虚拟网络共享文件，实现复制文件的功能。

本项目主要介绍 Windows Server 2022 服务器操作系统的发展和应用，以及通过 VMware Workstation 虚拟机软件学习 Windows Server 2022 服务器操作系统的安装和使用方法。

任务 1.1 安装与创建虚拟机系统

任务描述

某公司的网络管理员小王想学习 Windows Server 2022 服务器操作系统的安装和使用，现准备使用 VMware Workstation 虚拟机软件搭建网络实验环境。

任务要求

为避免对物理主机造成破坏，对于初学者来说，通过虚拟机软件来管理 Windows Server 2022 服务器操作系统是较好的选择。具体要求如下。

（1）准备 VMware Workstation 17 Pro for Windows 安装文件，可以从官方网站下载其试用版。

（2）安装 VMware Workstation 17 Pro for Windows 应用程序。

（3）创建一个新的虚拟机，配置要求如表 1.1.1 所示。

表 1.1.1 Windows Server 2022 的虚拟机配置要求

项 目	说 明
类型	自定义（高级）
客户机操作系统类型	Microsoft Windows 的 Windows Server 2022
虚拟机名称	Server1
存储位置	D:\
处理器数量、每个处理器的内核数量	2、1
内存大小	4096MB
固件类型	UEFI
网络类型	桥接网络
硬盘类型和大小	NVMe、80GB

知识链接

1. 常见虚拟机软件

目前，虚拟机软件的种类比较多，有功能相对简单的 PC 桌面版本，适合个人使用，如 VirtualBox 和 VMware Workstation；也有功能和性能都非常完善的服务器版本，适合服务器虚拟化使用，如 Xen、KVM、Hyper-V 及 VMware vSphere。

VMware 是一家来自美国的虚拟软件提供商，也是全球著名的虚拟机软件公司之一，成立于 1998 年，公司总部位于美国加州帕洛阿尔托。VMware 所拥有的产品包括 VMware Workstation（VMware 工作站）、VMware Player、VMware 服务器、VMware ESX 服务器、VMware ESXI 服务器、VMware vSphere、虚拟中心（Virtual Center）等，并因其安全可靠、性能优越而著称。大家较为熟悉和了解的即 VMware Workstation，也被称为 VMware 虚拟机。

VMware 是一个具有创新意义的应用程序。通过 VMware 独特的虚拟功能，用户可以在同一个窗口运行多个全功能的虚拟机操作系统。而且 VMware 中的虚拟机操作系统直接在 X86 保护模式下运行，使所有的虚拟机操作系统就像运行在单独的计算机上一样，因此 VMware 在性能上有十分出色的表现。虽然 VMware 只是模拟一个虚拟的计算机，但是它就像物理主机一样提供了 BIOS，使用户可以更改 BIOS 的参数设置。

2. 虚拟机常用概念

虚拟机（Virtual Machine）是虚拟出来的、独立的操作系统，可以仿真模拟各种计算机功能。虚拟机能像真正的物理主机一样进行工作，如安装操作系统、安装应用程序、管理网络资源等。

在虚拟机系统中常用的重要术语，主要有以下几个。

（1）物理主机（Physical Computer）：运行虚拟机软件（如 VMware Workstation、Virtual PC 等）的物理主机硬件系统，也被称为宿主机。

（2）虚拟机：提供软件模拟的、具有完整硬件系统功能的、运行在一个完全隔离环境中的完整计算机系统。这台虚拟的计算机符合 X86 PC 标准，拥有自己的 CPU、内存、硬盘、光驱、软驱、声卡和网卡等一系列设备。这些设备是由虚拟机软件工具“虚拟”出来的。但是在操作系统看来，这些“虚拟”出来的设备也是标准的计算机硬件设备，并将其当作真正的硬件来使用。当虚拟机在虚拟机软件工具的窗口中运行时，可以在虚拟机中安装能在 X86 PC 标准上运行的操作系统及软件，如 UNIX、Linux、Windows 和 Netware、MS-DOS 等。

（3）主机操作系统（Host Operating System）：在物理主机（宿主机）上运行的操作系统。在主机操作系统中可以运行虚拟机软件，如 VMware Workstation 和 Virtual PC。

（4）客户机操作系统（Guest Operating System）：运行在虚拟机中的操作系统。需要注意的是，它并不等同于桌面操作系统（Desktop Operating System）和客户端操作系统（Client Operating System），这是因为虚拟机中的客户操作系统可以是服务器操作系统，如在虚拟机上安装 Windows Server 2022。

（5）虚拟硬件（Virtual Hardware）：虚拟机通过软件模拟出来的硬件系统，如 CPU、HDD、RAM 等。

例如，在一台安装了微软 Windows 10 操作系统的物理主机中安装了虚拟机软件，那么主机指的是安装了 Windows 10 操作系统的这台物理主机，而主机操作系统指的是微软 Windows 10 操作系统；如果虚拟机上运行的是 Windows Server 2022 服务器操作系统，那么客户机操作系统指的就是 Windows Server 2022。

3. 虚拟机的特点和作用

（1）虚拟机可以同时在同一台物理主机上运行多个操作系统，并且这些操作系统可以完全不同（Windows 各个版本，以及 Linux 各个发行版等）。这些不同的虚拟机相互独立并隔离，就如同网络上一个个独立的 PC。虚拟机和主机之间也相互隔离，即使虚拟机崩溃了也不会影响宿主机。

（2）虚拟机可以直接使用物理硬盘来安装，也可以采用文件（虚拟硬盘）的方式来安装。这样不仅管理方便，可以非常方便地进行复制、迁移，还能安装在移动硬盘和 NFS（网络文件系统）上，可以将虚拟机的镜像复制到其他安装了虚拟软件的计算机中直接使用。现在的虚拟机软件对于虚拟硬盘的相互支持做得越来越好。

（3）虚拟机软件基本都提供了克隆和快照功能，其中克隆功能可以快速部署虚拟机，而快照功能可以迅速建立备份还原点。

（4）虚拟机之间可以通过网络共享文件、应用、网络资源等，也可以在一台计算机中部署多台虚拟机使其连成一个网络。

任务实施

1. 安装 VMware Workstation Pro 17

步骤 1：运行下载好的 VMware Workstation Pro 17 安装包，将看到虚拟机软件的安装向导界面，单击“下一步”按钮，如图 1.1.1 所示。

步骤 2：在“最终用户许可协议”界面中，勾选“我接受许可协议中的条款”复选框，单击“下一步”按钮，如图 1.1.2 所示。

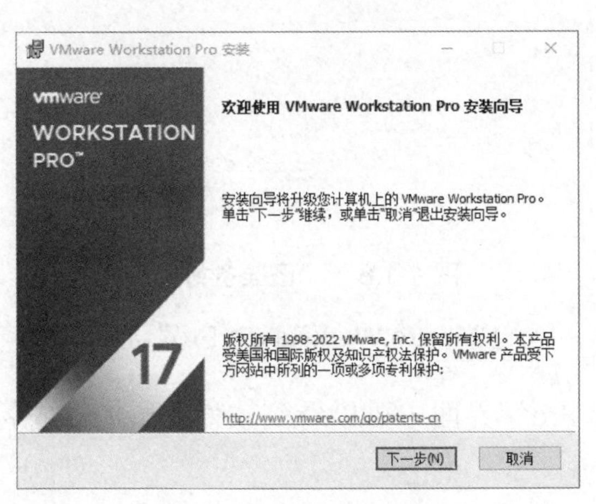

图 1.1.1　安装向导界面

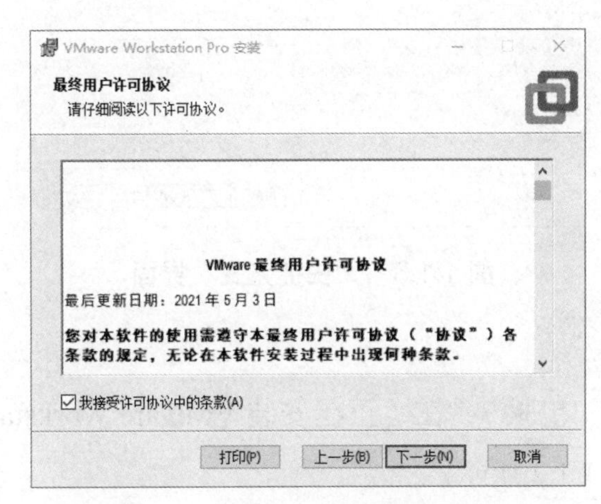

图 1.1.2　“最终用户许可协议”界面

步骤 3：在“自定义安装”界面中，单击“下一步”按钮，如图 1.1.3 所示。

步骤 4：在“用户体验设置”界面中，取消勾选“启动时检查产品更新”及“加入 VMware 客户体验提升计划”复选框，单击“下一步”按钮，如图 1.1.4 所示。

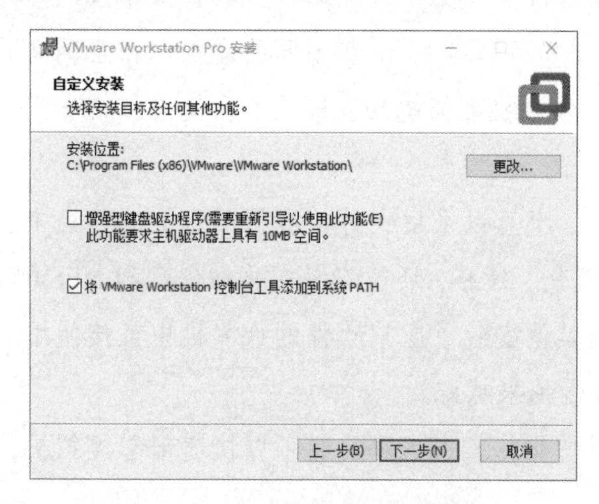

图 1.1.3 “自定义安装”界面

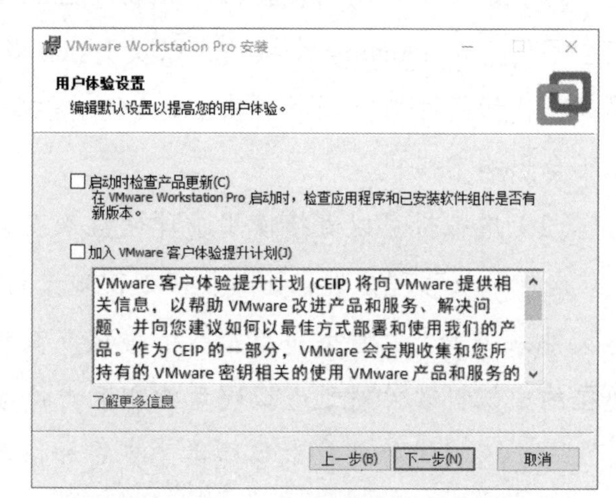

图 1.1.4 “用户体验设置”界面

步骤 5：在“快捷方式”界面中选择快捷方式的创建位置，单击“下一步”按钮，如图 1.1.5 所示。

步骤 6：在“已准备好安装 VMware Workstation Pro”界面中，单击“安装”按钮，开始安装软件，如图 1.1.6 所示。

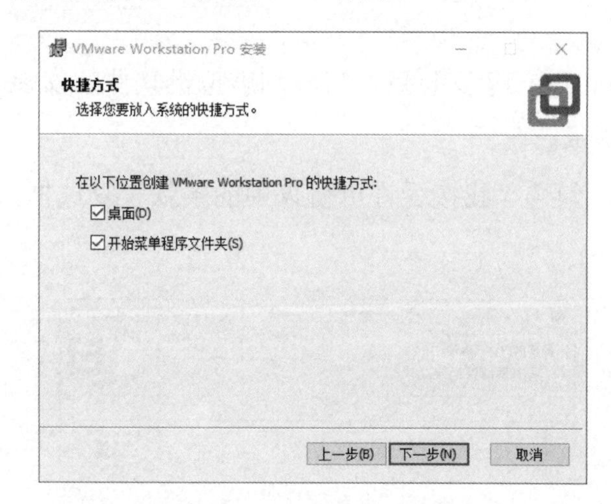

图 1.1.5 “快捷方式”界面

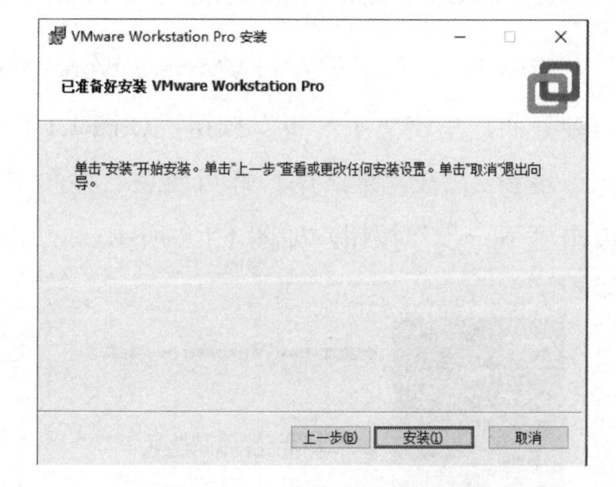

图 1.1.6 “已准备好安装 VMware Workstation Pro”界面

步骤 7：在“正在安装 VMware Workstation Pro”界面中可以看到软件安装的状态，如图 1.1.7 所示。

步骤 8：在“VMware Workstation Pro 安装向导已完成”界面中，选择是否输入软件许可证密钥。如果需要试用 30 天，则直接单击“完成”按钮；如果已经购买软件许可证，则单击“许可证”按钮，如图 1.1.8 所示。

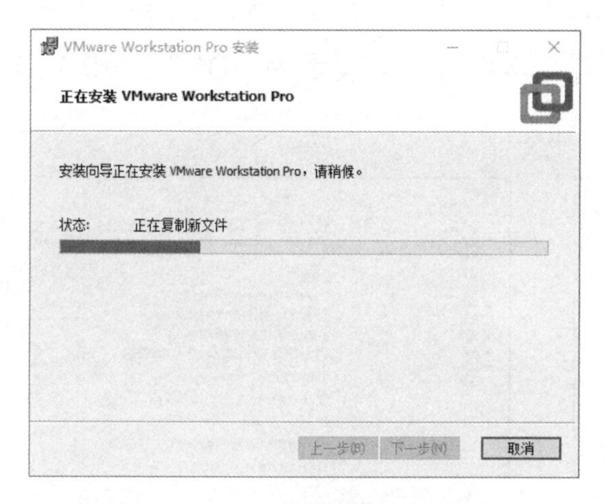

图 1.1.7 “正在安装 VMware Workstation Pro”界面

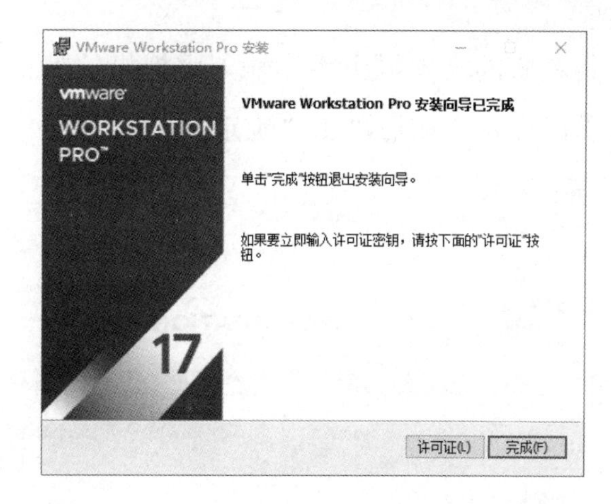

图 1.1.8 “VMware Workstation Pro 安装向导已完成”界面

步骤 9：在“输入许可证密钥”界面中，按指定格式输入许可证密钥，单击“输入”按钮，如图 1.1.9 所示。

步骤 10：返回“VMware Workstation Pro 安装向导已完成”界面，直接单击“完成”按钮。至此，VMware Workstation Pro 17 安装完成。

步骤 11：双击桌面上“VMware Workstation Pro 17”图标，打开“VMware Workstation”窗口的“主页”界面，表示安装完成，如图 1.1.10 所示。

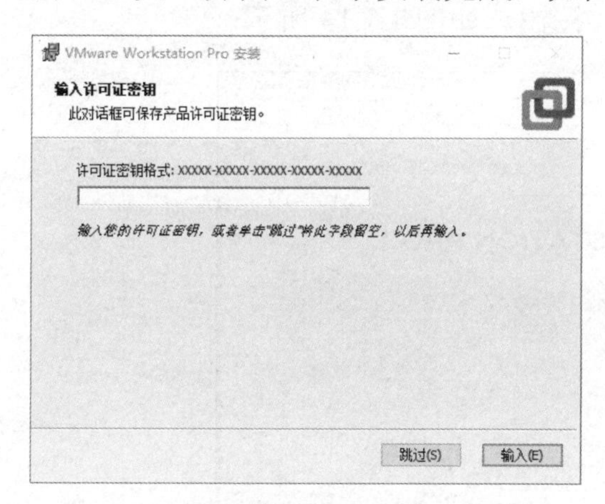

图 1.1.9 “输入许可证密钥”界面

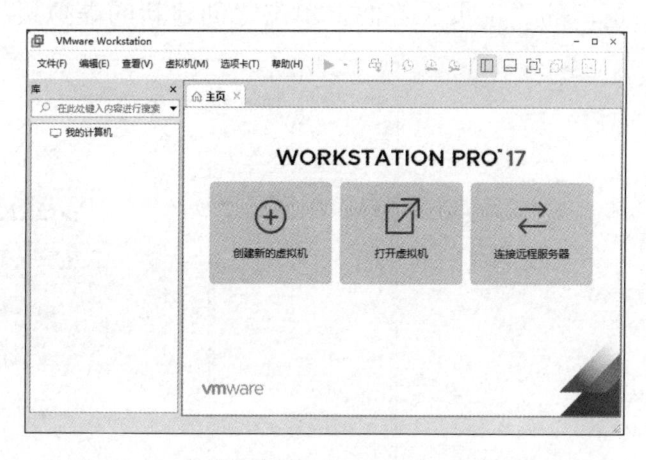

图 1.1.10 “VMware Workstation”窗口的“主页”界面

2. 创建虚拟机

1）设置虚拟机默认存储位置

步骤 1：运行 VMware Workstation Pro 17，在菜单栏中选择“编辑”→“首选项”命令，如图 1.1.11 所示。

步骤 2：在弹出的“首选项”对话框中，选择“工作区”选项，单击“浏览”按钮或者在其左侧的文本框中手动输入虚拟机的默认位置。本任务将其设置为“D:\”，如图 1.1.12 所示，设置完成后单击“确定”按钮。

图 1.1.11 选择“首选项”命令

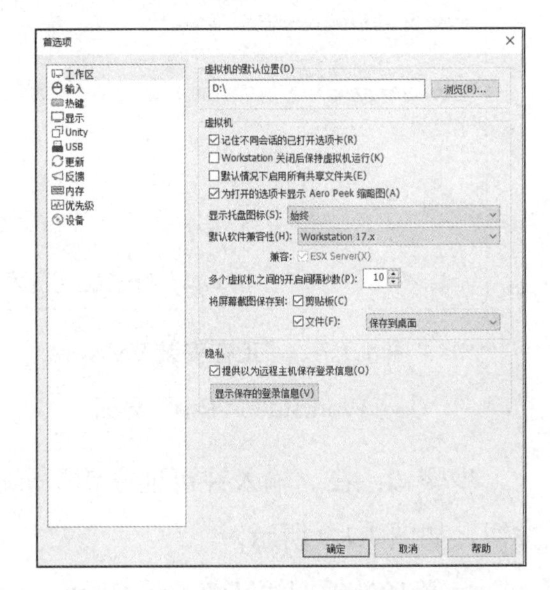

图 1.1.12 输入虚拟机的默认位置

2）创建新的虚拟机

步骤 1：双击桌面中的“VMware Workstation Pro 17”图标，打开“VMware Workstation”窗口的“主页”界面，单击“创建新的虚拟机”按钮，如图 1.1.13 所示。

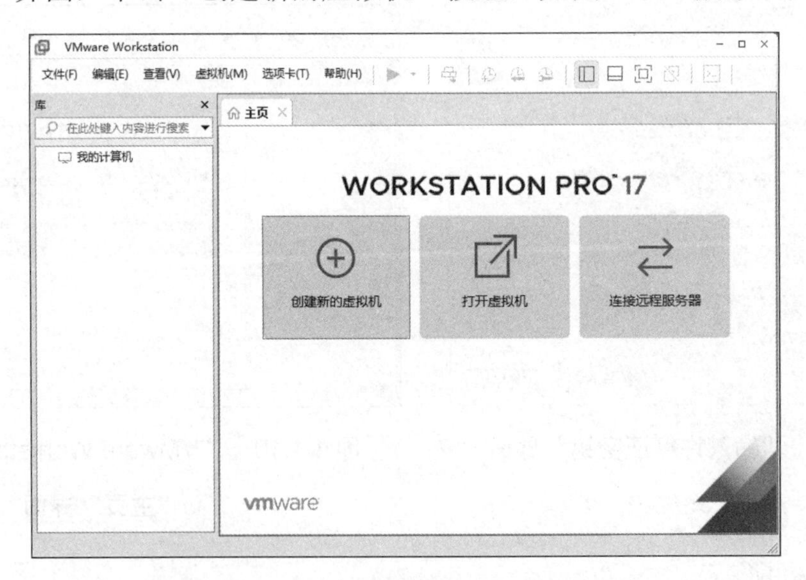

图 1.1.13 单击“创建新的虚拟机”按钮

步骤 2：在“新建虚拟机向导”对话框中选择虚拟机的类型，其中“典型（推荐）”表示使用推荐设置快速创建虚拟机，“自定义（高级）”表示根据需要设置虚拟机的硬件类型、兼容性、存储位置等。本任务选中“自定义（高级）”单选按钮，如图 1.1.14 所示，单击“下一步”按钮。

步骤 3：在“选择虚拟机硬件兼容性”界面中，将“硬件兼容性”设置为“Workstation 17.x”，单击“下一步”按钮，如图 1.1.15 所示。

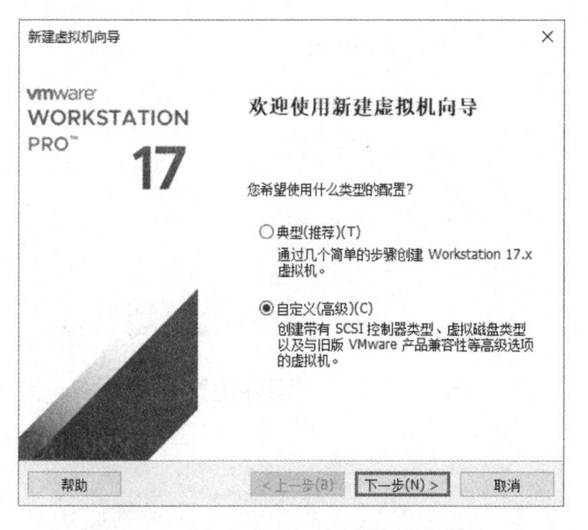

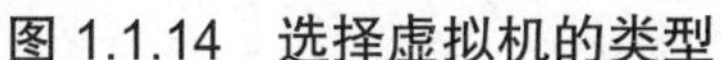
图 1.1.14　选择虚拟机的类型

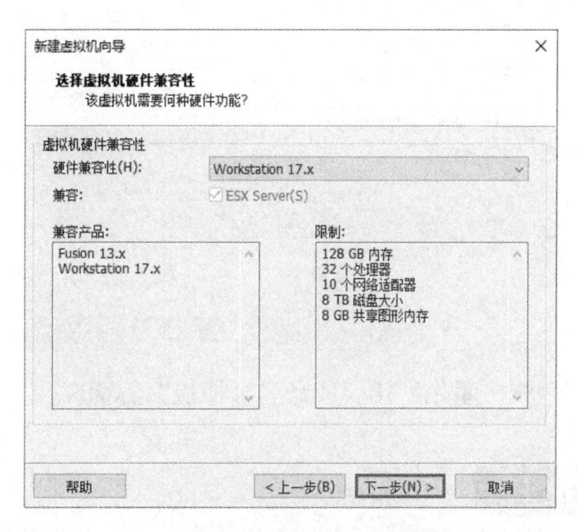

图 1.1.15　“选择虚拟机硬件兼容性”界面

步骤 4：在“安装客户机操作系统”界面中，选中“稍后安装操作系统”单选按钮，单击“下一步”按钮，如图 1.1.16 所示。

步骤 5：在“选择客户机操作系统”界面中，选中“Microsoft Windows”单选按钮，将“版本”设置为“Windows Server 2022”，单击“下一步”按钮，如图 1.1.17 所示。

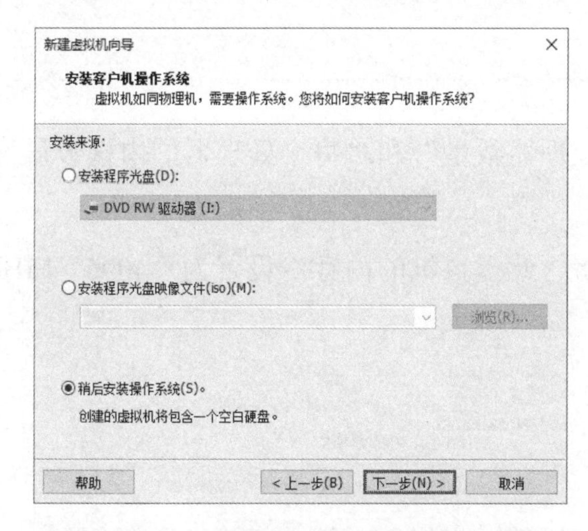

图 1.1.16　“安装客户机操作系统”界面

图 1.1.17　“选择客户机操作系统”界面

步骤 6：在“命名虚拟机”界面中，将“虚拟机名称”设置为“Server1”，单击“下一步”按钮，如图 1.1.18 所示。

步骤 7：在“固件类型”界面中，选中“UEFI”单选按钮，单击“下一步”按钮，如图 1.1.19 所示。

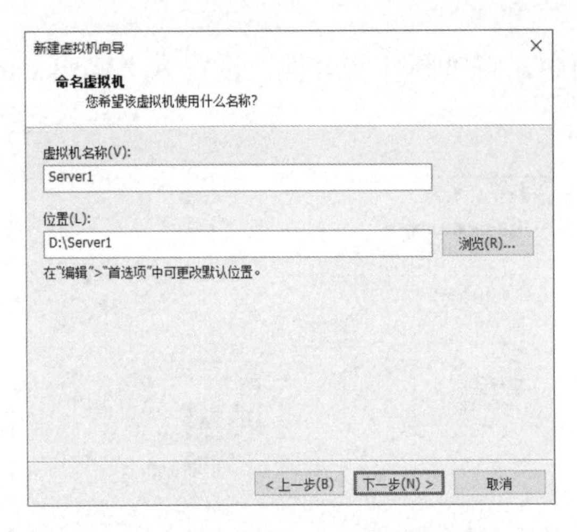

图 1.1.18　“命名虚拟机”界面

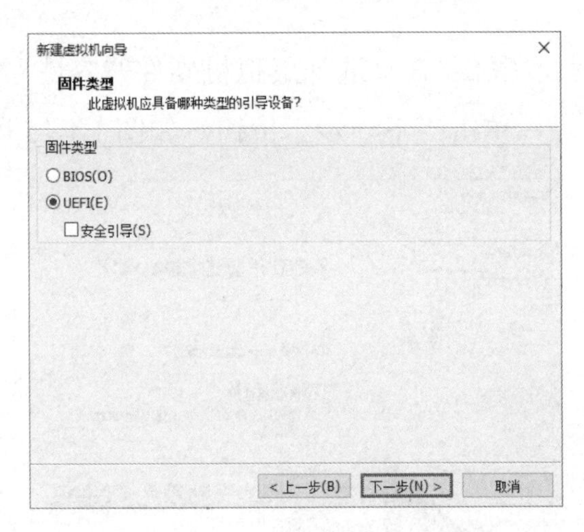

图 1.1.19　“固件类型”界面

小贴士：

基本输入输出系统（Basic Input Output System，BIOS）主要负责开机时检测硬件功能和引导操作系统。

统一可扩展固件接口（Unified Extensible Firmware Interface，UEFI）规范提供并定义了固件和操作系统之间的软件接口。UEFI 取代了 BIOS，增强了可扩展固件接口，并为操作系统，以及启动时的应用程序和服务提供了操作环境。UEFI 的主要特点是图形界面，有利于用户对象图形化的操作选择。

步骤 8：在“处理器配置”界面中设置“处理器数量”和“每个处理器的内核数量”，单击“下一步”按钮，如图 1.1.20 所示。

步骤 9：在“此虚拟机的内存”界面中，将“此虚拟机的内存”设置为“4096”MB，单击“下一步”按钮，如图 1.1.21 所示。

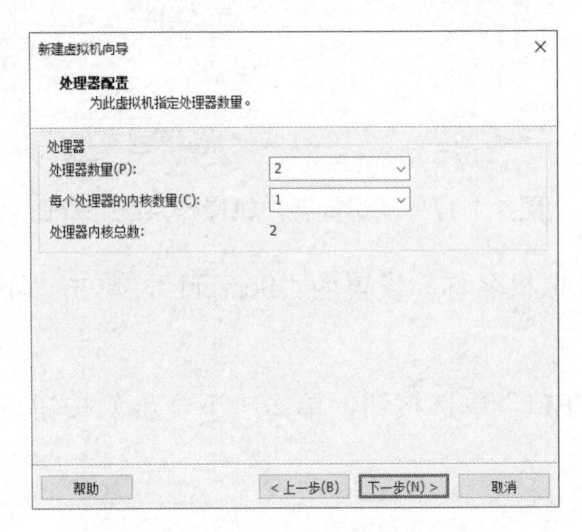

图 1.1.20　“处理器配置”界面

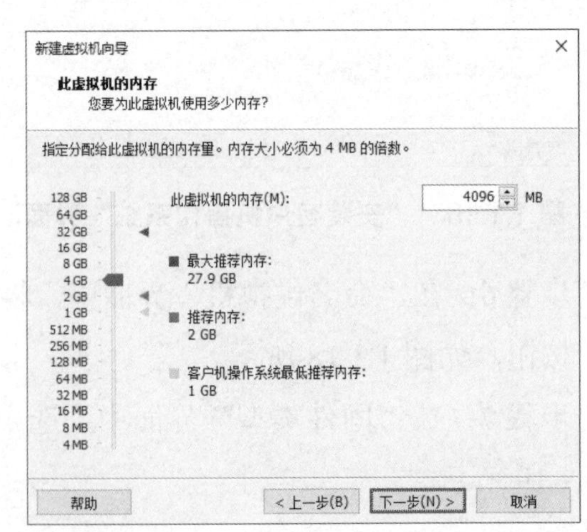

图 1.1.21　“此虚拟机的内存”界面

步骤 10：在“网络类型”界面中，选中“使用桥接网络”单选按钮，单击“下一步”按钮，如图 1.1.22 所示。

步骤 11：在“选择 I/O 控制器类型”界面中，选中“LSI Logic SAS”单选按钮，单击“下一步”按钮，如图 1.1.23 所示。

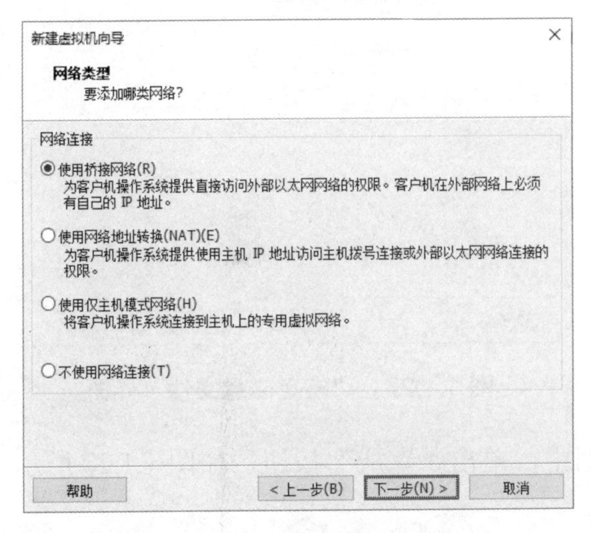

图 1.1.22 “网络类型”界面

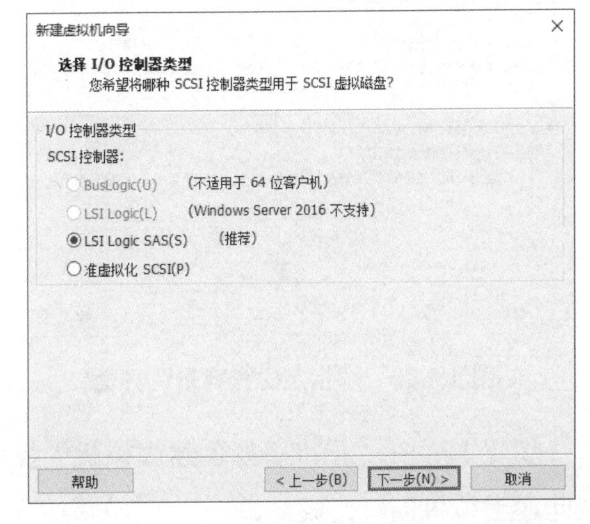

图 1.1.23 “选择 I/O 控制器类型”界面

步骤 12：在“选择磁盘类型”界面中，选中“NVMe”单选按钮，单击“下一步”按钮，如图 1.1.24 所示。

步骤 13：在“选择磁盘”界面中，选中“创建新虚拟磁盘”单选按钮，如图 1.1.25 所示。

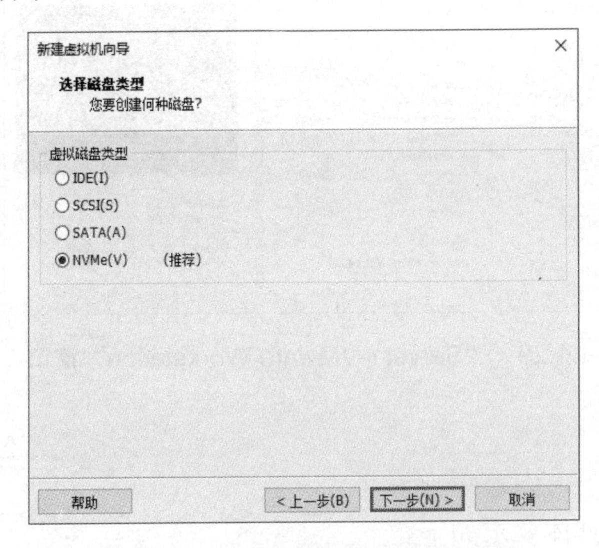

图 1.1.24 “选择磁盘类型”界面

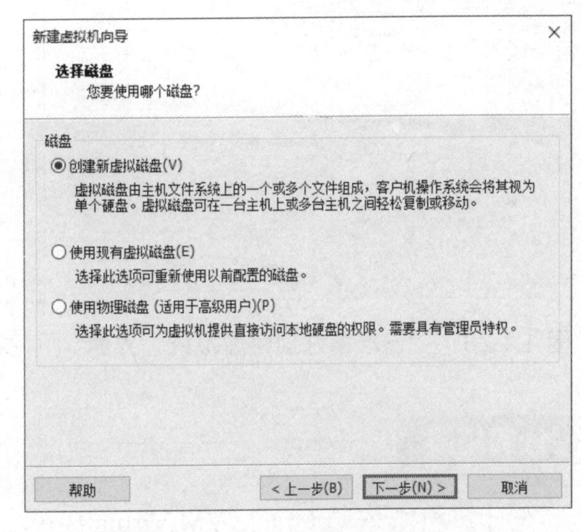

图 1.1.25 “选择磁盘”界面

步骤 14：在“指定磁盘容量”界面中，将“最大磁盘大小”设置为“80.0”GB，选中“将虚拟磁盘存储为单个文件”单选按钮，单击“下一步”按钮，如图 1.1.26 所示。

步骤 15：在“指定磁盘文件”界面中，单击“下一步”按钮，如图 1.1.27 所示。

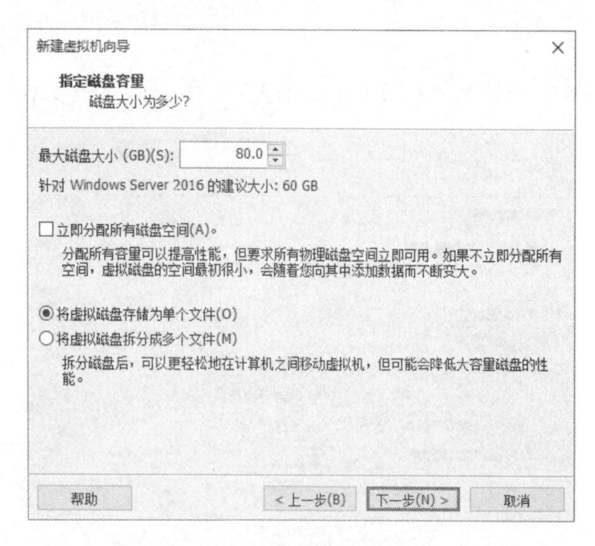

图 1.1.26 “指定磁盘容量”界面

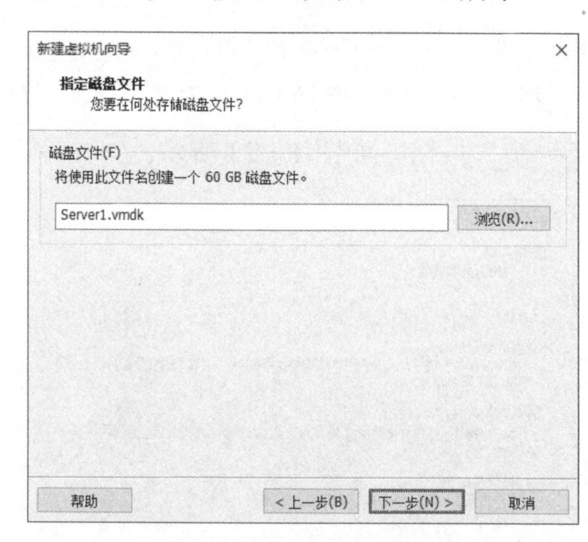

图 1.1.27 “指定磁盘文件”界面

步骤 16：在“已准备好创建虚拟机”界面中，单击“完成”按钮，如图 1.1.28 所示。至此，虚拟机创建完成。

步骤 17：在“Server1-VMware Workstation”窗口的“Server 1”界面中，左侧是虚拟机的硬件摘要信息，右侧是预览窗口，如图 1.1.29 所示。

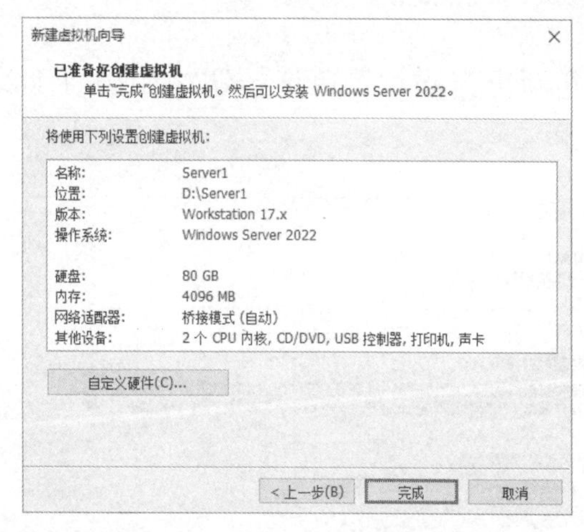

图 1.1.28 “已准备好创建虚拟机”界面

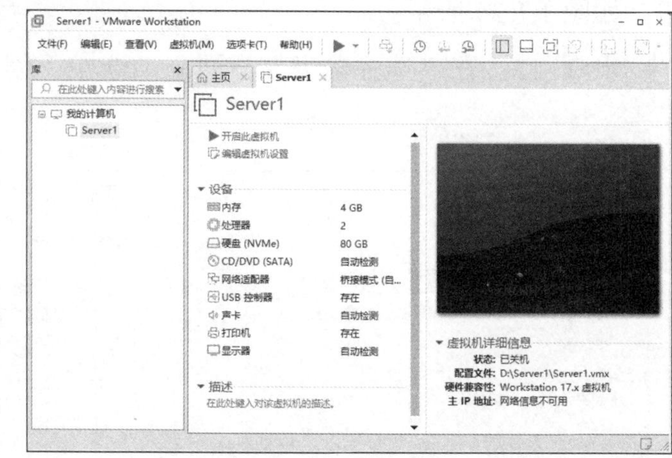

图 1.1.29 “Server1-VMware Workstation”窗口

任务拓展

在计算机上安装 Oracle VM VirtualBox，具体要求如下。

（1）从官方网站中下载最新版的 Oracle VM VirtualBox 软件。

（2）安装 Oracle VM VirtualBox 软件。

任务 1.2 安装 Windows Server 2022

任务描述

某公司购置了服务器，需要为服务器安装相应的操作系统，因此管理员小王需要按照要求为新增服务器全新安装 Windows Server 2022 服务器操作系统。

任务要求

全新安装 Windows Server 2022 服务器操作系统需要安装介质，并对硬件有一定的要求，即安装的服务器需要满足操作系统的硬件需求。在安装操作系统前还需要对系统安装需求进行详细的了解，如系统管理员账户、密码、磁盘分区情况等。小王先从认识 Windows 系统开始，并准备动手开始实施。具体要求如下。

（1）准备 Windows Server 2022 的 ISO 映像文件，可从官方网站中下载。

（2）物理主机的 CPU 需支持 VT（Virtualization Technology），并处于开启状态。

（3）使用任务 1.1 中创建的虚拟机系统。

（4）安装 Windows Server 2022 服务器操作系统，其要求如表 1.2.1 所示。

表 1.2.1 安装 Windows Server 2022 服务器操作系统的要求

项　目	说　明
要安装的语言	中文（简体，中国）
时间和货币格式	中文（简体，中国）
键盘和输入方法	微软拼音
操作系统版本	Windows Server 2022 Datacenter（Desktop Experience）
安装类型	自定义（全新安装）
安装位置	C:\
分区大小	C 盘大小为 60G
Administrator 用户密码	1qaz!QAZ
VMWare Tools	手动安装

任务实施

1. 将 ISO 映像文件放入虚拟机光驱

步骤 1：选择 Server1 虚拟机，在“Server1”界面的“设备”选区中双击光盘驱动器

“CD/DVD（SATA）”，如图 1.2.1 所示。

步骤 2：在“虚拟机设置”对话框的“硬件”选项卡中，选择光盘驱动器“CD/DVD（SATA）”，选中右侧“使用 ISO 映像文件”单选按钮，单击“浏览”按钮，如图 1.2.2 所示。

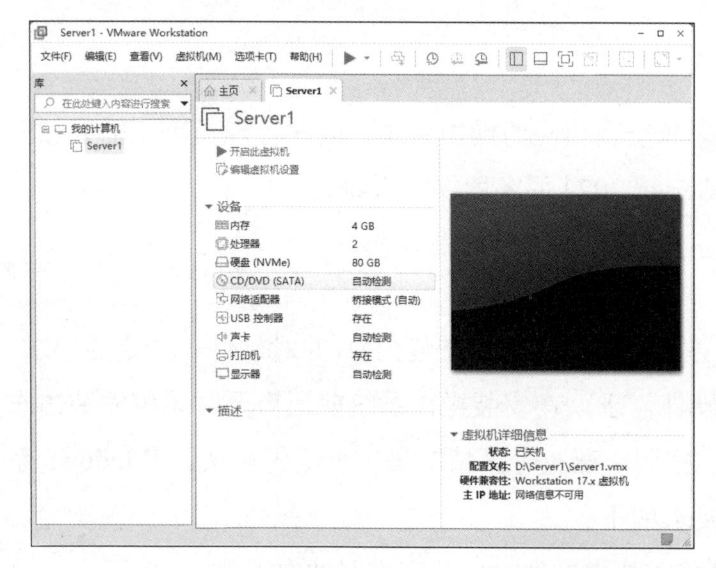

图 1.2.1 双击光盘驱动器“CD/DVD（SATA）”

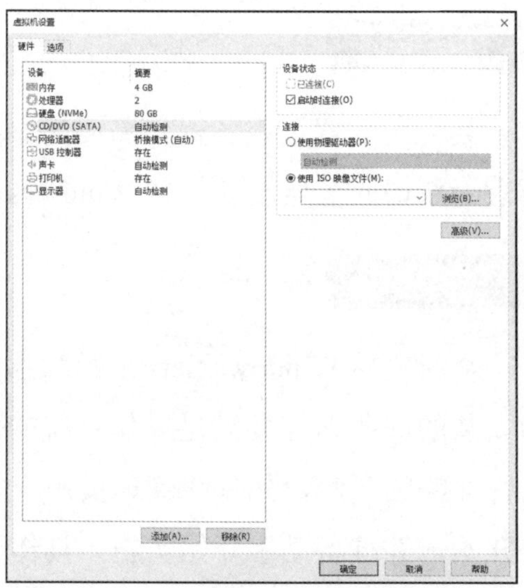

图 1.2.2 “虚拟机设置”对话框

步骤 3：在弹出的“浏览 ISO 映像”对话框中，浏览并选择 Windows Server 2022 的安装映像文件，单击“打开”按钮，如图 1.2.3 所示。

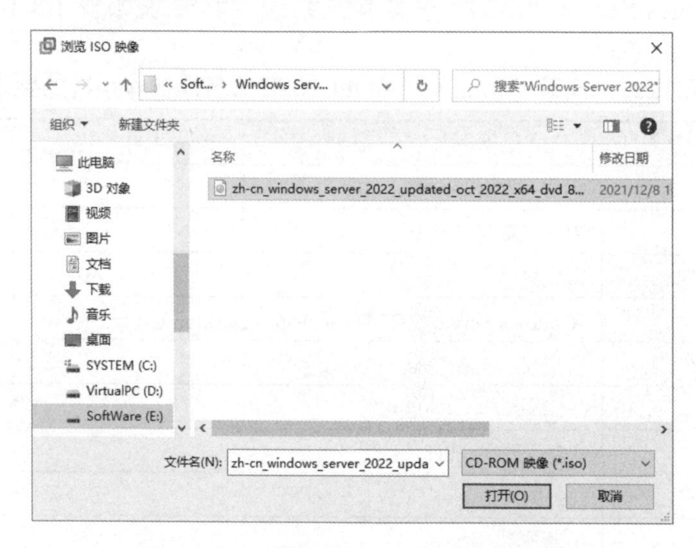

图 1.2.3 “浏览 ISO 映像”对话框

步骤 4：返回“虚拟机设置”对话框后，单击“确定”按钮，即可完成设置。

2. 安装 Windows Server 2022 服务器操作系统

步骤 1：在虚拟机的“Server1”界面中，单击“开启此虚拟机”按钮，如图 1.2.4 所示。

步骤 2：加载后看到“Press any key to boot from CD or DVD”提示信息，按任意键即可

进入“Microsoft Server 操作系统设置”窗口，此处使用默认的语言、时间等设置，单击“下一页”按钮，如图 1.2.5 所示。

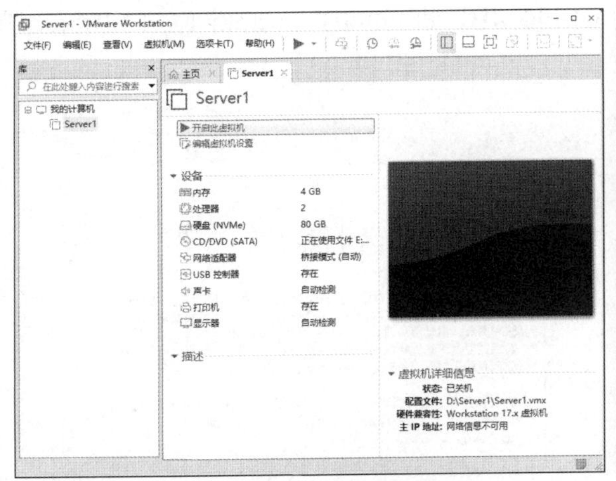

图 1.2.4　单击“开启此虚拟机”按钮

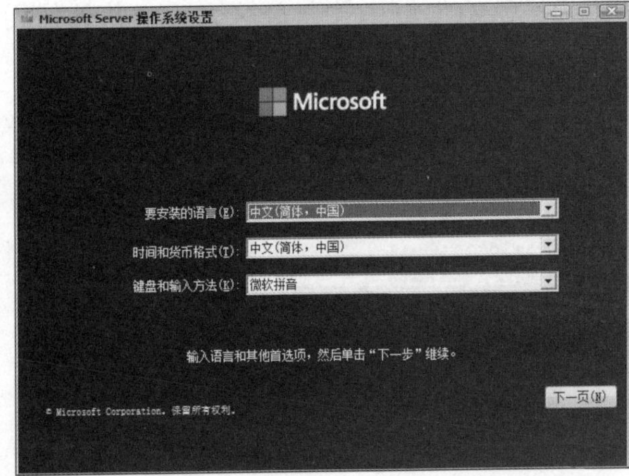

图 1.2.5　“Microsoft Server 操作系统设置”窗口

步骤 3：在“Microsoft Server 操作系统设置”窗口中，单击“现在安装”按钮，如图 1.2.6 所示。

步骤 4：在“激活 Microsoft Server 操作系统设置”界面中，输入产品密钥并单击“下一页”按钮，或者单击“我没有产品密钥”按钮，如图 1.2.7 所示。

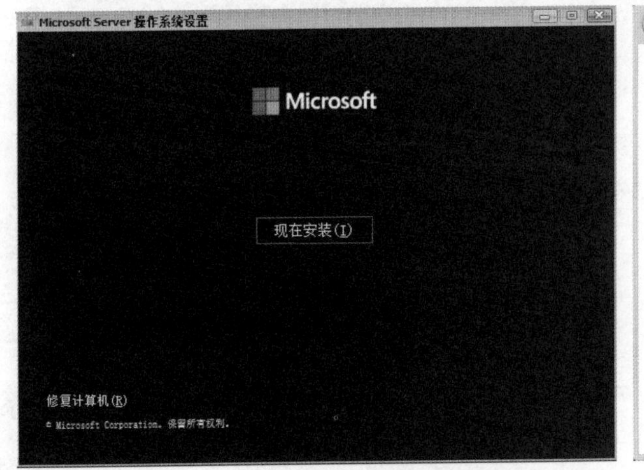

图 1.2.6　单击“现在安装”按钮

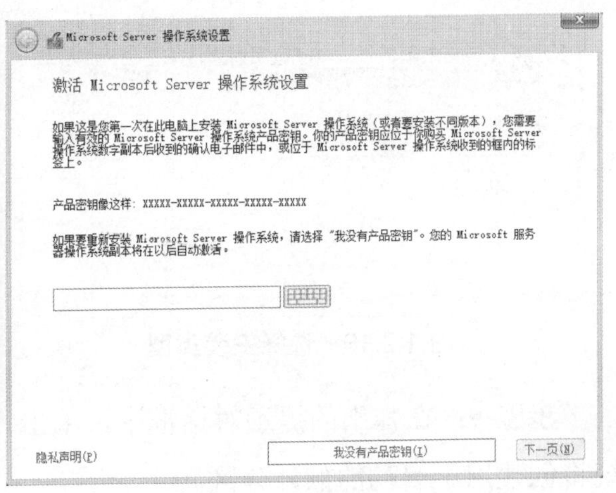

图 1.2.7　“激活 Microsoft Server 操作系统设置”界面

步骤 5：在“选择要安装的操作系统”界面中，选择“Windows Server 2022 Datacenter (Desktop Experience)”选项，单击“下一页”按钮，如图 1.2.8 所示。

步骤 6：在“适用的声明和许可条款”界面中，勾选底部复选框，单击“下一页”按钮，如图 1.2.9 所示。

步骤 7：在“你想执行哪种类型的安装？”界面中选择安装类型。本任务选择“自定义：仅安装 Microsoft Server 操作系统”选项，如图 1.2.10 所示。

步骤 8：在“操作系统的安装位置”界面中，对磁盘进行分区。单击“新建”按钮，在“大小”数值框中输入分区大小（此处使用 61440MB，即 60GB），如图 1.2.11 所示，单击“应用”按钮。

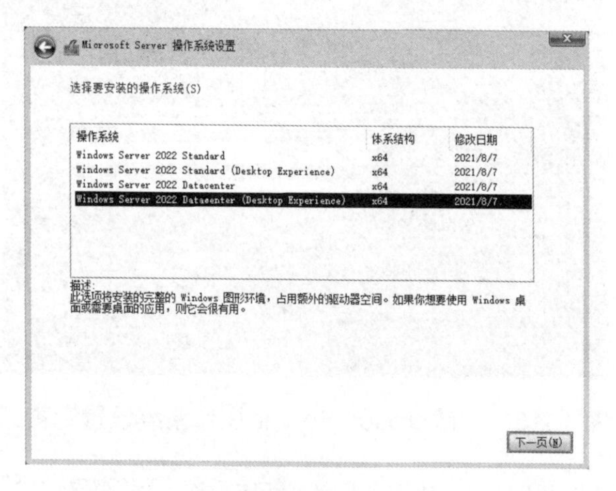

图 1.2.8　“选择要安装的操作系统”界面

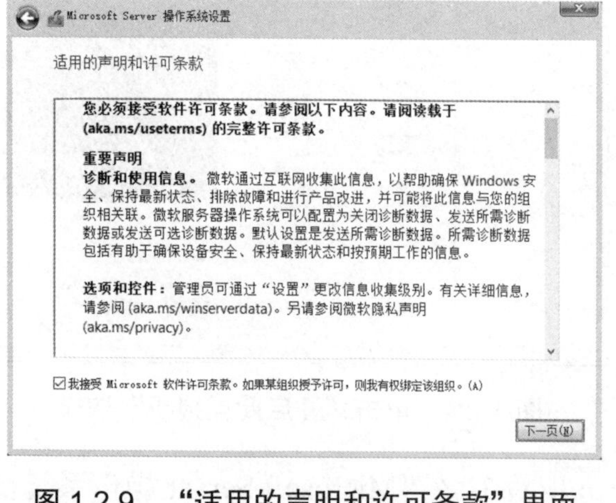

图 1.2.9　“适用的声明和许可条款”界面

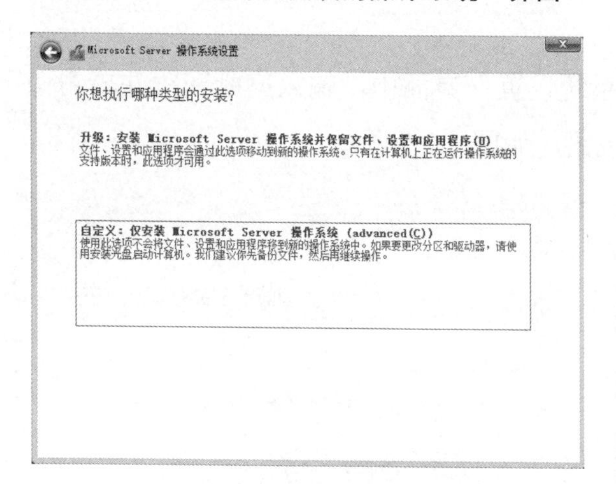

图 1.2.10　选择安装类型

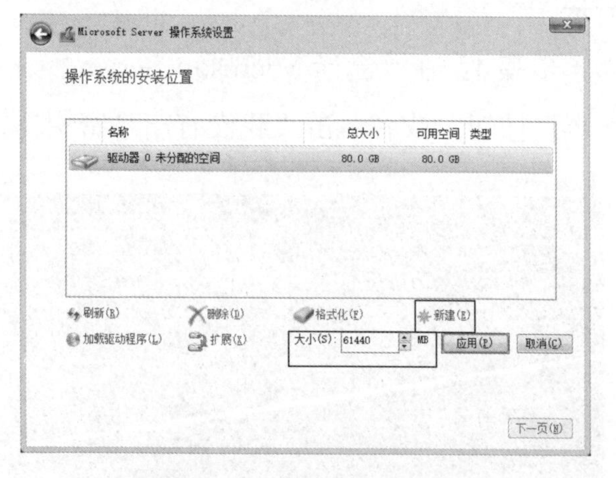

图 1.2.11　对磁盘进行分区

步骤 9：在弹出的提示对话框中，单击“确定”按钮，如图 1.2.12 所示。Windows 系统将创建用于启动的额外分区。

步骤 10：返回“操作系统的安装位置”界面，选择未分配的空间，重复上述步骤对剩余空间进行分区。完成磁盘分区后，选择第一个主分区，如图 1.2.13 所示，单击“下一页”按钮。

步骤 11：进入“安装 Microsoft Server 操作系统”界面，等待系统安装完成，如图 1.2.14 所示。安装完成后会提示重新启动计算机。

步骤 12：当出现“自定义设置”界面时，为管理员账户 Administrator 设置密码，完成后单击“完成”按钮，如图 1.2.15 所示。

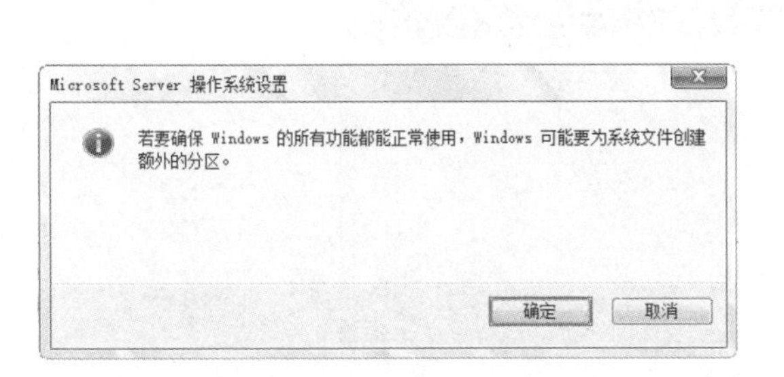

图 1.2.12　提示对话框

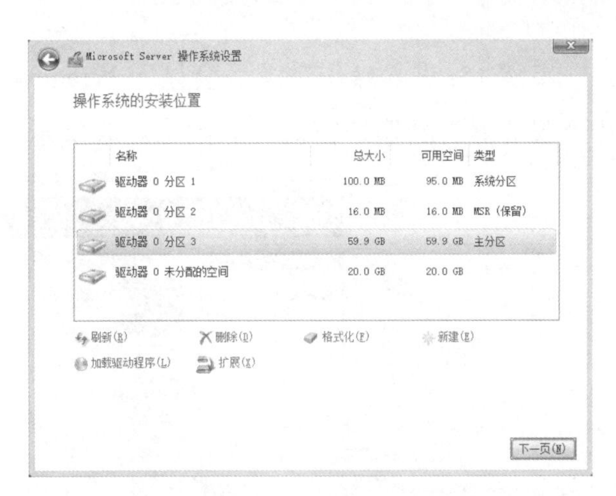

图 1.2.13　选择第一个主分区

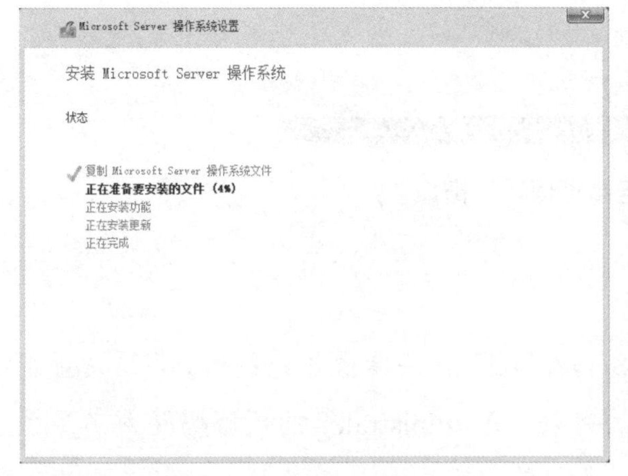

图 1.2.14　“安装 Microsoft Server 操作系统”界面

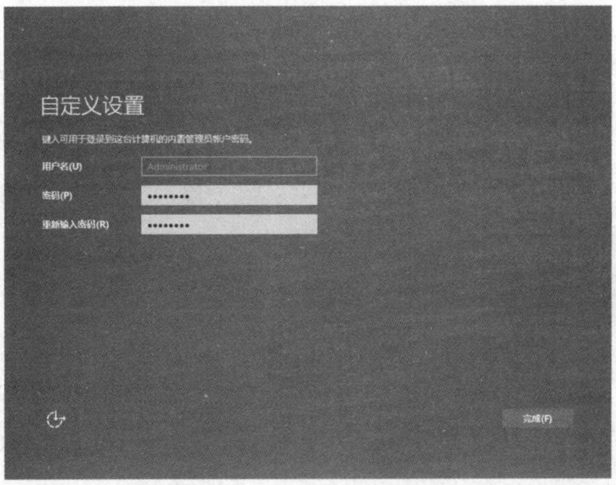

图 1.2.15　“自定义设置”界面

步骤 13：在完成自动重新启动计算机后，即可进入登录等待界面，按 Ctrl+Alt+Delete 组合键登录系统，如图 1.2.16 所示。

步骤 14：在登录界面中，输入 Administrator 用户密码，单击右侧的按钮，即可进入操作系统，如图 1.2.17 所示。

图 1.2.16　登录等待界面

图 1.2.17　登录界面

步骤 15：进入操作系统后会显示 Windows Server 2022 服务器操作系统的桌面并默认打开“服务器管理器”窗口，如图 1.2.18 所示。

图 1.2.18　“服务器管理器”窗口

小贴士：

用户在首次登录刚安装完的 Windows Server 2022 服务器操作系统时，必须设置密码，即设置系统管理员用户 Administrator 的密码。Administrator 的新密码必须满足系统的复杂性要求，即密码中要包括 7 位以上的字符、数字和特殊符号。这样的密码才能满足 Windows Server 2022 服务器操作系统默认的密码策略要求。如果是单纯的字符或数字，无论设置的密码有多么长，都不会达到系统要求，即密码设置失败。

3. 安装 VMWare Tools 工具

在 VMware 虚拟软件支持的环境中，安装完 Windows Server 2022 服务器操作系统后，首次登录会进入虚拟机窗口中，如果要将鼠标指针从 Windows Server 2022 虚拟机中释放出来，则需要按 Ctrl+Alt 组合键来完成，这是因为 Windows Server 2022 服务器操作系统中没有安装 VMware Tools 工具。

为了在 VMware 虚拟机环境中，更加方便地使用 Windows Server 2022 服务器操作系统，可以安装 VMWare Tools 工具，步骤如下。

步骤 1：选择 “虚拟机”→“安装 VMWare Tools”命令，如图 1.2.19 所示。需要注意的是，在安装该工具时必须启动并运行虚拟软件的操作系统。

步骤 2：在计算机资源管理器中双击“DVD 驱动器(D:)VMware Tools”选项，在按照向导完成驱动程序的安装后，弹出如图 1.2.20 所示的提示对话框，单击“是”按钮，立刻重启虚拟机操作系统。

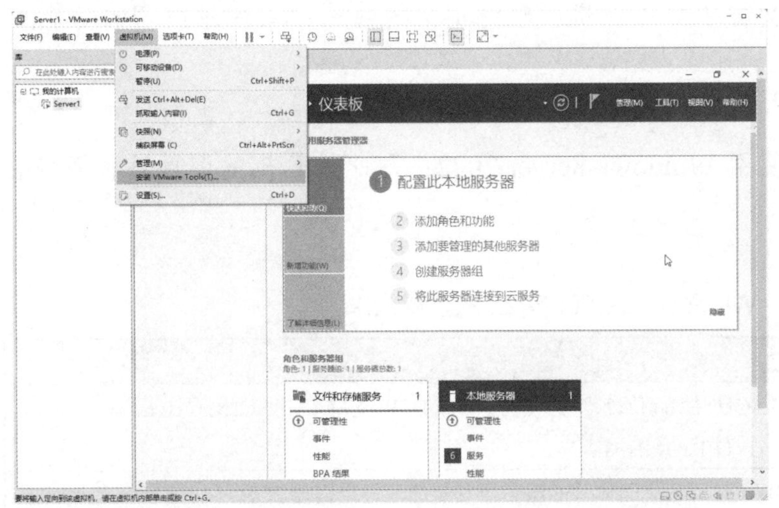

图 1.2.19　安装 VMware Tools 工具

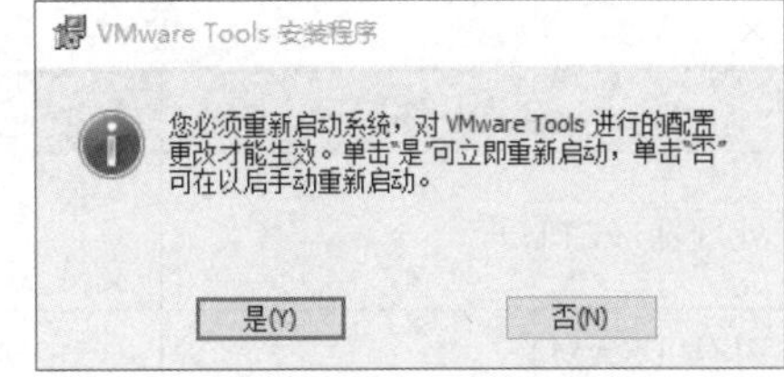

图 1.2.20　提示对话框

小贴士：

正确安装 VMWare Tools 工具后就会出现许多增强的功能。例如，在物理主机和客户机之间同步时间、自动捕获和释放鼠标指针，在物理主机和客户机之间或者虚拟机之间进行复制和粘贴操作等。

知识链接

Windows Server 2022 是微软公司于 2021 年 11 月 5 日正式发布的服务器操作系统。它建立在 Windows Server 2019 的基础之上，在 3 个关键主题上引入了许多创新，包括安全性、Azure 的混合集成和管理，以及应用程序平台。此外，Windows Server 2022 可借助 Azure 版本，利用云的优势使 VM 保持最新状态，同时最大限度地减少停机时间。

1. Windows Server 2022 的版本

Windows Server 2022 提供了高效应用于虚拟化的环境，其版本主要有 3 个，分别为 Essentials（基础版）、Standard（标准版）和 Datacenter（数据中心版）。

（1）Windows Server 2022 Essentials Edition：面向中小型企业，用户数量限定在 25 个以内，最多 50 台设备。该版本简化了界面，预先配置了云服务连接，不支持虚拟化。

（2）Windows Server 2022 Standard Edition：提供完整的 Windows Server 功能，限制虚拟机的数量为两台。

（3）Windows Server 2022 Datacenter Edition：提供完整的 Windows Server 功能，适用于高虚拟化数据中心和云环境，不仅不限制虚拟机的数量，还增加了一些新功能，如存储空间直通和存储副本，以及新的受防护的虚拟机和软件定义的数据中心场景所需的功能。

2. Windows Server 2022 的系统需求

如果需要在计算机中安装并使用 Windows Server 2022，则此计算机的硬件设备需符合如表 1.2.2 所示的系统需求。

表 1.2.2　Windows Server 2022 的系统需求

组　件	需　求
处理器（CPU）	最少 1.4GHz 的 64 位处理器；支持 NX 或 DEP；支持 CMPXCHG16B、LAHF/SAHF；支持 SLAT（EPT 或 NPT）
内存（RAM）	512MB（对于带桌面体验的服务器安装选项最少需要 2GB）
硬盘	最少 32GB，不支持 IDE 硬盘（PATA 硬盘）
网络适配器	至少有千兆位吐吞量的以太网适配器

任务拓展

以 VMware Workstation Pro 17 的“典型（推荐）”类型创建虚拟机，具体要求如下。

（1）将虚拟机命名为“test”。

（2）将硬盘大小设置为 30GB。

（3）将支持的操作系统设置为 Ubuntu。

任务 1.3　虚拟机的操作与设置

任务描述

某公司的网络管理员小王根据需求成功安装了 VMware Workstation Pro 17 虚拟机软件，并且新建了基于 Windows Server 2022 服务器操作系统的虚拟机。因此，接下来的任务是进行虚拟机的操作与相关配置。

任务要求

由于每台虚拟机的功能要求不同，虚拟机的物理主机的性能也存在差异，因此需要对虚拟机进行配置，更改虚拟机的硬件参数和配置。具体要求如下。

（1）预先浏览虚拟机的存储位置。

（2）对 Server1 虚拟机进行如表 1.3.1 所示的操作。

表 1.3.1 Server1 虚拟机的基本操作与功能设置

项　目	说　明
基本操作	打开虚拟机，存储位置为 VirtualPC（D:）\Server1\Server1.vmx
	关闭虚拟机、挂起与恢复虚拟机、删除虚拟机
	将虚拟机的网络连接类型修改为“仅主机模式”
克隆	创建完整克隆，将名称设置为 Server2，位置设置为 D:\
快照	创建快照，名称为“Server1 初始快照” 管理快照，将 Server1 虚拟机恢复到快照初始状态

任务实施

1. 虚拟机的基本操作

1）打开虚拟机

步骤 1：在“VMware Workstation”窗口的“主页”界面中，单击“打开虚拟机”按钮，如图 1.3.1 所示。

步骤 2：在“打开”对话框中，浏览虚拟机的存储位置，并选择虚拟机的配置文件“VirtualPC（D:）\Server1\Server1.vmx”，单击“打开”按钮，如图 1.3.2 所示。

图 1.3.1 “VMware Workstation”窗口的“主页”界面

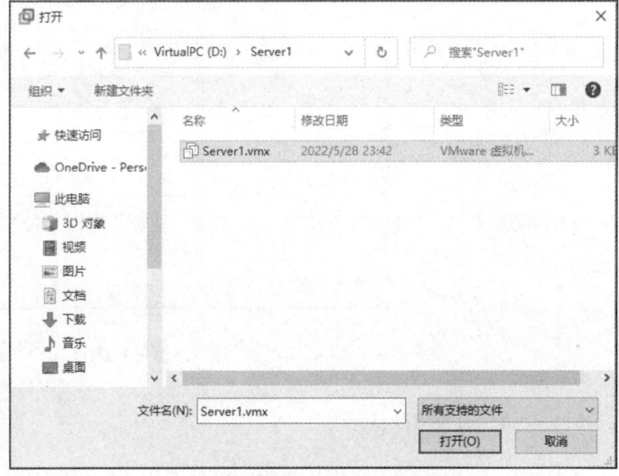

图 1.3.2 “打开”对话框

小贴士：

在虚拟机的存储位置下，存储了有关该虚拟机的所有文件或文件夹，常见的 VMware Workstation 虚拟机文件扩展名及其作用如表 1.3.2 所示。

表 1.3.2　常见的 VMware Workstation 虚拟机文件扩展名及其作用

文件扩展名	文 件 作 用
.vmx	虚拟机配置文件，存储虚拟机的硬件及设置信息。运行此文件，即可显示该虚拟机的配置信息
.vmdk	虚拟磁盘文件，储存虚拟机磁盘中的内容
.nvram	储存虚拟机 BIOS 状态信息
.vmsd	储存虚拟机快照信息
.log	存储虚拟机运行信息，常用于对虚拟机进行故障诊断
.vmss	储存虚拟机挂起状态信息

步骤 3：此时“VMware Workstation”窗口变为“Server1-VMware Workstation”窗口并显示“Server1”界面，单击“开启此虚拟机”按钮，如图 1.3.3 所示。

图 1.3.3　“Server1”界面

2）关闭虚拟机

步骤 1：在虚拟机所安装的操作系统中关闭虚拟机。本任务以 Server1 虚拟机为例，右击桌面左下角的“开始”菜单按钮（桌面左下角的 Windows 图标），在弹出的快捷菜单中选择“关机或注销”→“关机”命令，如图 1.3.4 所示。

步骤 2：在“选择一个最能说明你要关闭这台计算机的原因”对话框中选择关机原因，单击“继续”按钮，如图 1.3.5 所示，完成关机操作。

步骤 3：当在虚拟机运行过程中出现系统蓝屏、死机等异常情况而无法正常关闭虚拟机时，可以在“Server1-VMware Workstation”窗口中单击“挂起”按钮（两个橙色的竖线）

的下拉按钮，在弹出的下拉列表中选择“关闭客户机”选项，或者选择“关机”选项，如图 1.3.6 和图 1.3.7 所示。

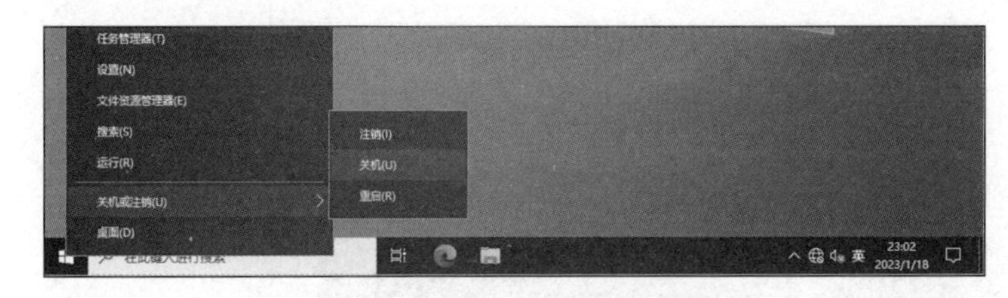

图 1.3.4　选择“关机”命令

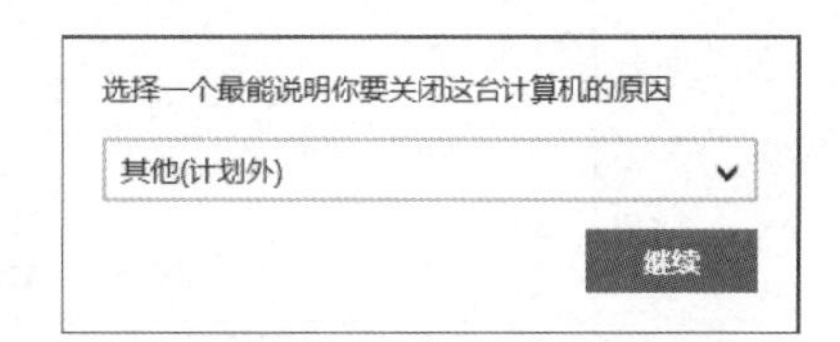

图 1.3.5　选择关机原因

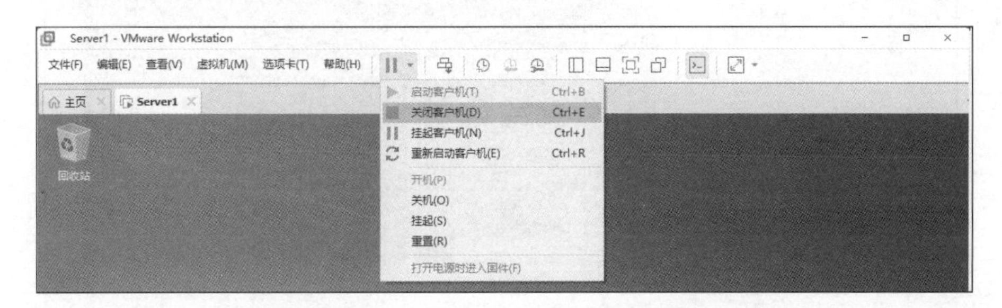

图 1.3.6　选择“关闭客户机”选项

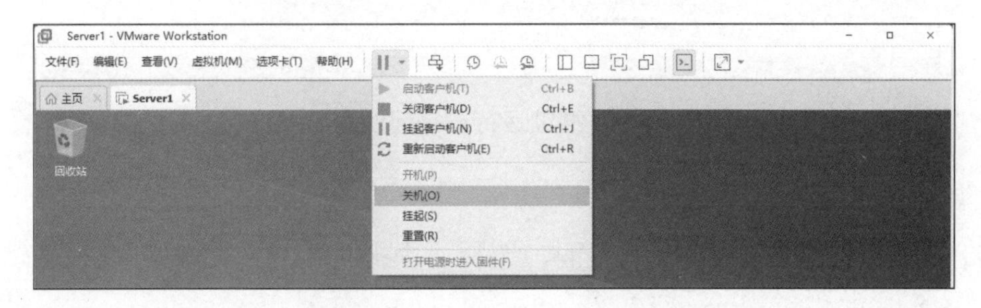

图 1.3.7　选择“关机”选项

3）挂起与恢复运行虚拟机

步骤 1：挂起虚拟机。在“Server1-VMware Workstation”窗口中单击“挂起”按钮，或者单击“挂起”按钮的下拉按钮，在弹出的下拉列表中选择“挂起客户机”选项，如图 1.3.8 所示。

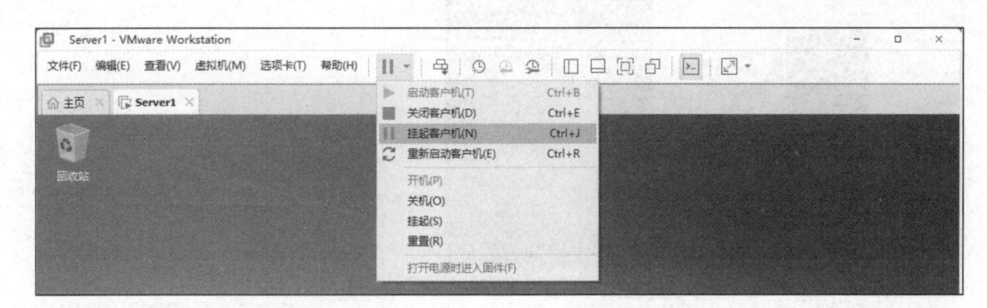

图 1.3.8　挂起虚拟机

步骤 2：继续运行已挂起的虚拟机。在“Server1-VMware Workstation”窗口中打开该虚拟机的界面，单击“继续运行此虚拟机”按钮，如图 1.3.9 所示。

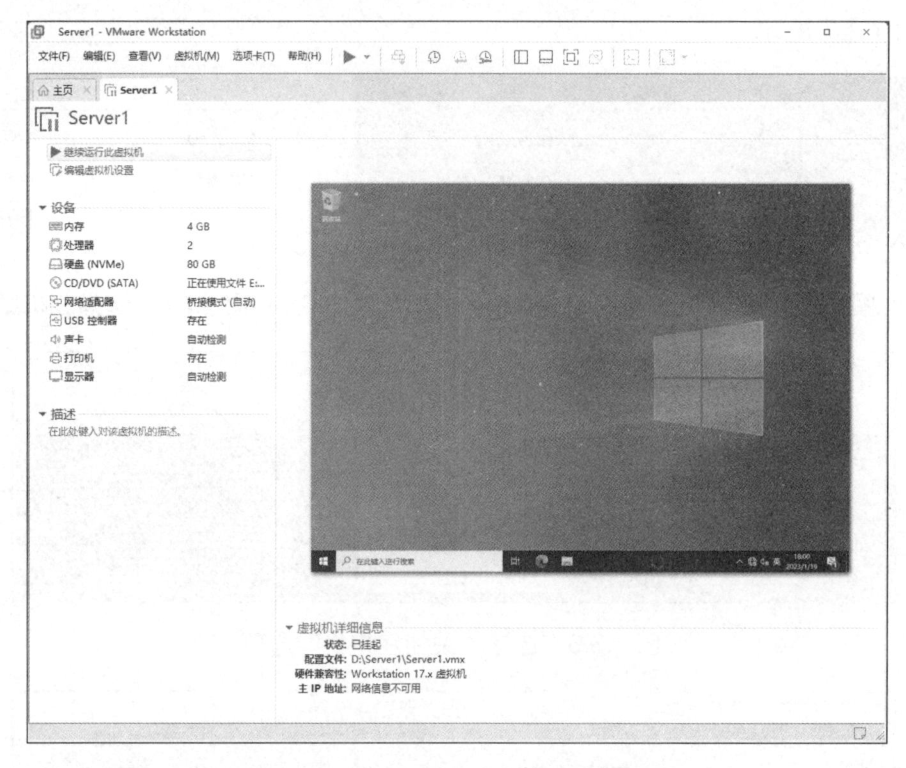

图 1.3.9　继续运行已挂起的虚拟机

4）删除虚拟机

步骤 1：进入要删除的虚拟机的界面，选择“虚拟机”→“管理”→“从磁盘中删除”命令，如图 1.3.10 所示。

步骤 2：在弹出的警告对话框中，单击“是”按钮，如图 1.3.11 所示。

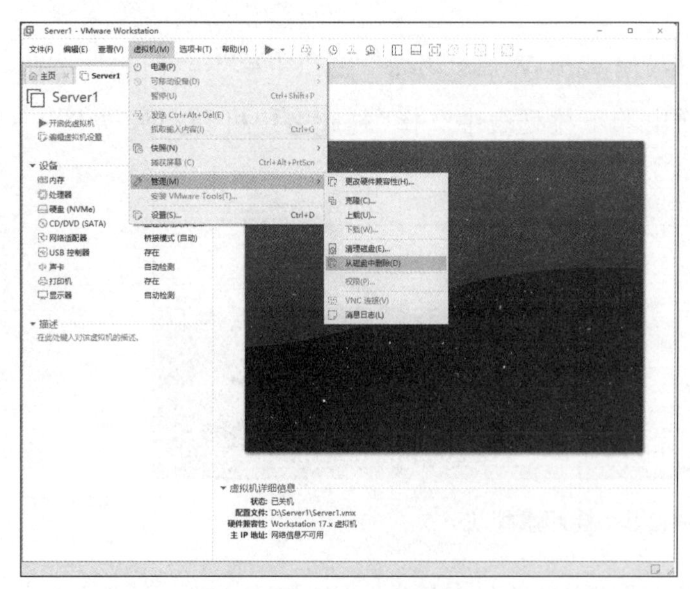

图 1.3.10　删除虚拟机

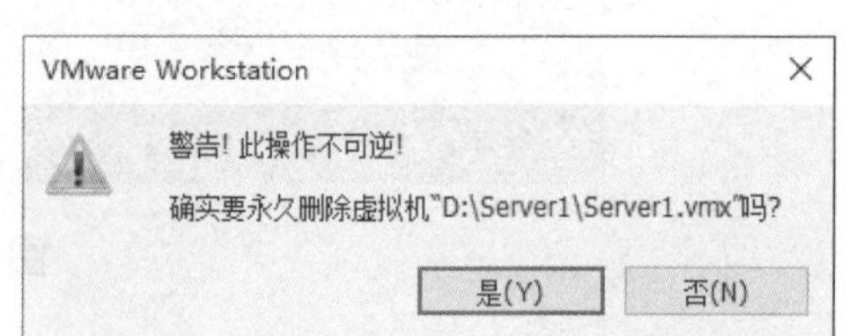

图 1.3.11　确认删除虚拟机

小贴士：

选择“从磁盘中删除”命令，将删除虚拟机物理路径下的所有文件。如果直接在左侧的虚拟机列表中将虚拟机删除，则只会在“VMware Workstation”窗口中删除显示，而不会删除虚拟机物理路径下的任何文件。

5）修改虚拟机硬件设置

在使用虚拟机的过程中，用户可以按照需要对虚拟机的部分硬件参数进行修改，如内存大小、CPU 数量、网络适配器的连接方式等。操作方法大同小异，这里将一台虚拟机的网络适配器由“桥接模式”修改为“仅主机模式”。

步骤 1：在要修改硬件的虚拟机“Server1”界面中，选择“虚拟机”→“设置”命令，如图 1.3.12 所示。

步骤 2：在“虚拟机设置”对话框的“硬件”选项卡中，选择“网络适配器”选项，在“网络连接”选区中，选中“仅主机模式（H）：与主机共享的专用网络”单选按钮，单击“确定”按钮，如图 1.3.13 所示。

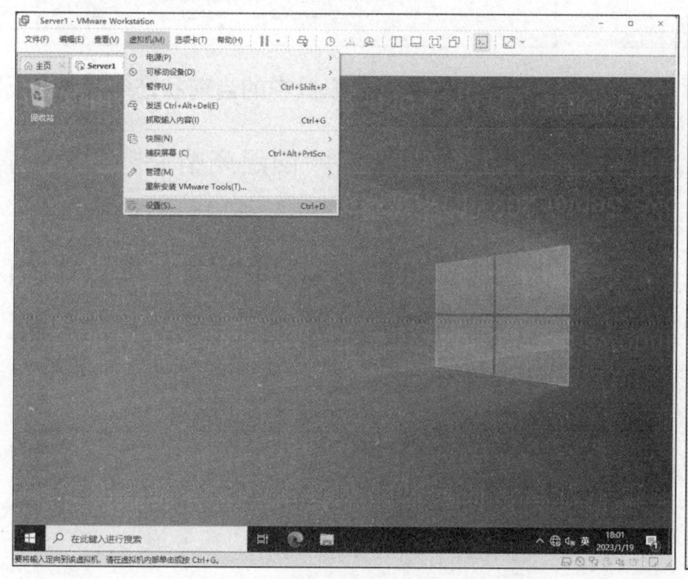

图 1.3.12　修改虚拟机硬件设置

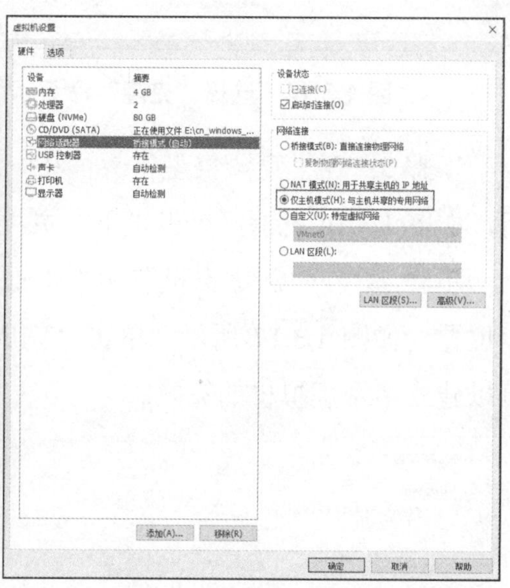

图 1.3.13　“虚拟机设置”对话框

小贴士：

在使用虚拟机的过程中，如果需要加载或更换光盘映像文件，则建议将“CD/DVD（SATA）”的“设备状态”设置为“已连接”和“启动时连接”。

2. 创建虚拟机的克隆与快照

1）创建完整克隆

VMware Workstation Pro 17 虚拟机的克隆既可以克隆当前状态，也可以克隆现有快照（需要关闭虚拟机）。

步骤 1：选择“虚拟机”→“管理”→“克隆”命令，如图 1.3.14 所示。

步骤 2：弹出“克隆虚拟机向导”对话框，直接单击“下一页”按钮。在“克隆源”界面中，选中“虚拟机中的当前状态”单选按钮，如图 1.3.15 所示，单击“下一页”按钮。

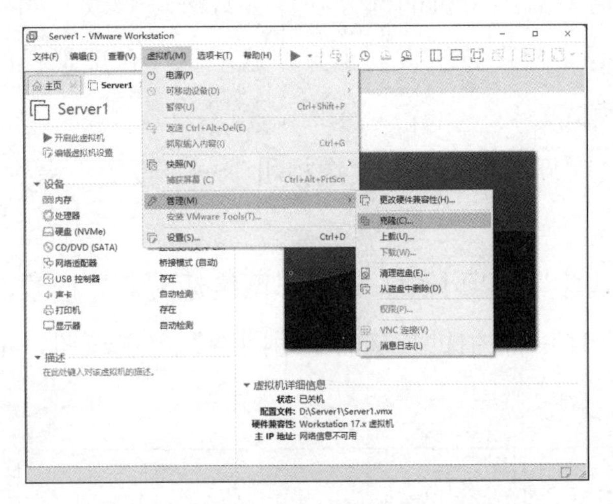

图 1.3.14　选择“克隆”命令

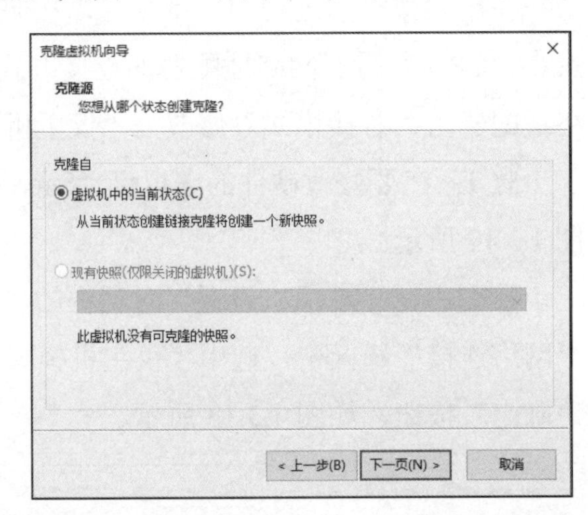

图 1.3.15　选中“虚拟机中的当前状态”单选按钮

步骤 3：在“克隆类型”界面中，选择克隆类型。这里选中“创建完整克隆”单选按钮，如图 1.3.16 所示，单击“下一页”按钮。

步骤 4：在“新虚拟机名称”界面中，填入克隆的虚拟机名称，并确定新虚拟机的保存位置，如图 1.3.17 所示，单击“完成”按钮，完成新虚拟机的克隆。采用同样的方法，可以建立多个虚拟机的克隆。

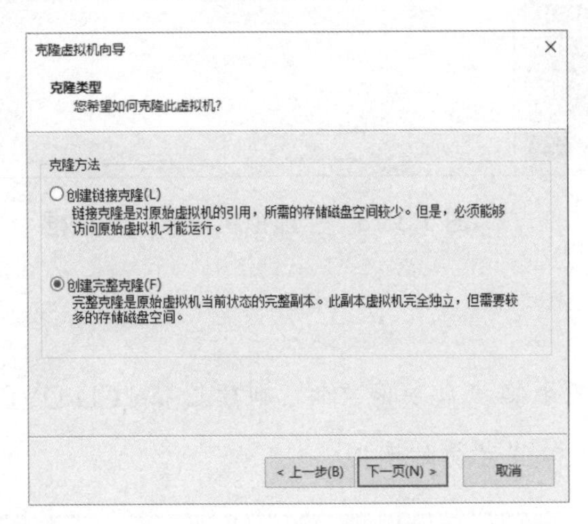

图 1.3.16　选择克隆类型

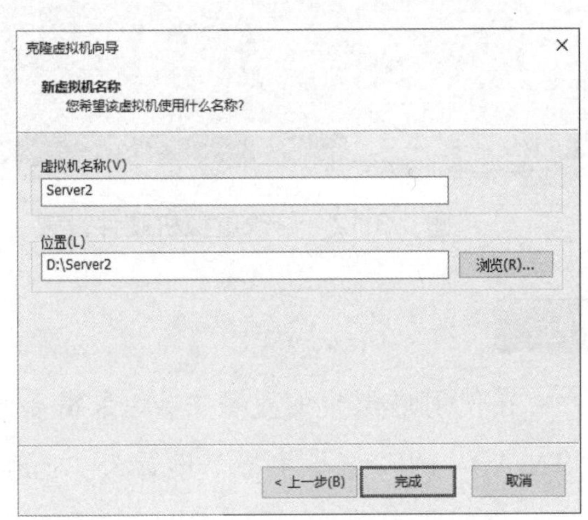

图 1.3.17　“新虚拟机名称”界面

2）创建快照

设置虚拟机的快照不需要关闭计算机，因此虚拟机在任何状态下都可以生成快照，这样在还原时可以迅速还原到备份时的状态。

步骤 1：在“Server1-VMware Workstation”窗口中选择“虚拟机”→“快照”→“拍摄快照”命令，如图 1.3.18 所示。

步骤 2：在弹出的“Server1-拍摄快照”对话框中，输入快照的名称和描述，单击“拍摄快照”按钮，拍摄快照，如图 1.3.19 所示。

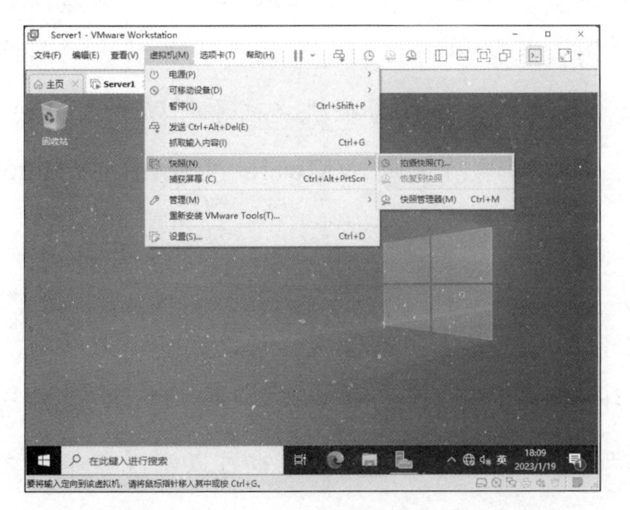

图 1.3.18 选择“拍摄快照”命令

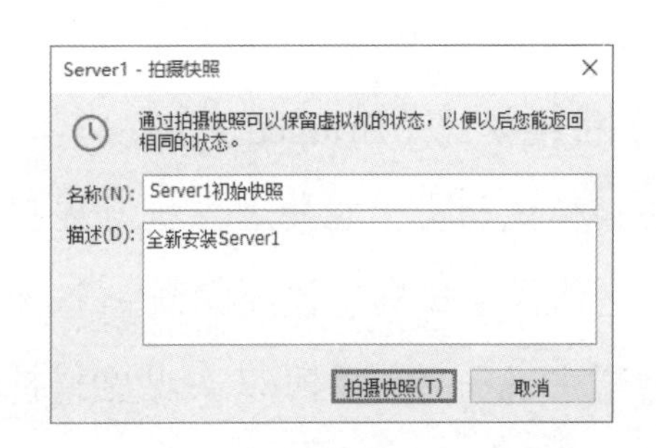

图 1.3.19 输入快照的名称和描述

3）管理快照

步骤 1：利用快照管理器可以恢复到快照备份的点。选择“虚拟机”→“快照”→“快照管理器”命令，如图 1.3.20 所示。

步骤 2：弹出“Server1-快照管理器”对话框，选择要恢复的快照点，单击“转到”按钮就可以恢复到快照的备份点了，如图 1.3.21 所示。

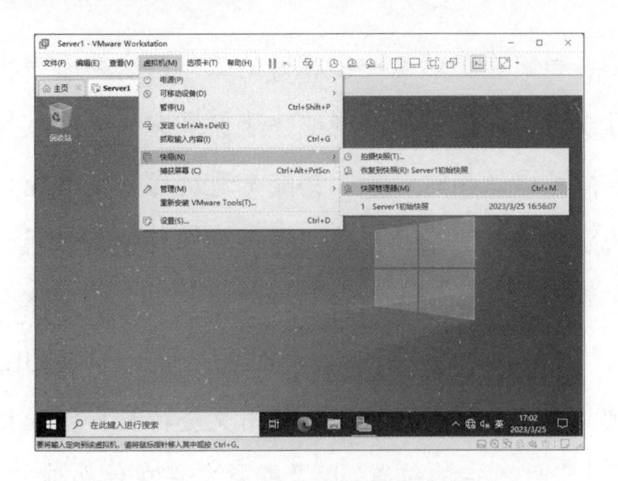

图 1.3.20 选择“快照管理器”命令

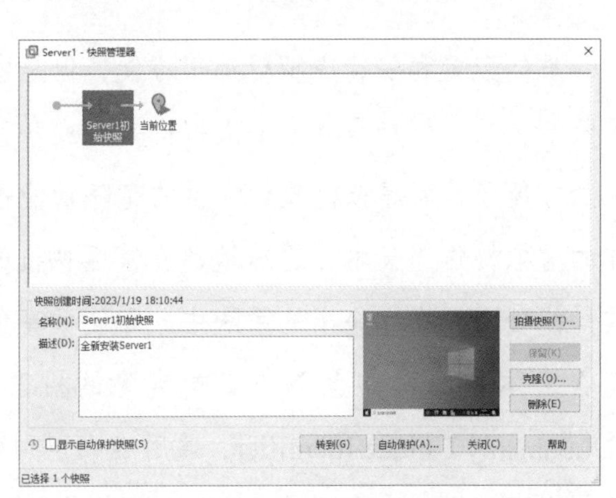

图 1.3.21 “Server1-快照管理器”对话框

知识链接

1. VMware 网络的工作方式

一般的虚拟机软件会提供以下网络接入模式，主要的功能特点及区别如下。

1）网络地址转换模式（NAT）

在这种模式下，物理主机会变成一台虚拟交换机，物理主机网卡与虚拟机的虚拟网卡利用虚拟交换机进行通信，物理主机与虚拟主机在同一网段中，虚拟主机可以直接利用物理网络访问外网。实现虚拟机连通互联网，只能单向访问，即虚拟机可以访问网络中的物理主机，而网络中的物理主机不可以访问虚拟机，且虚拟机之间不可以互相访问。在物理主机中，NAT 模式的虚拟机网卡对应的物理网卡是 VMware Network Adapter VMnet8。

2）桥接模式（Bridged）

桥接模式相当于在物理主机与虚拟机网卡之间架设了一座桥梁，可以直接连入网络。因此，它使得虚拟机能被分配到一个网络的独立的 IP 地址中。所有网络功能完全和在网络中的物理主机一样，既可以实现虚拟机和物理主机之间的相互访问，也可以实现虚拟机之间的相互访问。

3）仅主机模式（Host-Only）

在主机中模拟出一张专供虚拟机使用的网卡，并且所有虚拟机都是连接到该网卡上的。这种模式仅让虚拟机内的主机与物理主机通信，但不能连接到 Internet。在物理主机中，仅主机模式的虚拟机网卡对应的物理网卡是 VMware Network Adapter VMnet1。

2. 认识虚拟机的克隆与快照

虽然配置和安装虚拟机都很方便，但是安装和配置仍然是一项耗时的工作，这是因为在多数情况下，用户需要多个虚拟机来完成学习或实验。这时如果能够快速部署虚拟机就显得更加方便了，而虚拟机软件提供的克隆功能恰恰可以做到这一点。克隆是通过将一台已经存在的虚拟机作为父本，迅速地建立该虚拟机的副本。克隆出的虚拟机是一台单独的虚拟机，其功能独立。在克隆出的系统中，即使共享父本的硬盘，所做的任何操作也不会影响父本，而在父本中的操作也不会影响克隆的机器，这是因为机器的网卡 MAC 地址和 UUID（Universally Unique Identifier，通用唯一识别码）与父本的都不一样。使用克隆功能可以轻松复制出虚拟机的多个副本，而且不用考虑虚拟机文件所在的位置，以及配置文件在什么地方。

1）克隆的应用

当需要把一个虚拟机操作系统分发给多人使用时，使用克隆功能会非常有效，其应用场景如下。

①在单位里：可以把安装并配置好办公环境的虚拟机克隆给每个工作人员单独使用。

②在软件测试时：可以把预先配置好的测试环境克隆给每个测试人员单独使用。

③在课堂上：老师可以把课程中要用到的实验环境准备好，并克隆给每个学生单独使用。

2）克隆的类型

（1）完整克隆。

完整克隆是一个独立的虚拟机，克隆结束后不需要共享父本。完整克隆的过程是完全克隆一个副本，并且和父本完全分离。完全克隆是从父本的当前状态开始克隆，克隆结束后就和父本没有关联了。

（2）链接克隆。

链接克隆是从父本的一个快照中克隆出来的。链接克隆需要使用到父本的磁盘文件，如果父本不可使用（比如，被删除），则链接克隆也不能使用了。

3）认识虚拟机快照

在学习操作系统的过程中，往往会反复地对系统进行设置，特别是有些操作是不可逆的，即便是可逆的也费时费力。那么，可不可以对系统的状态进行一个备份，在做完实验后，无论实验成败都迅速恢复到实验前的状态？多数虚拟机都提供了类似的功能，一般称之为“快照”。

快照是对某个特定文件系统在某个特定时间内的一个具有只读属性的镜像。通过设置多个快照可以为不同的工作保存多个状态，并且它们之间互不影响。快照可以在操作系统运行过程中随时设置，也可以随时恢复到创建快照时的状态，并且创建和恢复都非常快，几秒就完成了。在系统崩溃或系统异常时，用户可以通过恢复到快照状态来还原磁盘文件系统，使系统恢复到创建快照时的状态。

任务拓展

克隆后的 Server2 虚拟机系统会因为克隆的虚拟机与原虚拟机使用相同的 SID（Security Identifiers，安全标识符），在网络访问时会产生冲突，所以需要重新生成 SID，具体要求如下。

（1）使用 Sysprep（C:\Windows\System32\Sysprep）工具重置系统。

（2）查看两台虚拟机的 SID 是否已经不同。

练习题

一、选择题

1．在下列选项中，不属于服务器操作系统的是（　　）。

A．UNIX　　B．Windows Server 2019

C．DOS　　D．Windows Server 2022

2．推荐将 Windows Server 2022 安装在（　　）文件系统分区上。

A．NTFS　　B．FAT

C．FAT32　　D．VFat

3．在下列选项中，（　　）不是 VMware 网络的工作方式。

A．Bridge　　B．Route

C．Host-Only　　D．NAT

4．在下列选项中，（　　）不是 Windows Server 2022 的安装方式。

A．升级安装　　B．远程服务器安装

C．全新安装　　D．DVD 光盘

5．在 Windows Server 2022 虚拟机中，可以使用（　　）组合键登录系统。

A．Ctrl+Alt+Delete　　B．Ctrl+Alt+Home

C．Ctrl+Alt+Insert　　D．Ctrl+Alt+Space

6．Windows Server 2022 安装完成后，用户第一次登录使用的账户是（　　）。

A．Admin　　B．Guest　　C．Administrator　　D．Root

二、实训题

公司新购一台服务器，磁盘空间为 1TB，已经安装了 Windows 10 操作系统。请完成以下要求。

1．在 Windows 10 操作系统上安装 VMware Workstation Pro 17，并在 VMware 中安装 Win2022-1 虚拟机，其服务器操作系统为 Windows Server 2022（Desktop Experience），服务器的硬盘空间为 500GB。

2．主磁盘分区 C：80GB；主磁盘分区 D：200GB；主磁盘分区 E：220GB。

3．Win2022-1 虚拟机的计算机名为 Win2022-1，管理员密码自定，服务器的 IP 地址为 172.16.1.100/24，网关地址为 172.16.1.254，DNS 服务器的 IP 地址为 172.16.1.100。

4．利用克隆功能生成 Win2022-2 虚拟机，并使用 Sysprep 工具重置克隆生成的服务器操作系统。

配置 Windows Server 2022 基本环境

知识目标

1. 熟悉 Windows Server 2022 基本环境的配置和应用。
2. 理解 Windows 防火墙的工作原理和默认状态。
3. 理解远程桌面的作用和实现方法。

能力目标

1. 能完成基本环境的配置。
2. 能实现 IE 增强的安全配置。
3. 能正确设置 Windows 防火墙。
4. 能实现远程桌面的配置和管理。

素质目标

1. 增强信息系统安全意识，在使用服务器操作系统时进行基本的安全配置。
2. 增强知识产权意识，使用正版软件。
3. 增强节约意识，主动使用虚拟化技术，高效利用服务器资源。

本项目单词

Trust Zone：信任区域	Workgroup：工作组	Default：默认
Untrust Zone：非信任区域	Domain：域	Public：公用的
Demilitarized Zone：隔离区域	Defender：防守者	Private：专用的

项目需求

某公司是一家集计算机软硬件产品、技术服务和网络工程于一体的信息技术企业，现在需要网络管理员小王对服务器的操作系统进行基本环境配置。

小王通过对计算机名、TCP/IP 参数、Windows 防火墙和远程桌面的配置，使其实现服务功能。其中，计算机名和 TCP/IP 参数是网络中计算机之间相互通信所需的设置；Windows 防火墙是基于主机的防火墙，也是运行时保护计算机免受恶意用户、网络程序攻击的工具；远程桌面可以极大地方便管理员对服务器进行远程管理。

本项目主要介绍 Windows Server 2022 服务器操作系统的基本环境配置和应用，以便读者能够熟悉其操作与拥有基本的服务器管理能力。项目拓扑结构如图 2.0.1 所示。

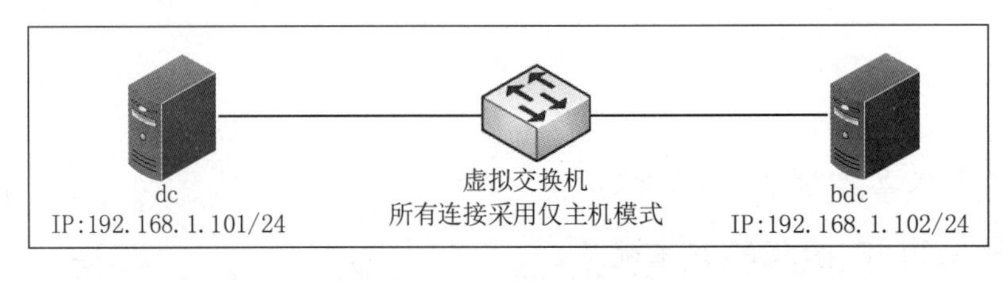

图 2.0.1　项目拓扑结构

任务 2.1　配置基本环境与网络应用

任务描述

某公司的管理员小王已经安装了 Windows Server 2022 服务器操作系统，在正式投入使用之前需要对其进行一些基本的环境配置，如更改计算机和工作组的名称以便后续管理，配置网络参数使虚拟机正常接入网络，关闭 IE 增强的安全设置使其能正常地浏览网站。

任务要求

对服务器操作系统进行一些基本的环境配置是很有必要的。对于初学者来说，更改计算机名称、设置 TCP/IP 参数等操作都是必须掌握的。Windows Server 2022 的基本设置如表 2.1.1 所示。

表 2.1.1　Windows Server 2022 的基本设置

项　　目	说　　明	
计算机名	dc	bdc
工作组名	PHEI	PHEI
IP 地址/子网掩码	192.168.1.101/24	192.168.1.102/24
默认网关	192.168.1.254	192.168.1.254
IE 增强的安全配置	关闭	关闭

任务实施

在安装完成后，应先进行一些基本配置，如计算机名、IP 地址等，这些均可在“服务器管理器”窗口中完成。本任务以 Server1 服务器为例进行设置。

1. 更改计算机和工作组的名称

Windows Server 2022 在安装过程中不需要设置计算机名，而是使用由系统随机配置的计算机名。但系统配置的计算机名不仅冗长，还不便于记忆。因此，为了更好地标识和识别服务器，应将其改为易记或具有一定意义的名称。

步骤 1：单击桌面左下角的“开始”菜单按钮，在弹出的菜单中选择“服务器管理器”命令，打开“服务器管理器”窗口，选择左侧的“本地服务器”选项，打开“本地服务器”选项卡，单击“计算机名”右侧的“WIN-95FE2909QUE”文字链接，如图 2.1.1 所示。

步骤 2：在弹出的“系统属性”对话框中，选择“计算机名”选项卡，单击“更改”按钮，如图 2.1.2 所示。

步骤 3：在弹出的“计算机名/域更改”对话框中输入新的计算机名“dc”，选中“工作组”单选按钮并在文本框中输入工作组名“PHEI”，如图 2.1.3 所示，单击“确定”按钮。在提示对话框中，单击“确定”按钮，如图 2.1.4 所示。

步骤 4：在提示对话框中，单击“确定”按钮，如图 2.1.5 所示。

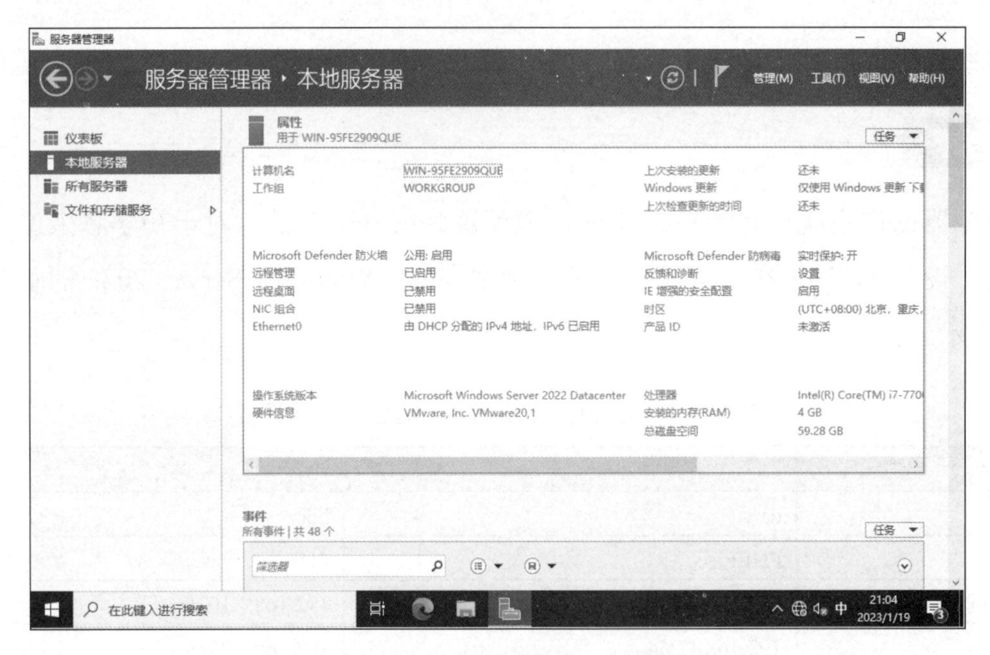

图 2.1.1 “本地服务器”选项卡

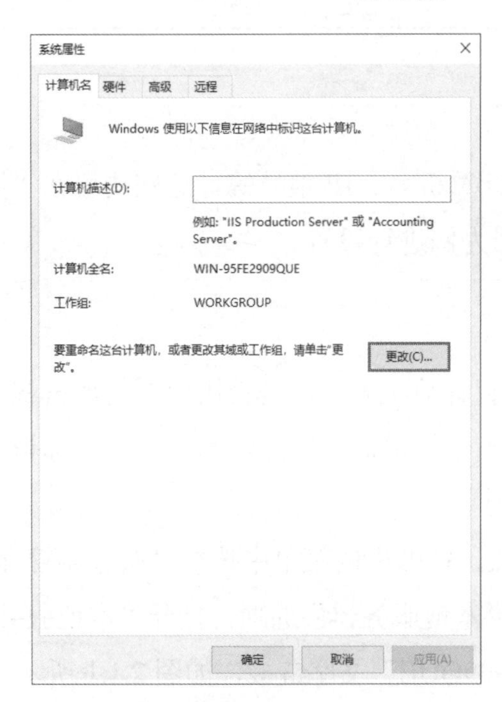

图 2.1.2 “计算机名”选项卡

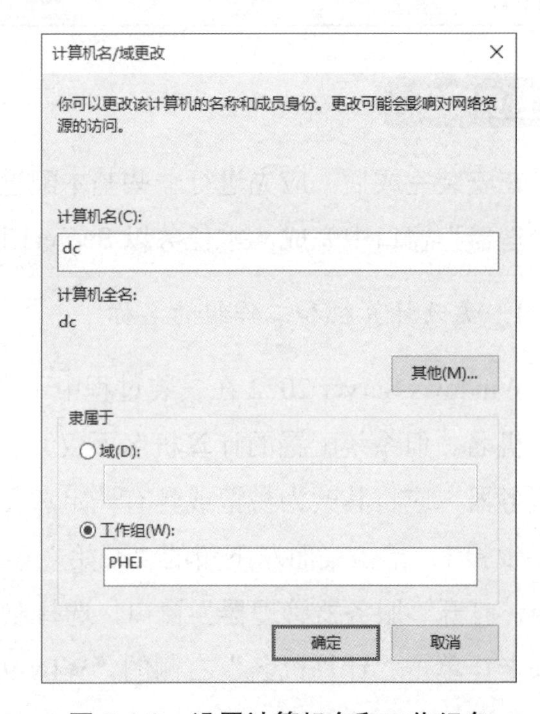

图 2.1.3 设置计算机名和工作组名

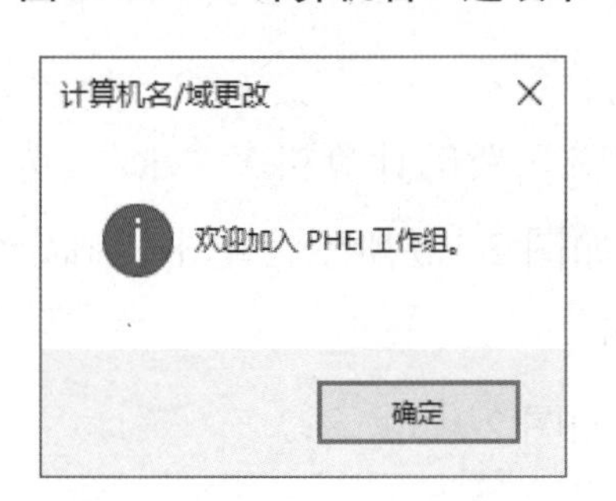

图 2.1.4 提示对话框（1）

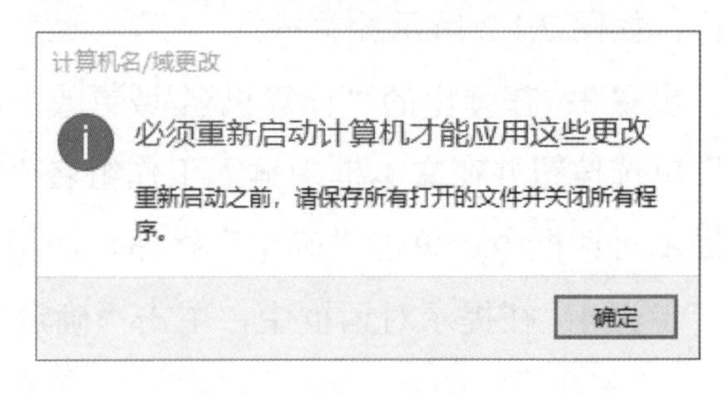

图 2.1.5 提示对话框（2）

步骤 5：返回“系统属性”对话框，单击“关闭”按钮，如图 2.1.6 所示。

步骤 6：在“Microsoft Windows”提示对话框中，单击“立即重新启动”按钮，如图 2.1.7 所示。重新启动计算机后，只需打开“服务器管理器”窗口，选择“本地服务器”选项，即可在“本地服务器”选项卡中查看修改后的计算机名。

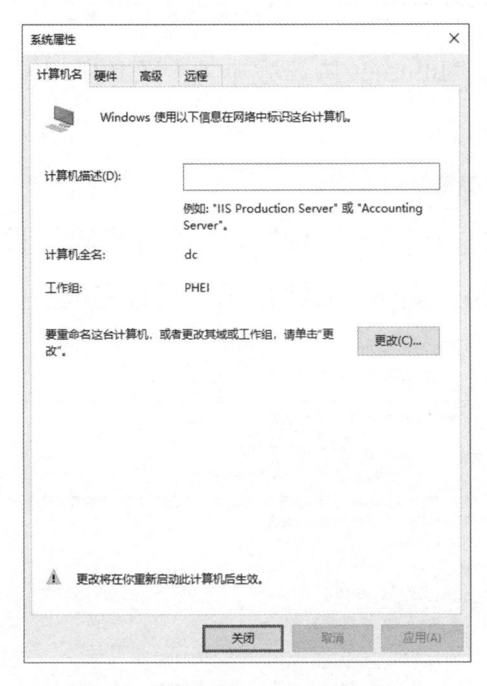

图 2.1.6 单击“关闭”按钮

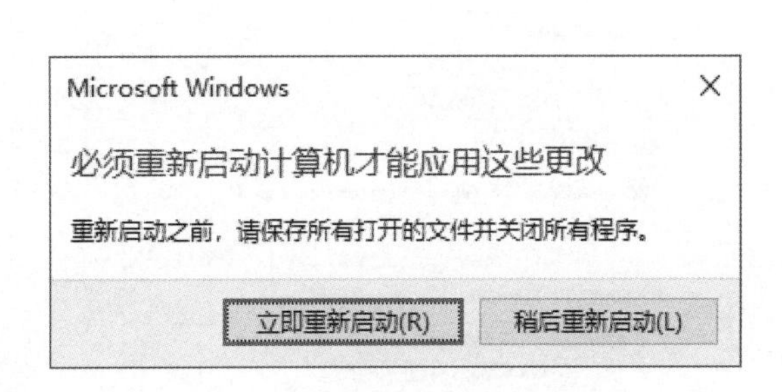

图 2.1.7 提示对话框（3）

2. 配置网络

步骤 1：打开“服务器管理器”窗口，选择左侧的“本地服务器”选项，打开“本地服务器”选项卡，单击“Ethernet0”右侧的“由 DHCP 分配的 IPv4 地址，IPv6 已启用”文字链接，如图 2.1.8 所示。

步骤 2：在“网络连接”窗口中的网络适配器“Ethernet0”上右击，在弹出的快捷菜单中选择“属性”命令，如图 2.1.9 所示。

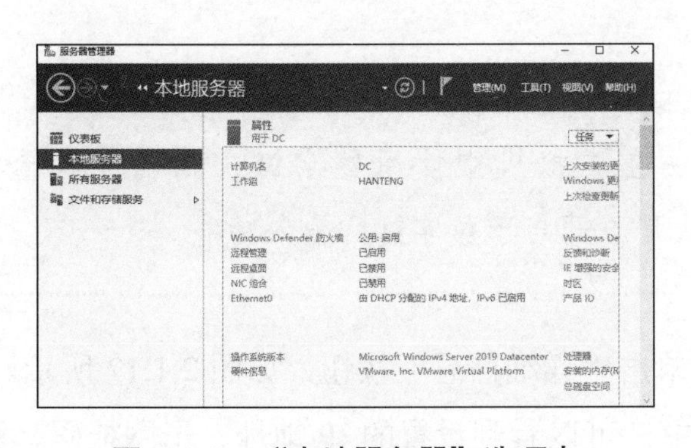

图 2.1.8 “本地服务器”选项卡

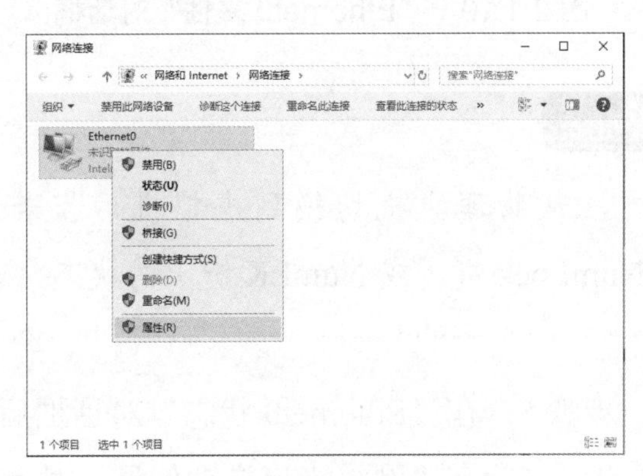

图 2.1.9 选择“属性”命令

小贴士：

在 Windows 系统中，按 Windows+R 组合键，打开“运行”对话框，在“打开”文本框中输入命令“ncpa.cpl”，可快速打开“网络连接”窗口。

步骤 3：在“Ethernet0 属性”对话框中，勾选“Internet 协议版本 4（TCP/IPv4）”复选框，单击“属性”按钮，如图 2.1.10 所示。

步骤 4：在“Internet 协议版本 4（TCP/IPv4）属性”对话框中，选中“使用下面的 IP 地址”单选按钮，将服务器的“IP 地址”设置为“192.168.1.101”，“子网掩码”设置为“255.255.255.0”，“默认网关”设置为 192.168.1.254，如图 2.1.11 所示。设置完成后，单击“确定”按钮。

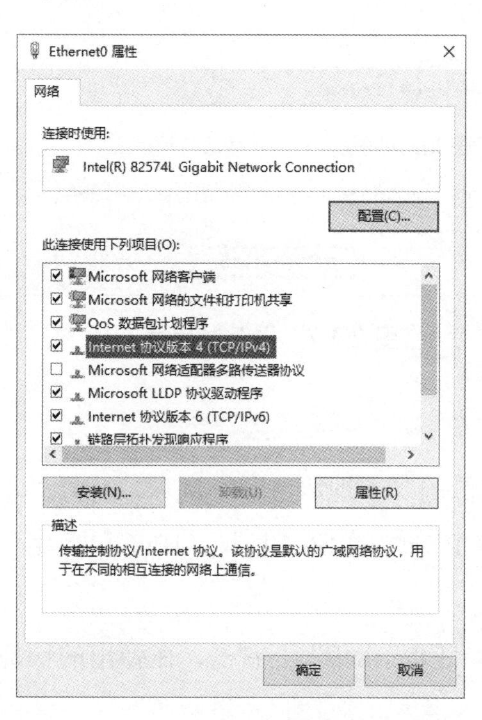

图 2.1.10 “Ethernet0 属性”对话框

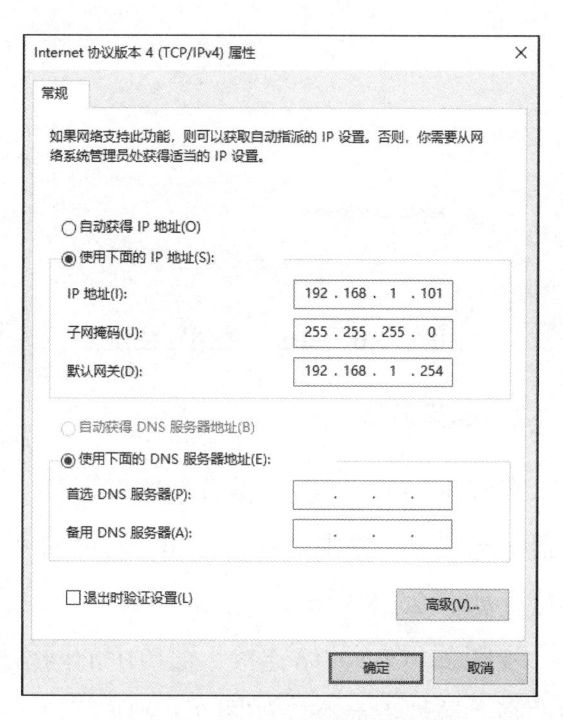

图 2.1.11 手动设置 IP 地址

小贴士：

从物理主机切换到虚拟机后，若无法在虚拟机中使用数字键，则需要检查 NumLock 键（或 NumLK 键）的状态，确认是否开启了数字键的输入功能。

步骤 5：在“Ethernet0 状态”对话框后，单击“详细信息”按钮，如图 2.1.12 所示。

步骤 6：在“网络连接详细信息”对话框中，可以看到设置的 IP 地址、子网掩码、默认网关都已生效，如图 2.1.13 所示。

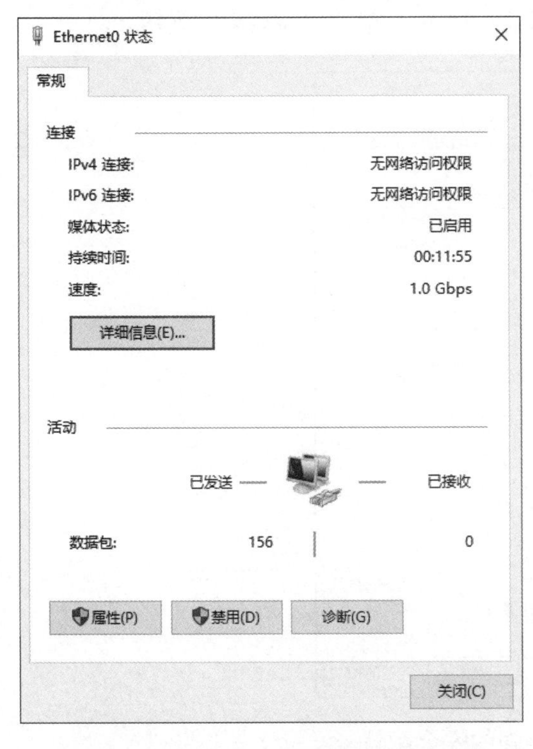

图 2.1.12　单击“详细信息”按钮

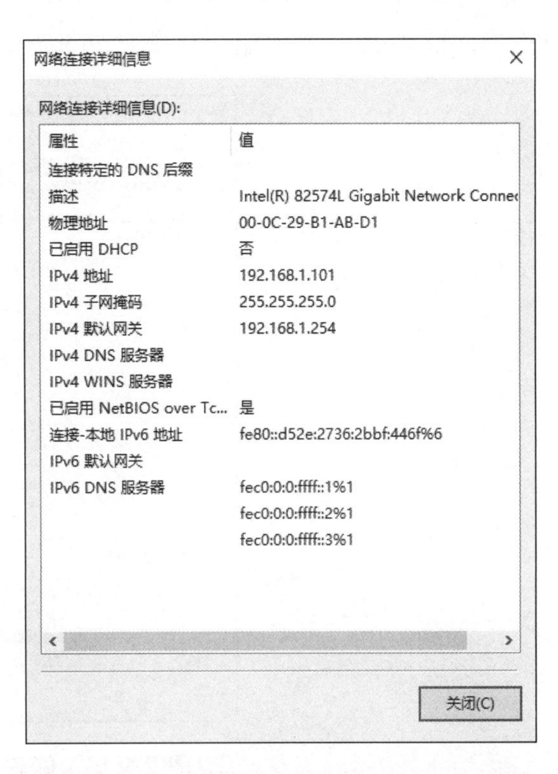

图 2.1.13　“网络连接详细信息”对话框

3. 关闭 IE 增强的安全配置

IE 增强的安全配置（IE ESC），是 Windows Server 2012 R2 等系统为保障服务器的安全而对 Internet Explorer 浏览器（以下简称 IE 浏览器）默认启用的设置，用来减少在使用当前服务器上的 IE 浏览器访问网站时可能出现的服务器暴露问题，如用户在访问网站时需要在弹出的提示对话框中添加对网站的信任，否则无法访问网站。如果需要调整 IE 的安全级别，以便直接连接要访问的网站，则应关闭“IE 增强的安全配置”功能。

步骤 1：在“本地服务器”选项卡中，单击“IE 增强的安全配置”右侧的“启用”文字链接，如图 2.1.14 所示。

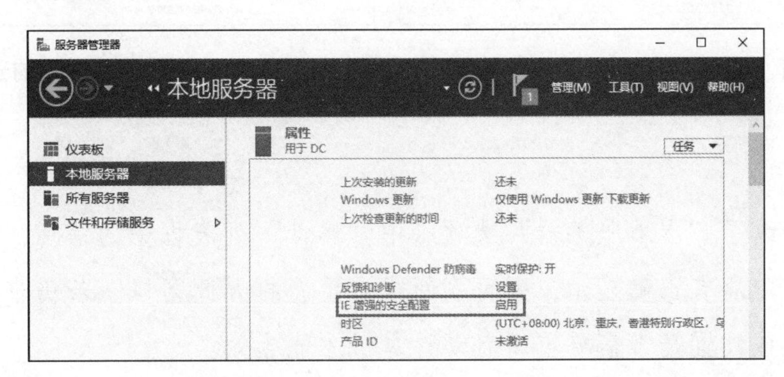

图 2.1.14　单击“IE 增强的安全配置”右侧的“启用”文字链接

步骤 2：在“Internet Explorer 增强的安全配置”对话框中，分别在“管理员”选区和“用户”选区中选中“关闭”单选按钮，如图 2.1.15 所示，单击“确定”按钮。

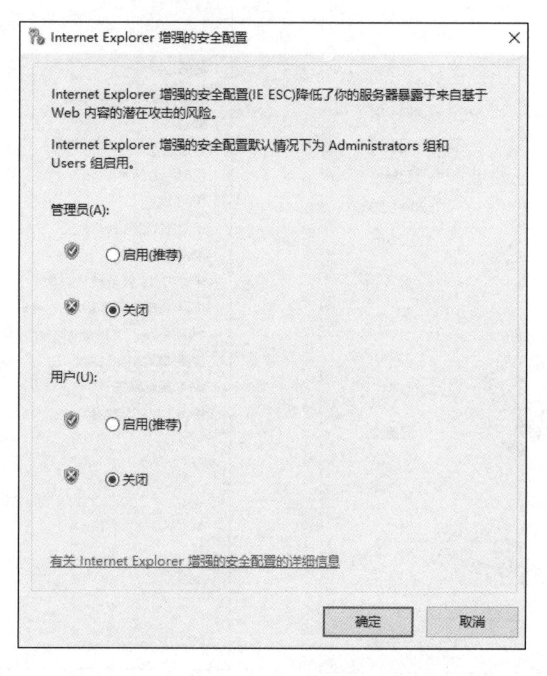

图 2.1.15　修改 IE 增强的安全配置

步骤 3：返回“本地服务器”选项卡可以看到“IE 增强的安全配置”为“关闭”状态，如图 2.1.16 所示。

步骤 4：设置完成后，打开 IE 浏览器，若有“警告：Internet Explorer 增强的安全配置未启用”，则表明已经关闭“IE 增强的安全配置”功能，如图 2.1.17 所示。

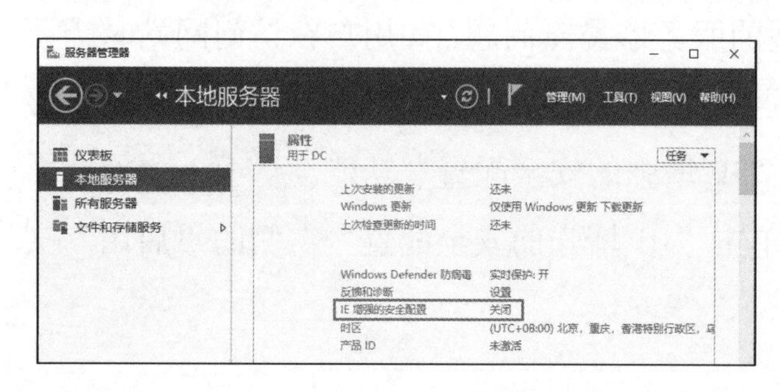

图 2.1.16　查看“IE 增强的安全配置”的状态

图 2.1.17　已关闭“IE 增强的安全配置”功能

小贴士：

若已经修改了“本地服务器”选项卡中“属性”列表框中的信息，但在“服务器管理器”窗口中没有正确显示，则可刷新或者重新打开此窗口。若仍未正确显示，则需进一步确认该设置是否需要重新启动计算机才能生效。

步骤 5：关闭该功能后，IE 的安全级别会自动调整为“中-高”，不会阻挡要连接的网站。

打开 IE 浏览器，按 Alt 键，弹出“Internet 选项”对话框，选择“安全”选项卡，可以看到该区域的安全级别为“中-高”，如图 2.1.18 所示。

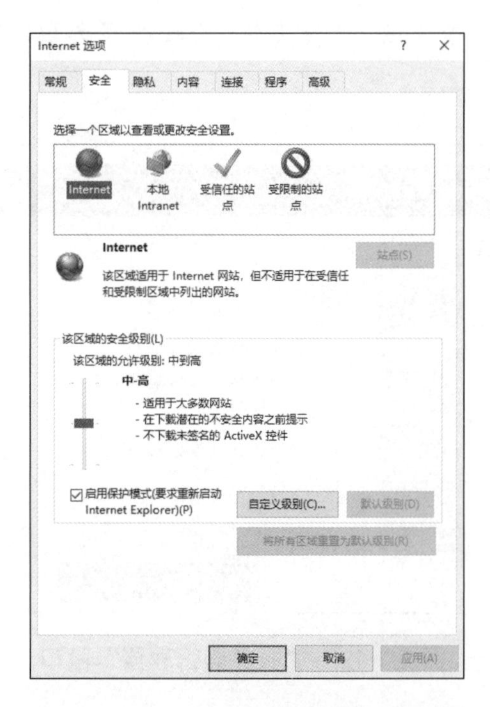

图 2.1.18 “Internet 选项”对话框

知识链接

1. 服务器管理器

服务器管理器是 Windows Server 2022 中的管理控制台，用来帮助 IT 专业人员基于 Windows 的本地服务器和远程服务器进行其他桌面的配置和管理。服务器管理器是 Windows Server 2022 中扩展的 Microsoft 管理控制台（MMC），允许查看和管理影响服务器工作效率的主要信息。服务器管理器用于管理服务器的标志和系统信息，显示服务器状态，通过服务器角色配置来识别问题，以及管理服务器上已安装的所有角色。服务器管理器缓解了企业对多个服务器角色进行管理和安全保护的任务压力。

在 Windows Server 2022 系统管理中有两个重要的概念：角色和功能，相当于 Windows Server 2003 中的 Windows 组件。其中，重要的组件被划分到 Windows Server 2022 角色，而其他服务和服务器功能的实现则被划分到 Windows Server 2022 功能。

角色是 Windows Server 2022 中的一个新概念，主要是指服务器角色，即运行某个特定服务的服务器角色。当一台硬件服务器安装了某个服务后，这台机器就被赋予了某种角色，这个角色为应用程序、计算机或整个网络环境提供了相应的服务。

功能是一些软件程序，不直接构成角色，但可以支持或增强角色，甚至可以增强整个服务器的功能应用。例如，“Telnet 客户端”功能允许通过网络与 Telnet 服务器进行远程通信，从而全面实现服务器的通信应用。

“服务器管理器”窗口主要包含 “仪表板”“本地服务器”“所有服务器”“文件和存储服务”等选项，如图 2.1.19 所示。

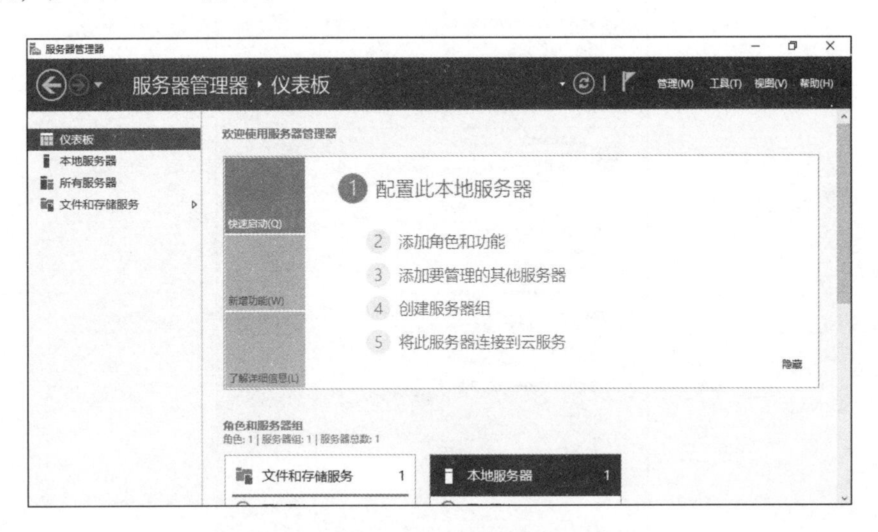

图 2.1.19 “服务器管理器”窗口

2. 计算机名

计算机名用来标识计算机在网络中的身份，如同人的名字。在同一网络中，计算机名是唯一的，系统安装完成后会自动设置计算机名。用户可以根据此计算机所承担的服务角色来设置容易识别的名称，即从网络中看到的计算机名。

3. 工作组

用户可以利用 Windows Server 2022 构建网络，以便将网络上的资源共享给其他用户。Windows Server 2022 支持工作组（Workgroup）和域（Domain）两种网络类型。

工作组就是将不同的计算机按功能分别列入不同的组中，以便管理。例如，一个公司分为财务部、市场部等部门，用户可以将财务部的计算机全部列入财务部的工作组中，市场部的计算机全部列入市场部的工作组中。如果需要访问财务部的资源，就在“网络”窗口中找到财务部的工作组，双击即可看到该财务部的计算机了。工作组实现的是一种分散的管理方式，所有计算机都是独立自主的。用户账户和权限信息被保存在本机中，同事间可以借助工作组来共享信息，而共享信息的权限设置由每台计算机自身控制。任何一台计算机只要接入网络，其他计算机就都可以访问其共享资源，如共享文件等。

关于域的网络类型将在后面的项目中进行介绍。

任务拓展

在 bdc 虚拟机上使用 netsh 命令完成 IP 地址的配置，具体要求如下。

（1）IP 地址为 192.168.1.102/24。

（2）默认网关为 192.168.1.254。

任务 2.2 配置防火墙允许远程桌面访问

任务描述

某公司的服务器投入使用后，需要承载公司销售人员和技术人员的培训类等多种课程，在某些课程中需要借助虚拟机来搭建可连通的网络环境。Windows Server 2022 服务器操作系统默认开启了防火墙，拒绝其他计算机使用 ping 等命令测试系统的连通性，并默认阻挡绝大部分的入站连接。

任务要求

管理器小王使用两台安装有 Windows Server 2022 服务器操作系统的虚拟机分别测试开启、关闭防火墙时 ping 命令的执行效果，以及尝试设置防火墙规则，并通过两台虚拟机实现远程桌面的管理。Windows 防火墙的设置要求如表 2.2.1 所示。

表 2.2.1　Windows 防火墙的设置要求

项　目	说　明
dc 计算机	测试由 dc 到 bdc 的连通性
	解除 dc 防火墙对远程桌面的阻拦
	开启远程桌面功能
bdc 计算机	关闭 bdc 计算机的防火墙
	对 dc 进行远程桌面管理

任务实施

1. 配置 Windows 防火墙

1）关闭 bdc 计算机的防火墙

步骤 1：在“本地服务器”选项卡中，单击“Microsoft Defender 防火墙”右侧的“公用:启用”文字链接，如图 2.2.1 所示。

步骤 2：在“Windows 安全中心”窗口的“防火墙和网络保护”界面中，选择“公用网络（使用中）”选项，如图 2.2.2 所示。

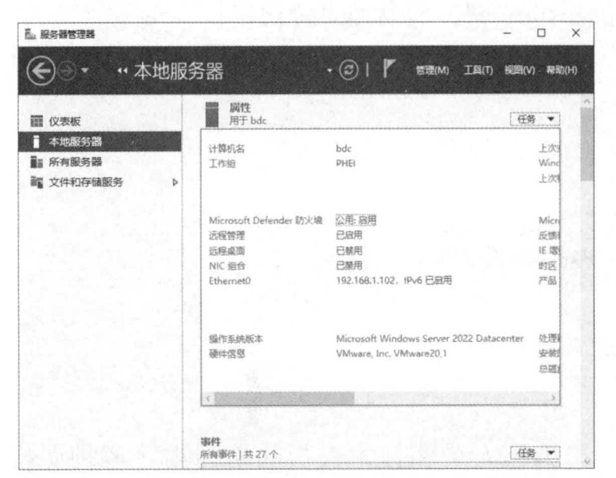

图 2.2.1 单击“Microsoft Defender 防火墙”右侧的“公用:启用”文字链接

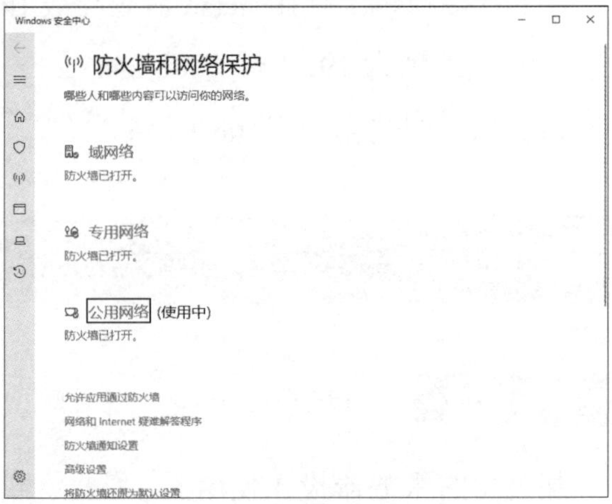

图 2.2.2 “防火墙和网络保护”界面

步骤 3：在“公用网络”界面中，单击“Microsoft Defender 防火墙”选区中的开关按钮，关闭防火墙，如图 2.2.3 所示。

步骤 4：刷新“服务器管理器”窗口，在“本地服务器”选项卡中可以看到服务器 bdc 的 Windows 防火墙已经关闭，如图 2.2.4 所示。

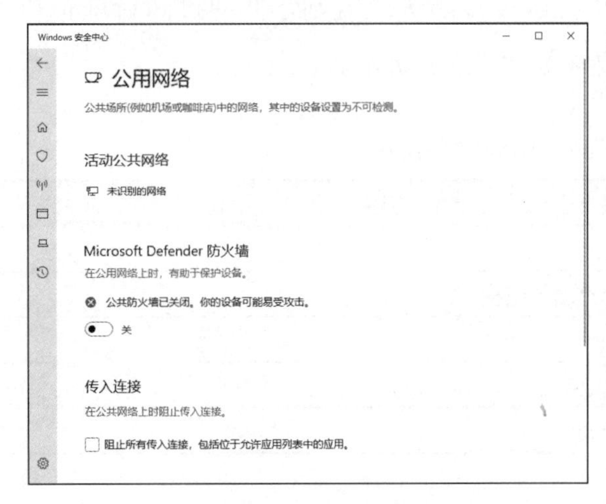

图 2.2.3 关闭防火墙

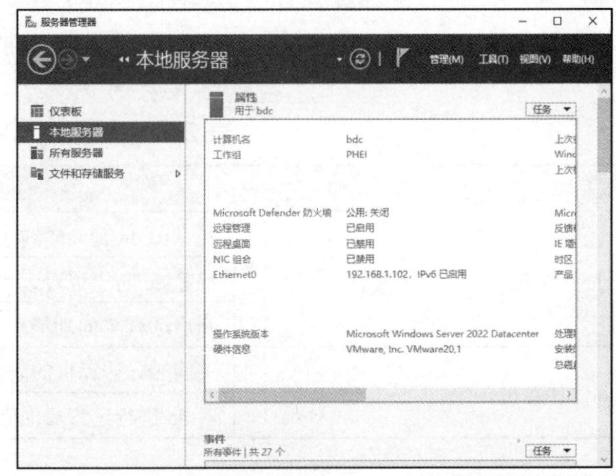

图 2.2.4 关闭 Windows 防火墙后的系统属性

2）测试由 dc 到 bdc 的连通性

步骤 1：右击“开始”菜单按钮，在弹出的快捷菜单中选择“运行”命令，弹出“运行”对话框。在“打开”文本框中输入命令“cmd”，如图 2.2.5 所示，单击“确定”按钮。

步骤 2：在命令提示符窗口中输入命令“ping 192.168.1.102”，从回显结果中可以看到从 dc 到 bdc 处于连通状态，如图 2.2.6 所示。

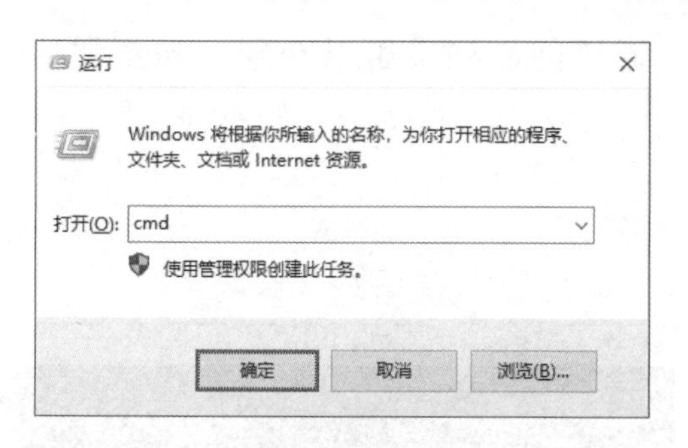

图 2.2.5 输入命令“cmd”

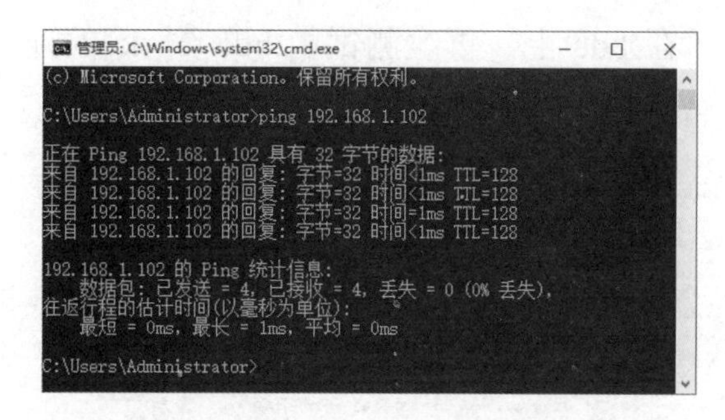

图 2.2.6 ping 命令的回显结果

小贴士：

使用 Windows+R 组合键可以快速打开“运行”对话框。

3）测试由 bdc 到 dc 的连通性

在 bdc 上，测试由 bdc 到 dc 的连通性，ping 命令的回显结果为“请求超时”，如图 2.2.7 所示。因为 dc 默认开启了 Windows 防火墙，其默认的入站规则阻止了外部主机的 ICMP 回显请求。

4）在 dc 的入站规则中开启 ICMP 回显

步骤 1：在“防火墙和网络保护”界面中，单击下方的“高级设置”文字链接，如图 2.2.8 所示。

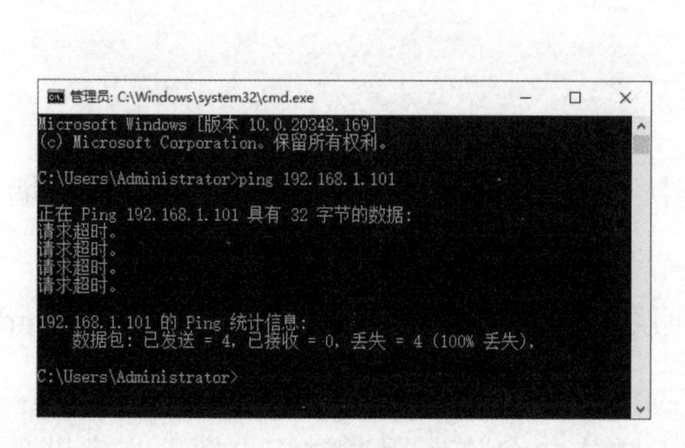

图 2.2.7 ping 命令的回显结果为“请求超时”

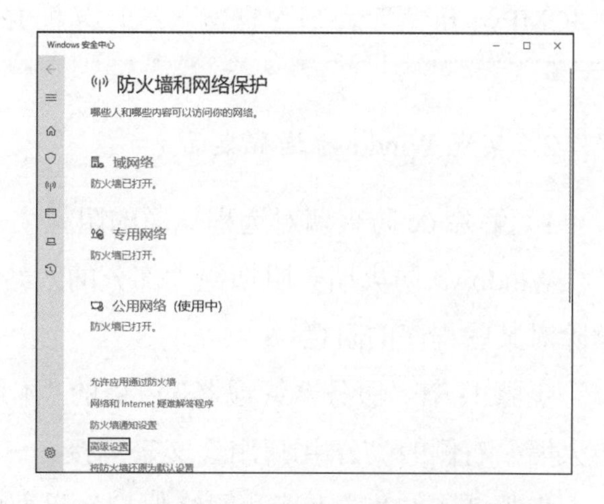

图 2.2.8 单击“高级设置”文字链接

步骤 2：在 dc 的“高级安全 Windows Defender 防火墙”窗口中，先选择左侧的“入站规则”选项，再选择右侧的“文件和打印机共享（回显请求-ICMPv4-In）”选项并右击，在弹出的快捷菜单中选择“启用规则”命令，如图 2.2.9 所示。

5）再次测试由 bdc 到 dc 的连通性

在 bdc 上，再次测试由 bdc 到 dc 的连通性，通过回显结果可以看到由 bdc 到 dc 能够连通，如图 2.2.10 所示。

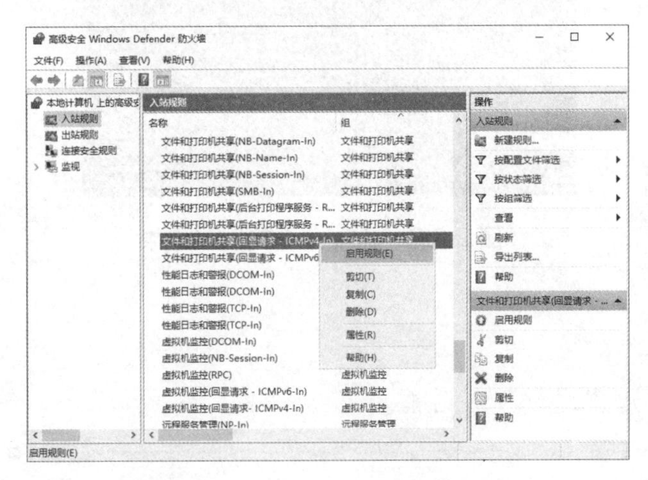

图 2.2.9　选择“启用规则”命令

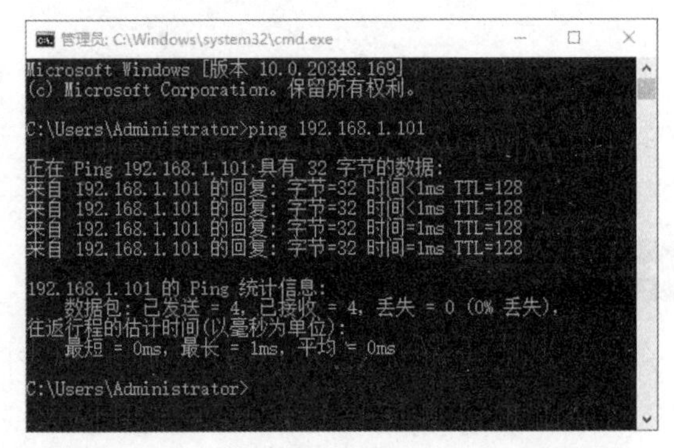

图 2.2.10　测试由 bdc 到 dc 的连通性

小贴士：

ICMP（Internet Control Message Protocol，Internet 控制报文协议）用于在主机和具有路由功能的设备之间传递控制消息。在 Windows 系统中，用来测试连通性的 ping 命令和用来跟踪路由的 tracert 命令都是通过 ICMP 实现的。不同 ICMP 报文的数据类型（Type）表示的含义也不同，使用较多的有回显请求（Type=8）和回显应答（Type=0）。ICMPv4-In 表示外部主机向本地计算机 IPv4 地址发起的回显请求。

2. 实现 Windows 远程桌面

1）解除 dc 防火墙对远程桌面的阻拦

Windows 防火墙会阻挡绝大部分的入站连接，但用户可以通过允许应用通过防火墙来解除对某些程序的阻拦。

步骤 1：在“服务器管理器”窗口的“本地服务器”选项卡中，单击“Microsoft Defender 防火墙”右侧的“公用:启用”文字链接。

步骤 2：在“防火墙和网络保护”界面中，单击“允许应用通过防火墙”文字链接，如图 2.2.11 所示。

步骤 3：在“允许的应用”对话框的“允许的应用和功能”列表中，勾选“远程桌面”复选框，如图 2.2.12 所示。

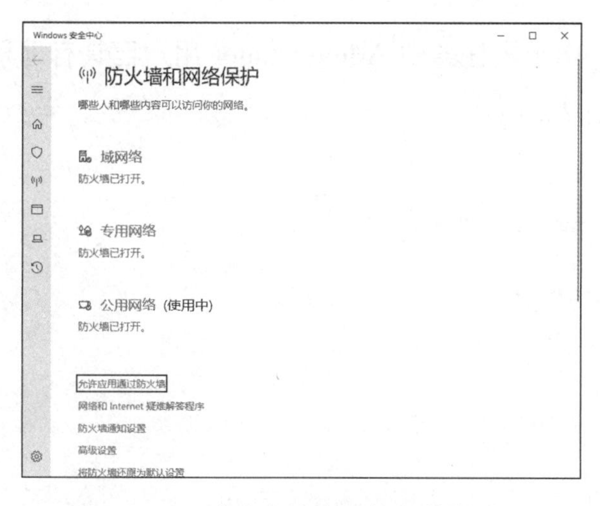

图 2.2.11 “防火墙和网络保护”界面

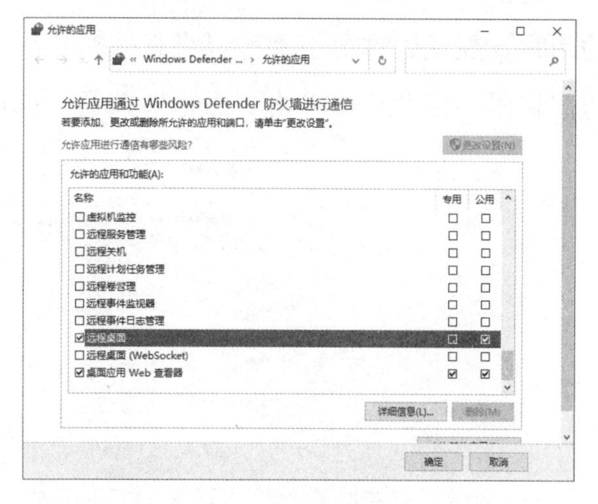

图 2.2.12 “允许的应用”对话框

2）开启远程桌面功能

步骤 1：在 dc 上打开“服务器管理器”窗口，选择“本地服务器”选项，在“本地服务器”选项卡中单击“远程桌面”右侧的“已禁用”文字链接，如图 2.2.13 所示。

步骤 2：在“系统属性”对话框的“远程”选项卡中，选中“允许远程连接到此计算机”单选按钮，如图 2.2.14 所示。如果需要指定远程桌面用户，则单击“选择用户”按钮。

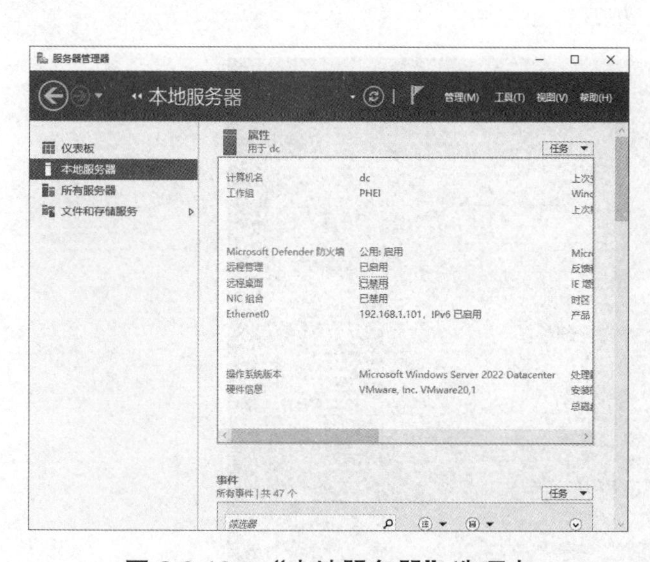

图 2.2.13 “本地服务器”选项卡

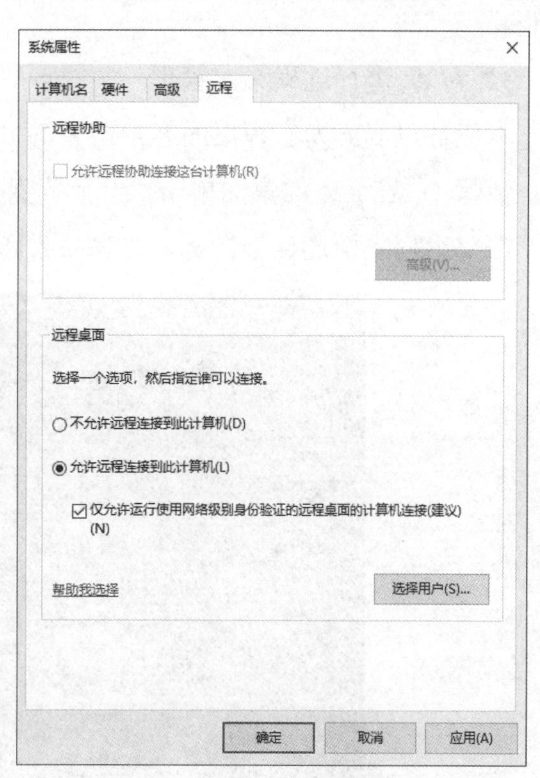

图 2.2.14 选中“允许远程连接到此计算机”单选按钮

步骤 3：在“远程桌面用户”对话框中，单击“添加”按钮，选择允许远程桌面连接的用户，默认管理员组都可以进行远程连接。由于本任务中 Administrator 用户已具有远程访问权限，因此直接单击“确定”按钮，如图 2.2.15 所示。

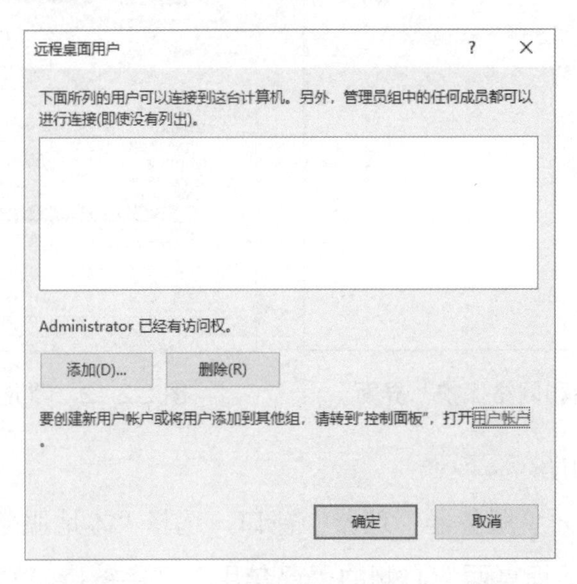

图 2.2.15 “远程桌面用户”对话框

步骤 4：返回“系统属性”对话框，单击“确定”按钮。至此，已开启 dc 的远程桌面功能。

3）对 dc 进行远程桌面管理

本任务以 bdc 为远程桌面客户端，对 dc 进行远程管理。

步骤 1：在 bdc 的桌面单击“开始”菜单按钮，在弹出的“Windows Server”管理界面中单击“远程桌面连接”图标，如图 2.2.16 所示。

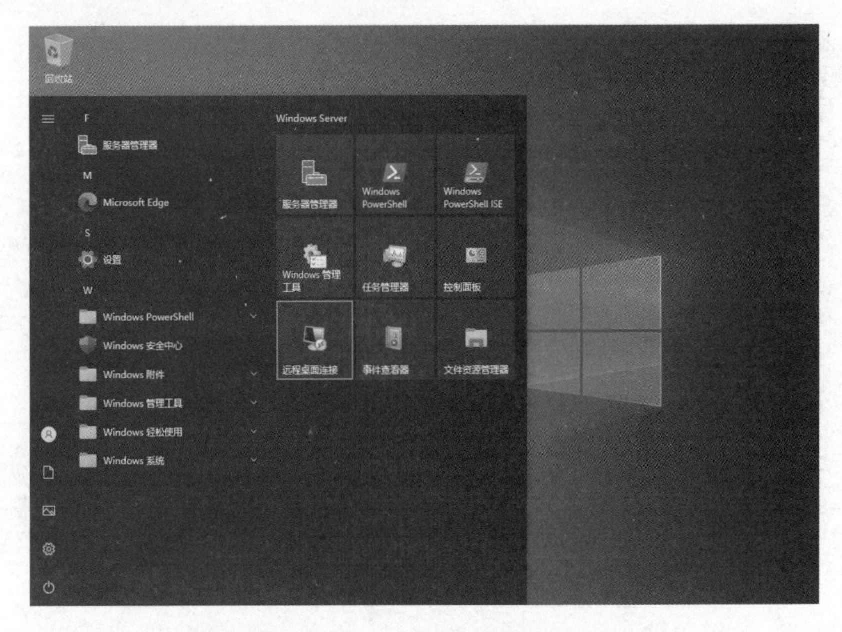

图 2.2.16 单击“远程桌面连接”图标

小贴士：

除此之外，还可以直接运行文件“mstsc.exe”，打开“远程桌面连接”窗口。

步骤 2：在“远程桌面连接”窗口的“计算机”文本框中输入远程计算机的 IP 地址，此处输入 dc 的 IP 地址“192.168.1.101”，如图 2.2.17 所示，单击“连接”按钮。

步骤 3：在弹出的“Windows 安全中心”对话框中输入用于远程连接的凭据，此处输入 dc 的 Administrator 用户名及其密码，如图 2.2.18 所示，单击“确定”按钮。

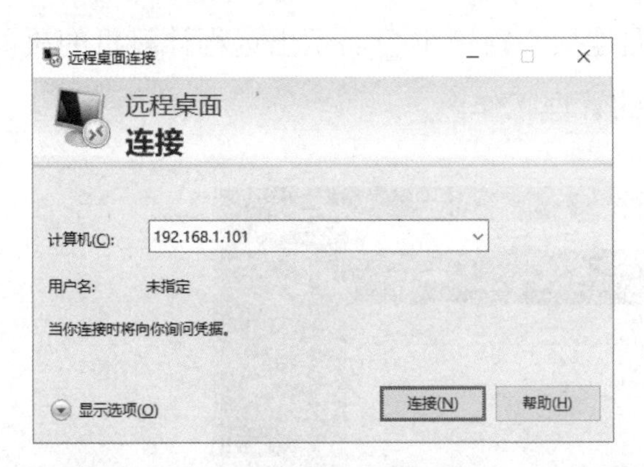

图 2.2.17 输入远程计算机的 IP 地址

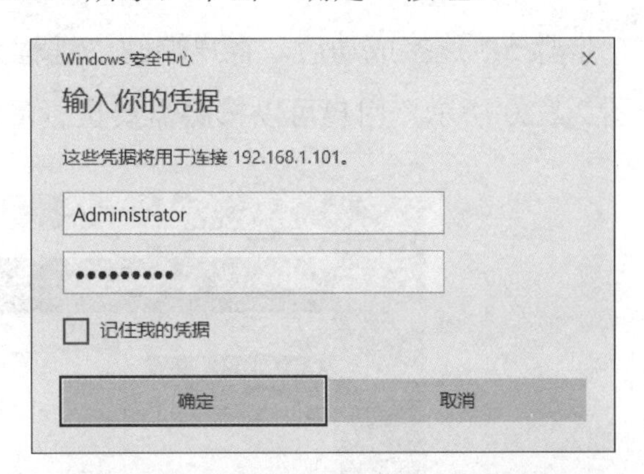

图 2.2.18 输入用于远程访问的凭据

步骤 4：在弹出的“远程桌面连接”对话框中，单击“是”按钮，如图 2.2.19 所示。

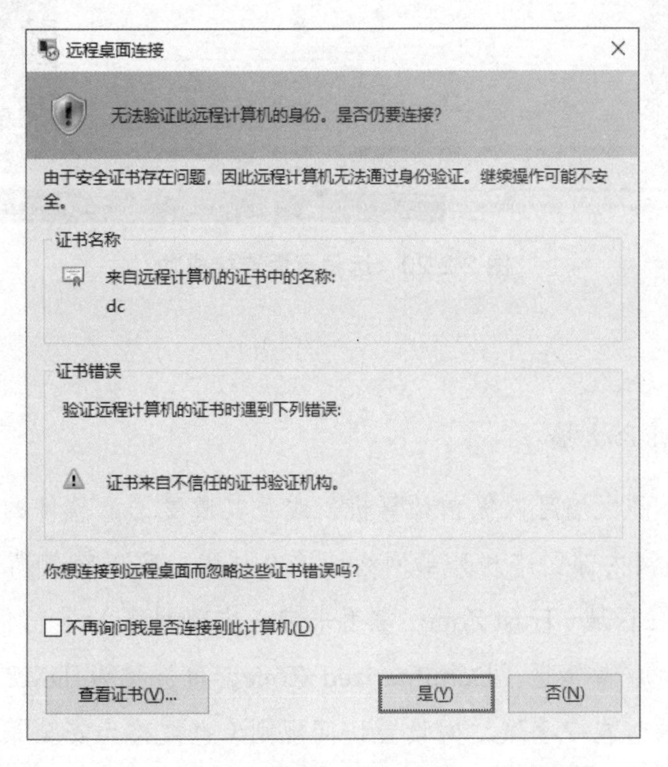

图 2.2.19 “远程桌面连接”对话框

小贴士：

Windows Server 2022 的远程桌面服务会借助证书服务增加安全性。如果客户端和服务器端（远程计算机）处于同一 Active Directory 域环境中，则会自动信任企业根证书颁发机构。在一般情况下，由于服务器端（远程计算机）的证书是自签名证书，因此客户端默认不信任该证书，可以选择忽略证书错误，也可添加对证书的信任或设置为不显示警告。

步骤 5：连接成功后，客户端的“远程桌面连接”窗口中会显示出远程计算机的桌面，如图 2.2.20 所示，用户可以按照需要进行后续的管理工作。

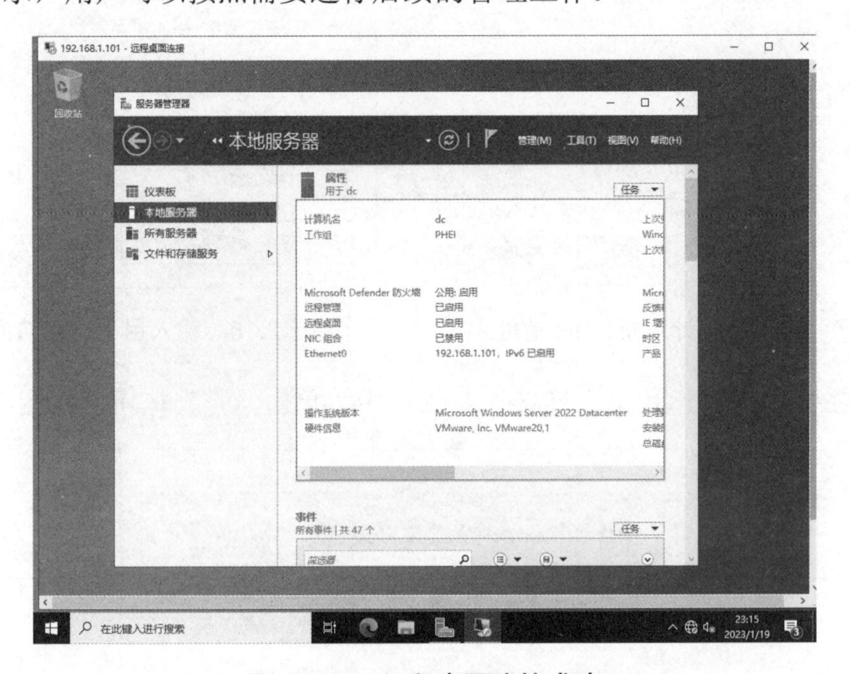

图 2.2.20　远程桌面连接成功

知识链接

1. 认识 Windows 防火墙

内置的 Windows 防火墙可以保护计算机，避免其遭受恶意软件的攻击。

防火墙是一种隔离内部网络和外部网络的安全技术，可以将其所连接的不同网络划分为多个安全域，如信任区域（Trust Zone，常用来定义内部网络）、非信任区域（Untrust Zone，常用来定义外部网络）、隔离区（Demilitarized Zone，也被称为 DMZ，常用来定义内部服务器所在网络），并通过在安全域之间设置访问规则（也被称为安全策略）来保护网络及计算机。

防火墙可以是硬件，也可以是软件。Windows Server 2022 服务器操作系统中的防火墙可以保护计算机不受外部攻击。系统将网络位置分为专用网络、公用网络和域网络，可以自动判断并设置为计算机所在的网络位置。为了增加计算机在网络中的安全性，位于不同网络位置的计算机有着不同的 Windows 防火墙设置。例如，位于公用网络的计算机，其防火墙设置得较为严格；而位于专用网络的计算机防火墙，则设置得较为宽松。

Windows 防火墙是运行在 Windows 系统中的软件，默认为启用状态，用来阻止所有未在允许规则中的传入连接（入站）。在关闭 Windows 防火墙后，允许任意传入连接（入站）。在工作组的模式下，位于公用网络的计算机之间是无法通信的。

2. 高级安全 Windows 防火墙概述

Windows Server 2022 可以针对不同的网络位置设置不同的 Windows 防火墙规则和不同的配置文件，并且可以更改这些配置文件。在"高级安全 Windows Defender 防火墙"窗口中针对域网络、专用网络和公用网络分别设置入站规则与出站规则。

（1）阻止（默认值）：阻止没有防火墙规则明确允许连接的所有连接。

（2）阻止所有连接：无论是否有防火墙规则明确允许的连接，全部阻止。

（3）允许（默认值）：允许连接，但有防火墙规则明确阻止的连接除外。

任务拓展

启用 Windows Server 2022 的远程桌面，允许客户端使用 manager 账户访问远程服务器。

▶ 练习题

一、选择题

1. Windows Server 2022 支持工作组和（　　）两种网络类型。

A. 域　　B. 对等网

C. 文件夹　　D. 远程访问服务器

2. 使用命令（　　），可以打开"Windows Defender 防火墙"窗口。

A. windowsfirewall　　B. firewall.msc

C. firewall.cpl　　D. windowsfirewall.cpl

3. 在 Windows Server 2022 系统管理中有两个重要的概念：角色和（　　）。

A. 域　　B. 功能

C. 防火墙　　D. 注册表

4．使用命令（　　），可以打开远程桌面连接客户端。

A．mstsc　　B．telnet

C．firewall.cpl　　D．services.msc

5．使用命令（　　），可以打开“网络连接”窗口。

A．mstsc　　B．telnet

C．ncpa.msc　　D．ncpa.cpl

二、实训题

公司新购的服务器已经安装了Windows Server 2022服务器操作系统，请完成以下要求。

1．关闭服务器的防火墙。

2．关闭“IE 增强的安全配置”功能。

管理本地用户账户、本地组账户和本地组策略

知识目标

1. 理解本地用户账户、本地组账户的基本概念与功能。
2. 理解本地组策略的概念、分类和作用。

能力目标

1. 能创建和管理本地用户账户。
2. 能创建和管理本地组账户。
3. 能够完成本地组策略安全管理的操作。

素质目标

1. 增强信息系统安全意识，能对用户账户进行必要的安全设置。

2. 锻炼统筹规划、交流沟通、独立思考的能力，能依据项目需求合理规划本地用户账户、本地组账户和本地安全策略。

本项目单词

Security Identifier（SID）：安全标识符　Users：用户　Group：组
Everyone：每个人（任何人）　Policy：策略　Account：账户
Guest：客人（来宾）　Option：选项　Local：本地的

项目需求

某公司是一家电子商务运营公司，现在公司员工要对计算机进行操作，但员工必须拥有合法的账户和密码，才能进入系统。用户是计算机使用者在计算机系统中的身份映射，不同用户拥有不同权限。每个用户都包含一个名称和一个密码，相当于登录计算机系统的钥匙。Windows Server 2022 提供的用户账户管理功能可以很好地解决账户和密码的问题。

通过对本地用户账户和本地组账户的配置来实现每位员工都拥有合法的账户和密码。作为多用户、多任务的操作系统，Windows Server 2022 拥有一个完备的系统账户和安全、稳定的工作环境，系统提供的账户类型主要包括本地用户账户和本地组账户。用户只有登录到系统中，才能够使用系统所提供的资源。

本项目主要介绍 Windows Server 2022 本地用户账户和本地组账户的创建与应用，以便系统管理员根据本地组策略的设置情况，增加服务器的安全性。

任务 3.1 管理本地用户账户

任务描述

某公司的员工想通过用户账户登录服务器，或者通过网络访问服务器及网络资源，这就需要通过在服务器上建立本地用户账户来实现，而用户账户是用户在 Windows Server 2022 服务器操作系统中的唯一标志。网络管理员小王为了满足公司员工的访问需求，对每个员工创建不同的用户账户。

任务要求

Windows Server 2022 通过创建账户，并赋予账户合法的权限来保证使用网络和计算机资源的合法性，以确保数据访问、存储的安全性。在使用 Windows Server 2022 创建用户账户时，其权限分配如表 3.1.1 所示。

表 3.1.1 用户账户及权限分配

姓 名	用户账户	全 名	密 码	密码选项	角 色	备 注
小王	Admin	Admin	自定义	用户下次登录时须更改密码	网络管理员	网络管理员
张三	Zhangsan	Zhangsan			销售部员工	Sales 组
李四	Lisi	Lisi				
彭五	Pengwu	Pengwu			财务部员工	Finances 组
赵六	Zhaoliu	Zhaoliu				

任务实施

1. 创建本地用户账户

用户必须拥有管理员权限，才可以执行创建本地用户账户的操作，并通过“计算机管理”窗口中的“本地用户和组”选项来创建本地用户账户，具体步骤如下。

步骤 1：以 Administrator 身份登录系统，依次选择“开始”→“服务器管理器”→“工具”→“计算机管理”命令，打开“计算机管理”窗口，如图 3.1.1 所示。

步骤 2：在“计算机管理”窗口中，选择“系统工具”→“本地用户和组”→“用户”选项并右击，在弹出的快捷菜单中选择“新用户”命令，如图 3.1.2 所示。

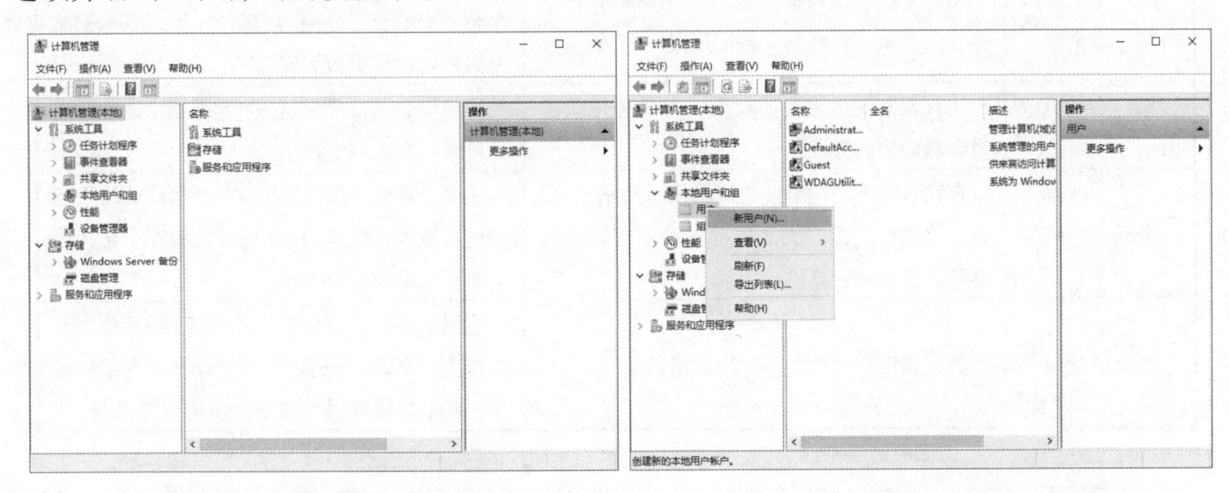

图 3.1.1 “计算机管理”窗口　　　　图 3.1.2 选择“新用户”命令

步骤 3：在“新用户”对话框中，依次输入用户名、描述信息，并输入两遍密码。此处以 Admin 用户为例，在填写完信息后单击“创建”按钮，如图 3.1.3 所示。

步骤 4：参考上述步骤创建用户账户 Zhangsan、Lisi、Pengwu、Zhaoliu，并勾选“用户下次登录时须更改密码”复选框。创建完成后的用户账户列表如图 3.1.4 所示。

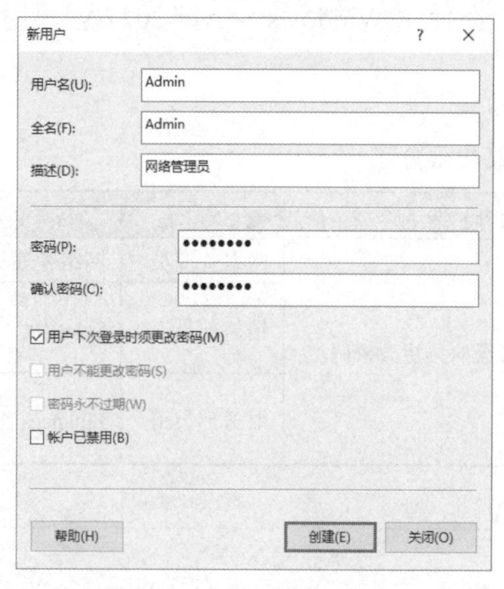

图 3.1.3 输入新用户信息[1]

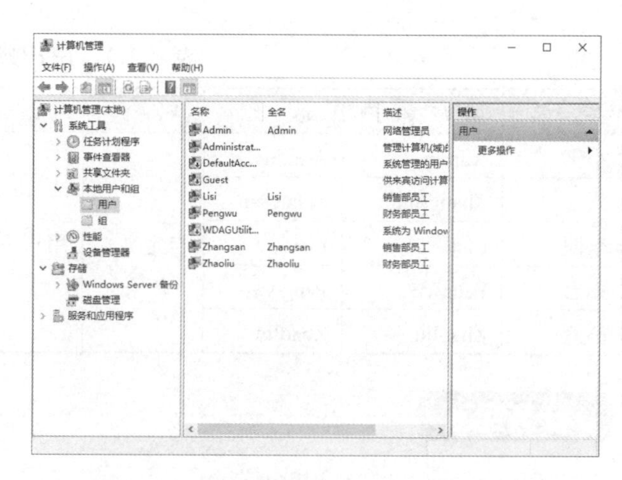

图 3.1.4 创建完成后的用户账户列表

小贴士：

在创建用户账户时，用户账户密码选项及其作用，如表 3.1.2 所示。

表 3.1.2 用户账户密码选项及其作用

选 项	作 用	适 用 场 景
用户下次登录时须更改密码	用户下次登录时必须更改一个新密码，才能正常登录，否则系统将拒绝用户登录	适用于需要个人桌面和权限的环境，如为一个企业中的员工分配用户账户，员工获取初始密码后可自行更改密码
用户不能更改密码	用户没有更改密码的权限，只能使用管理员设置的密码登录	适用于公共账号环境，如为企业中的临时用户设置一个公用账户
密码永不过期	在默认情况下，用户的密码使用期限是 42 天，过期之后用户必须更改一个新密码才能继续正常登录计算机	适用于需要定期更改密码的环境，如用于远程用户拨入的账户。定期更改密码在一定程度上增强了系统安全性
账户已禁用	禁用该用户账户直至下次启用前	适用于需临时禁用账户的环境，如企业中某一员工休产假、年假，或者管理员认为某一账户不安全需要禁用以便进一步排查等情况

① 图中的“账户”正确写法为“账户”，后文同。

2. 使用 Admin 用户账户登录系统

步骤 1：在 Windows Server 2022 用户登录界面中选择 Admin 用户账户，如图 3.1.5 所示。

步骤 2：在输入对应的密码后，按 Enter 键或单击右侧的→按钮，如图 3.1.6 所示。

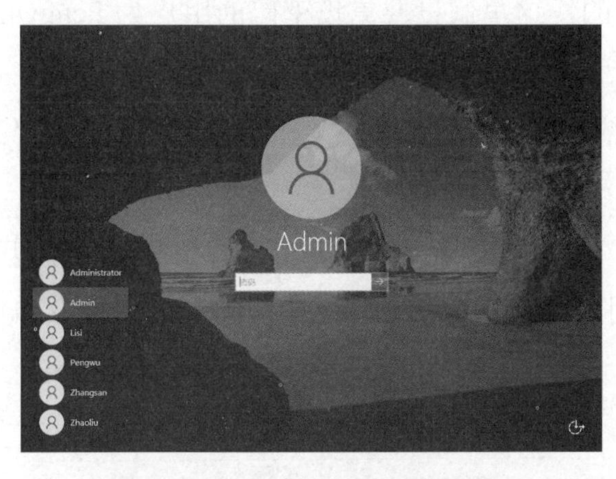

图 3.1.5 选择要登录的用户账户

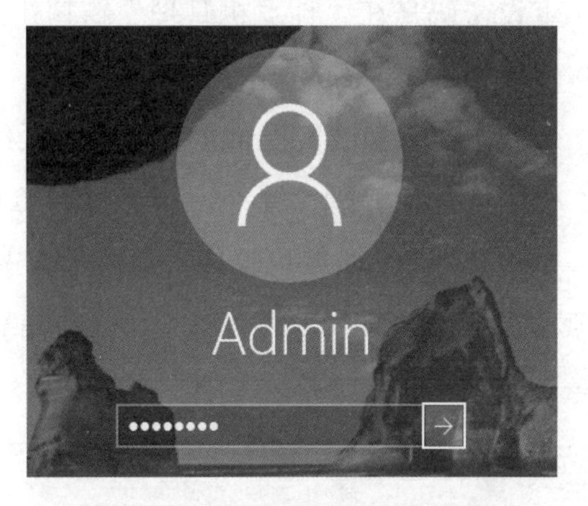

图 3.1.6 输入对应的用户密码

步骤 3：由于创建用户时勾选了默认的“用户下次登录时须更改密码”复选框，因此在此处出现“在登录之前，必须更改用户的密码。”提示后需要单击“确定”按钮修改密码，如图 3.1.7 所示。

步骤 4：连续输入两次新密码后，按 Enter 键或单击右侧的→按钮。

步骤 5：在出现“你的密码已更改”提示后，单击“确定”按钮。

步骤 6：登录后即可看到 Admin 用户的桌面环境，也可以在“开始”菜单中进一步查看当前登录的用户，如图 3.1.8 所示。

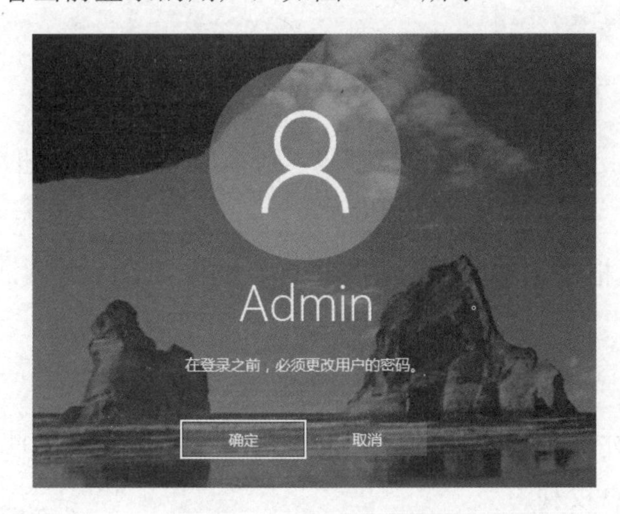

图 3.1.7 提示修改密码

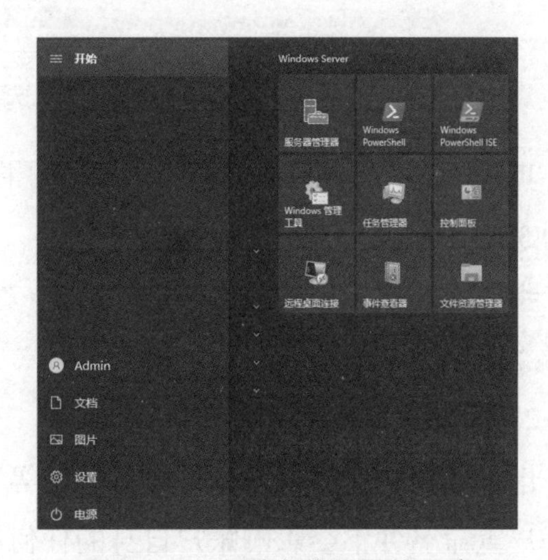

图 3.1.8 查看当前登录的用户

3. 管理本地用户账户

1）重设密码

在正常情况下，每个用户都应该自己维护自己的账户密码。但是，如果出现用户忘记了密码，又没有创建密码重置盘的情况下，则管理员可以为其重设密码。

重设密码是在“计算机管理”窗口中进行的，这里假设要重设密码的用户为 Pengwu，具体步骤如下。

步骤 1：以 Administrator 身份登录系统，依次选择“开始”→“服务器管理器”→“工具”→“计算机管理”命令，打开“计算机管理”窗口。

步骤 2：在“计算机管理”窗口中，选择“系统工具”→“本地用户和组” →“用户”选项，在“用户”选区中右击需重设密码的用户账户“Pengwu”，并在弹出的快捷菜单中选择“设置密码”命令，如图 3.1.9 所示。

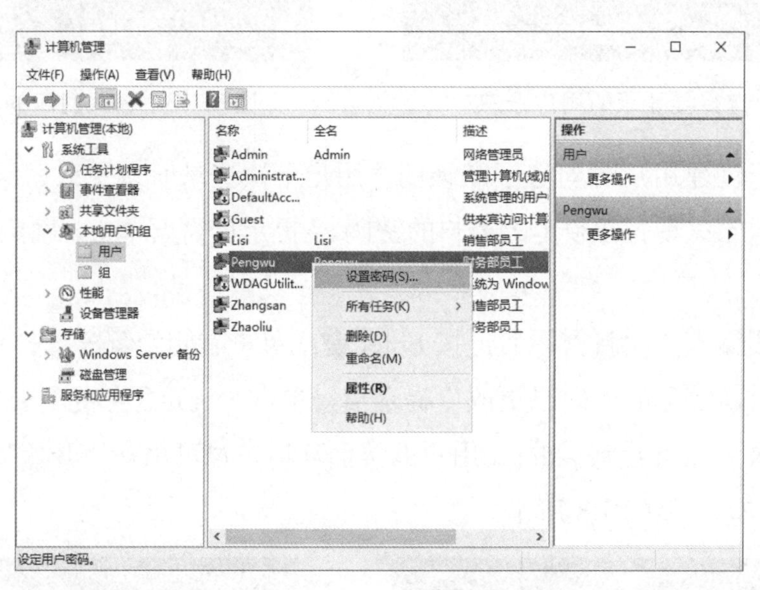

图 3.1.9　选择“设置密码”命令

步骤 3：系统会弹出警告对话框，如果确定要由管理员重设密码，则单击“继续”按钮，如图 3.1.10 所示。

步骤 4：在“为 Pengwu 设置密码”对话框中，输入新的账户密码，如图 3.1.11 所示，单击“确定”按钮。

2）重命名本地用户账户

由于账户的所有权限、信息、属性等实际上是绑定在 SID 上而不是用户名上的，因此对账户重命名并不会影响账户自身的任何用户权利。

如果公司员工离职，同时该岗位还需要招聘新员工来补充，则可以不删除离职员工的账户，只需以重命名的方式直接将账户传递给新员工使用，即可保证用户账户数据不受损失。

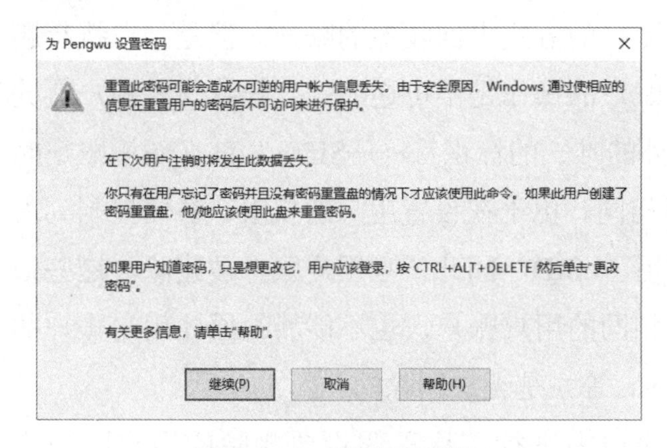

图 3.1.10　警告对话框

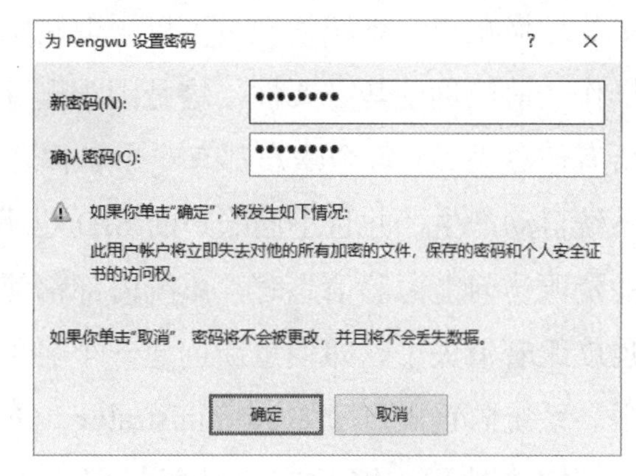

图 3.1.11　输入新的账户密码

另外，重命名系统管理员账户 Administrator 和来宾账户 Guest，可以使未被授权的人员在猜测此特权用户的用户名和密码时难度增加，从而提高系统安全性。

账户重命名是在“计算机管理”窗口中进行的，这里假设要重命名的用户为 Admin，具体步骤如下。

步骤 1：以 Administrator 身份登录系统，依次选择“开始”→“服务器管理器”→“工具”→“计算机管理”命令，打开“计算机管理”窗口。

步骤 2：在“计算机管理”窗口中，依次选择“系统工具”→“本地用户和组”→“用户”选项，在“用户”选区中右击需重命名的用户账户“Admin”，并在弹出的快捷菜单中选择“重命名”命令，填写新的账户名即可，如图 3.1.12 所示。

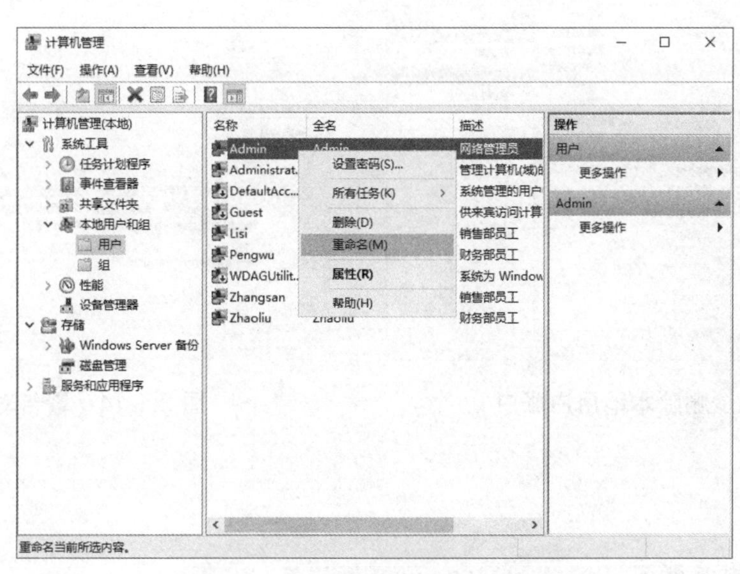

图 3.1.12　重命名本地用户账户

3）删除本地用户账户

假如公司有员工离职了，为了防止其继续使用账户登录计算机系统，也为了避免出现太多的垃圾账户，系统管理员可以采取删除账户的方式来回收他的账户。但是，在执行删除操作之前应确认其必要性，这是因为删除账户的操作是不可逆的，会导致与该账户有关的所有信息丢失。每个账户都有一个名称之外的唯一的标识符——SID。SID 在新增账户时由系统自动产生，并且不同账户的 SID 也不相同。由于在设置用户的权限、访问控制列表中的资源访问能力等信息时，系统内部都使用了 SID，因此一旦用户账户被删除，这些信息也就跟着消失了。即使重新创建一个名称相同的用户账户，也不能获得原先用户账户的权限。系统内置账户（如 Administrator、Guest 等）是无法删除的。

删除本地用户账户在“计算机管理”窗口中进行，这里假设要删除的用户账户为 Pengwu，具体步骤如下。

步骤 1：以 Administrator 身份登录系统，依次选择“开始”→“服务器管理器”→“工具”→“计算机管理”命令，打开“计算机管理”窗口。

步骤 2：在“计算机管理”窗口中，依次选择“系统工具”→“本地用户和组” →“用户”选项，在“用户”选区中右击一个需要删除的用户账户“Pengwu”，并在弹出的快捷菜单中选择“删除”命令，如图 3.1.13 所示。

步骤 3：在弹出的警告对话框中，单击“是”按钮，确认删除用户账户 Pengwu，如图 3.1.14 所示。

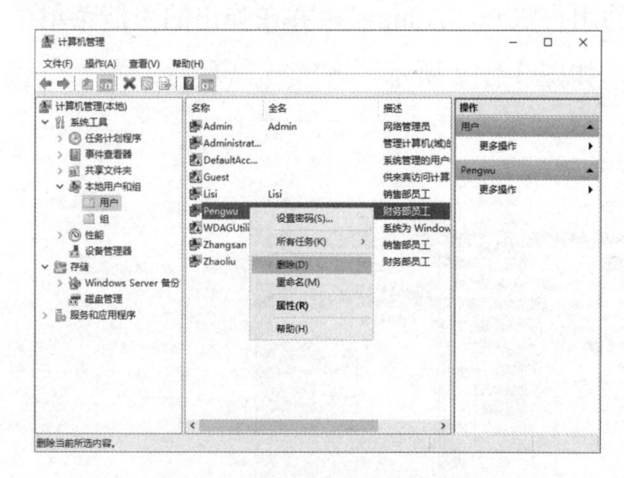

图 3.1.13　删除本地用户账户

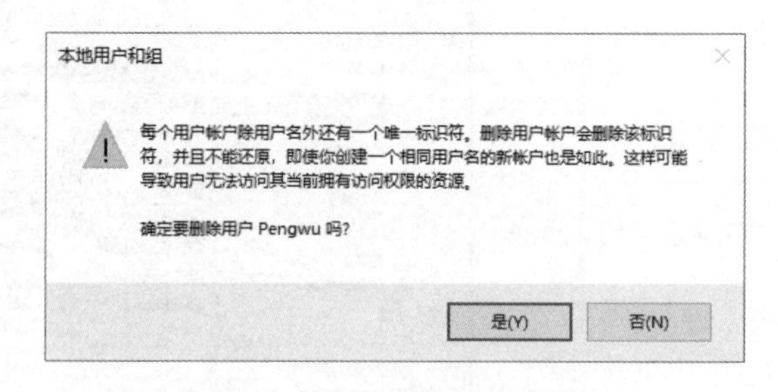

图 3.1.14　警告对话框

1. 认识本地用户账户

用户账户是计算机操作系统实现其安全机制的一种重要手段。操作系统通过用户账户来辨别用户身份，使具有一定使用权限的用户登录计算机，访问本地计算机资源或者通过网络访问这台计算机的共享资源。

1）本地用户账户

本地用户账户是指安装了 Windows Server 2022 的计算机在本地安全目录数据库中建立的账户。本地用户账户只能登录建立该账户的计算机，以及访问该计算机的系统资源。此类账户通常在工作组网络中使用，其显著特点是基于本机的。

域用户账户是建立在域控制器的活动目录数据库中的账户。此类账户具有全局性，可以登录域网络环境模式中的任何一台计算机，并获得访问该网络的权限。这需要系统管理员在域控制器中，为每个登录到域的用户创建一个用户账户。本章主要介绍本地用户账户的管理。

当本地用户账户建立在非域控制器的 Windows Server 2022 独立服务器、成员服务器或其他 Windows 客户端上时，本地用户账户只能在本地计算机上登录，无法访问域中其他计算机资源。

每台本地计算机上都有一个管理账户数据的数据库，也被称为安全账户管理器（SAM）。SAM 数据库文件的路径为 C:\\Windows\System32\config\SAM。在 SAM 中，每个账户都被赋予了唯一的安全标识符 SID，因此用户想要访问本地计算机，就必须要经过该计算机 SAM 中的 SID 验证。

2）内置账户

Windows Server 2022 中还有一种账户被称为内置账户，该账户与服务器的工作模式无关。当 Windows Server 2022 安装完成后，系统会在服务器上自动创建一些内置账户，常用的两个内置账户为 Administrator 和 Guest。内置账户 Administrator 和 Guest 的特点如表 3.1.3 所示。

表 3.1.3 内置账户 Administrator 和 Guest 的特点

用户账户	特点
Administrator（系统管理员）	拥有最高的权限，管理 Windows Server 2022 系统和域。系统管理员的默认名字是 Administrator，用户可以更改系统管理员的名字，但不能删除该账户。该账户无法被禁止，也永远不会到期，甚至不受登录时间和登录设备的限制。但为了安全，建议更改用户名
Guest（来宾）	是为临时访问计算机的用户提供的，该账户自动生成，且不能被删除，但用户可以更改其名字。Guest 只拥有很少的权限，在默认情况下，该账户是被禁用的。例如，当希望局域网中的用户都可以登录自己的计算机，但又不愿意为每个用户都建立一个账户时，就可以启用 Guest

2. 用户账户创建前的规则

在创建用户账户之前，先制定一个创建账户所遵循的规则或约定，这样可以方便、统一地管理账户，提供高效、稳定的系统应用环境。

1）用户账户的命名规则

① 用户账户命名的注意事项。一个良好的用户账户命名策略有助于系统账户的管理，首先要注意以下的账户命名规则。

- 账户名必须唯一：本地用户账户名必须在本地计算机系统中唯一。
- 账户名不能包含的字符：“\” “/” “[]” “"” “?” “+” “*” “@” “|” “=” “<” “>” 等。
- 账户名最长只能包含 20 个字符。用户可以输入超过 20 个字符，但系统只识别前 20 个字符。
- 用户名不区分大小写。

② 用户账户命名推荐的策略。为加强用户管理，在企业应用环境中通常采用以下命名规范。

- 用户全名：建议用户全名以企业员工的真实姓名命名，便于管理员查找、管理用户账户。比如，张艺腾，管理员创建用户账户将其姓指定为“张”，名指定为“艺腾”，则用户在打开“Active Directory 用户和计算机”窗口时可以轻松地查找到该用户账户。
- 用户登录名：用户登录名一般要符合方便记忆和具有安全性的特点。用户登录名一般采用姓的拼音加名的首字母，如将张艺腾的用户登录名命名为 Zhangyt。

2）用户账户密码的设置规则

① 设置用户账户密码的注意事项。

- Administrator 账户必须指定一个密码，并且除系统管理员之外的其他用户不能随便使用该账户。
- 系统管理员在创建用户账户时，可以给每个用户账户指定一个唯一的密码。为防止其他用户对其进行更改，最好使该用户在第一次登录时修改自己的密码。

② 设置用户账户密码的推荐策略。

- 采用长密码：Windows Server 2022 用户账户密码最长可以包含 127 个字符，理论上来说，用户账户密码越长，安全性就越高。
- 采用英文大小写、数字和特殊字符组合密码：Windows Server 2022 用户账户密码严格区分大小写，因此采用英文大小写、数字和特殊字符组合的密码，将使用户密码更加安全。

3. 使用 net user 命令创建本地用户账户

作为系统管理员，创建并管理系统账户是基本职责之一。虽然通过“计算机管理”窗口创建用户账户的操作很简单，但是要批量创建用户账户，就会非常麻烦。在这种情况下，使用 net user 命令就更加合适。

1）命令规则

net user 命令的语法格式如下。

```
net user [username {password|*}] [options] [/DOMAIN] /ADD|DEL [/TIMES:{times|ALL}]
```

参数说明如下。

① username：需要进行添加、删除、修改或浏览的用户账户名。用户账户名不能超过 20 个字符。

② password：设置或修改用户账户密码。在默认情况下，密码必须满足密码策略（长度、复杂度、字符等）要求，最长 14 个字符。

③ *：提示输入密码。当用户在密码提示符下输入时，密码不显示。

④ options 如下所示。

- /ACTIVE:{YES|NO}:（命令中使用英文状态下的冒号）激活或禁用账户。激活为 YES，禁用为 NO，默认值为 YES。
- /COMMENT:"text":（命令中使用英文状态下的双引号）用户描述信息。

⑤ /DOMAIN：在当前 Active Directory 域的域控制器上执行操作（适用于 Active Directory 域环境）。

⑥ /ADD：将用户账户添加到本地服务器的用户账户数据库中（适用于工作组环境）。

⑦ /DEL：用于删除用户账户。

⑧ /TIMES:{times|ALL}：用户可以登录的时间。TIMES 的表达方式是 day[-day][,day[-day]],time[-time][,time[-time]]，增量限制在 1 小时内。天可以是全部拼写或缩写。小时可以是 12 小时制或 24 小时制，12 小时制可以使用 AM、PM 来标记上午、下午。ALL 表示用户不受登录时间限制，空值表示用户永远不能登录。用户可以使用逗号分隔日期和时间，并用分号分隔多个日期和时间项。

2）命令示例

① 创建一个用户账户 Pengwu，其密码为 1qaz!QAZ，相关命令如图 3.1.15 所示。

② 创建一个用户账户 Lisi，其密码为 1qaz!QAZ，限制登录时间为星期一至星期五的 9:00 到 18:00，相关命令如图 3.1.16 所示。

③ 删除一个用户账户 Pengwu，相关命令如图 3.1.17 所示。

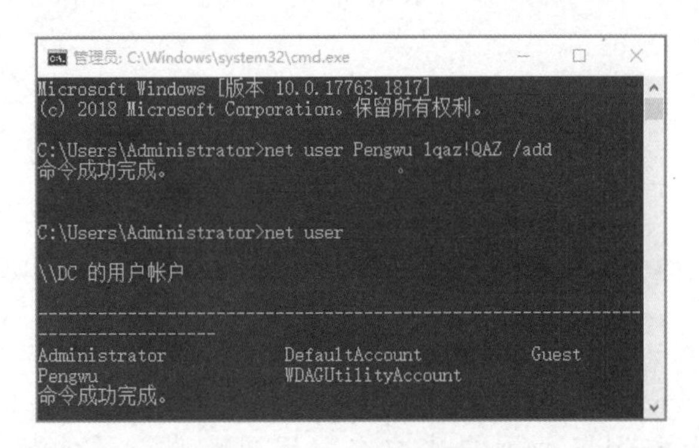

图 3.1.15　创建用户账户

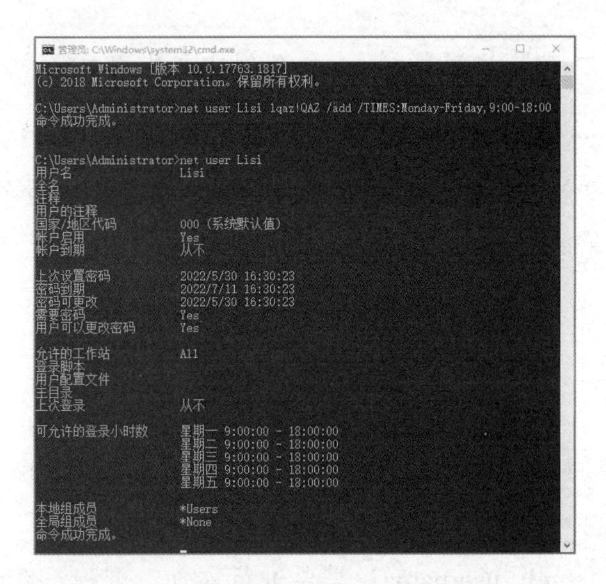

图 3.1.16　创建用户账户并限制登录时间

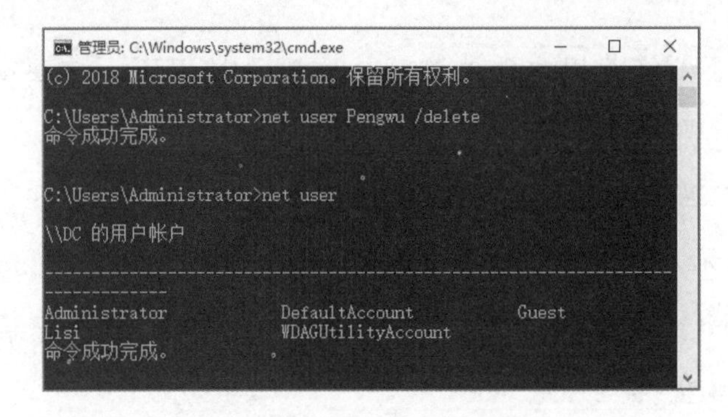

图 3.1.17　删除用户账户

任务拓展

创建用户账户，并测试这些用户账户是否具备关闭计算机的权限，具体要求如下。

（1）创建用户账户 test1～test10。

（2）以 test1 用户身份登录系统并测试能否关闭计算机。

任务 3.2 管理本地组账户

任务描述

某公司的网络管理员小王为公司员工创建了用户账户，但没有对其进行分组，显得有些杂乱，现准备对所有员工按照部门进行分类管理，并通过建立本地组来实现。组是多个用户、计算机账号、联系人和其他组的集合，也是操作系统实现其安全管理机制的重要技术手段。

任务要求

使用组可以同时为多个用户账户或计算机账户指派一组公共的资源访问权限和系统管理权利，而不必单独为每个账户指派权限和权利，从而简化管理、提高效率。小王对各部门员工按照部门名称进行建立组。组账户及权限分配如表 3.2.1 所示。

表 3.2.1 组账户及权限分配

组	用户账户	姓　名	角　色	备　注
Administrators	Admin	小王	网络管理员	管理员组
Sales	Zhangsan	张三	销售部员工	销售部组
	Lisi	李四		
Finances	Pengwu	彭五	财务部员工	财务部组
	Zhaoliu	赵六		

任务实施

1. 创建本地组账户

操作用户必须是管理员组或 Power Users 组的成员才有权创建本地组账户。创建本地组账户的具体步骤如下。

步骤 1：以 Administrator 身份登录系统，依次选择“开始”→“服务器管理器”→“工具”→“计算机管理”命令，打开“计算机管理”窗口。

步骤 2：在“计算机管理”窗口中，依次选择“系统工具”→“本地用户和组”→“组”选项并右击，在弹出的快捷菜单中选择“新建组”命令，如图 3.2.1 所示。

图 3.2.1 选择“新建组”命令

步骤 3：在“新建组”对话框中，依次输入组名、描述信息，单击“创建”按钮。此处以 Sales 组为例，信息填写完成后单击“创建”按钮，如图 3.2.2 所示。

步骤 4：使用上述方法新建本地组账户 Finances。创建完成后的组列表如图 3.2.3 所示。

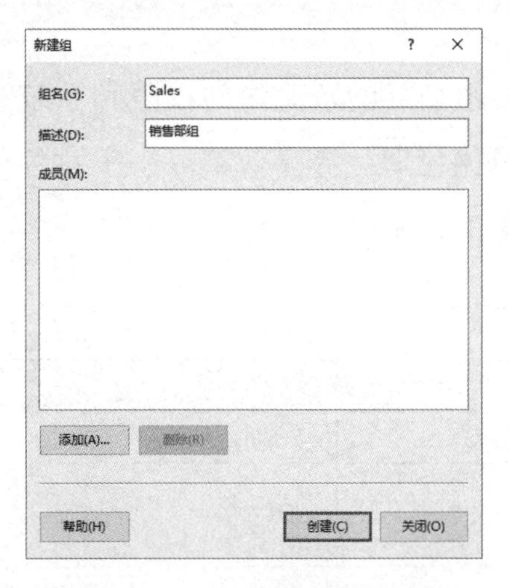

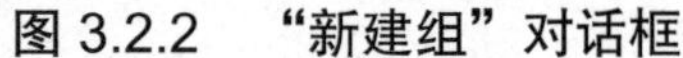
图 3.2.2 “新建组”对话框

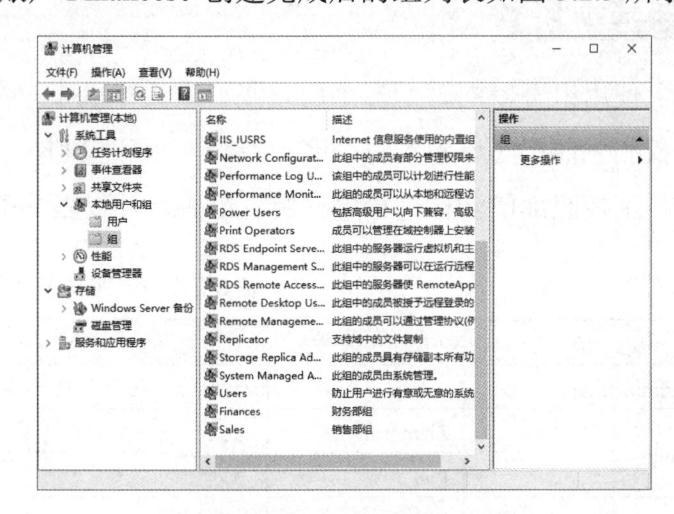

图 3.2.3 创建完成后的组列表

2. 管理本地组账户

1）本地组成员管理

我们可以在创建本地组账户的同时为其添加成员，也可以在创建本地组账户之后添加成员。本地组的成员可以是用户账户，也可以是其他组账户。

步骤 1：在“计算机管理”窗口中，选择“本地用户和组”选项中的“组”选项，在“组”选区中双击一个组账户，如双击 Sales 组，就会弹出“Sales 属性”对话框，如图 3.2.4 所示。

步骤 2：在“Sales 属性”对话框中，单击“添加”按钮，弹出“选择用户”对话框，如图 3.2.5 所示。

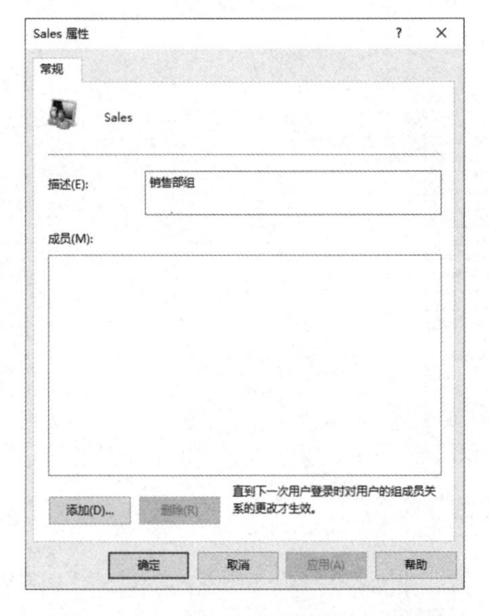

图 3.2.4 “Sales 属性”对话框

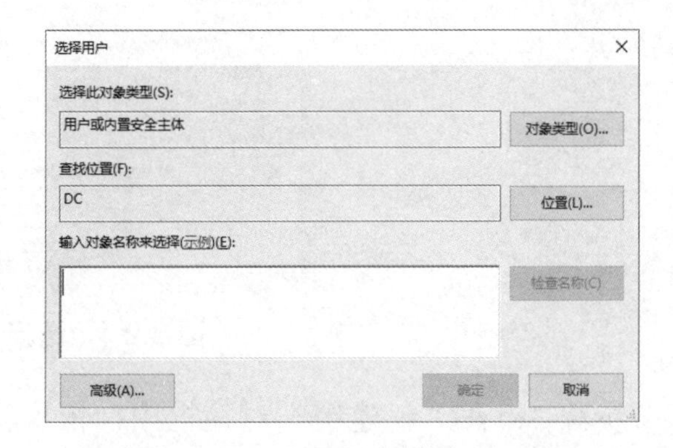

图 3.2.5 “选择用户”对话框

步骤 3：在“选择用户”对话框中，先单击“高级”按钮，再单击“立即查找”按钮，在“搜索结果”选区中选择用户 Zhangsan 和 Lisi，如图 3.2.6 所示，单击“确定”按钮。

步骤 4：返回“选择用户”对话框，单击“确定”按钮，用户选择完成，如图 3.2.7 所示。

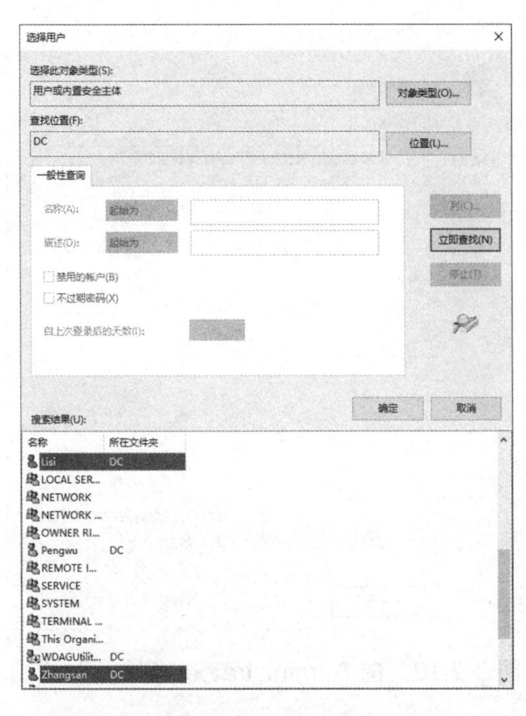

图 3.2.6 选择用户 Zhangsan 和 Lisi

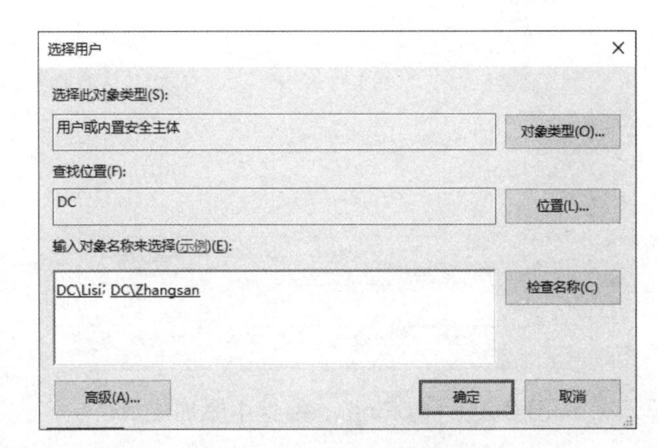

图 3.2.7 用户选择完成

步骤 5：返回“Sales 属性”对话框，从中可以看到其成员已经包含了用户 Zhangsan 和 Lisi，如图 3.2.8 所示，单击“确定”按钮。

图 3.2.8 向 Sales 组中添加成员

步骤 6：参考上述步骤将用户 Pengwu、Zhaoliu、Admin 添加到对应的组账户中，如图 3.2.9 和图 3.2.10 所示。

图 3.2.9 向 Finances 组中添加成员

图 3.2.10 向 Administrators 组中添加成员

2）重命名本地组

与重命名本地用户账户非常类似，本地组命名的方法是，在“计算机管理”窗口中，选择“本地用户和组”选项中的“组”选项，在右侧的“组”选区中选择一个组账户并右击，在弹出的快捷菜单中选择“重命名”命令，并填写新的组名。

3）删除本地组账户

对于系统不再需要的本地组，系统管理员可以将其删除，但只能删除自建本地组账户，而不能删除系统内置的本地组。因为每个组账户也有唯一的 SID，所以同删除本地用户账户一样，删除本地组账户的操作也是不可逆的。需要注意的是，删除本地组账户并不会导致组内成员账户被删除。

删除本地组账户是在“计算机管理”窗口中进行的，这里假设要删除的本地组账户为 Sales，具体步骤如下。

步骤 1：以 Administrator 身份登录系统，依次选择“开始”→“服务器管理器”→“工具”→“计算机管理”命令，打开“计算机管理”窗口。

步骤 2：在“计算机管理”窗口中，依次选择“系统工具”→“本地用户和组”→“组”选项，在右侧的“组”选区中选择需要删除的本地组账户“Sales”并右击，在弹出的快捷菜单中选择“删除”命令，如图 3.2.11 所示。

步骤 3：系统会弹出一个与删除本地用户账户类似的警告对话框，提示风险，如图 3.2.12 所示。如果确定要删除，则单击“是”按钮。

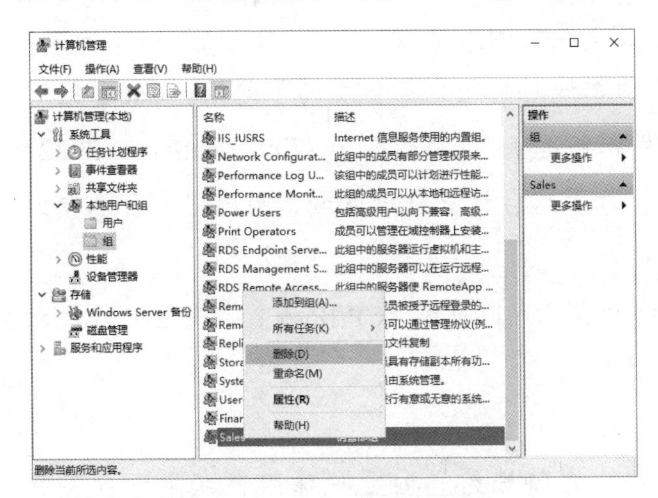

图 3.2.11 选择“删除”命令

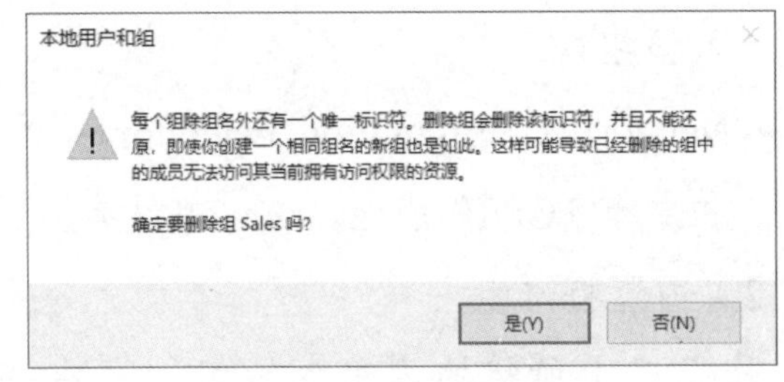

图 3.2.12 警告对话框

知识链接

1. 认识本地组账户

系统管理员如果能利用组来管理用户账户的权限，则可简化操作。组是账户的集合，合理使用组来管理用户账户权限，能够为管理员减轻负担。例如，当针对销售部组设置权限后，销售部组内的所有用户都会自动拥有此权限，不需要单独为每个用户设置权限。

与用户账户类似，在安装完操作系统后将自动建立一些特殊用途的内置本地组，因为这些内置本地组具有特殊用途，所以一般不需要修改。

1）内置本地组

内置本地组是在系统安装时默认创建的，并被授予特定的权限，从而方便计算机的管理。常见的内置本地组有以下几个。

- Administrators：在系统内具有最高权限，如赋予权限、添加系统组件、升级系统、配置系统参数和配置安全信息等。内置的系统管理员账户是 Administrators 组的成员。属于 Administrators 组的用户都具备系统管理员的权限，拥有对这台计算机最大的控制权。内置的系统管理员 Administrator 就是此本地组的成员，而且无法将其从此组中删除。
- Guests：内置的 Guest 账户是该组的成员，一般是在域中或计算机中没有固定账户的用户临时访问域或计算机时使用。该账户在默认情况下不允许对域或计算机中的设置和资源进行更改。出于安全考虑，Guest 账户在 Windows Server 2022 安装好之后是被禁用的，如果需要可以手动启用。用户应该注意分配给该账户的权限，因为该账户经常是黑客攻击的主要对象。

- IIS_IUSRS：这是 Internet 信息服务（IIS）使用的内置组。
- Users：一般用户所在的组，所有创建的本地用户账户都自动属于此组。Users 组对系统有基本的权限（如运行程序、使用网络等），但不能关闭 Windows Server 2022，不能创建共享目录和使用本地打印机。如果这台计算机加入域，则域用户自动被加入该组。
- Network Configuration Operators：该组的成员可以更改 TCP/IP 设置，并且可以更新和发布 TCP/IP 地址。该组中没有默认的成员。

2）内置特殊组

除了以上所述的内置本地组，还有一些内置特殊组。内置特殊组存在于每台装有 Windows Server 2022 服务器操作系统的计算机中，用户无法更改这些组的成员。也就是说，无法在“Active Directory 用户和计算机”窗口或“本地用户和组”选区中看到并管理这些组，这些组只有在设置权限时才会被看到。下面介绍 3 个常用的内置特殊组。

- Everyone：包括所有访问该计算机的用户。当 Everyone 指定了权限并启用了 Guest 账户时一定要小心，这是因为 Windows 系统会将没有有效账户的用户当成 Guest 账户，使该账户自动得到 Everyone 的权限。
- Creator Owner：文件等资源的创建者就是该资源的 Creator Owner。但是，如果创建者属于 Administrators 组内的成员，则其 Creator Owner 为 Administrators 组。
- Hyper-V Administrators：虽然在一般情况下都是由系统管理员进行虚拟机的设置，但是有时也需要一些受限用户（如普通用户）来操作虚拟机。在默认情况下，普通用户是没有虚拟机管理权限的，但是可以通过添加用户（aaa）、添加 Hyper-V 管理员组（Hyper-V Admins，HVA）的方式，将普通用户设置为 Hyper-V 管理员。

2. 使用 net localgroup 命令创建本地组

与创建本地用户一样，本地组也可以使用命令来创建。

1）命令规则

net localgroup 命令的语法格式如下。

```
net localgroup [groupname [/COMMENT:"text"]] [/DOMAIN] groupname {/ADD
[/COMMENT:"text"] | /DELETE} [/DOMAIN] groupname name [...] {/ADD | /DELETE}
[/DOMAIN]
```

参数说明如下。

- net localgroup：用于修改计算机上的本地组。当不带选项使用该命令时，会显示计算机上的本地组。
- groupname：需要添加、扩充或删除的本地组的名字。只要输入组名，就可以浏览本地组中的用户或全局组列表。
- /COMMENT:"text"：为一个新的或已存在的组添加注释。需将文本包含在引号中。
- /DOMAIN：在当前域的主域控制器上执行操作，否则在本地计算机上执行这个操作。
- name [...]：列出一个或多个需要从一个本地组中添加或删除的用户名或组名，可以用空格来将多个用户名分隔开。名字可以是用户或全局组，但不可以是其他的本地组。如果一个用户来自另外一个域，就应在用户名前加上域名（例如，SALES\RALPHR）。
- /ADD：将一个组名或一个用户名添加到一个本地组中。必须为通过此命令添加到本地组中的用户或全局组建立一个账户。
- /DELETE：将一个组名或一个用户名从一个本地组中删除。

2）命令示例

① 创建一个 Managers 组，相关命令如图 3.2.13 所示。

② 将 Sunqi 用户（该用户已存在）添加到 Managers 组中，相关命令如图 3.2.14 所示。

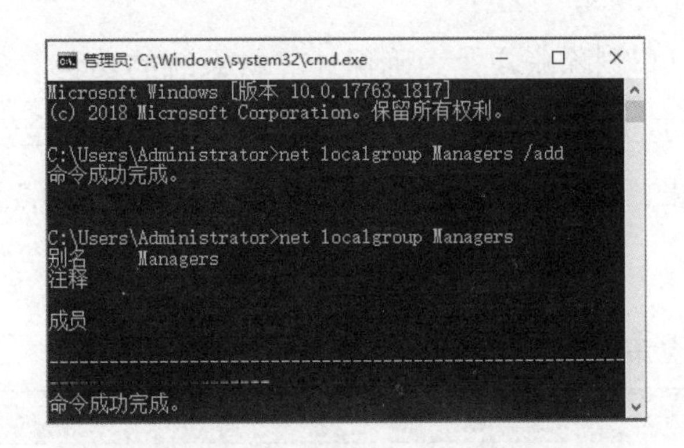

图 3.2.13 创建 Managers 组

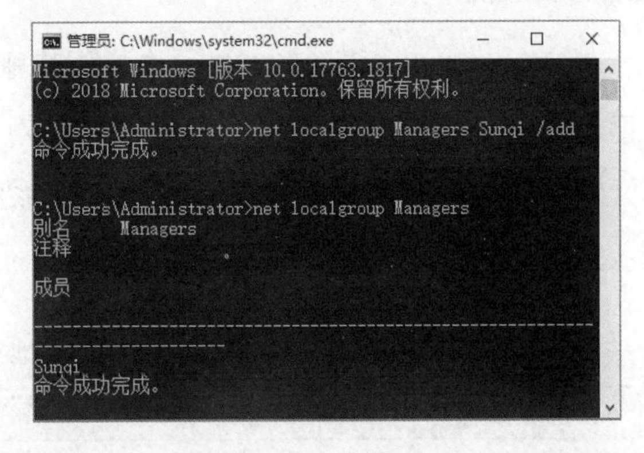

图 3.2.14 将 Sunqi 用户添加到 Managers 组中

③ 删除 Managers 组，相关命令如图 3.2.15 所示。

图 3.2.15 删除 Managers 组

任务拓展

创建用户和组，并测试这些用户是否具备关闭计算机的权限，具体要求如下。

（1）创建 test201 用户，同时隶属于 Administrators 组和 Users 组，测试其是否具有关闭计算机的权限。

（2）在关闭系统策略中添加 Everyone 组，允许 Windows Server 2022 服务器上的所有用户能够关闭计算机。

任务 3.3 管理本地组策略

任务描述

某公司的网络管理员小王，需要对公司员工使用的计算机设置安全策略，这样可以在一定程度上保护服务器的安全，并有效限制用户对服务器的登录尝试次数。

任务要求

在 Windows Server 2022 中，除了创建账户和删除账户，为确保计算机系统的安全，系统管理员需要应用与账户相关的一些操作对本地安全进行设置，从而达到提高系统安全性的目的。通过设置本地安全策略可以确保系统的安全性。本地安全策略基本配置如表 3.3.1 所示。

表 3.3.1　本地安全策略基本配置

项　目	说　明
密码策略	密码长度最小值，至少 8 位字符
	密码最长使用期限，0 天
账户锁定策略	密码输入错误达到 5 次，账户锁定 10 分钟
	重置账户锁定计数器，10 分钟之后
本地策略	赋予 Sales 组关闭系统的权限

任务实施

1. 设置密码策略

步骤 1：以 Administrator 身份登录系统，依次选择“开始”→“服务器管理器”→“工具”→“本地安全策略”命令，打开“本地安全策略”窗口。

步骤 2：在“本地安全策略”窗口中，选择“安全设置”→“账户策略”→“密码策略”选项，在右侧选区中双击“密码长度最小值”选项，如图 3.3.1 所示。

步骤 3：在弹出的“密码长度最小值 属性”对话框中，将“密码长度最小值”设置为“8”个字符，如图 3.3.2 所示，单击“确定”按钮。

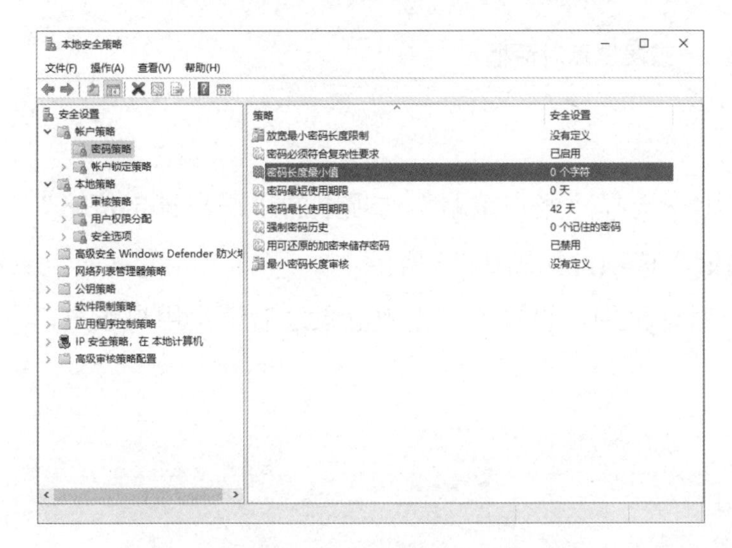

图 3.3.1 双击“密码长度最小值”选项

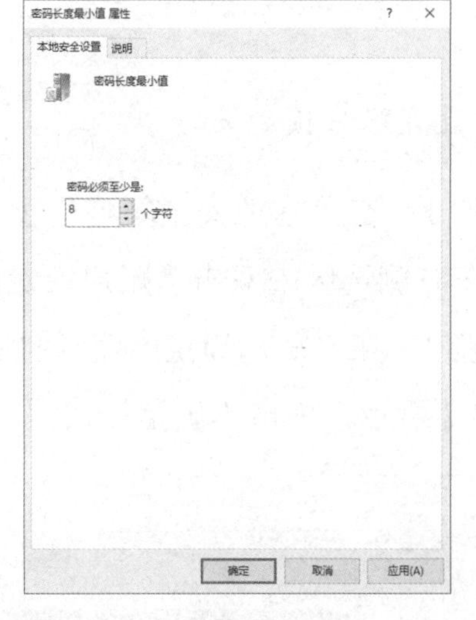

图 3.3.2 设置密码长度最小值

步骤 4：在“本地安全策略”窗口中，双击“密码最长使用期限”选项，如图 3.3.3 所示。在弹出的“密码最长使用期限 属性”对话框中，将“密码最长使用期限”设置为“0”天，如图 3.3.4 所示，单击“确定”按钮。至此，密码策略设置完成。

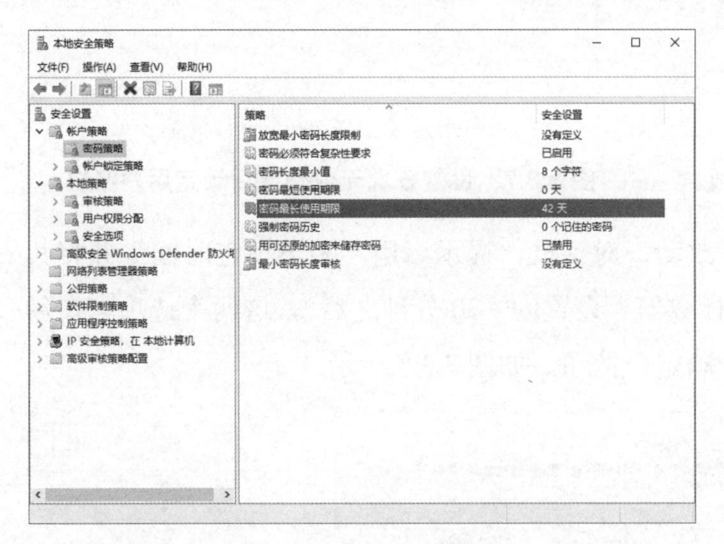

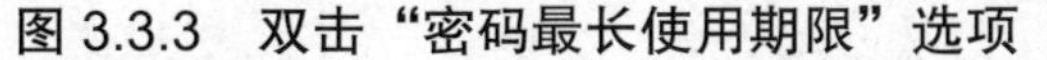

图 3.3.3 双击“密码最长使用期限”选项

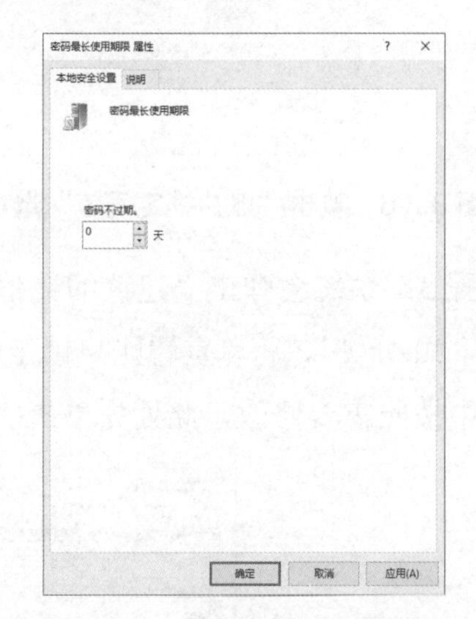

图 3.3.4 设置密码最长使用期限

步骤 5：测试密码策略。对新建的一个密码长度为 7 个字符的 Tianqi 用户账户进行测试，由于密码不符合密码策略要求，系统会出现错误提示对话框，如图 3.3.5 所示，因此需要输入符合策略要求的密码。

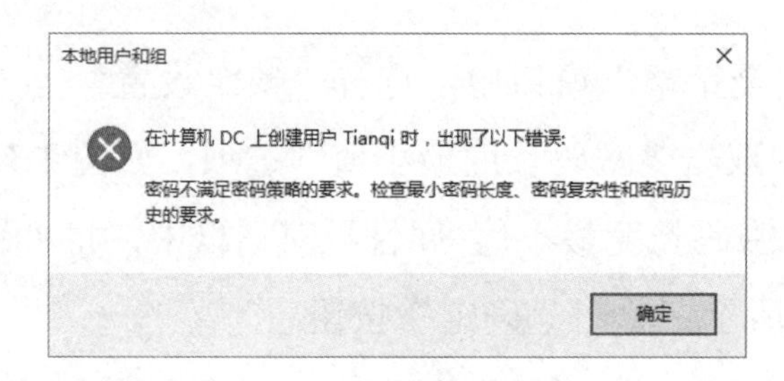

图 3.3.5　错误提示对话框

2. 设置账户锁定策略

步骤 1：在“本地安全策略”窗口中，选择“账户策略”选项下的“账户锁定策略”选项，在右侧选区中双击“账户锁定阈值”选项，如图 3.3.6 所示。

步骤 2：在“账户锁定阈值 属性”对话框中，设置 5 次无效登录之后锁定用户账户，如图 3.3.7 所示，单击“确定”按钮。

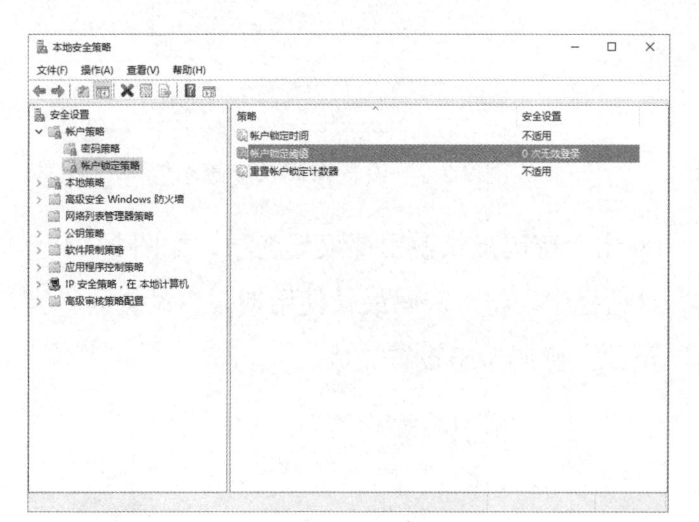

图 3.3.6　双击“账户锁定阈值”选项

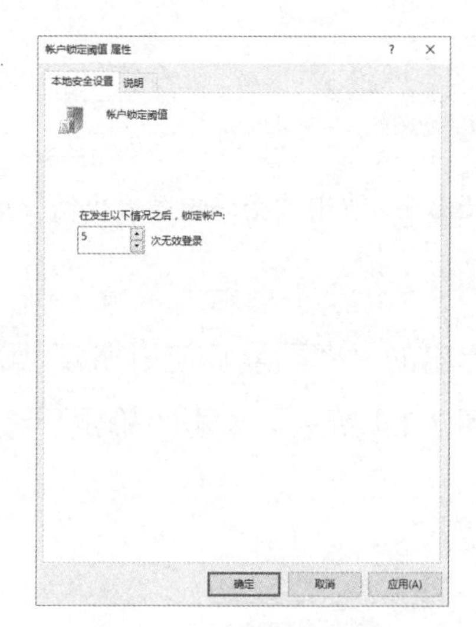

图 3.3.7　设置 5 次无效登录后锁定用户账户

步骤 3：系统会弹出“建议的数值改动”对话框，提示启用“账户锁定时间”并将其设置为“30 分钟”，将“重置账户锁定计数器”设置为“30 分钟之后”，这两个选项可在后续步骤中按照需要修改，此处先单击“确定”按钮，如图 3.3.8 所示。

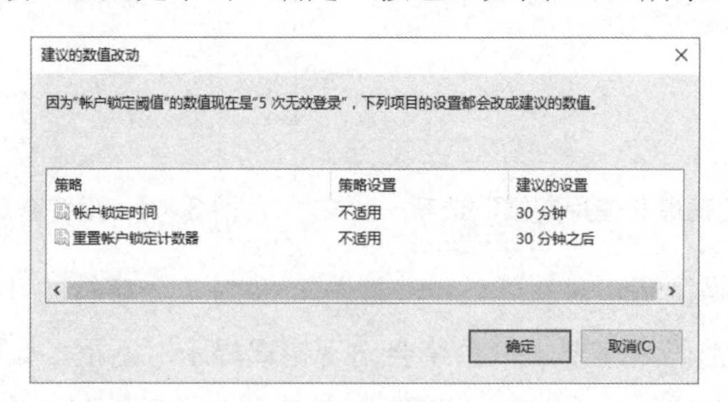

图 3.3.8　“建议的数值改动”对话框（1）

步骤 4：返回“本地安全策略”窗口，双击“账户锁定时间”选项，如图 3.3.9 所示。

步骤 5：在弹出的“账户锁定时间 属性”对话框中，按照本任务需求将“账户锁定时间”设置为“10”分钟，如图 3.3.10 所示。设置完成后，单击“确定”按钮。

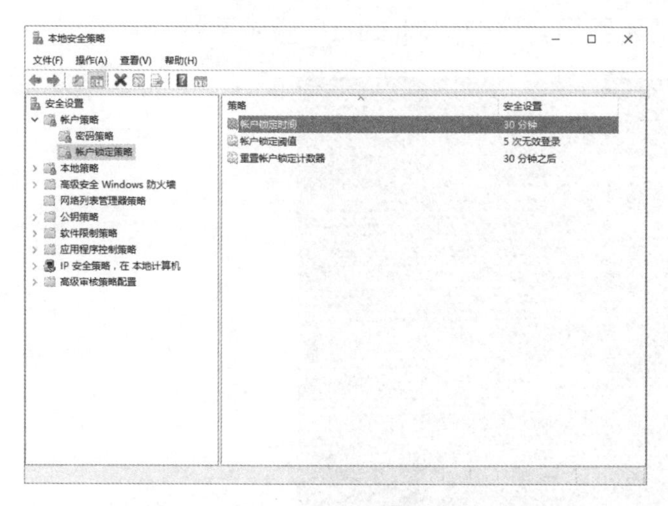

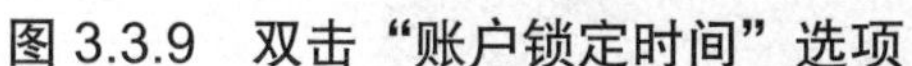
图 3.3.9 双击“账户锁定时间”选项

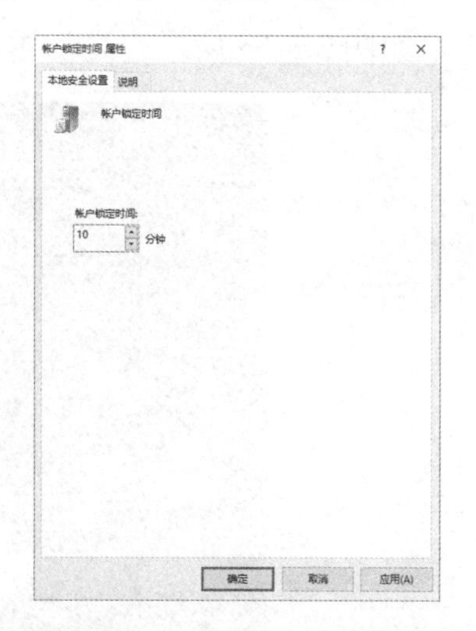

图 3.3.10 设置账户锁定时间

步骤 6：系统会弹出“建议的数值改动”对话框，本任务建议“重置账户锁定计数器”的值随“账户锁定时间”而修改，并将其“建议的设置”修改为“10 分钟之后”，此处单击“确定”按钮以使用建议设置，如图 3.3.11 所示。

步骤 7：返回“本地安全策略”窗口，即可查看已完成的设置，如图 3.3.12 所示。

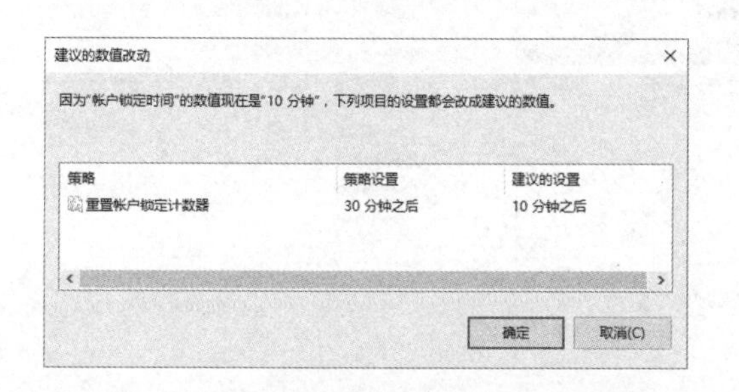

图 3.3.11 “建议的数值改动”对话框（2）

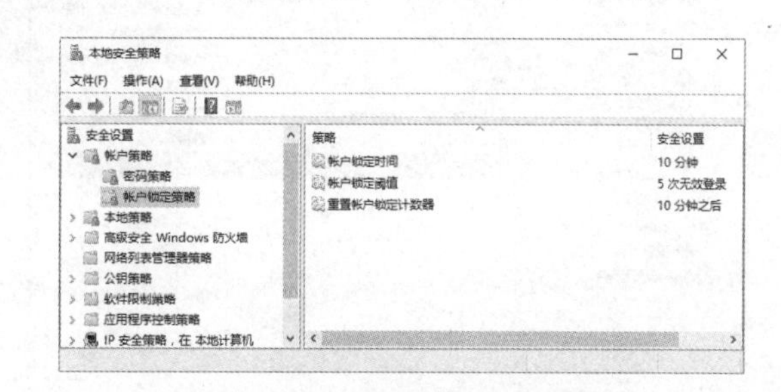

图 3.3.12 查看已完成的设置

步骤 8：测试账户锁定策略。依照上述账户锁定策略，当某一用户登录失败超过 5 次，则该账户被锁定 10 分钟。在本任务中，切换到 Zhaoliu 用户账户并在登录界面输入 5 次错误密码，即可看到用户账户被锁定的信息，如图 3.3.13 所示。

3. 手动解锁用户账户

设置账户锁定策略后，如果需要在“账户锁定时间”到达之前解锁用户，则必须使用管理员账户完成解锁。

步骤 1：以 Administrator 身份登录系统，在“计算机管理”窗口的“用户”选区中双击被锁定的用户账户“Zhaoliu”，如图 3.3.14 所示。

步骤 2：在“Zhaoliu 属性”对话框中，选择“常规”选项卡，可以看到“账户已锁定”复选框为勾选状态，只需取消勾选“账户已锁定”复选框，单击“确定”按钮，即可解锁用户账户，如图 3.3.15 所示。之后再次尝试使用用户账户“Zhaoliu”登录系统。

图 3.3.13 测试账户锁定策略

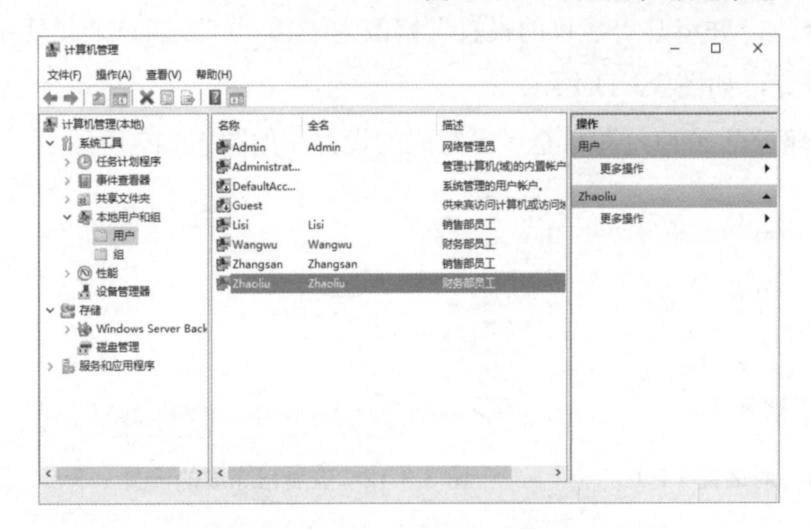

图 3.3.14 “用户”选区

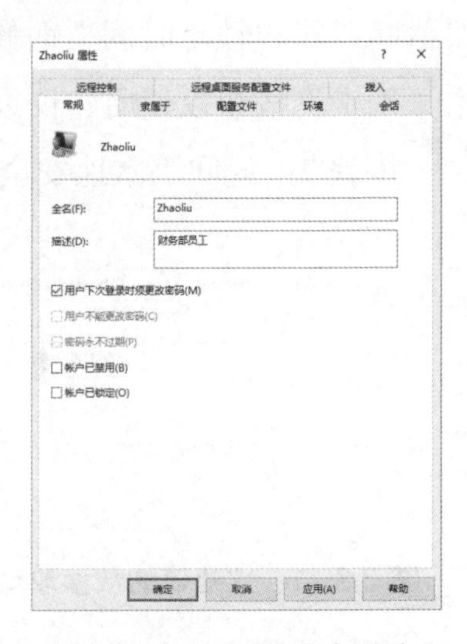

图 3.3.15 解锁用户账户

4. 设置本地策略

Windows Server 2022 默认只允许 Administrators、Backup Operators 两个组的用户关闭系统，若本任务中的 Sales 组的用户需要关闭系统，则需要设置“用户权限分配”选区。

步骤 1：使用管理员账户 Administrator 登录系统，在“本地安全策略”窗口中选择 “本地策略”选项下的“用户权限分配”选项，在右侧“用户权限分配”选区中双击“关闭系统”选项，如图 3.3.16 所示。

步骤 2：在弹出的“关闭系统 属性”对话框的“本地安全设置”选项卡中，单击“添加用户或组”按钮，如图 3.3.17 所示。在弹出的“选择用户或组”对话框中，选择 Sales 组，单击“确定”按钮。

图 3.3.16 双击“关闭系统”选项

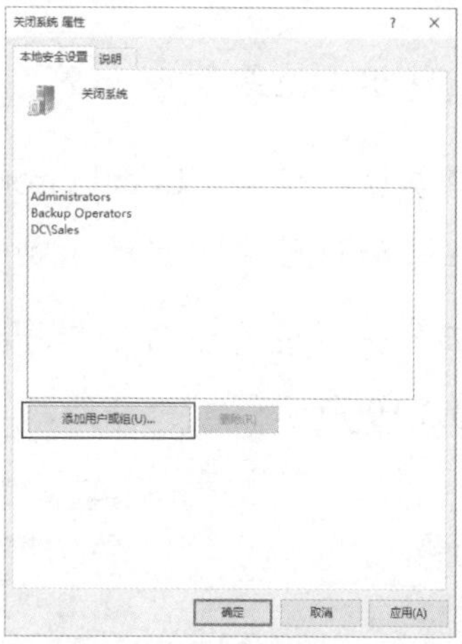

图 3.3.17 单击“添加用户或组”按钮

小贴士：

如果在弹出的“选择用户或组”对话框中无法选择组，则需要单击此对话框中的“对象类型”按钮，勾选“组”复选框，先单击“高级”按钮，再单击“立即查找”按钮，在“搜索结果”选区中选择组。

步骤 3：返回“本地安全策略”窗口，查看“关闭系统”策略匹配的组，如图 3.3.18 所示。

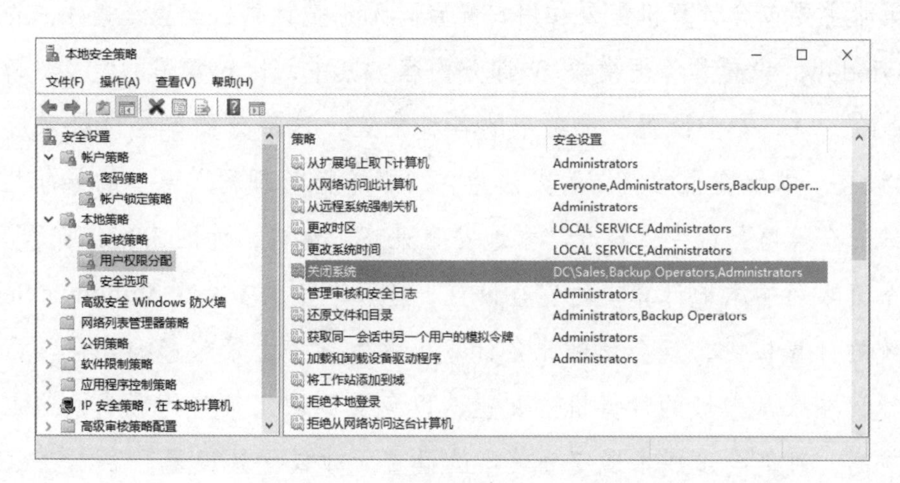

图 3.3.18 “关闭系统”策略匹配的组

步骤 4：切换用户。使用 Sales 组中的 Lisi 用户账户登录系统，可以看到该用户已经能够关闭计算机。

认识本地组策略

本地组策略（Local Group Policy，LGP 或 LocalGPO）是组策略的基础版本，面向独立且非域的计算机，影响本地计算机的安全设置，可以应用到域计算机。本地组策略的打开方法是在“运行”对话框中输入命令“gpedit.msc”，打开“本地组策略编辑器”窗口，如图 3.3.19 所示。

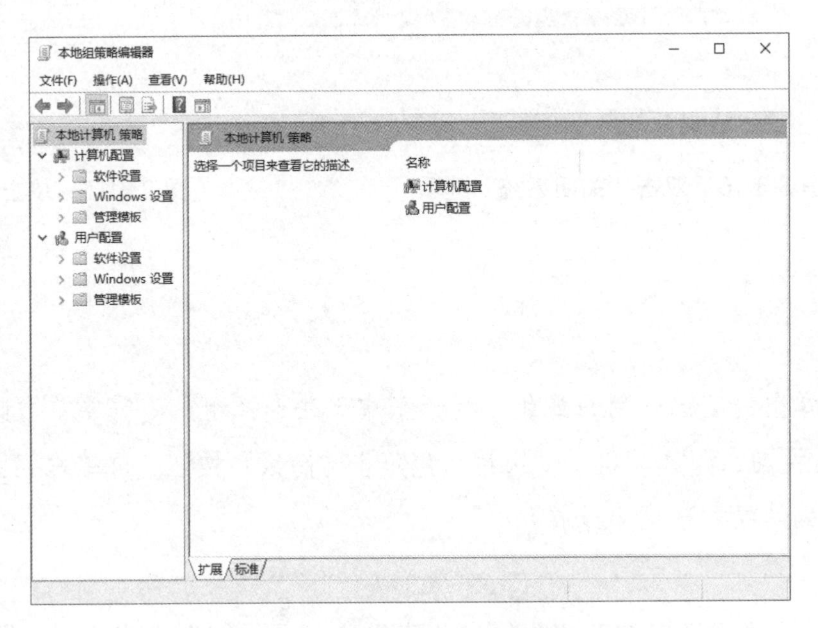

图 3.3.19 “本地组策略编辑器”窗口

本地组策略主要包含计算机配置和用户配置。无论是计算机配置还是用户配置，都包括软件设置、Windows 设置和管理模板 3 部分内容。其中，比较常用的是“计算机配置”→“Windows 设置”→“安全设置”选项中的各种配置，这部分的安全设置对应“本地安全策略”。单独设置“本地安全策略”的方法为在“服务器管理器”窗口的导航栏中选择“工具”→“本地安全策略”命令，打开“本地安全策略”窗口，如图 3.3.20 所示。

本地安全策略影响本地计算机的安全设置，当用户登录安装了 Windows Server 2022 服务器操作系统的计算机时，就会受到此台计算机的本地安全策略影响。在学习设置本地安全策略时，建议在未加入域的计算机上配置，以免受到域组策略的影响，这是因为域组策略的优先级较高，可能会造成本地安全策略的设置无效或无法设置。

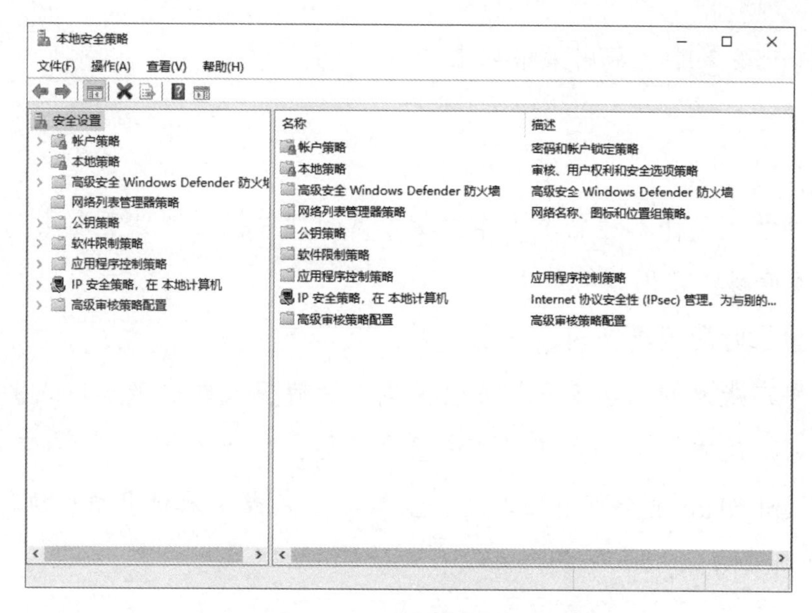

图 3.3.20 “本地安全策略”窗口

本地安全策略主要包括账户策略和本地策略，详细介绍如下。

1）账户策略

① 密码策略。

- 密码必须符合复杂性要求：大写英文字母、小写英文字母、数字、特殊符号，四者取其三。
- 密码长度最小值：设置范围为 0～14，其中 0 表示不需要密码。
- 密码最长使用期限：默认为 42 天，其中 0 表示密码永不过期，设置范围为 0～999。
- 密码最短使用期限：可以设置为 0，表示随时更改密码。
- 强制密码历史：使用过的密码不允许再使用，设置范围为 0～24，默认为 0，表示可以随意使用之前使用过的密码。

② 账户锁定策略。

- 账户锁定阈值：输入几次错误密码后，将用户账户锁定，设置范围为 0～999，默认为 0，表示不锁定用户账户。
- 账户锁定时间：账户锁定多长时间后自动解锁，单位为分钟，设置范围为 0～99 999，其中 0 表示必须由管理员手动解锁。
- 重置账户锁定计数器：在用户输入的密码错误后开始计时，当超过该时间时，计数器重置为 0。此时间必须小于或等于账户锁定时间。需要注意的是，账户锁定策略对本地管理员账户无效。

2）本地策略

① 审核策略。

② 用户权限分配策略。常用策略如下。

- 关闭系统。
- 更改系统时间。
- 拒绝本地登录、允许本地登录（作为服务器的计算机不能让普通用户交互登录）。

③ 安全选项策略。常用策略如下。

- 用户试图登录时的消息标题、消息文本。
- 访问本地用户账户的共享模式和安全模式（经典模式和仅来宾模式）。
- 使用空白密码的本地用户账户只允许登录控制台。

注意：执行 gpupdate 命令可以使本地安全策略生效或重启计算机；执行 gpupdate/force 命令可以强制刷新策略。

任务拓展

在 Windows Server 2022 服务器操作系统上，实现登录时不显示用户名，不显示上次登录，不需要按 Ctrl+Alt+Del 组合键。

练习题

一、选择题

1．在安装 Windows Server 2022 操作系统的服务器上，下面哪个用户账户有重新启动服务器的权限？（　　）

A．Guest　　B．Admin

C．User　　D．Administrator

2．为了保护系统安全，（　　）账户应该被禁用。

A．Guest　　B．Administrator

C．User　　D．Anonymous

3．在本地计算机中使用管理工具的（　　）工具来管理本地用户和组。

A．系统管理　　B．服务源

C．计算机管理　　D．服务

4．公司某员工出国学习 6 个月，这时管理员最好是将该员工的用户账户（　　）。

A．禁用　　B．删除

C．不做处理　　D．关闭

5．在系统默认的情况下，下列（　　）组的成员可以创建本地用户账户。

A．Backup Operators　　B．Power Users

C．Guests　　D．Users

6．本地用户和组的信息存储在“%Windows%\System32\config”文件夹的（　　）文件中。

A．data　　B．ntds.dir

C．SAM　　D．user

二、实训题

某公司有多台服务器需要互联，其中网络采用工作组模式，且网络中有一台文件服务器集中存储公司的各种文件，要求每个员工都能访问该服务器，但各部门在访问服务器时具有不同的权限。请完成以下要求。

（1）为每个员工创建用户账户。

技术部：tech01～tech05。

财务部：Fin01～Fin10。

销售部：Sale01～Sale20。

（2）根据权限需求使用各部门名字的全拼创建各部门的组，并添加成员。

（3）设置密码长度最少 8 位，3 次无效登录之后锁定用户账户，锁定时间为 5 分钟。

（4）设置技术部的员工具有关闭系统的权限。

（5）设置财务部的员工具有修改系统时间的权限。

配置与管理文件服务器

知识目标

1. 理解 NTFS 权限的概念。
2. 掌握 NTFS 的权限设置。
3. 理解共享权限和 NTFS 权限的关系。

能力目标

1. 能使用本地用户账户和本地组账户对 NTFS 进行管理。
2. 能使用 EFS 对文件进行加密，并能备份和导入 EFS 证书。
3. 能按用户权限需求，配置和使用文件服务器。
4. 能正确通过客户端访问共享文件夹。

素质目标

1. 增强信息系统安全意识，通过设置文件系统权限来授权合法用户访问数据。

2. 弘扬工匠精神，通过优化调整文件系统的访问控制规则，从而更好地保护数据。

3. 增强服务意识，为用户在使用内部资源时提供便捷方法。

本项目单词

FAT：File Allocation Table，文件分配表

NTFS：New Technology File System，新技术文件系统

ReFS：Resilient File System，弹性文件系统

UNC：Universal Naming Convention，通用命名规则

Full Control：完全控制

EFS：Encrypting File System，加密文件系统

SMB：Server Message Block，服务器信息块

List Folder Contents：显示文件夹内容

Read & Execute：读取及运行

CIFS：Common Internet File System，通用 Internet 文件系统

Share：共享

Modify：修改

Write：写入

Special：特别的

Resource：资源

项目需求

某公司是一家电子商务运营公司，现在公司的一台公共服务器上放置了各部门的资料，为保障数据的安全，需要根据公司人员身份来创建不同的用户账户，这些账户根据身份可使用的计算机资源不同，可访问的文件及文件夹的权限也不同。Windows Server 2022 提供了不同于其他操作系统的 NTFS 管理类型，在文件系统管理、安全等方面提供了强大的支持。

合理利用用户的不同权限，能够保障服务器操作系统的稳定与安全。通过对 Windows Server 2022 文件服务器的配置与管理，用户可以很方便地在计算机或网络上使用、管理、共享和保护文件及文件资源。

本项目主要介绍文件系统的基本概念、NTFS 文件权限的配置、EFS 的配置，以及文件服务器的配置和使用。项目拓扑结构如图 4.0.1 所示。

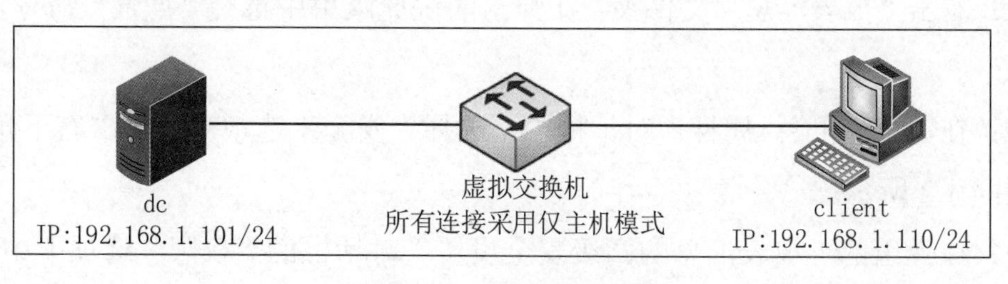

图 4.0.1 项目拓扑结构

任务 4.1 配置 NTFS 文件权限

任务描述

某公司有一台服务器安装了 Windows Server 2022 服务器操作系统，该服务器上有一个名称为“报表汇总”的文件夹，根据工作需要，管理员组的用户具有对“报表汇总”文件夹的完全控制权限；销售部组的用户需要读取“报表汇总”文件夹中的内容，但不能修改文件夹中的内容；财务部组的用户需要读取和修改“报表汇总”文件夹中的内容。

任务要求

根据公司的使用需求，我们可以使用 NTFS 权限来控制用户对文件夹的访问，以便对公司部门员工的权限进行设置。用户或组的 NTFS 权限配置如表 4.1.1 所示。

表 4.1.1　用户或组的 NTFS 权限配置

用 户 或 组	NTFS 权限	备　注
Administrators 组（Admin）	完全控制	管理员组
Sales 组（Zhangsan、Lisi）	读取，但不能修改	销售部组
Finances 组（Pengwu、Zhaoliu）	读取和修改	财务部组

任务实施

1. 设置 NTFS 权限

1）阻止文件夹权限的继承性

在默认情况下，授予父文件夹的任何权限也将应用于包含在该文件夹的子文件夹和文件中。当授予访问某个文件夹的 NTFS 权限时，就将该文件夹的 NTFS 权限授予了该文件夹中所有的文件和子文件夹，以及在该文件夹中创建的任意新文件和新的子文件夹。

如果想让文件夹或文件具有不同于其父文件夹的权限，则必须组织权限的继承性。

步骤 1：右击“报表汇总”文件夹，在弹出的快捷菜单中选择“属性”命令，如图 4.1.1 所示。

步骤 2：在“报表汇总 属性”对话框中，选择“安全”选项卡，单击右下角的“高级”按钮，如图 4.1.2 所示。

步骤 3：在弹出的“报表汇总的高级安全设置”对话框的“权限”选项卡中，单击“禁用继承”按钮，如图 4.1.3 所示。

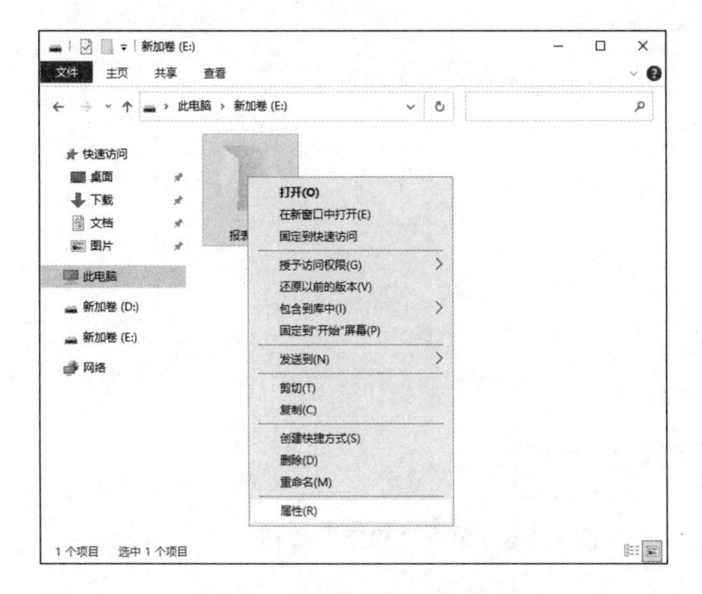

图 4.1.1　选择“属性”命令

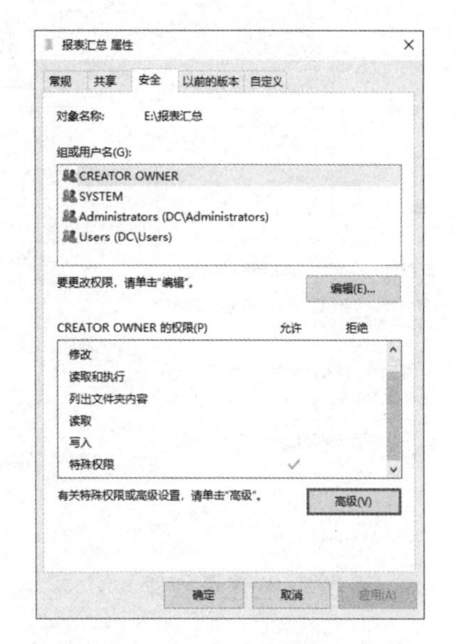

图 4.1.2　单击“高级”按钮

图 4.1.3　“报表汇总的高级安全设置”对话框

步骤 4：在弹出的“阻止继承”警告对话框中，选择“从此对象中删除所有已继承的权限。”选项，如图 4.1.4 所示。

步骤 5：返回“报表汇总的高级安全设置”对话框，单击“确定”按钮，如图 4.1.5 所示。

2）添加新用户权限

步骤 1：在“报表汇总 属性”对话框的“安全”选项卡中，单击“编辑”按钮，如图 4.1.6 所示。

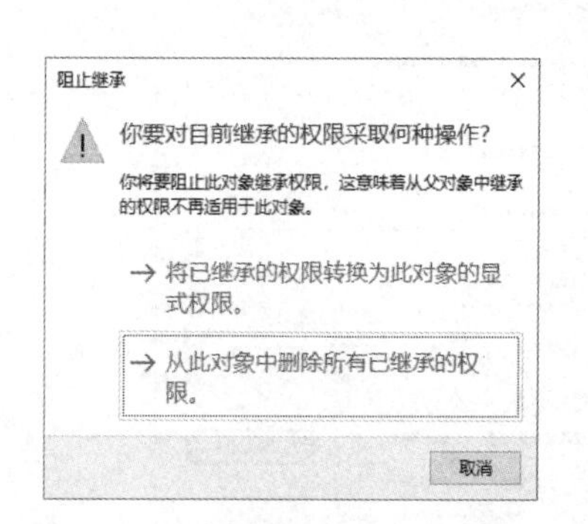

图 4.1.4　设置阻止继承权限

图 4.1.5　单击"确定"按钮

步骤 2：弹出"报表汇总 的权限"对话框，在"Administrators 的权限"选区中勾选"完全控制"右侧的"允许"复选框，单击"应用"按钮，如图 4.1.7 所示。

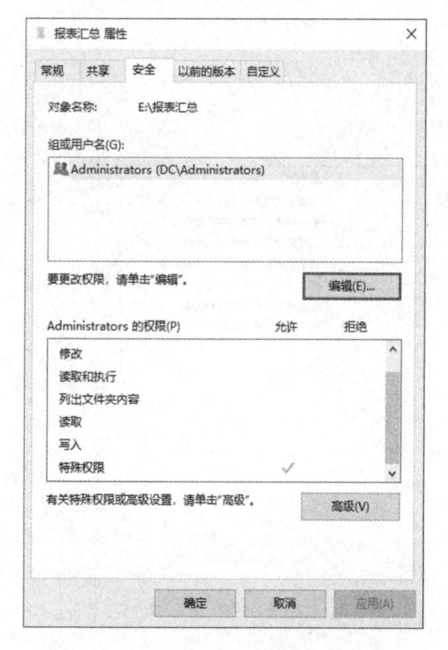

图 4.1.6　单击"编辑"按钮

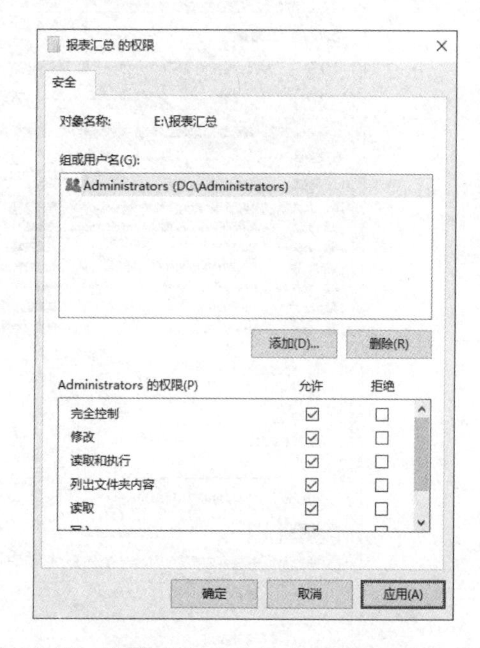

图 4.1.7　设置 Administrators 组 NTFS 权限

步骤 3：在"报表汇总 的权限"对话框中，单击"添加"按钮，如图 4.1.8 所示。

步骤 4：在弹出的"选择用户或组"对话框中，单击"高级"按钮，单击"立即查找"按钮，选择"Sales（DC\Sales）"选项，单击"确定"按钮。

步骤 5：返回"报表汇总 的权限"对话框，设置 Sales 组 NTFS 权限。在"组或用户名"选区中选择"Sales（DC\Sales）"选项，在"Sales 的权限"选区中勾选"读取和执行"右侧的"允许"复选框，单击"确定"按钮，如图 4.1.9 所示。

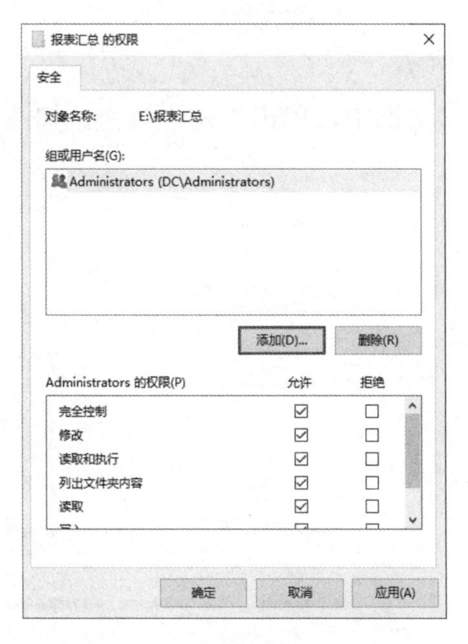

图 4.1.8　单击“添加”按钮

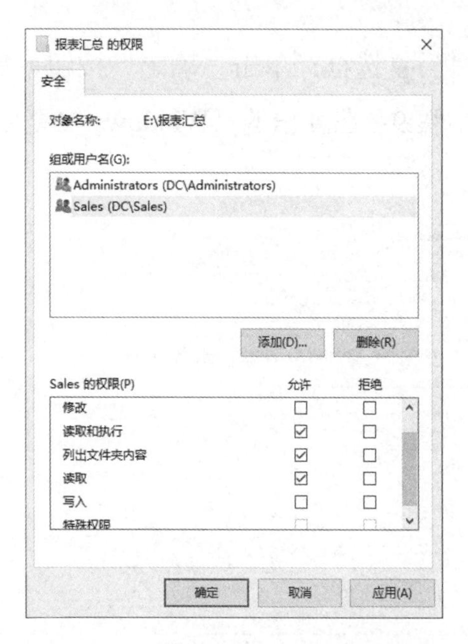

图 4.1.9　设置 Sales 组 NTFS 权限

步骤 6：使用同样的方法添加 Finances 组，并将“Finances 的权限”设置为修改、读取和执行，以及附加选中的权限，单击“确定”按钮，如图 4.1.10 所示。

步骤 7：返回“报表汇总 属性”对话框，若此文件夹中没有子对象，则单击“确定”按钮；若存在子对象，则需要单击“高级”按钮进一步设置权限继承，如图 4.1.11 所示。

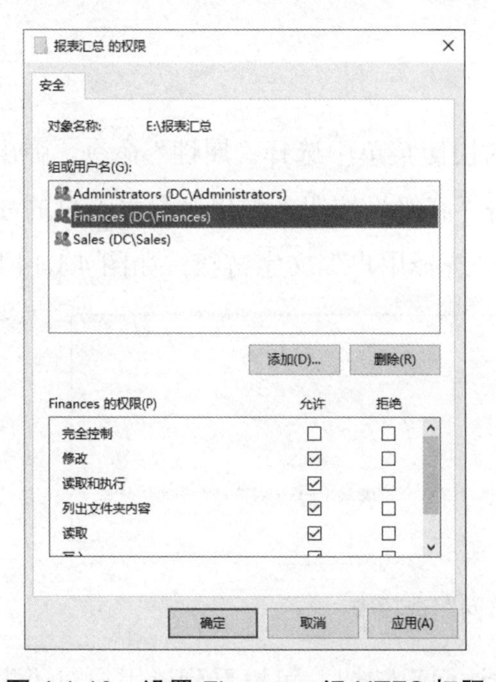

图 4.1.10　设置 Finances 组 NTFS 权限

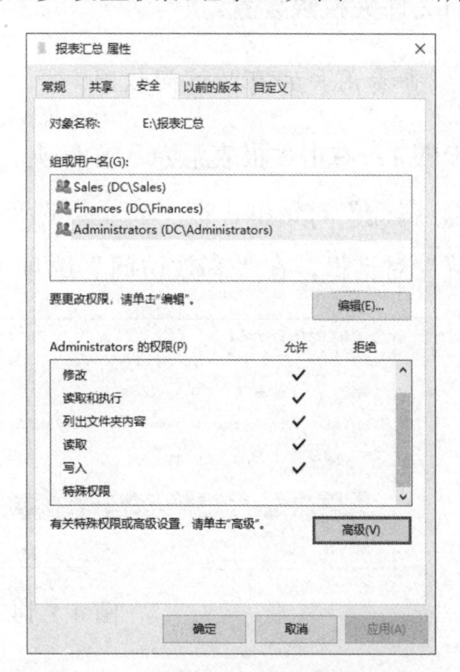

图 4.1.11　“报表汇总 属性”对话框

步骤 8：如果需要设置子对象继承上述设置的权限，则在“报表汇总的高级安全设置”对话框的“权限”选项卡中，勾选“使用可从此对象继承的权限项目替换所有子对象的权限项目”复选框，单击“确定”按钮，如图 4.1.12 所示。

步骤 9：在弹出的“Windows 安全中心”警告对话框中，单击“是”按钮，如图 4.1.13 所示。

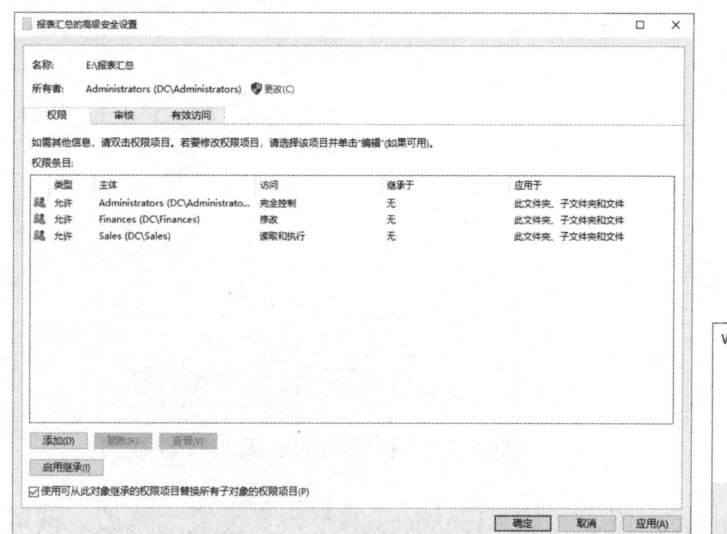

图 4.1.12　设置子对象继承权限

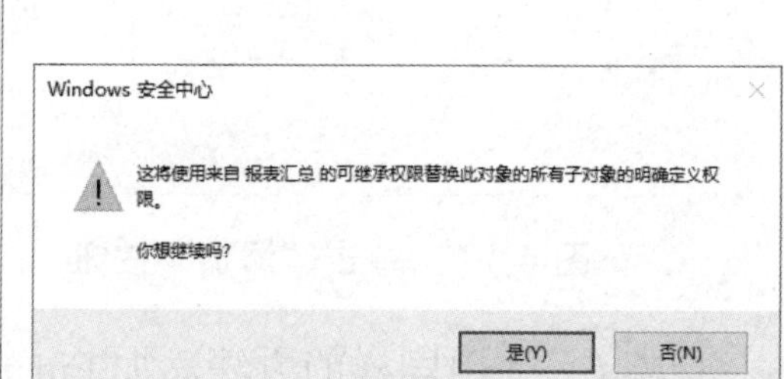

图 4.1.13　“Window 安全中心”警告对话框

步骤 10：返回“报表汇总 属性”对话框，单击“确定”按钮。至此，已完成本任务所需的文件夹权限设置。

2. 查看用户的有效访问权限

步骤 1：右击“报表汇总”文件夹，在弹出的快捷菜单中选择“属性”命令，弹出“报表汇总 属性”对话框，在“安全”选项卡中单击“高级”按钮，弹出“报表汇总的高级安全设置”对话框，在“有效访问”选项卡中单击“选择用户”文字链接，如图 4.1.14 所示。

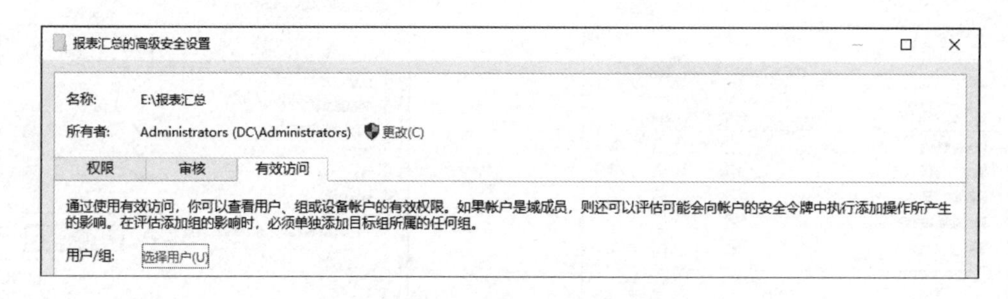

图 4.1.14　“有效访问”选项卡

步骤 2：选择 Admin 用户，单击“查看有效访问”按钮，可以看到该用户对“报表汇总”文件夹的有效访问权限，满足任务中 Administrators 组的用户对文件夹具有完全控制权限的需求，如图 4.1.15 所示。

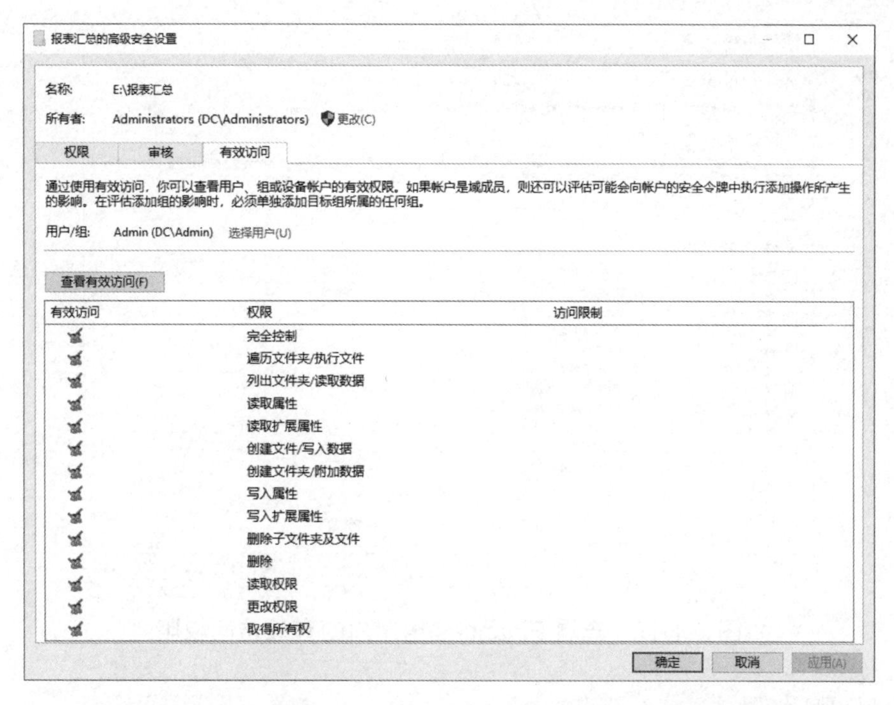

图 4.1.15　查看 Administrators 组用户的有效访问权限

步骤 3：使用同样的方法查看 Zhangsan 用户对“报表汇总”文件夹的有效访问权限，满足本任务中 Sales 组的用户对文件夹中的内容具有读取权限的需求，如图 4.1.16 所示。

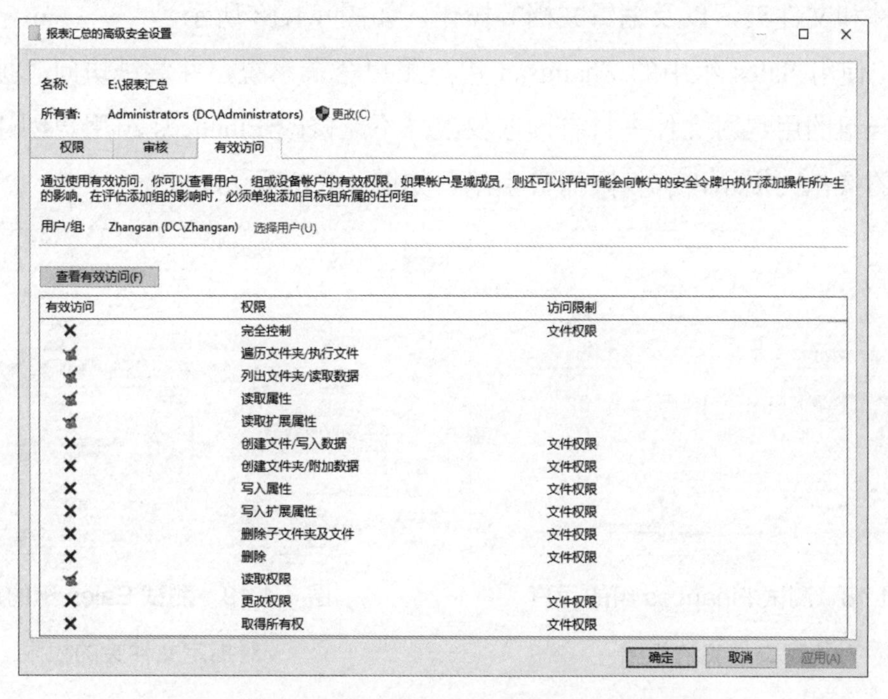

图 4.1.16　查看 Sales 组用户的有效访问权限

步骤 4：使用同样的方法查看 Zhaoliu 用户对“报表汇总”文件夹的有效访问权限，满足本任务中 Finances 组的用户对文件夹中的内容具有读取和修改权限的需求，如图 4.1.17 所示。

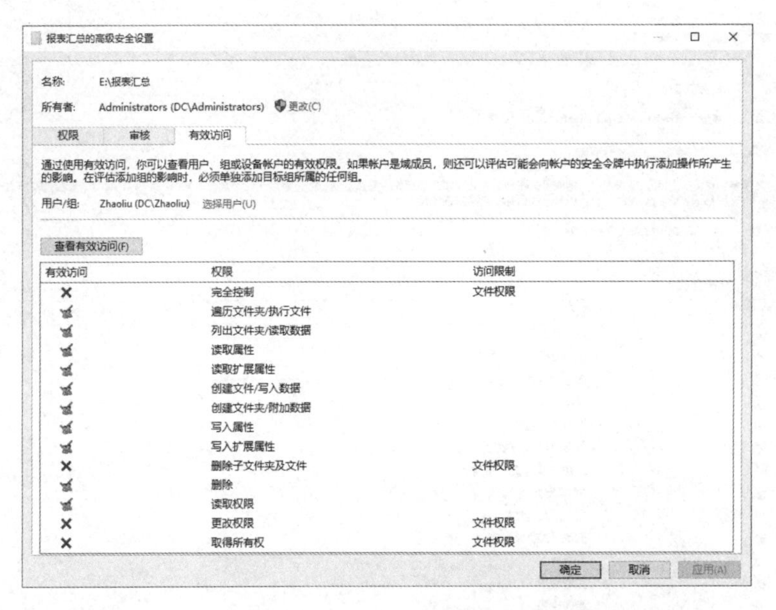

图 4.1.17　查看 Finances 组用户的有效访问权限

3. 测试 NTFS 权限

步骤 1：使用 Finances 组中的 Zhaoliu 用户账户登录系统，并尝试访问“报表汇总”文件夹。由于该组的用户对文件夹具有读取和修改权限，因此该组的用户能够进行创建、修改、删除文件和文件夹，以及编辑文档等操作，如图 4.1.18 所示。

步骤 2：使用 Sales 组中的 Zhangsan 用户账户登录系统，并尝试访问“报表汇总”文件夹。由于该组的用户对文件夹只有读取权限，不能修改 Finances 组用户创建的文件，因此修改文件的操作会提示没有权限而被拒绝，如图 4.1.19 所示。

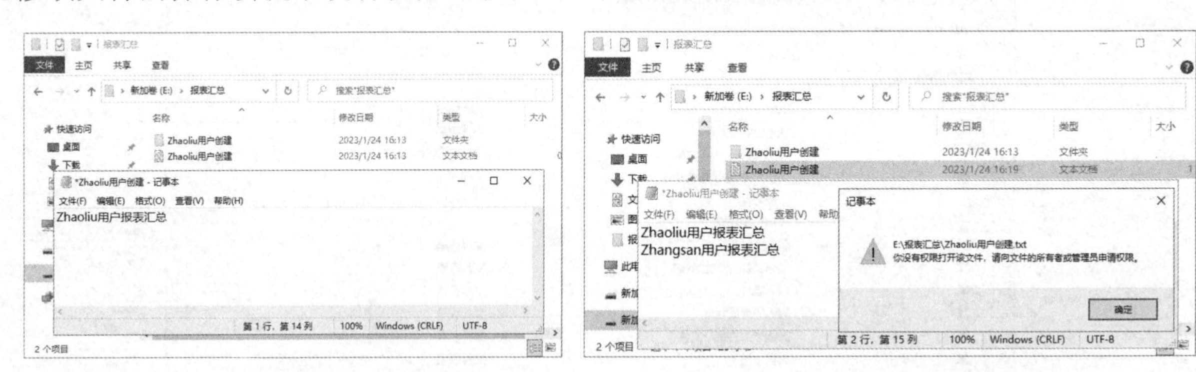

图 4.1.18　测试 Finances 组的用户对指定文件夹的权限

图 4.1.19　测试 Sales 组的用户对指定文件夹的权限

知识链接

1. 认识文件系统

文件系统是操作系统在存储设备上按照一定的原则组织、管理数据所用的总体结构，规定了计算机对文件和文件夹的操作标准和机制。具体地说，它负责为用户建立文件、存入文件、读出文件、修改文件、转储文件、控制文件的存取，以及当用户不再使用时撤销文件等。

Windows Server 2022 提供了强大的文件管理功能，其中 NTFS 具有高安全性，用户可以十分方便地在计算机或网络上对文件和文件夹进行处理、使用、组织、共享、保护等操作。Windows Server 2022 主要使用 FAT（File Allocation Table，文件分配表）、NTFS（New Technology File System，新技术文件系统）和 ReFS（Resilient File System，弹性文件系统）3 种文件系统。

1）FAT 文件系统

FAT 是一种由微软公司发明并拥有部分专利的文件系统，供 MS-DOS 使用，也是所有非 NT 核心的微软窗口使用的文件系统。FAT 文件系统包括 FAT16 和 FAT32 两种。

FAT16 使用 16 位空间来表示每个扇区配置文件的情形，在 DOS 和 Windows 系统中，磁盘文件的分配是以簇为单位的。所谓簇，就是磁盘空间的配置单位，就像图书馆内一格格的书架一样。每个要存到磁盘的文件都必须配置足够数量的簇，才能存放到磁盘中。FAT16 最大可以管理 2GB 的分区，但每个分区最多只能有 65 525 簇。

一簇只能分配给一个文件使用，不管这个文件占用整个簇容量的多少。而每簇的大小由磁盘分区的大小来决定，分区越大，簇就越大。例如，1GB 的磁盘若只分一个区，则簇的大小是 32KB，即使一个文件只有 1 字节的空间，存储时也要占 32KB 的磁盘空间，剩余的空间便全部闲置，从而导致磁盘空间的极大浪费。因此 FAT16 支持的分区越大，磁盘上每个簇的容量也越大，造成的浪费就越大。

为了解决 FAT16 文件系统对于卷大小的限制，同时让 DOS 系统的真实模式在非必要不减少可用常规内存状况下处理这种格式，微软公司决定实施新一代的 FAT，即 FAT32。随着大磁盘容量的出现，从 Windows 98 操作系统开始，FAT32 开始流行。FAT32 使用 32 位空间来表示每个扇区配置文件的情形，是 FAT16 的增强版本，可以支持磁盘大小达到 2TB。而且 FAT32 还具有一个明显的优点，即在一个不超过 8GB 的分区中，FAT32 分区格式的每个簇容量都固定为 4KB，与 FAT16 的 32KB 相比，可以大大减少磁盘空间的浪费，提高磁盘空间的利用率。但是，这种分区也有它的缺点，即采用 FAT32 格式分区的磁盘，由于文件分配表的扩大，运行速度比采用 FAT16 格式分区的磁盘要慢。

2）NTFS

NTFS 是 Windows NT 内核的系列操作系统支持的一种特别为网络和磁盘配额、文件加密等管理安全特性设计的磁盘格式，提供了长文件名、数据保护和恢复功能，能通过目录和文件许可实现安全性，并支持跨越分区。

NTFS 功能强大，以卷为基础，将卷建立在磁盘分区之上。分区是磁盘的基本组成部分，是一个能够被格式化的逻辑单元。一块磁盘可以分成多个卷，一个卷也可以由多块磁盘组成。卷中的一切都是文件，而文件中的一切都是属性（从数据属性到安全属性，再到文件名属性），NTFS 卷中的每个扇区都分配给了某个文件，甚至系统的超数据也是文件的一部分。

NTFS 是 Windows Server 2022 推荐使用的高性能文件系统，支持许多新的文件安全、存储和容错功能，而这些功能也是 FAT 文件系统所缺乏的。NTFS 具有如下特点。

（1）支持的分区容量可以达到 2TB。如果是 FAT32 文件系统，则支持分区的容量最大为 32GB。

（2）是一个可恢复的文件系统。NTFS 通过使用标准的事务处理日志和恢复技术来保证分区的一致性。

（3）支持对分区、文件夹和文件的压缩。

（4）采用了更小的簇，可以更有效地管理磁盘空间。

（5）在 NTFS 分区上，可以为共享资源、文件夹及文件设置访问权限。

（6）在 Windows Server 2022 的 NTFS 下可以进行磁盘配额管理。

（7）使用一个“变更”日志来跟踪记录文件所发生的变更。

FAT32 文件系统只能设置共享方式的访问权限，而没有文件和文件夹的访问权限。NTFS 拥有更高的安全性，不仅可以设置共享方式的访问权限，还可以设置文件和文件夹的访问权限，因此一般优先选用 NTFS。

3）ReFS

ReFs 是在 Windows Server 2012 中新引入的一个文件系统，只能用于存储数据，但无法引导系统，并且在移动媒介上也无法使用。

2. 认识 NTFS 权限

Windows Server 2022 在 NTFS 格式的卷上提供了 NTFS 权限，允许管理员为每个用户或组指定 NTFS 权限，以保护文件和文件夹资源的安全。NTFS 权限只适用于 NTFS 格式的磁盘分区，不能用于 FAT 格式或 FAT32 格式的磁盘分区。

不管是本地用户还是网络用户，最终都要通过 NTFS 权限的“检查”才能访问 NTFS 分区上的文件或文件夹。不同于读取、更改和完全控制这 3 种共享权限，NTFS 的权限要稍微复杂和精细一些。NTFS 权限类型包括完全控制（Full Control）、修改（Modify）、显示文件夹内容（List Folder Contents）、读取和运行（Read & Execute）、写入（Write）、读取（Read）

和特别的(Special)权限。这几种权限对文件和文件夹的作用有所不同,具体的说明如表 4.1.2 所示。

表 4.1.2 NTFS 权限类型说明

权限类型	文件的权限说明	文件夹的权限说明
完全控制	改变权限，成为拥有者，并且可以读取、写入、更改或删除文件	改变权限，成为拥有者，并且可以读取、写入、更改或删除文件和子文件夹
修改	读取、写入、更改或删除文件	读取、写入、更改或删除文件和子文件夹
列出文件夹内容	N/A	列出文件夹内容
读取和运行	读取文件内容，查看文件属性与权限运行应用程序	遍历文件夹，读取子文件和子文件夹内容，查看子文件属性、子文件拥有者和权限运行应用程序
写入	覆盖写入文件，修改文件属性，查看文件拥有者和权限，但不能删除文件	创建子文件或子文件夹，修改子文件夹属性，查看子文件夹的拥有者和权限
读取	读取文件内容，查看文件属性、文件拥有者和权限	读取子文件或子文件夹的内容，查看子文件属性、子文件拥有者和权限
特别的权限	读取属性、写入属性、更改权限等不常用的权限	读取属性、写入属性、更改权限等不常用的权限

3. 权限设置规则

1）累加

用户对某个文件或文件夹的有效权限，是该用户和其隶属的所有组的权限总和。例如，Zhangsan 用户隶属于 Users 组和 NM 组，其有效权限如表 4.1.3 所示。

表 4.1.3 NTFS 权限累加的实例

用户或组	对某文件或文件夹的允许权限	有效权限
Zhangsan	写入	完全控制 （写入+读取+完全控制）
Users	读取	
NM	完全控制	

2）拒绝优先

虽然 NTFS 权限遵循累加规则，但是若其中有一种权限的来源设置为拒绝，则用户不会被授予该权限。例如，Zhangsan 用户隶属于 Users 组和 NM 组，其有效权限如表 4.1.4 所示。

表 4.1.4 NTFS 权限拒绝优先的实例

用户或组	对某文件或文件夹的允许权限	读取权限的设置效果
Zhangsan	允许	拒绝
Users	允许	
NM	拒绝	

3）指定优于继承

即某用户或组指定的权限设置优先于继承的权限设置。例如，对于当前文件或文件夹来说，从父项继承而来的权限中显示 Zhangsan 用户的读取权限为拒绝状态，但又进行了指定，则以指定的权限优先，其有效权限如表 4.1.5 所示。

表 4.1.5 NTFS 权限指定优于继承的实例

权 限 来 源	对某文件或文件夹的允许权限	读取权限的设置效果
从父项继承来的权限	拒绝	允许
用户指定的权限	允许	

4）其他原则

主要包括：文件的权限高于文件夹；自动从父项继承；继承而来的 NTFS 权限不能修改（可以取消继承后，使用管理员账户或所有者账户删除）；具有读取权限的文件夹可以被复制到 FAT32 下；网络服务和 NTFS 权限同时使用时，执行最严格权限。

4. 移动或复制的权限变化

无论文件被复制到哪个磁盘分区，都会作为目的文件夹下新创建的文件，并将目的文件夹权限作为继承依据。

通俗来说，磁盘分区内的移动，相当于维持原有文件权限，只是换了位置；不同磁盘分区间的移动，相当于在目的文件夹中先新建了一个文件，再把原来的删除，所以会继承目的文件夹的权限，具体变化如表 4.1.6 所示。

表 4.1.6 移动或复制权限变化

文件所在原文件夹	操 作	目的文件夹	权 限 来 源
C:\files	移动	C:\tools	权限不变
C:\files	复制	C:\tools	继承目标文件夹 C:\tools
C:\files	移动	D:\tools	继承目标文件夹 D:\tools
C:\files	复制	D:\tools	继承目标文件夹 D:\tools

任务拓展

在 Windows Server 2022 服务器操作系统中创建文件夹并设置相应权限，具体要求如下。

（1）创建 group1 组，组内有 test1、test2 两个用户账户。

（2）使用 test1 用户账户登录系统，在 D 盘创建一个“文件汇总”文件夹，使用此用户账户为其他用户分配访问文件夹的 NTFS 权限。

（3）创建“反馈意见”文件夹，允许用户写入，但都不能进行删除操作。

（4）允许 Admin 用户获得“反馈意见”文件夹的所有权，并成为所有者。

任务 4.2 使用 EFS 加密文件

任务描述

某公司的网络管理员小王，根据需求在安装了 Windows Server 2022 服务器操作系统的计算机上存储相关部门数据。为了保证文件安全、防止被未授权的用户打开，小王尝试使用压缩软件将文件打包并设置压缩包的密码，也可以使用一些文件加密软件，但是在使用时都需要花费时间解密文件，而且安装的应用软件也不能直接读取这些加密的文件，因此急需一种便捷、可靠的文件加密方法来解决这个问题。

任务要求

Windows Server 2022 服务器操作系统提供了 EFS（Encrypting File System，加密文件系统）的功能，管理员可以使用该功能解决上述问题。借助 EFS 能以透明方式加/解密文件，并且能在登录系统的同时进行 EFS 用户验证，因此使用者几乎感受不到后续的加密、解密过程，而非授权用户则无法访问数据。具体要求如下。

（1）对 dc 服务器 E 盘中的“报表汇总”文件夹及其内的文件进行加密。

（2）备份“报表汇总”文件夹及其内文件的加密证书和密钥。

（3）使用其他用户查看加密文件。

（4）导入备份的 EFS 证书和再次查看加密文件。

任务实施

1. 使用 EFS 对文件或文件夹进行加密

步骤 1：登录系统，本任务使用 Administrator 用户账户登录。

步骤 2：右击“报表汇总”文件夹，在弹出的快捷菜单中选择“属性”命令，如图 4.2.1 所示。

步骤 3：在弹出的“报表汇总 属性”对话框的“常规”选项卡中，单击“高级”按钮，如图 4.2.2 所示。

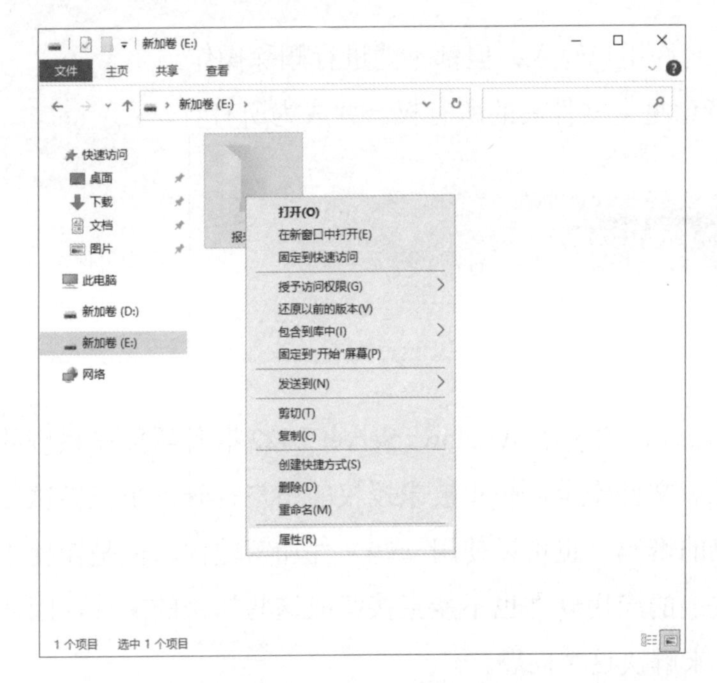

图 4.2.1　选择“属性”命令

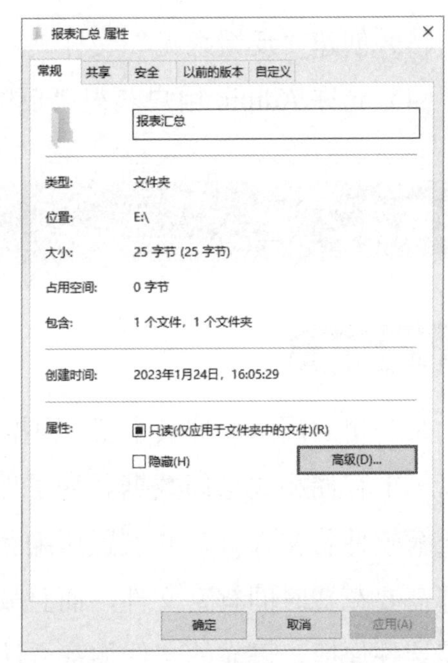

图 4.2.2　“常规”选项卡

步骤 4：在弹出的“高级属性”对话框的“压缩或加密属性”选区中，勾选“加密内容以便保护数据”复选框，单击“确定”按钮，如图 4.2.3 所示。

步骤 5：返回“报表汇总 属性”对话框，单击“确定”按钮。

步骤 6：在弹出的“确认属性更改”对话框中，默认已选中“将更改应用于此文件夹、子文件夹和文件”单选按钮，直接单击“确定”按钮即可，如图 4.2.4 所示。

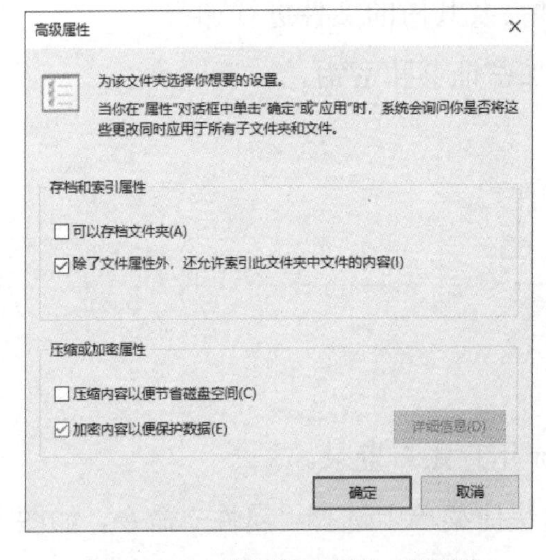

图 4.2.3　“高级属性”对话框

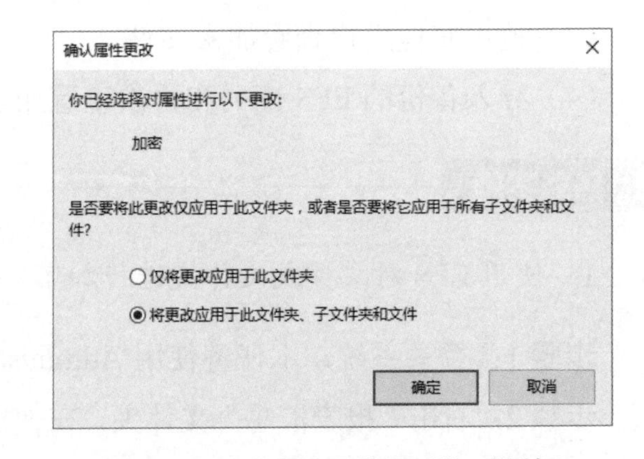

图 4.2.4　“确认属性更改”对话框

2. 备份文件加密证书和密钥

步骤 1：在桌面右下角弹出的提示对话框中，单击“备份文件加密密钥”文字链接，如图 4.2.5 所示。

步骤 2：在弹出的“加密文件系统”对话框中，选择“现在备份（推荐）”选项，如图 4.2.6 所示。

步骤 3：在“证书导出向导”对话框中，单击“下一步”按钮，如图 4.2.7 所示。

图 4.2.5 单击“备份文件加密密钥”文字链接

步骤 4：在“导出文件格式”界面中采用默认设置，直接单击“下一步”按钮，如图 4.2.8 所示。

步骤 5：在“安全”界面中，勾选“密码”复选框，输入两次密码，将加密方式设置为“AES256-SHA256”，单击“下一步”按钮，如图 4.2.9 所示。

图 4.2.6 “加密文件系统”对话框

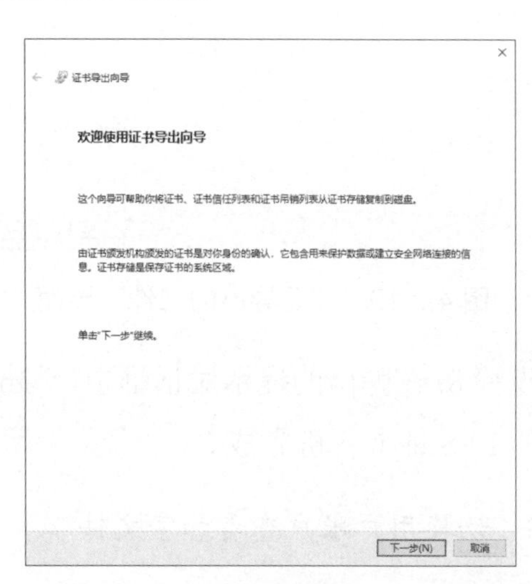

图 4.2.7 “证书导出向导”对话框

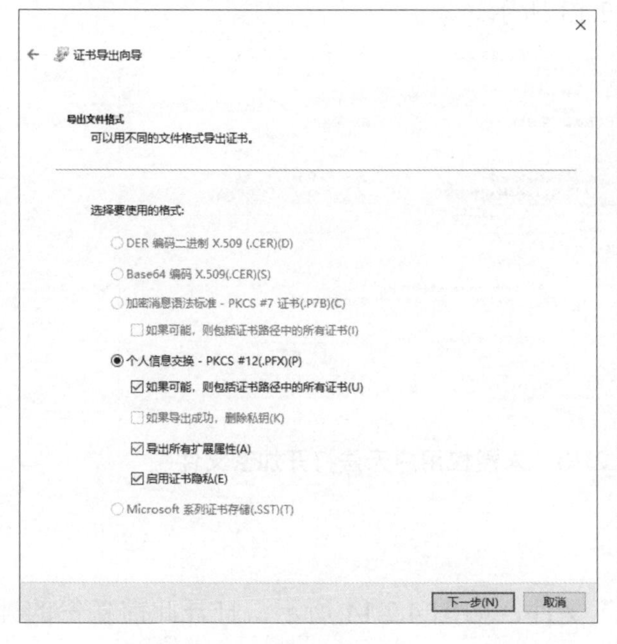

图 4.2.8 “导出文件格式”界面

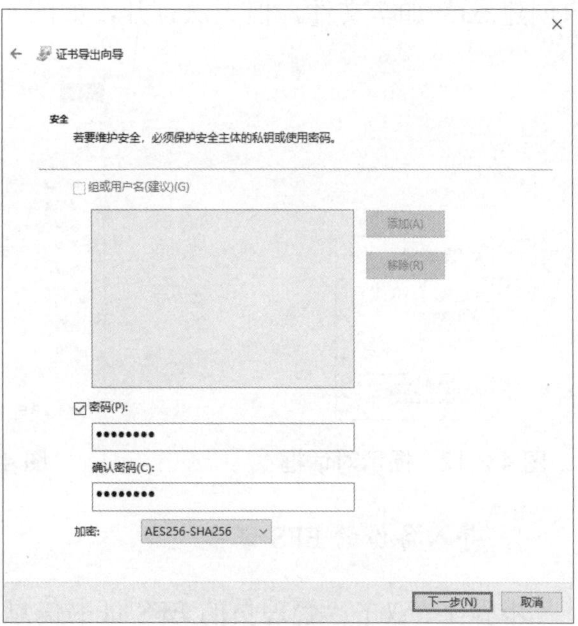

图 4.2.9 “安全”界面

步骤 6：在“要导出的文件”界面中，单击“浏览”按钮或直接输入导出文件的路径和文件名，如“D:\管理员的 EFS 证书信息.pfx”，单击“下一步”按钮，如图 4.2.10 所示。

步骤 7：在“正在完成证书导出向导”界面中，单击“完成”按钮，如图 4.2.11 所示。

图 4.2.10 “要导出的文件”界面

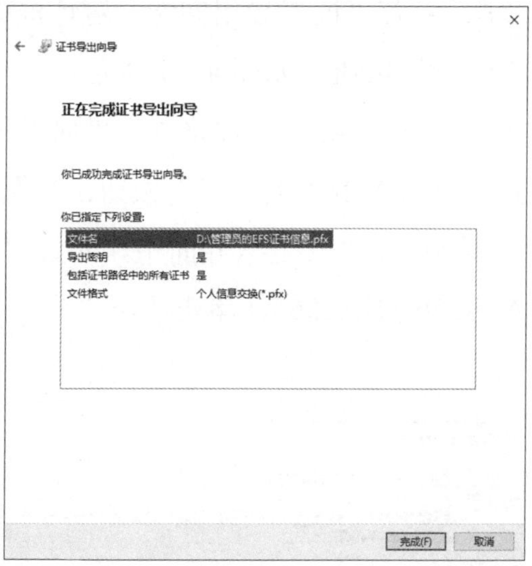

图 4.2.11 “正在完成证书导出向导”界面

步骤 8：在弹出的提示对话框中，单击“确定”按钮，如图 4.2.12 所示。至此，Administrator 用户的 EFS 证书备份完成。

3. 切换用户账户查看加密文件

切换用户账户后，再次访问“报表汇总”文件夹，可以看到文件夹内含有“Zhaoliu 用户创建.txt”加密文件，但无法打开，如图 4.2.13 所示。

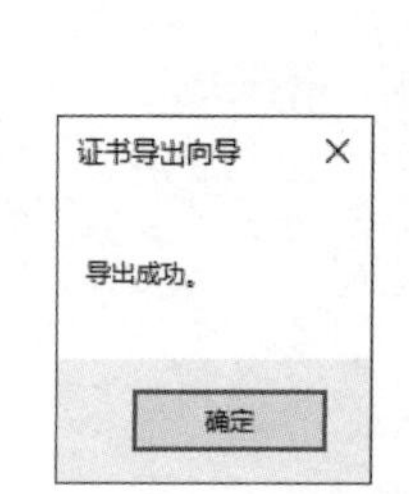

图 4.2.12 提示对话框

图 4.2.13 未授权用户无法打开加密文件

4. 导入备份的 EFS 证书

步骤 1：双击“管理员的 EFS 证书信息”文件，如图 4.2.14 所示，打开此前备份的证书文件。

步骤 2：在“证书导入向导”对话框中，使用默认的存储位置（选中“当前用户”单选按钮），单击“下一步”按钮，如图 4.2.15 所示。

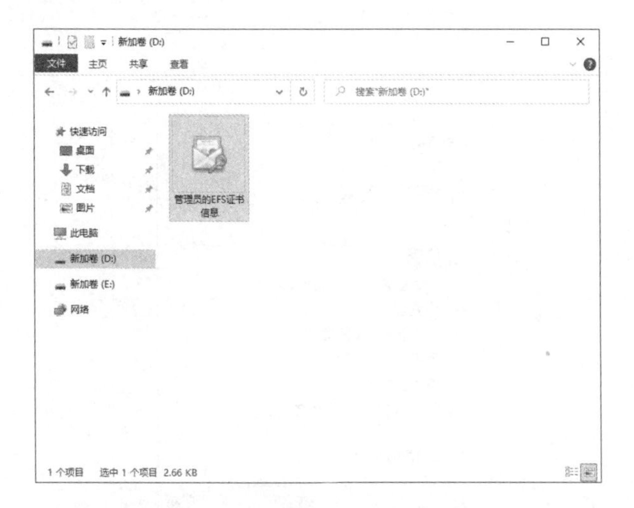

图 4.2.14　双击“管理员的 EFS 证书信息”文件

图 4.2.15　“证书导入向导”对话框

步骤 3：在“要导入的文件”界面中，单击“下一步”按钮，如图 4.2.16 所示。

步骤 4：在“私钥保护”界面中，输入此前导出时所设置的私钥密码，单击“下一步”按钮，如图 4.2.17 所示。

图 4.2.16　“要导入的文件”界面

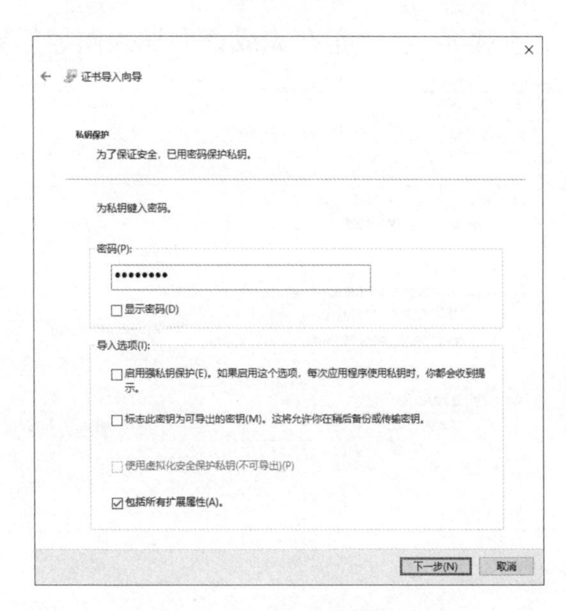

图 4.2.17　“私钥保护”界面

步骤 5：在“证书存储”界面中，选中“将所有的证书都放入下列存储”单选按钮，单击“浏览”按钮，如图 4.2.18 所示。

步骤 6：在弹出的“选择证书存储”对话框中，选择“个人”文件夹，单击“确定”按钮，如图 4.2.19 所示。

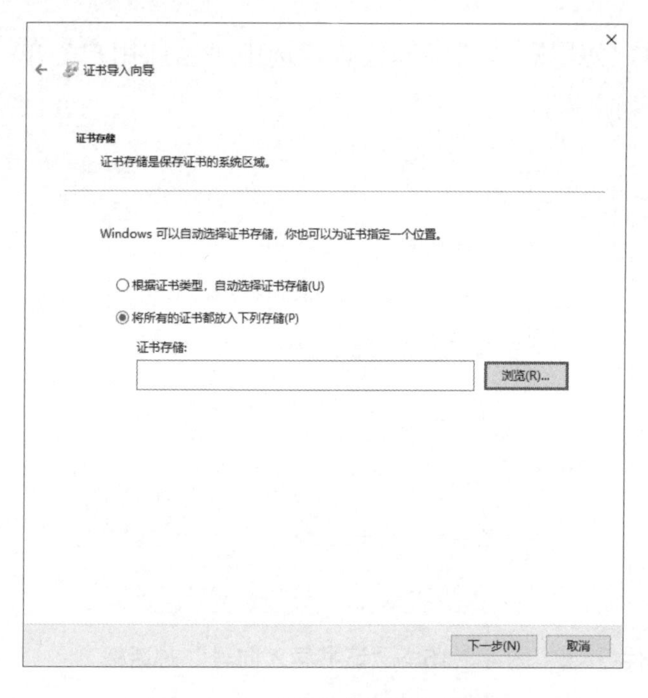

图 4.2.18　“证书存储”界面

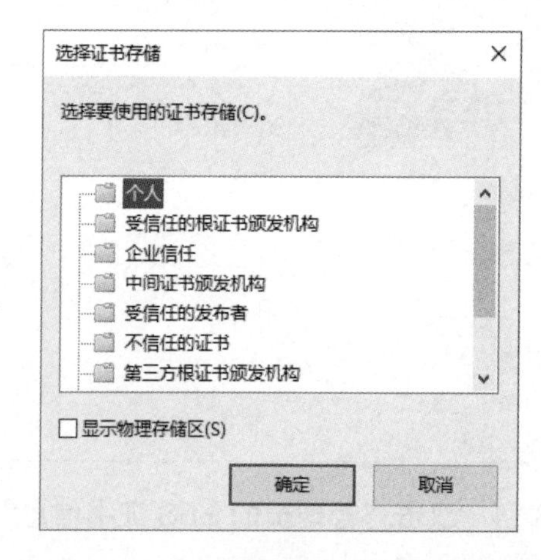

图 4.2.19　“选择证书存储”对话框

步骤 7：返回“证书存储”界面，可以看到证书存储位置已设置为“个人”，如图 4.2.20 所示，单击“下一步”按钮。

步骤 8：在“正在完成证书导入向导”界面中，单击“完成”按钮，如图 4.2.21 所示。

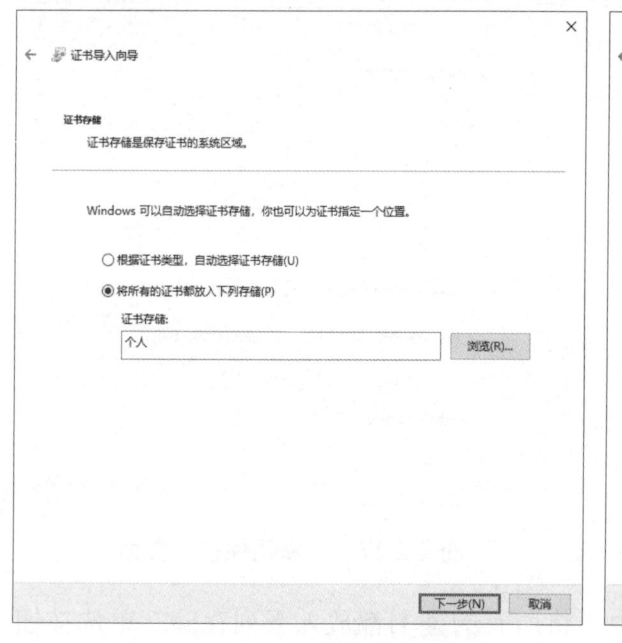

图 4.2.20　设置证书存储位置

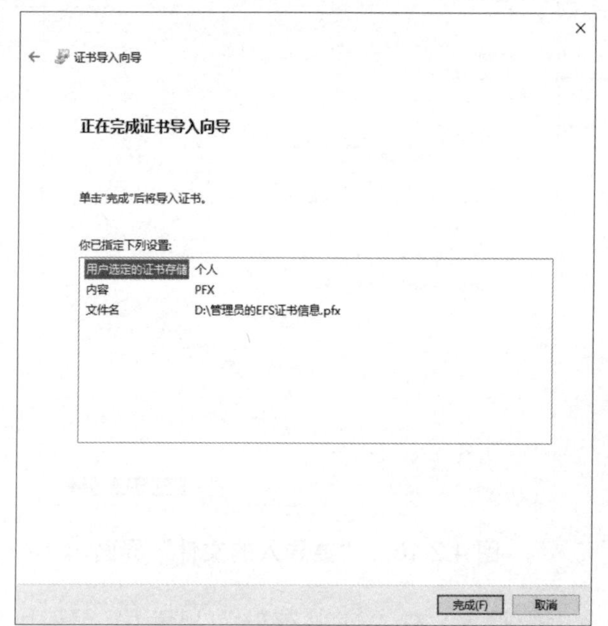

图 4.2.21　“正在完成证书导入向导”界面

步骤 9：在弹出的提示对话框中，单击“确定”按钮，如图 4.2.22 所示。至此，已完成 EFS 证书导入操作。

5. 再次查看加密文件

导入 EFS 证书后，再次打开“Zhaoliu 用户创建.txt”加密文件，即可正常访问，如图 4.2.23 所示。

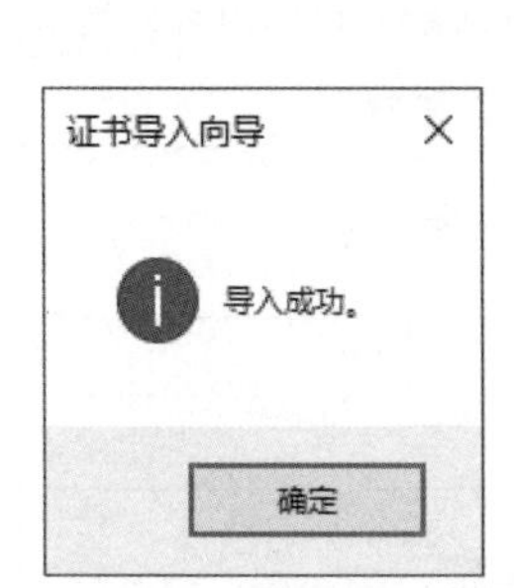

图 4.2.22　提示对话框

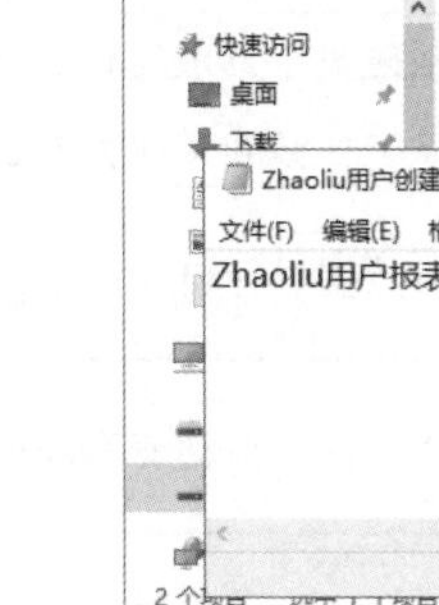

图 4.2.23　查看加密文件

1. EFS 简介

NTFS 的加密属性是通过 EFS 提供的一种核心文件加密技术实现的。EFS 仅用于 NTFS 卷上的文件和文件夹加密。EFS 加密对用户是完全透明的，当用户访问加密文件时，系统会自动解密文件；当用户保存加密文件时，系统会自动加密该文件，不需要用户任何手动交互动作。EFS 是 Windows 2000、Windows XP Professional（Windows XP Home 不支持 EFS）、Windows Server 2003/2008/2012/2019/2022 NTFS 的一个组件。EFS 采用高级的标准加密算法实现透明的文件加密和解密，任何没有合适密钥的个人或程序都不能读取加密数据。即便是物理上拥有驻留加密文件的计算机，加密文件仍然受到保护，甚至有权访问计算机及其文件系统的用户也无法读取这些数据。

2. 操作 EFS 加密文件情形与目标文件状态

EFS 将文件加密作为文件属性进行保存，通过修改文件属性对文件和文件夹进行加密和解密。和设置其他属性（如只读、压缩或隐藏）一样，通过对文件夹和文件的加密属性，可以对文件夹或文件进行加密和解密。如果加密一个文件夹，则在加密文件夹中创建的所有文件和子文件夹都自动加密，本书推荐在文件夹级别上加密。

EFS 必须存储在 NTFS 磁盘中才能处于加密状态，在允许进行远程加密的远程计算机上可以加密或解密文件及文件夹。然而，如果通过网络打开已加密文件，则通过此过程在网络上传输的数据并未加密，必须使用诸如 SSL/TLS（安全套接字层/传输层安全性）等协议通过有线加密数据。操作 EFS 加密文件情形与目标文件状态如表 4.2.1 所示。

表 4.2.1　操作 EFS 加密文件情形与目标文件状态

操作 EFS 加密文件情形	目标文件状态
将加密文件移动或复制到非 NTFS 磁盘中	新文件处于解密状态
用户或应用程序读取加密文件	系统将从磁盘中读取文件，并将解密后的内容反馈给用户或应用程序，磁盘中存储的文件仍处于加密状态
用户或应用程序向加密的文件或文件夹写入数据	系统会对数据进行自动加密，并写入磁盘
将未加密的文件或文件夹移动或复制到加密文件夹中	新文件或文件夹自动变为加密状态
将加密的文件或文件夹移动或复制到未加密文件夹中	新文件或文件夹仍处于加密状态
通过网络发送加密的文件或文件夹	文件或文件夹会自动解密
将加密文件或文件夹打包压缩	压缩和加密不能并存，文件或文件夹会被自动解密
加密已压缩的文件	压缩和加密不能并存，文件先自动解压缩，再进行加密

任务拓展

在 dc 文件服务器上，对 E 盘中的“报表汇总”文件夹及其中的文件进行压缩。

任务 4.3　配置文件服务器

任务描述

某公司网络管理员小王申请新购置了一台服务器，并安装了 Windows Server 2022 服务器操作系统。由于公司具有文件共享需求，因此总经理要求小王部署一台文件服务器。

任务要求

Windows Server 2022 服务器操作系统中提供了文件服务器的功能，管理员可以使用该功能解决上述问题。小王通过创建部门用户和共享文件夹，并设置共享权限来完成文件服务器的配置，具体要求如下。

（1）服务器的 IP 地址为 192.168.1.101/24。

（2）创建销售部、财务部和总经理及其用户，基本用户分配表如表 4.3.1 所示。

表 4.3.1 基本用户分配表

部　门	用　户	隶 属 组
销售部	Zhangsan、Lisi	Sales
财务部	Pengwu、Zhaoliu	Finances
总经理	Manager	Managers

（3）创建两个共享文件夹，并通过设置共享权限来完成文件服务器的配置，如表 4.3.2 所示。

表 4.3.2 共享文件夹设置

共 享 名	物 理 路 径	共 享 权 限	NTFS 权限
报表汇总	E:\报表汇总	Sales 组具有读取权限； Finances 组具有完全控制权限； 同时共享的用户数量为 100 人	Sales 组具有与读取有关的权限； Finances 组具有与完全控制有关的权限
文件模板	E:\文件模板	Managers 具有完全控制权限； 其他人具有只读权限； 同时共享的用户数量为默认的人数	Managers 具有与完全控制有关的权限； 其他人具有与读取有关的权限

任务实施

1. 设置资源共享

1）创建共享文件夹“报表汇总”

步骤 1：使用管理员账户登录操作系统，创建任务需要的用户、组、文件夹和文件，此处省略该操作。

步骤 2：右击“报表汇总”文件夹，在弹出的快捷菜单中选择“属性”命令，如图 4.3.1 所示。

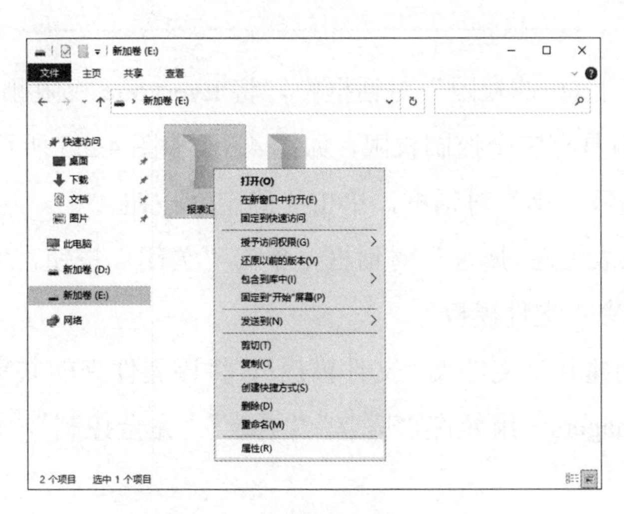

图 4.3.1 选择“属性”命令

步骤 3：在弹出的“报表汇总 属性”对话框的“共享”选项卡中，单击“高级共享”按钮，如图 4.3.2 所示。

步骤 4：在“高级共享”对话框中，勾选“共享此文件夹”复选框，将“共享名”设置为“报表汇总”，“将同时共享的用户数量限制为”设置为“100”，单击“权限”按钮，如图 4.3.3 所示。

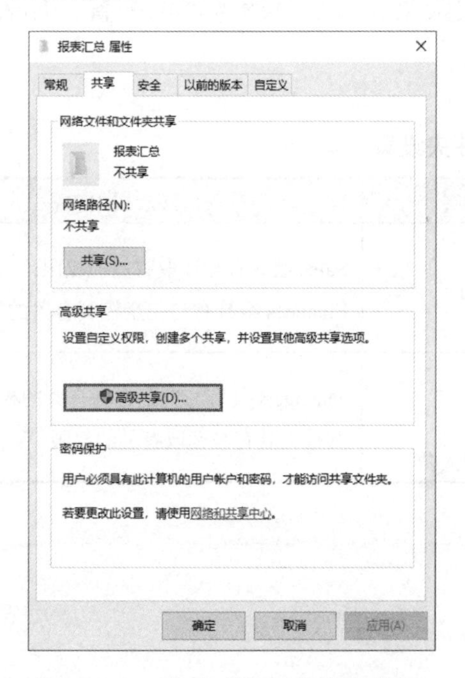

图 4.3.2　单击“高级共享”按钮

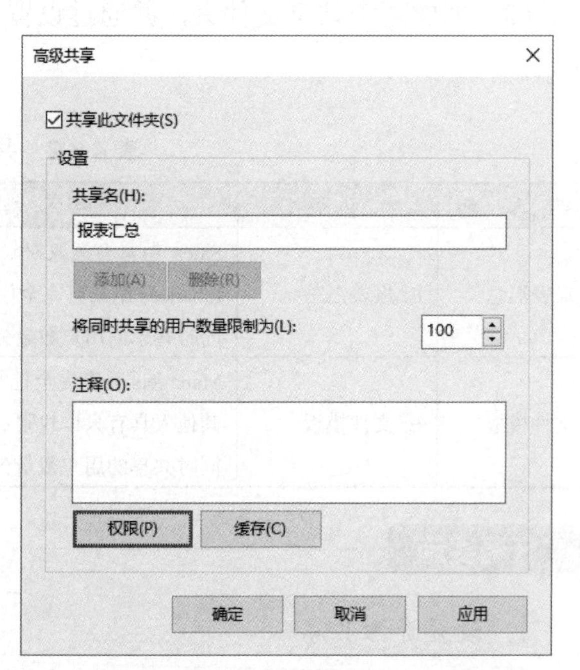

图 4.3.3　“高级共享”对话框

小贴士：

如果要在设置用户访问时隐藏共享文件夹，则需要在其共享名后加“$”符号。例如，在本任务中可以将文件的共享名设置为“技术文档$”。

步骤 5：在“报表汇总 的权限”对话框中，将 Everyone 权限删除，添加 Sales 组具有读取权限和 Finances 组具有完全控制权限，如图 4.3.4 和图 4.3.5 所示，单击“确定”按钮。

步骤 6：返回“高级共享”对话框，单击“确定”按钮。

步骤 7：返回“报表汇总 属性”对话框，单击“关闭”按钮，完成配置。

2）创建共享文件夹“文件模板”

参考上述步骤，创建共享文件夹“文件模板”，将该文件夹的共享权限设置为 Everyone 组允许“读取”，“Managers”组允许“读取”“更改”“完全控制”，创建结果如图 4.3.6 和图 4.3.7 所示。

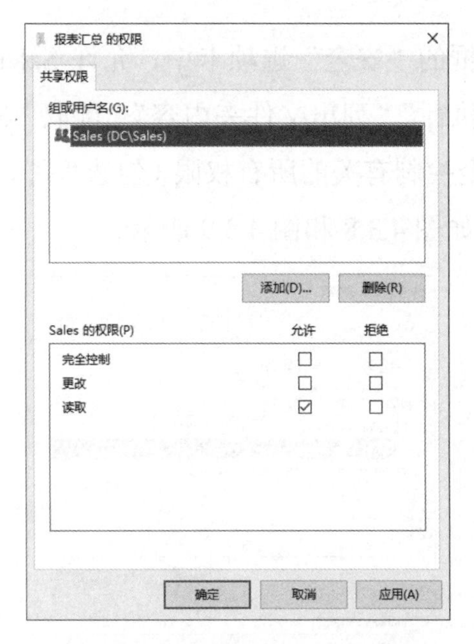

图 4.3.4 Sales 组的共享权限

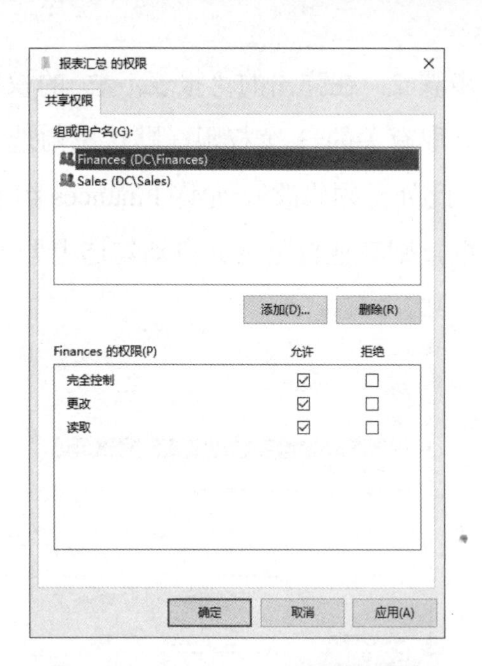

图 4.3.5 Finances 组的共享权限

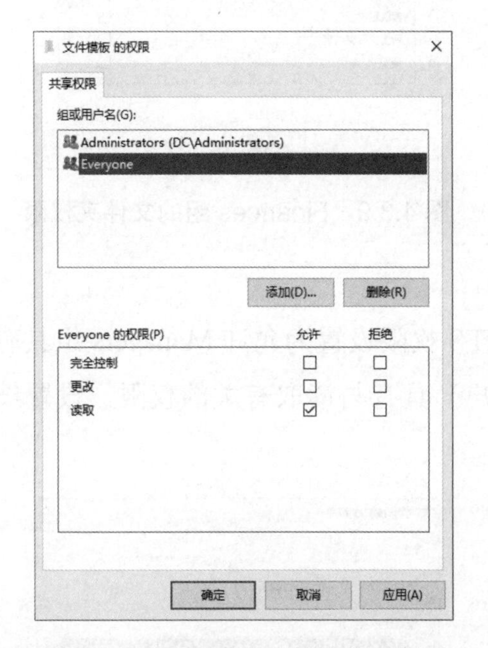

图 4.3.6 Everyone 组的共享权限

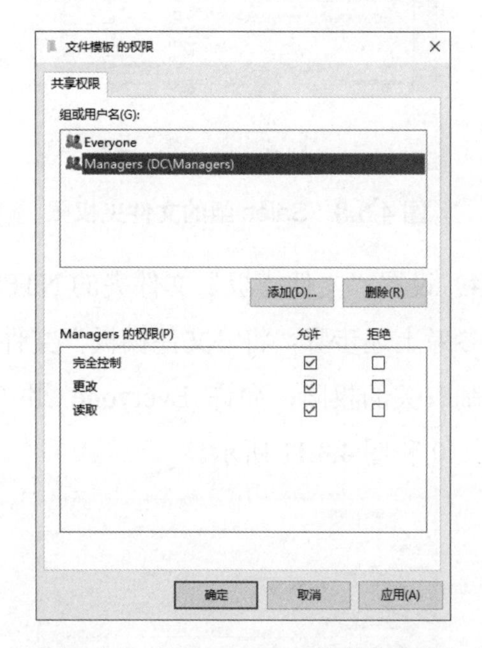

图 4.3.7 Managers 组的共享权限

小贴士：

共享名是在网络上查看此共享文件夹时看到的名称，此名称可以和文件夹名称相同或不同。一个文件夹可以建立多个共享名。

3）设置“报表汇总”文件夹的 NTFS 权限

步骤 1：右击“报表汇总”文件夹（路径为“E:\报表汇总”），在弹出的快捷菜单中选择“属性”命令。

步骤 2：在弹出的“报表汇总 的权限”对话框的“安全”选项卡中，允许 Sales 组具有与读取有关的 3 个权限（默认已勾选“读取和执行”“列出文件夹内容”“读取”3 个复选框，此处无须修改），允许 Finances 组具有与完全控制有关的所有权限（勾选“完全控制”复选框，则其他权限也会自动勾选上），设置结果如图 4.3.8 和图 4.3.9 所示。

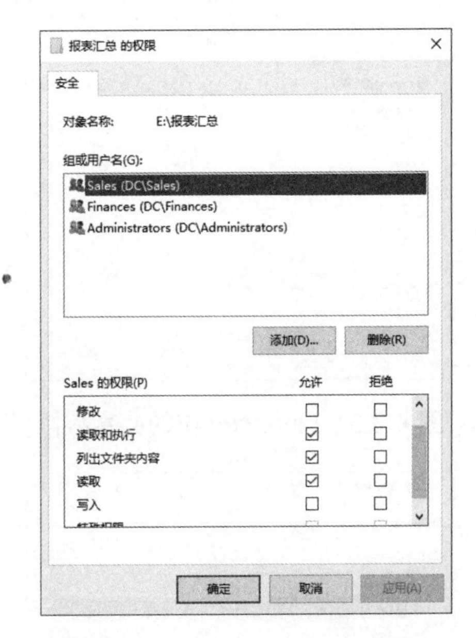

图 4.3.8　Sales 组的文件夹权限

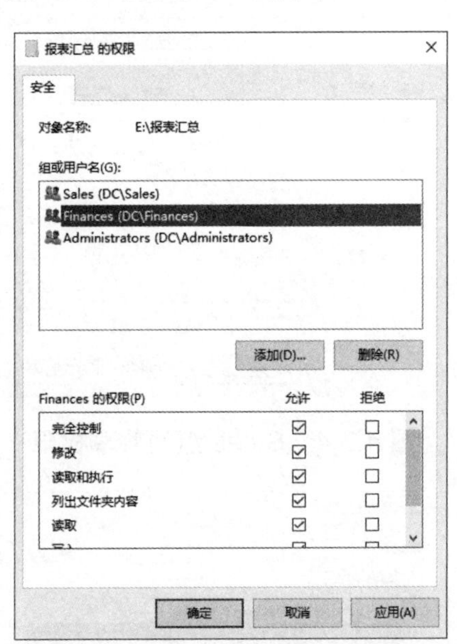

图 4.3.9　Finances 组的文件夹权限

4）设置“文件模板”文件夹的 NTFS 权限

参考上述步骤，将“文件模板”文件夹的 NTFS 权限设置为允许 Managers 组具有与完全控制有关的权限，允许 Everyone 组（所有用户）具有与读取有关的权限，设置结果如图 4.3.10 和图 4.3.11 所示。

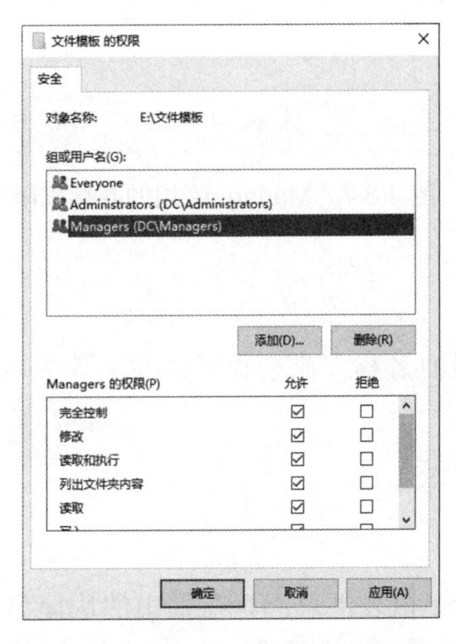

图 4.3.10　Managers 组的文件夹权限

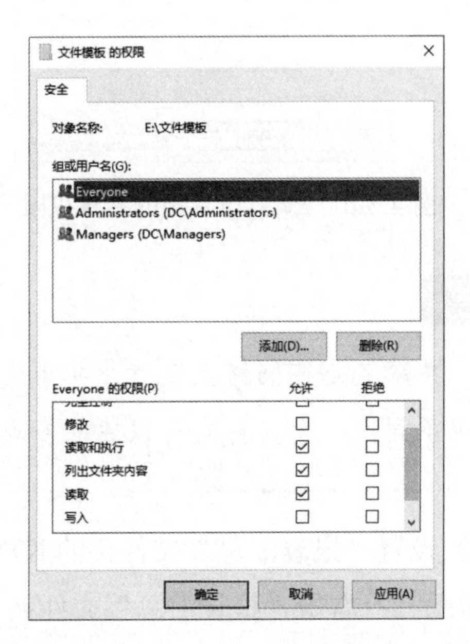

图 4.3.11　Everyone 组的文件夹权限

2. 访问网络共享资源

1）利用网络路径实现访问共享

步骤 1：在客户端上打开文件资源管理器（本任务以 Windows 10 操作系统的“此电脑”窗口为例），在地址栏中输入文件服务器的 UNC 地址“\\192.168.1.101”，如图 4.3.12 所示。

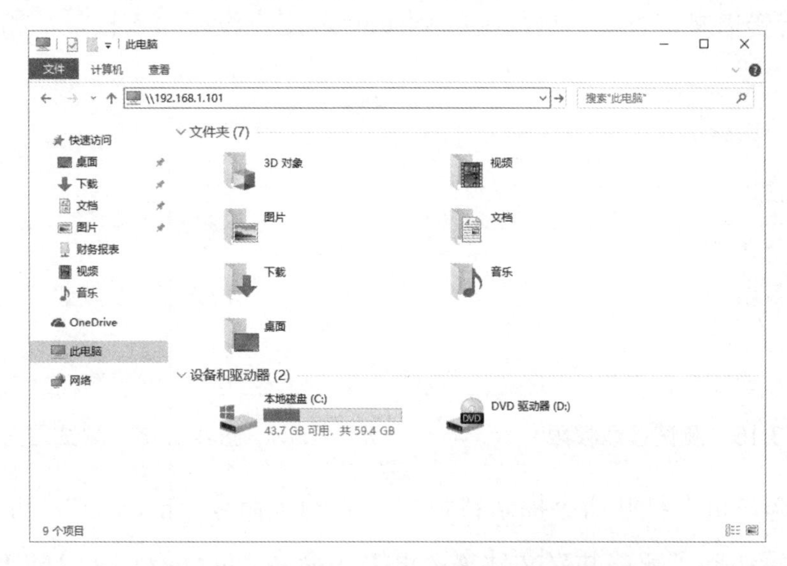

图 4.3.12 使用 UNC 地址访问共享文件夹

小贴士：

UNC（Universal Naming Convention，通用命名约定）地址是在网络（主要是局域网）中访问共享资源的路径表示形式，其格式为“\\服务器名或 IP 地址\共享文件夹名\资源名”。例如，“\\192.168.1.105\doc\设备手册.docx”“\\FS\D$\share\产品.xls”等，在访问隐藏的共享文件夹时，需要加入“$”符号。

步骤 2：在弹出的“Windows 安全性”对话框中，输入销售部用户 Zhangsan 的账户名和密码，如图 4.3.13 所示，单击“确定”按钮。

步骤 3：成功登录文件服务器后，即可看到共享文件夹，如图 4.3.14 所示。

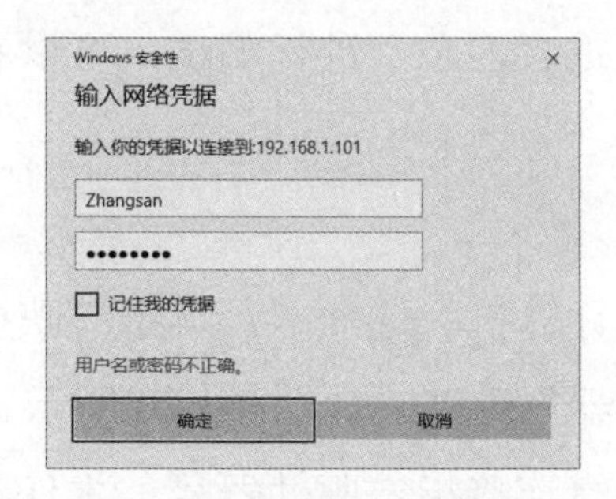

图 4.3.13 “Windows 安全性”对话框

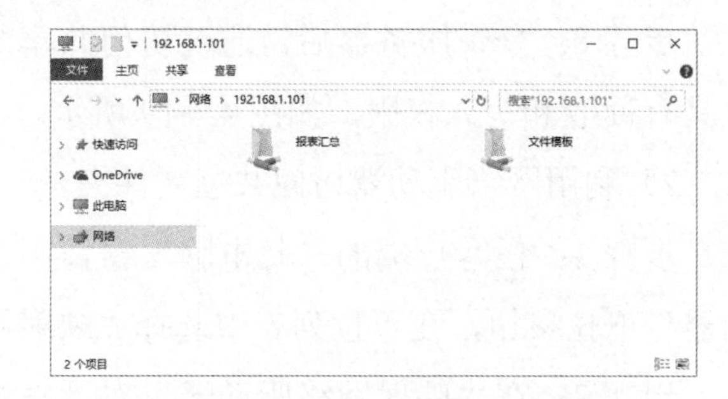

图 4.3.14 成功显示共享文件夹

步骤 4：双击“报表汇总”文件夹，在“报表汇总”文件夹中双击“销售数据汇总.txt”文本文档，打开该文本文档，这表明该文件具有读取权限，如图 4.3.15 所示。

步骤 5：修改“销售数据汇总.txt”文本文档中的内容后进行保存，或者在当前共享文件夹下新建、删除目录，均会看到类似“你没有权限打开该文件，请向文件的所有者或管理员申请权限。”的警告信息，表明销售部组的 Zhangsan 用户没有写入权限，如图 4.3.16 所示。

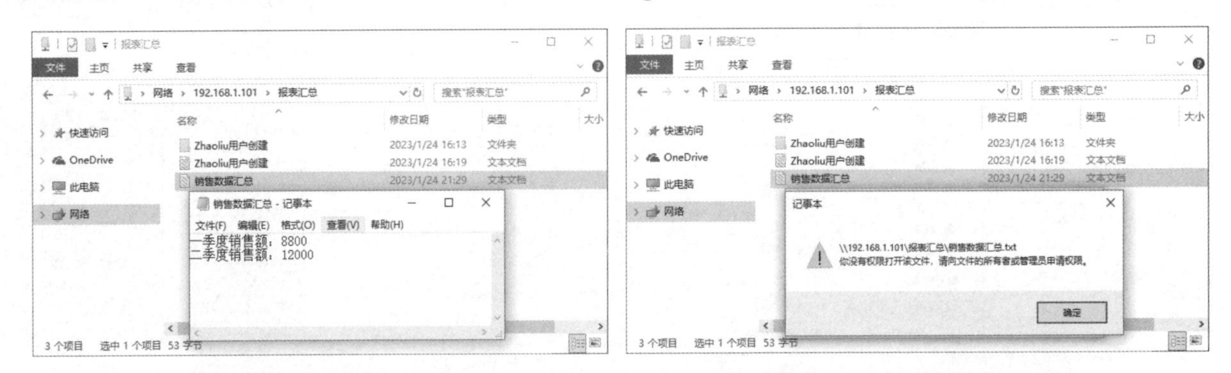

图 4.3.15　测试读取权限　　　　图 4.3.16　测试写入权限

步骤 6：在客户机上打开命令提示符窗口，先输入命令“net use”，可以查看当前的共享会话，即客户端访问了哪些共享文件夹；再输入命令“net use \\192.168.1.101\IPC$ /del”，可以删除相应会话，如图 4.3.17 所示。

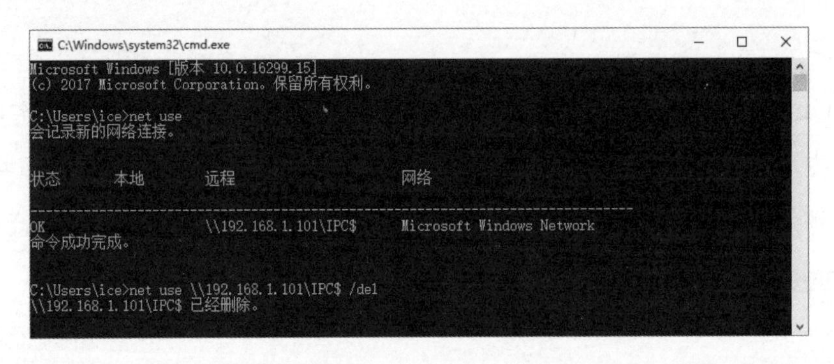

图 4.3.17　命令提示符窗口

步骤 7：再次访问文件服务器，以 Finances 组的 Pengwu 用户身份登录，如图 4.3.18 所示。

步骤 8：登录服务器后，通过访问共享文件夹“报表汇总”进行测试，可以看到此用户具有读取和写入权限，如图 4.3.19 所示。

2）利用网络驱动器访问共享文件夹

步骤 1：在客户端的“此电脑”窗口中，选择“计算机”选项卡，单击“映射网络驱动器”下拉按钮，在下拉列表中选择“映射网络驱动器”选项，如图 4.3.20 所示。

步骤 2：在“映射网络驱动器”对话框中，为共享连接指定驱动器号。本任务将“驱动器”设置为“Z:”，在“文件夹”文本框中直接输入“\\192.168.1.101\报表汇总”，或者单击“浏览”按钮，在弹出的“浏览文件夹”对话框中选择共享文件夹的UNC路径，勾选“使用其他凭据连接”复选框，单击“完成”按钮，如图4.3.21所示。

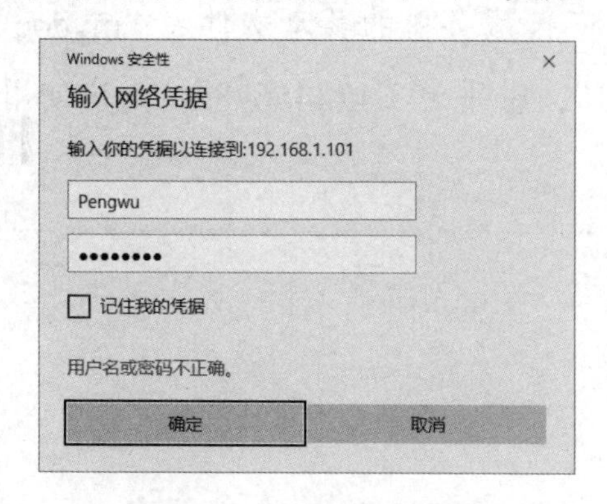

图 4.3.18　登录服务器

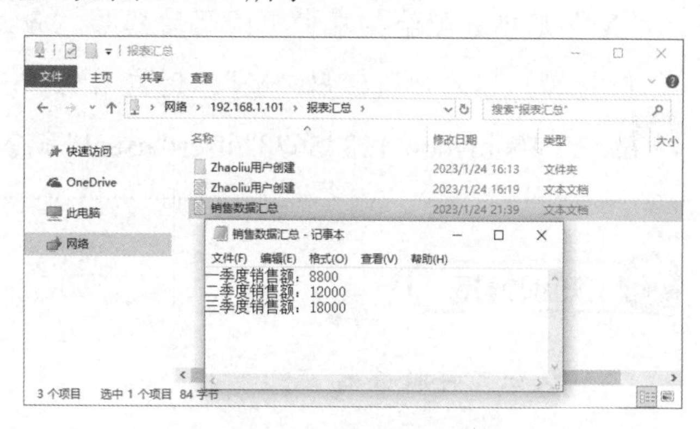

图 4.3.19　测试共享权限

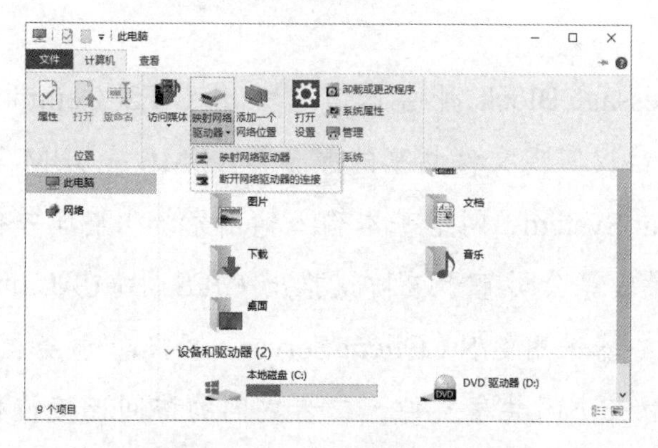

图 4.3.20　“此电脑”窗口

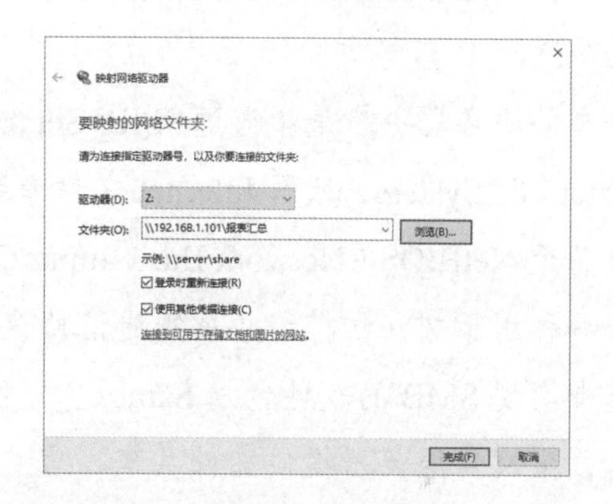

图 4.3.21　“映射网络驱动器”对话框

步骤3：在弹出的“Windows安全性”对话框中，输入能够访问上述步骤中共享文件夹的用户名和密码，并勾选“记住我的凭据”复选框，单击“确定”按钮，如图4.3.22所示。

步骤4：返回“此电脑”窗口后，服务器中的共享文件夹“报表汇总”会以本地磁盘“Z:”的方式显示，如图4.3.23所示。

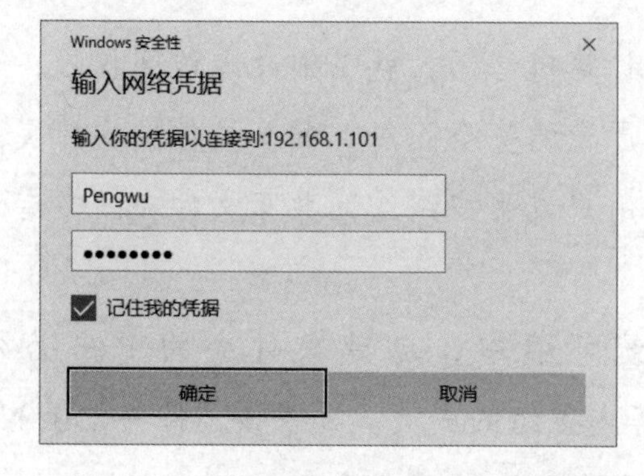

图 4.3.22　“Windows安全性”对话框

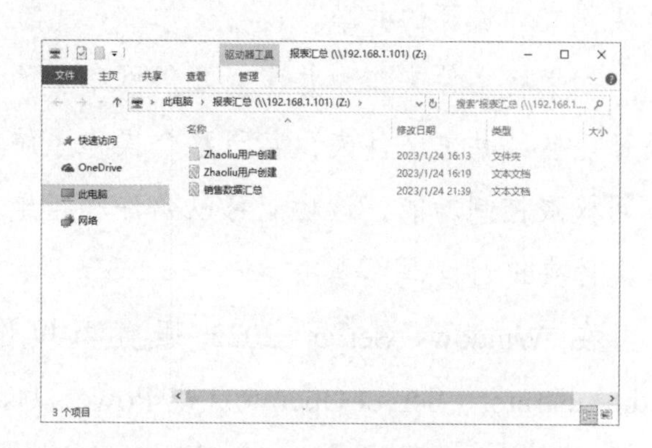

图 4.3.23　访问映射网络驱动器

小贴士：

使用“net use X: \\计算机名称\共享名称”的命令格式可以映射网络驱动器，其中“X:”是要分配给共享资源的驱动器号。例如，将 fs 服务器的共享文件夹“mydoc”映射为客户端本地驱动器“Y:”，用户名为“user1”，密码为“12345678”，则应使用 net use Y: \\fs\mydoc"12345678"/user:"user1"命令。

知识链接

1. 认识文件服务器

文件服务器在企业内部被频繁使用，如用户可以通过文件服务器与其他同事共享文件，而不是通过 U 盘等方式。

文件服务器一般是指通过 SMB（Server Message Block，服务器信息块）或 CIFS（Common Internet File System，通用 Internet 文件系统）协议实现文件共享的服务器。SMB 是 IBM 等公司基于 NetBIOS（Network Basic Input/Output System，网络基本输入输出系统）整理并推出的一种用于文件和打印共享的通信协议，微软等公司基于该协议推出 CIFS，而在 Linux 系统中实现 SMB 的软件包是 Samba。文件服务器采用 C/S（Client/Server，客户端/服务器）架构，由文件服务器提供文件共享，客户端用来访问共享文件，二者之间的访问连接被称为共享会话。SMB 在传输层使用 445 端口（TCP），但由于 SMB 也会调用 NetBIOS 会话，因此也会用到 139 端口（TCP）和 137、138 端口（UDP）。

2. 认识共享文件夹

简单来说，共享文件夹就是在一台计算机上要共享给其他计算机访问的文件夹。在一台计算机上把某个文件夹设为共享文件夹，使用户可以通过网络远程访问这个文件夹，从而实现文件资源的共享。

如果将文件夹作为共享资源供网络上的其他计算机访问，就必须考虑访问权限，否则很可能会给共享文件夹，甚至整个操作系统带来严重的安全隐患。共享文件夹支持灵活的访问权限控制功能，该功能可以允许和拒绝某个用户或用户组访问共享文件夹，或者对共享文件夹进行读/写等操作。

在 Windows Server 2022 服务器操作系统环境中，创建文件夹的用户必须是 Administrator、Server Operators 或 Powers Users 等内置组的成员。如果该文件夹位于 NTFS 分区，则该用户必须对被设置的文件夹具备“读取”的 NTFS 权限。

3. 共享权限

与共享文件夹有关的两种权限是共享权限和 NTFS 权限。共享权限就是用户通过网络访问共享文件夹时使用的权限，而 NTFS 权限是指本地用户登录计算机后访问文件或文件夹时使用的权限。当本地用户访问文件或文件夹时，只会对用户应用 NTFS 权限。当用户通过网络远程访问共享文件夹时，先对其应用共享权限，再对其应用 NTFS 权限。

共享权限分为读取、更改和完全控制 3 种，每种权限的作用如表 4.3.3 所示。

表 4.3.3 共享权限的类型及作用

权限类型	可执行操作
读取	查看文件名及子文件夹名，查看文件中的数据，运行程序文件
更改	除了读取权限，还能新建与删除文件和子文件夹，更改文件内的数据
完全控制	除了以上两种权限，还具有更改共享权限的权限

如果网络用户同时隶属于多个组，并且他们分别对某个共享文件夹具有不同的共享权限，则该网络用户对此共享文件夹的有效共享权限是所有权限的总和，但只要其中有一个权限被设置为拒绝，则用户将不具有访问权限，这是因为拒绝权限的优先级最高。

4. 文件共享的访问账户类型

文件服务器针对访问用户设置了两种账户类型：匿名账户和实名账户。

（1）匿名账户：在 Windows 系统中匿名账户一般指 Guest 账户，但是当在匿名共享目录中进行授权时通常用 Everyone 账户。客户端要访问共享目录，需要在文件服务器中启动 Guest 账户。

（2）实名账户：用户在访问共享目录时需要输入特定的账户名和密码，在默认情况下这些账户都是由文件服务器创建的，并用于共享目录的授权。如果有大量的账户需要授权，则一般会新建组账户，并通过在共享中对组账户的授权来间接完成用户账户的授权（用户账户继承组的权限）。

5. 特殊的共享资源

读者后面会看到一些比较“奇怪”的共享资源，名称一般为“ADMIN$”“IPC$”等。其实这是操作系统为了自身管理的需要而创建的一些特殊的共享资源。不同的操作系统创建的特殊共享资源有所不同，不过这些共享资源有一个共同的特点，即字符为“$”。为了不影响操作系统的正常使用，本书建议读者不要修改或删除这些特殊的共享资源。表 4.3.4 所示为几个常用的特殊共享资源。

表 4.3.4　常用的特殊共享资源

共享资源名	说　明
ADMIN$	计算机远程管理的共享资源，共享文件夹为根目录，如 C:\Windows
驱动器号$	驱动器根目录下的共享资源，如 C$、D$
IPC$	命名管道的共享资源，用于远程查看和管理共享资源
SYSVOL$	域控制器上使用的共享资源
PRINT$	远程管理打印机时使用的共享资源，存储域公共文件服务器副本的共享文件夹
FAX$	临时缓存文件，传真服务器为传真用户提供共享服务的共享资源

如果想要共享某个文件夹，但出于安全方面的考虑，又不希望让网络中的所有人都看到，这时只需在共享名的结尾添加“$”，即可隐藏这些共享文件夹。

6. 共享权限与 NTFS 权限

如果共享文件夹处于 NTFS 分区，那么用户可以通过网络访问共享文件的最终有效权限来获取两者中最严格的设置。例如，用户 A 对共享文件夹“E:\tools”的共享权限为“读取”，NTFS 权限为“完全控制”，则用户 A 对共享文件夹“E:\tools”的最后有效权限为两者中最严格的“读取”。

任务拓展

（1）利用网络发现功能连接 dc 计算机中所共享的文件夹。

（2）在安装有 Windows Server 2022 服务器操作系统的计算机上设置隐藏共享文件夹，并在客户端上使用 UNC 方式进行访问。

练习题

一、选择题

1. 在下列选项中，不属于共享权限的是（　　）。

A. 读取　　B. 更改

C. 完全控制　　D. 列出文件夹内容

2. 网络访问和本地访问都要使用的权限是（　　）。

A. NTFS 权限　　B. 共享权限更改

C. NTFS 和共享权限　　D. 无

3. 要发布隐藏的共享文件夹，需要在共享文件夹名称的最后添加（　　）。

A. @　　B. &　　C. $　　D. %

4．在下列选项中，（　　）不是 NTFS 的普通权限。

A．读取　　B．删除　　C．写入　　D．完全控制

5．在 Windows Server 2022 中，下面的（　　）功能不是 NTFS 特有的。

A．文件加密　　B．磁盘配额　　C．文件压缩　　D．设置共享

6．在 NTFS 的分区中，对一个文件夹的 NTFS 权限进行如下的设置：先设置为读取，再设置为写入，最后设置为完全控制，那么最终该文件夹的权限类型是（　　）。

A．读取　　B．读取和写入　　C．写入　　D．完全控制

7. 使用（　　）可以把 FAT32 格式的分区转换为 NTFS 分区，且用户的文件不受损害。

A．change.exe　　B．cmd.exe　　C．convert.exe　　D．config.exe

8．某 NTFS 分区上有一个 B1 文件夹，其中有一个 file1.txt 文件和一个 notepad.exe 应用程序。在 Bl 文件夹的 NTFS 安全选项中仅设置了 G1 组具有读取权限，G2 组具有写入权限。某 user1 用户同时属于 G1 组和 G2 组，则下列说法不正确的是（　　）。

A．user1 用户可以运行 notepad.exe 应用程序

B．user1 用户可以打开 file1.txt 文件

C．user1 用户可以修改 file1.txt 文件的内容

D．user1 用户可以在 B1 文件夹中创建子文件夹

二、实训题

某公司网络采用工作组模式，在文件服务器中创建了 4 个文件夹，分别为 Software（存放常用软件，供员工下载）、Product（存放产品资料，供员工查阅）、Finances（存放财务部相关资料）和 Sales（存放销售部相关资料）。请完成以下要求。

1．将 Software 文件夹共享并设置权限，使所有用户具有读取权限，管理员具有完全控制权限。

2．将 Product 文件夹共享并设置权限，使生产部的员工具有修改权限，其他人具有读取权限。

3．将 Finances 文件夹共享并设置权限，使财务部的员工具有修改权限，经理具有读取权限，其他人无任何权限，并设置加密。

4．将 Sales 文件夹共享并设置权限，使销售部的员工具有修改权限，经理和财务部具有读取权限，其他人无任何权限，并设置压缩。

管理磁盘

知识目标

1. 了解 MBR、GPT 分区表的基本概念。
2. 理解分区、卷、简单卷、跨区卷等的基本概念和特点。
3. 理解基本磁盘、动态磁盘的基本概念。
4. 掌握 RAID 软件和 RAID 硬件的区别。
5. 掌握 BitLocker 加密驱动器的作用。

能力目标

1. 能为服务器添加磁盘，并完成联机、初始化等操作。
2. 能管理基本磁盘，并完成分区格式化等操作。
3. 能使用 diskpart 命令创建扩展分区。
4. 能根据业务需求创建简单卷、跨区卷、带区卷、镜像卷和 RAID 5 卷。
5. 能完成 BitLocker 加密驱动器的配置。

素质目标

1. 增强学法、懂法意识，学习和关注我国有关数据安全的法律法规。
2. 增强数据安全意识，能够使用驱动器加密技术更好地保护数据。
3. 尊重社会公德和伦理，诚实守信，不随意查看服务器上的用户数据。

本项目单词

Partition Table：分区表　Master Boot Record：主引导记录

Extended：扩展的　Logical：逻辑的　Basic Volume：基本卷

Simple Volume：简单卷　Spanned Volume：跨区卷

Striped Volume：带区卷　Mirrored Volume：镜像卷

RAID：Redundant Array of Independent Disks，独立磁盘冗余阵列

项目需求

某公司是一家电子商务运营公司。随着业务的拓展和规模的扩大，公司的文件服务器存储的内容越来越多，按照目前的文件存储速度，剩余的存储空间将在两个月后耗尽。由于该服务器原有一块 SCSI 磁盘，并且安装了 Windows Server 2022 服务器操作系统，因此可以通过增加空间来扩充容量。要求具有较快的读写速度，一定的容错能力，较高的空间利用率。Windows Server 2022 服务器操作系统提供了灵活的磁盘管理功能，主要用于管理计算机的磁盘设备及其各种分区或卷系统，以便提高磁盘的利用率，确保系统访问的便捷与高效，同时提高系统文件的安全性、可靠性、可用性和可伸缩性。

通过磁盘管理工作，如新建分区/卷、删除磁盘分区/卷、更改磁盘驱动器号和路径等，可以更好地发挥服务器的性能。Windows Server 2022 服务器操作系统支持对基本磁盘、动态磁盘的配置与管理，借助磁盘管理功能不仅可以完成常见的简单卷管理、RAID 卷管理，还可以使用 BitLocker 加密驱动器来保护整个磁盘中的数据。

本项目主要介绍 Windows Server 2022 服务器操作系统的基本磁盘和动态磁盘的配置，以及使用 BitLocker 加密驱动器来保障数据安全。

任务 5.1 管理基本磁盘

任务描述

某公司的网络管理员小王，在公司的文件服务器上安装了新的磁盘，并根据公司数据

存储需求创建了主分区、扩展分区、逻辑分区，完成了简单卷的创建。

任务要求

新安装的磁盘默认是基本磁盘，只有通过分区来管理和应用磁盘空间，才可以向磁盘中存储数据。具体要求如下。

（1）在 Server1 虚拟机上添加一块 60GB 的磁盘。

（2）对新添加的磁盘进行联机和初始化，磁盘分区方式为 MBR 分区。

（3）新建 2 个主分区，大小分别为 20GB 和 30GB。

（4）新建扩展分区和逻辑分区，大小均为 10GB。

任务实施

1. 添加磁盘

步骤 1：选择虚拟机“Server1”，选择“虚拟机”→“设置”命令，弹出“虚拟机设置”对话框，单击“添加”按钮，如图 5.1.1 所示。

步骤 2：在弹出的“添加硬件向导”对话框中，选择“硬件类型”列表框中的“硬盘”选项，单击“下一步”按钮，如图 5.1.2 所示。

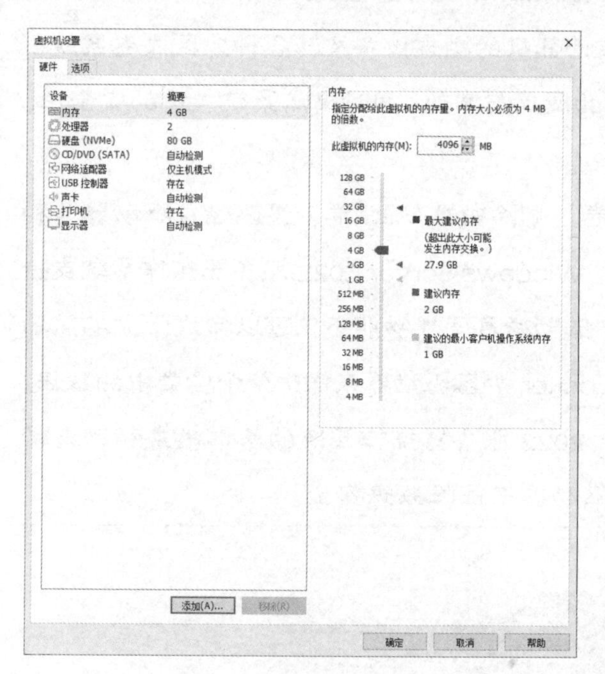

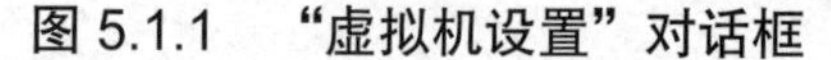

图 5.1.1　“虚拟机设置”对话框

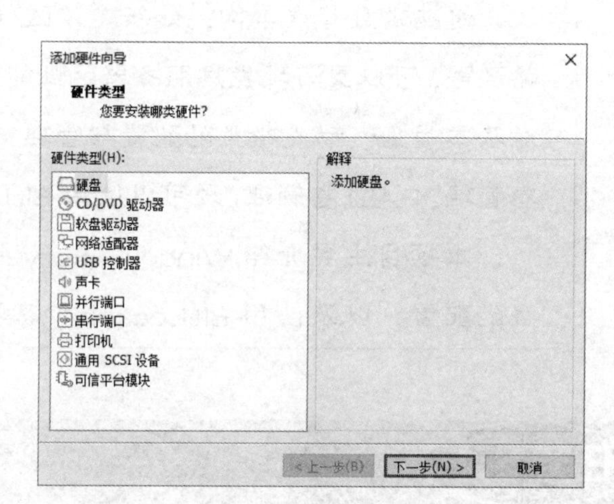

图 5.1.2　“添加硬件向导”对话框

步骤 3：在“选择磁盘类型”界面中，选中默认的“NVMe”单选按钮，单击“下一步”按钮，如图 5.1.3 所示。

步骤 4：在“选择磁盘”界面中，选中默认的“创建新虚拟磁盘”单选按钮，单击“下一步”按钮，如图 5.1.4 所示。

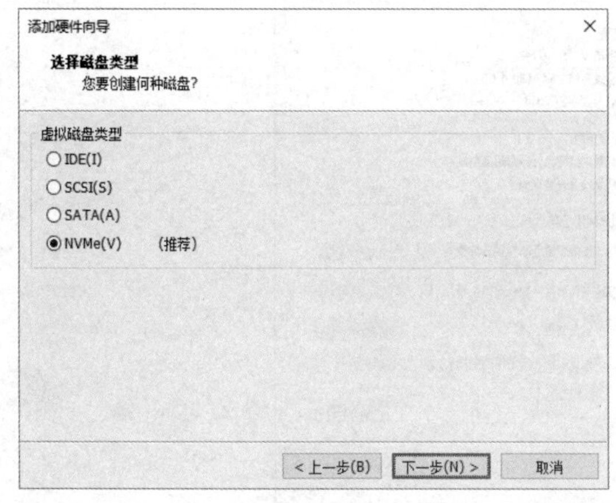

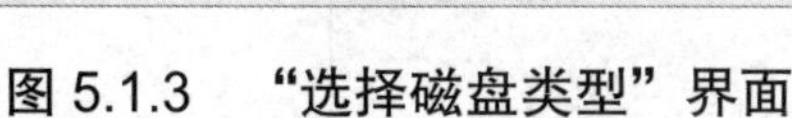
图 5.1.3 “选择磁盘类型”界面

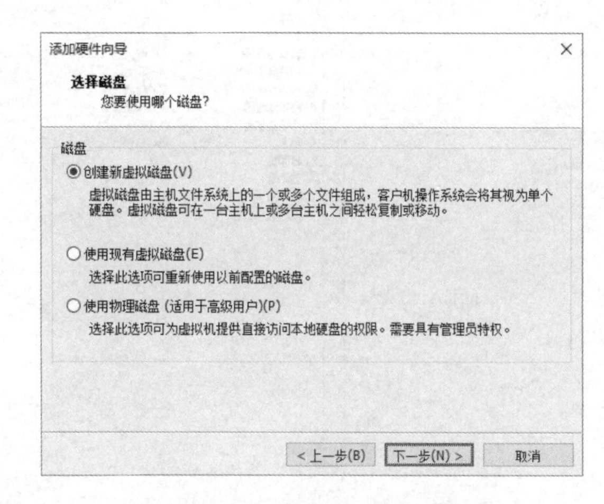

图 5.1.4 “选择磁盘”界面

步骤 5：在“指定磁盘容量”界面中，输入最大磁盘的大小。本任务将“最大磁盘大小”设置为“60”GB，选中“将虚拟磁盘存储为单个文件”单选按钮，单击“下一步”按钮，如图 5.1.5 所示。

步骤 6：在“指定磁盘文件”界面中，输入磁盘文件名，此处使用默认名称，单击“完成”按钮，如图 5.1.6 所示。

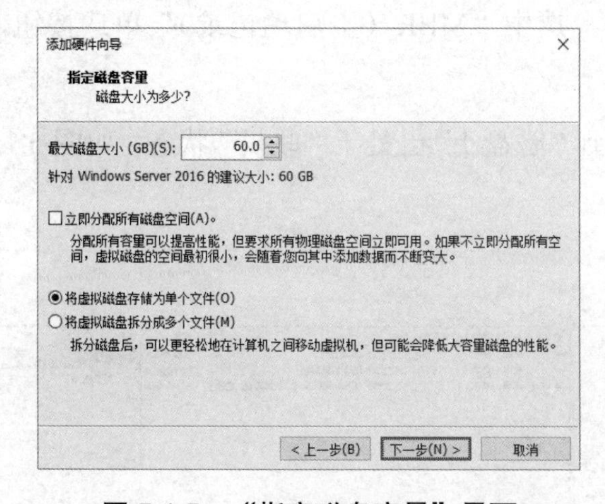

图 5.1.5 “指定磁盘容量”界面

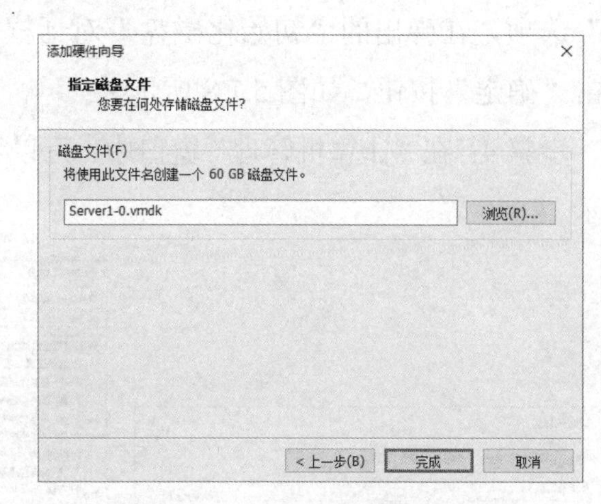

图 5.1.6 “指定磁盘文件”界面

步骤 7：返回“虚拟机设置”对话框，单击“确定”按钮，如图 5.1.7 所示。至此，已为虚拟机添加了一块 NVMe 接口的磁盘，本项目的后续任务也可以参考上述步骤添加磁盘。

2. 联机、初始化磁盘

步骤 1：启动 Server1 虚拟机，进入操作系统桌面。

步骤 2：在“服务器管理器”窗口中，选择“工具”→“计算机管理”命令。

图 5.1.7　添加磁盘完成

步骤 3：在“计算机管理”窗口中，依次选择“计算机管理”→“存储”→“磁盘管理”选项，在弹出的“初始化磁盘”对话框中，选中“MBR（主启动记录）”单选按钮，单击“确定”按钮，如图 5.1.8 所示。

步骤 4：在“计算机管理”窗口中，可以看到“磁盘 1”已处于“联机”状态，如图 5.1.9 所示。

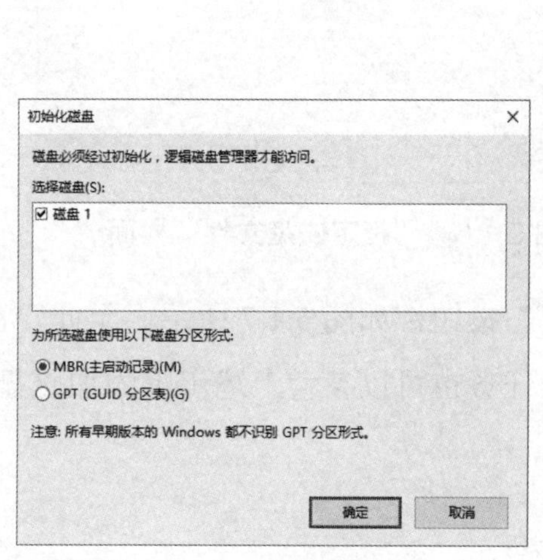

图 5.1.8　“初始化磁盘”对话框

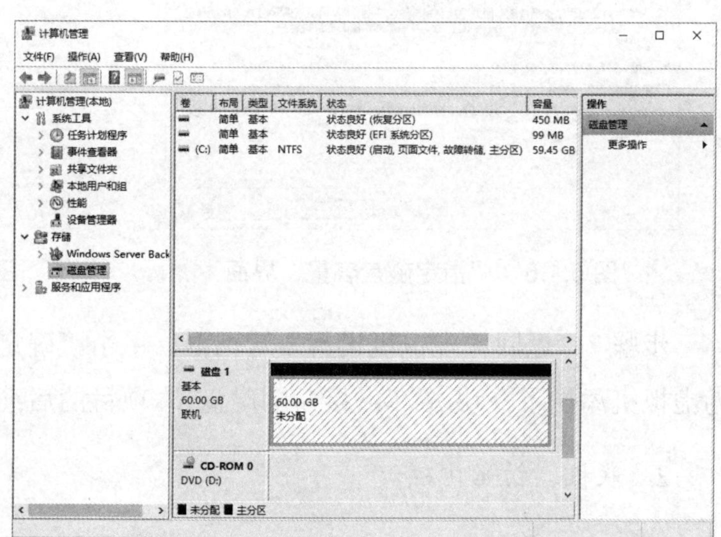

图 5.1.9　“磁盘 1”已处于“联机”状态

小贴士：

如果没有弹出“初始化磁盘”对话框，或者在弹出的对话框中要进行初始化的磁盘少于预期，则在相应的新加磁盘容量的区域中右击，在弹出的快捷菜单中选择“联机”命令，完成后右击该磁盘，选择“初始化磁盘”命令，对该磁盘进行单独初始化。

在计算机上创建新磁盘后且在创建分区之前，必须先进行磁盘的初始化。

3. 创建主分区

步骤 1：右击“磁盘 1”容量的区域，在弹出的快捷菜单中选择“新建简单卷”命令，如图 5.1.10 所示。

图 5.1.10 选择“新建简单卷”命令

步骤 2：弹出“新建简单卷向导”对话框，在“欢迎使用新建简单卷向导”界面中，单击“下一步”按钮，如图 5.1.11 所示。

步骤 3：在“指定卷大小”界面中，输入简单卷大小。本任务将“简单卷大小”设置为“20480”MB（20GB），单击“下一步”按钮，如图 5.1.12 所示。

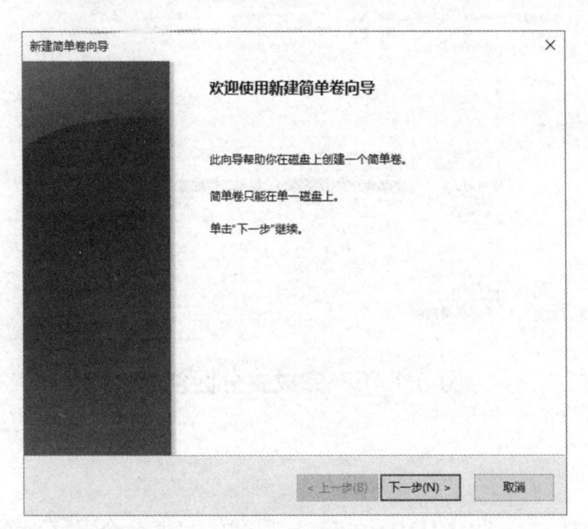

图 5.1.11 “新建简单卷向导”对话框

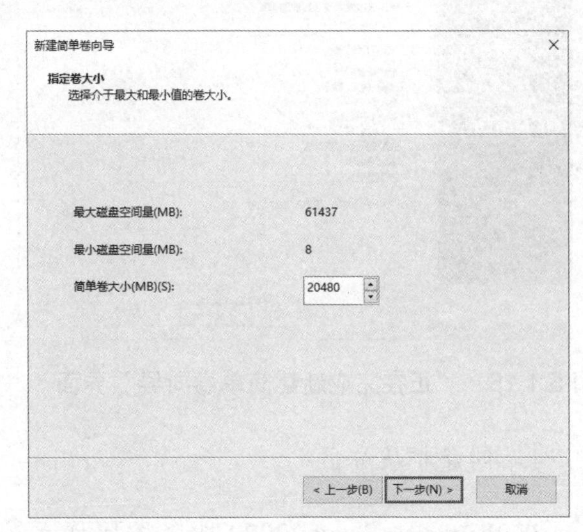

图 5.1.12 “指定卷大小”界面

步骤 4：在“分配驱动器号和路径”界面中，选择驱动器号。本任务使用“E”作为驱动器号，单击“下一步”按钮，如图 5.1.13 所示。

步骤 5：在“格式化分区”界面中，使用默认的文件系统“NTFS”，单击“下一步”按钮，如图 5.1.14 所示。

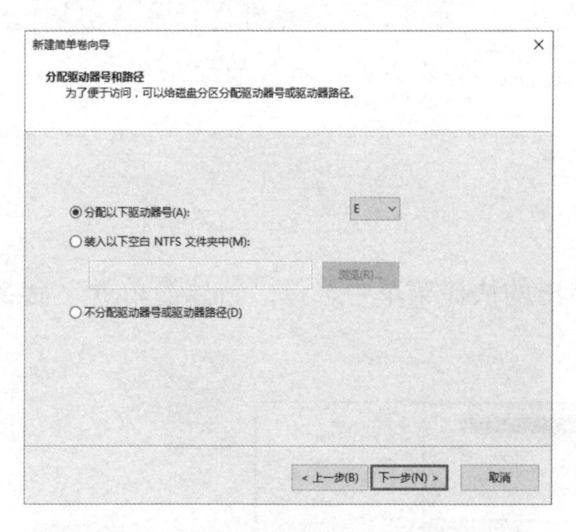

图 5.1.13 “分配驱动器号和路径”界面

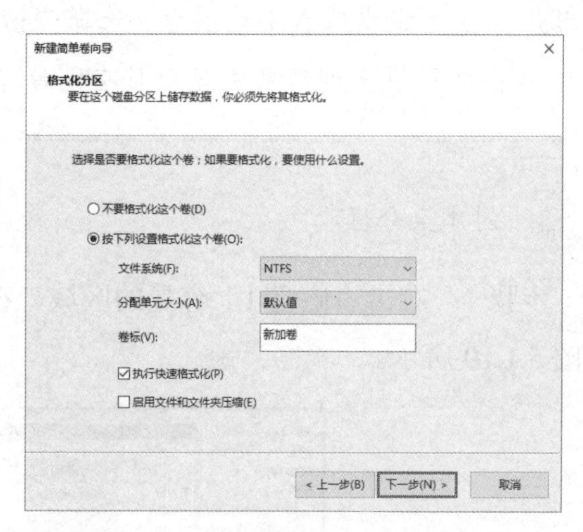

图 5.1.14 “格式化分区”界面

步骤 6：在“正在完成新建简单卷向导”界面中，查看汇总信息，确认无误后单击“完成”按钮，如图 5.1.15 所示。

步骤 7：返回“计算机管理”窗口，可以看到新建的简单卷“E:”。使用相同步骤，在剩余磁盘空间中创建另一个简单卷“F:”，容量大小为 30GB，如图 5.1.16 所示。

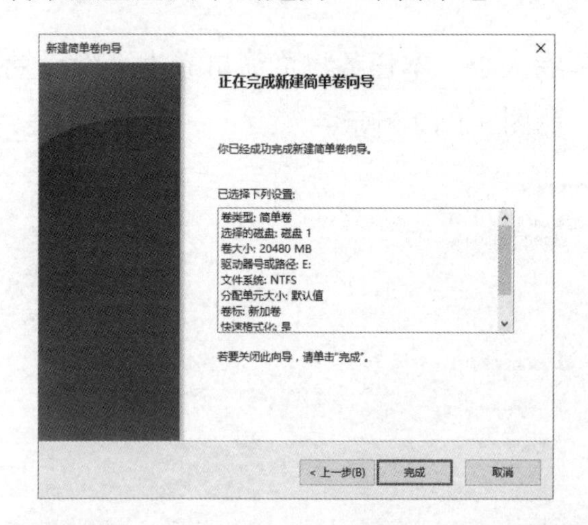

图 5.1.15 “正在完成新建简单卷向导”界面

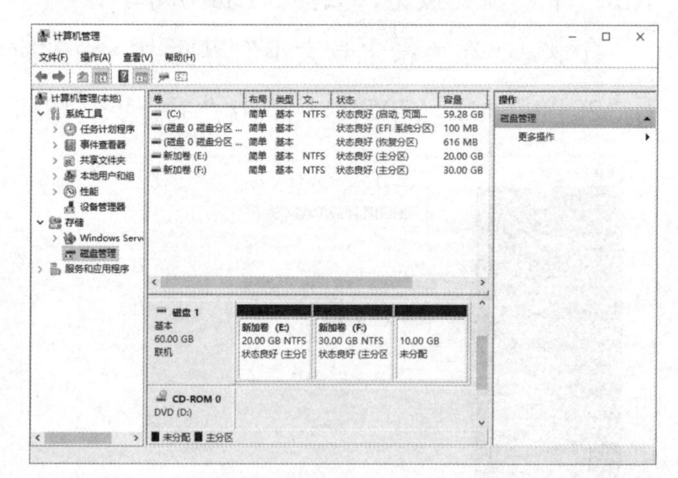

图 5.1.16 完成主分区创建

4. 创建扩展分区

在 Windows Server 2022 服务器操作系统中，一块 MBR 磁盘上只能创建 4 个主分区，或者最多创建 3 个主分区加 1 个扩展分区，其中扩展分区可以被划分为多个逻辑分区。如果要将第 2 个分区直接创建为扩展分区，则需要在命令提示符窗口中运行 diskpart 工具的命令。

步骤 1：在“运行”对话框中输入命令“cmd”，打开命令提示符窗口，输入命令“diskpart”，按 Enter 键，在“DISKPART>”提示符后依次输入如表 5.1.1 所示的命令，用于创建和查看扩展分区，如图 5.1.17 和图 5.1.18 所示。

表 5.1.1　diskpart 磁盘分区工具的命令（1）

diskpart 子命令步骤	作　用	本任务检查点
list disk	显示磁盘列表	显示具有未分配空间的磁盘 1
select disk 1	选择磁盘 1	磁盘 1 成为所选磁盘
list partition	显示分区列表	显示现有的两个主要分区
create partition extended	将所有未分配空间创建为扩展分区	显示成功创建了指定分区
list partition	显示分区列表	显示创建完成的扩展分区

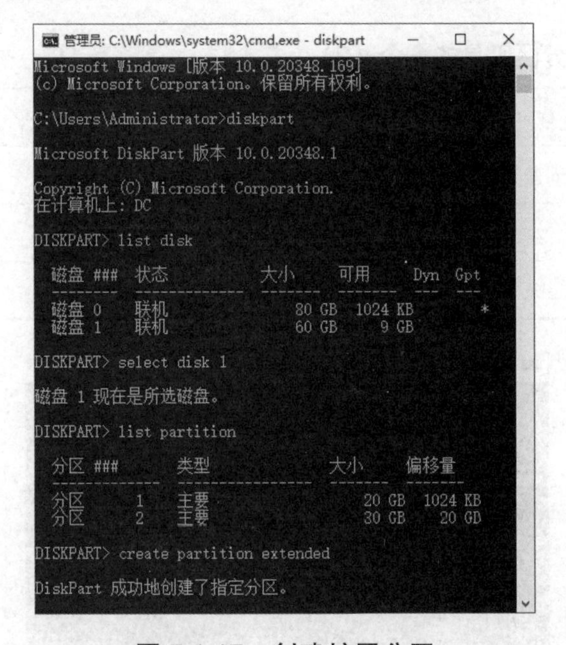

图 5.1.17　创建扩展分区

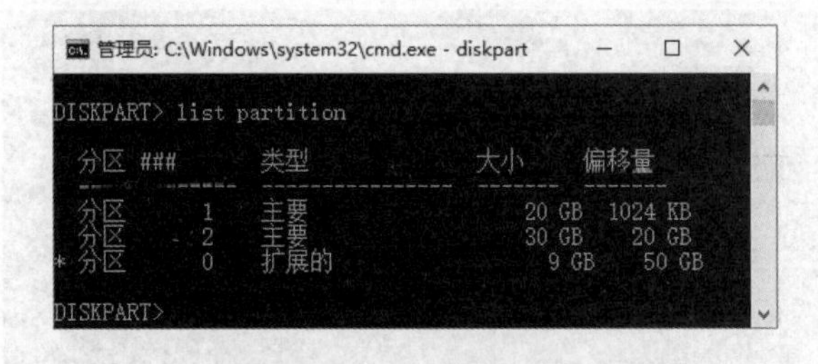

图 5.1.18　查看扩展分区

步骤 2：再次打开“计算机管理”窗口，在“磁盘管理”选区中，即可看到扩展分区，如图 5.1.19 所示。

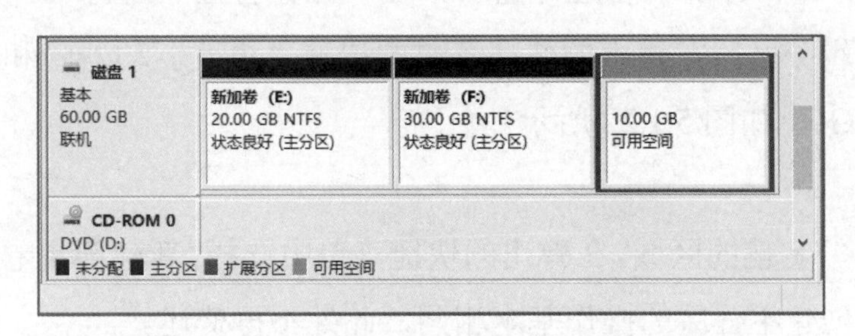

图 5.1.19　在“磁盘管理”选区中查看扩展分区

小贴士：

由于 GPT 磁盘可以有多达 128 个主磁盘分区，因此不需要扩展磁盘分区。MBR 磁盘可以转换为 GPT 磁盘，在“磁盘 1”上右击，在弹出的快捷菜单中选择“转换成 GPT 磁盘”命令，即可将 MBR 磁盘转换为 GPT 磁盘。

5. 创建逻辑分区

1）方法一

步骤 1：在刚创建的扩展分区的基础上，在“运行”对话框中输入命令“cmd”，打开命令提示符窗口，输入命令“diskpart”，按 Enter 键，在“DISKPART>”提示符后依次输入如表 5.1.2 所示的命令，结果如图 5.1.20 和图 5.1.21 所示。

表 5.1.2 diskpart 磁盘分区工具的命令（2）

diskpart 子命令步骤	作　用	本任务检查点
create partition logical size=10237	在扩展分区中创建逻辑分区（单位 MB）	显示成功创建了指定分区
list partition	显示分区列表	显示创建完成的逻辑分区
format quick	快速格式化	显示成功格式化该卷

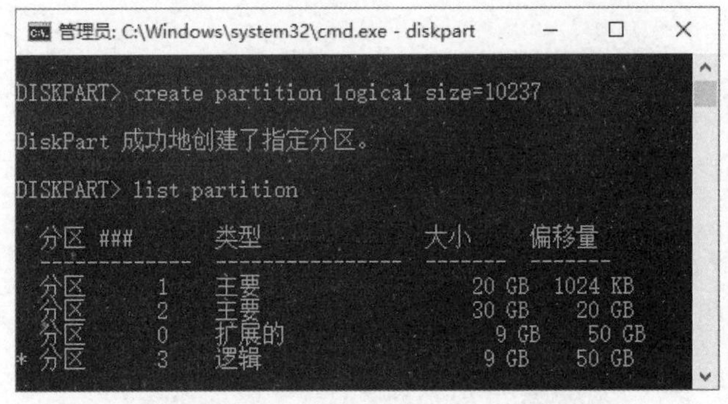

图 5.1.20 在扩展分区中创建逻辑分区

```
管理员: C:\Windows\system32\cmd.exe - diskpart
DISKPART> list partition

  分区 ###       类型              大小     偏移量
  -------------  ----------------  -------  -------
  分区      1    主要                20 GB  1024 KB
  分区      2    主要                30 GB    20 GB
  分区      0    扩展的               9 GB    50 GB
* 分区      3    逻辑                 9 GB    50 GB

DISKPART> format quick

  100 百分比已完成

DiskPart 成功格式化该卷。
```

图 5.1.21 快速格式化卷

步骤 2：再次打开“计算机管理”窗口，在“磁盘管理”选区中，即可看到创建的逻辑分区，右击该逻辑分区，在弹出的快捷菜单中选择“更改驱动器号和路径”命令，并指定一个驱动器号“G”，如图 5.1.22 所示。

2）方法二

右击“扩展分区”容量的区域，在弹出的快捷菜单中选择“新建简单卷”命令，如图 5.1.23 所示。后续步骤与创建主分区的操作基本相同，此处不再赘述。

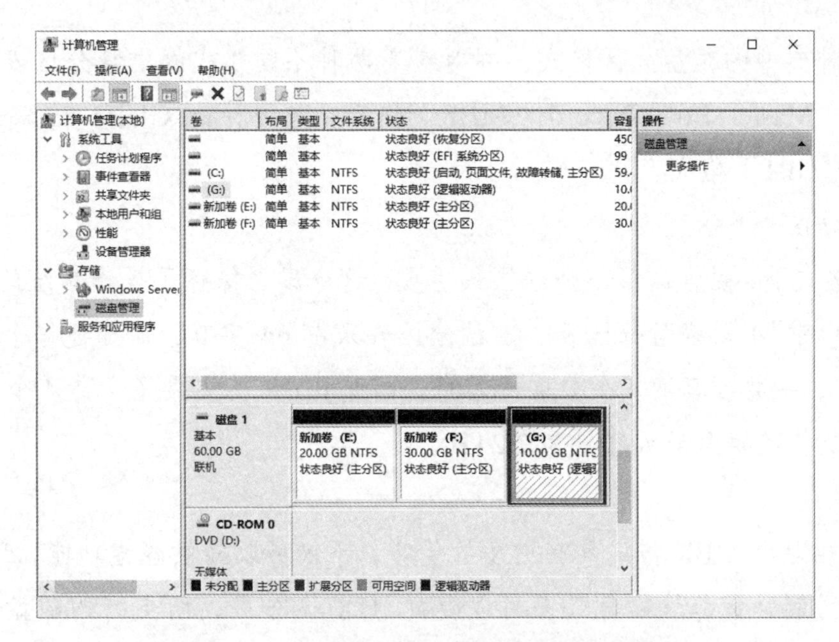

图 5.1.22 为逻辑分区添加驱动器号（卷标）

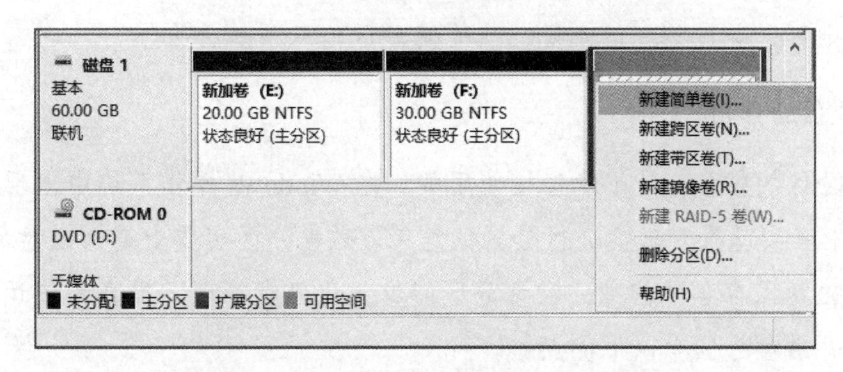

图 5.1.23 选择“新建简单卷”命令

6. 删除分区

想要删除主分区，只需右击要删除的分区，在弹出的快捷菜单中选择“删除卷”命令，并按提示完成相应操作即可。想要删除扩展分区，必须先删除其中的逻辑分区（方法与删除主分区的方法相同），再右击“扩展分区”容量的区域，在弹出的快捷菜单中选择“删除分区”命令，并按提示完成相应操作。

知识链接

1. 磁盘分区格式

在将数据存储到磁盘之前，必须将磁盘分割成一个或多个磁盘分区，在磁盘中有一个被称为磁盘分区表（Partition Table）的区域，用来存储磁盘分区的数据，如每一个磁盘分区的起始地址、结束地址、是否为活动的磁盘分区等信息。

现在有两种典型的磁盘分区格式，并对应着两种不同格式的磁盘分区表：一种是传统的主引导记录（Master Boot Record，MBR）格式，另一种是 GUID 磁盘分区表（GUID Partition Table，GPT）格式。

1）MBR 分区

在 MBR 格式下，磁盘的第一个扇区最重要。这个扇区保存了操作系统的引导信息（被称为“主引导记录”）及磁盘分区表。磁盘分区表只占 64 字节，而描述每个分区的分区条目需要 16 字节，一共可容纳 4 个分区的信息，因此 MBR 格式最多支持 4 个主分区。MBR 分区的磁盘所支持的磁盘最大容量为 2.2TB。

2）GPT 分区

GPT 格式相对于 MBR 格式具有更多的优势，不仅可以提供容错功能，还突破了 64 字节的固定大小限制，使每块磁盘最多可以建立 128 个分区，所支持的磁盘最大容量超过 2.2TB。另外，GPT 格式在磁盘首尾部分分别备份了一份相同的分区表，如果其中一份分区表被破坏了，则可以通过另一份恢复，从而使分区信息不易丢失。

2. 磁盘分区的作用

没有经过分区的磁盘，是不能直接使用的。在 Windows 操作系统中出现的 C 盘、D 盘等不同的盘符，其实就是对磁盘进行分区的结果。磁盘分区实质上是对磁盘的一种格式化，然后才能使用磁盘保存各种信息，磁盘分区能够优化磁盘管理，提高系统运行效率和安全性。具体来说，磁盘分区有以下优点。

1）易于管理和使用

一个磁盘如果不分割空间而直接存储各种文件会让我们难以管理和使用，如果我们把磁盘分割开来形成不同的分区，把相同的文件放到同一个分区，这样就方便了我们的管理和使用。

2）有利于数据安全

将文件分区存放，即使中毒也会有充分的时间来采取措施防止病毒和清除病毒，如果重做系统也只会丢失系统所在的数据而其它数据将得以保存，这大大提高了数据的安全性。这样大大提高了数据的安全性。

3）提高系统运行效率。

显然，在一个分区中查找数据要比在整个磁盘上查找数据要快得多。

3. 磁盘类型

Windows Server 2022 服务器操作系统依据磁盘的配置方式，将磁盘分为两种类型：基本磁盘和动态磁盘。

1）基本磁盘

基本磁盘是 Windows 操作系统经常使用的默认磁盘类型。基本磁盘是一种包含主磁盘分区、扩展磁盘分区或逻辑分区的物理磁盘，新安装的磁盘默认是基本磁盘。基本磁盘上的分区被称为基本卷，只能在基本磁盘上创建基本卷，向现有分区添加更多空间，但仅限于同一物理磁盘上的连续未分配的空间。如果要跨磁盘扩展空间，则需要使用动态磁盘。

2）动态磁盘

动态磁盘打破了分区只能使用连续的磁盘空间的限制，通过动态分区可以灵活地使用多块磁盘上的空间。使用动态磁盘可以获得更高的可扩展性、读写性能和可靠性。

计算机中新安装的磁盘会被自动标识为基本磁盘。动态磁盘可以由基本磁盘转换而成，转换完成之后可以创建更大范围的动态卷，也可以将卷扩展到多块磁盘。计算机可以随时将基本磁盘转换为动态磁盘，且不丢失任何数据，而基本磁盘现有的分区将被转换为卷。反之，如果将动态磁盘转换为基本磁盘，磁盘的数据将会丢失。

4. 磁盘分区

在使用基本磁盘类型管理磁盘时，只有将磁盘划分为一个或多个磁盘分区后，才可以向磁盘中存储数据。MBR 分区中每块磁盘最多可被划分为 4 个分区，为了划分更多分区，可以对某一分区进行扩展，并在扩展分区上划分逻辑分区。下面以 MBR 分区为例进行磁盘分区。

1）主分区

主分区可以用来引导操作系统的分区，一般就是操作系统引导文件所在的分区。每块基本磁盘最多可以创建 4 个主分区或者 3 个主分区加一个扩展分区。4 种磁盘主分区的分区结构如图 5.1.24 所示。每一个分区都可以被赋予一个驱动器号，如 C:和 D:等。

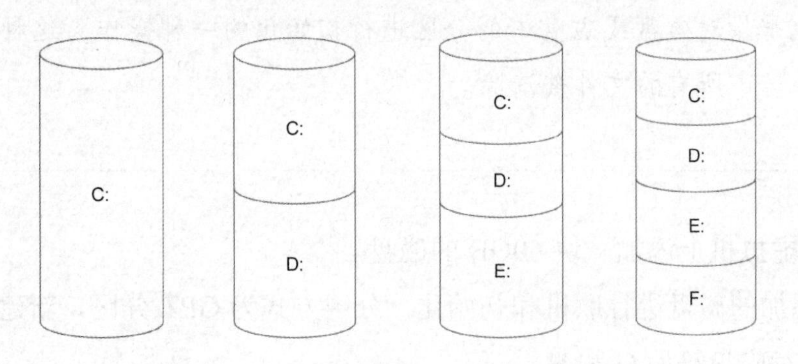

图 5.1.24　4 种磁盘主分区的分区结构

2）扩展分区

如果主分区的数量达到 3 个，且磁盘上还有未分配的磁盘空间，则选择“新建简单卷”

命令，将剩余的空间划分为扩展分区。每块磁盘上只能有一个扩展分区，扩展分区的结构如图 5.1.25 所示。扩展分区不能用来启动操作系统，并且扩展分区在划分之后不能直接使用，也不能被赋予盘符（也被称为驱动器号），必须在扩展分区中划分逻辑分区后才可以使用。

3）逻辑分区

用户不能直接访问扩展分区，需要在扩展分区中再划分若干个被称为逻辑分区的部分，而每个逻辑分区都可以被赋予一个盘符（也被称为驱动器号）。逻辑分区的分布结构如图 5.1.26 所示。

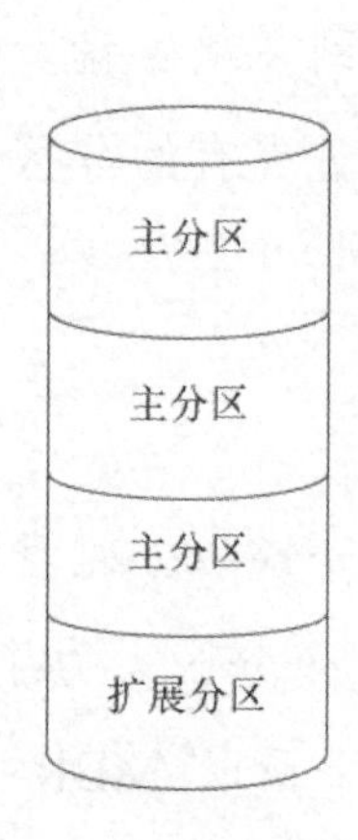

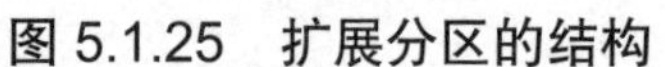
图 5.1.25　扩展分区的结构

图 5.1.26　逻辑分区的分布结构

基本磁盘中的每个主分区或逻辑分区也被称为基本卷（Basic Volume）。基本卷与动态磁盘中的卷不同，动态磁盘中的卷由一个或多个磁盘分区组成，将在任务 5.2 中详细介绍。

5. 磁盘格式化

磁盘格式化是指对磁盘或磁盘中的分区进行初始化的一种操作，这种操作通常会导致现有的磁盘或分区中所有的文件被清除。

任务拓展

在 Server1 虚拟机上添加一块 60GB 的磁盘。

（1）对新添加的磁盘进行联机和初始化，分区方式为 GPT 分区，新建两个主分区，大小均为 30GB，对应盘符为 G 和 H。

（2）对 G 盘进行压缩，释放出 10GB 使用空间。

（3）对 H 盘进行扩展，扩展后的空间大小为 40GB。

任务 5.2 管理动态磁盘

任务描述

某公司的员工经常抱怨服务器的访问速度慢，而且网络管理员小王也发现服务器的磁盘空间即将用完，因此他决定添置大容量的磁盘用于网络存储、文件共享等方面。

任务要求

针对公司的磁盘管理需求，可以使用动态磁盘管理技术解决。用户可以建立一个新的简单卷，并分配一个驱动器号来增加一个盘符，也可以使用跨区卷将多个磁盘的空间组成一个卷。针对需要提高网络访问的可靠性和速度等问题，可以使用带区卷、镜像卷、RAID-5卷等技术来实现。小王准备动手开始实施，具体要求如下。

（1）在 Server2 虚拟机上添加两块磁盘，容量分别为 60GB 和 40GB，并对新添加的磁盘进行联机和初始化，将其转化为动态磁盘，从而成功完成跨区卷的创建。

（2）在 Server3 虚拟机上添加两块磁盘，容量均为 40GB，并对新添加的磁盘进行联机和初始化，将其转化为动态磁盘，从而成功完成带区卷的创建。

（3）在 Server4 虚拟机上添加两块磁盘，容量均为 80GB，并对新添加的磁盘进行联机和初始化，将其转化为动态磁盘，从而成功完成镜像卷的创建。

（4）在 Server5 虚拟机上添加 3 块磁盘，容量均为 60GB，并对新添加的磁盘进行联机和初始化，将其转化为动态磁盘，从而成功完成 RAID-5 卷的创建。

任务实施

1. 新建跨区卷

步骤 1：为 Server2 虚拟机添加两块 SCSI 接口的磁盘，容量分别为 60GB 和 40GB。

步骤 2：将磁盘进行联机和初始化。

步骤 3：在“计算机管理”窗口的“磁盘管理”选区中右击“磁盘 1”或“磁盘 2”，在弹出的快捷菜单中选择“转换到动态磁盘”命令，如图 5.2.1 所示。

步骤 4：在“转换为动态磁盘”对话框中，勾选“磁盘 1”和“磁盘 2”复选框，如图 5.2.2 所示，单击“确定”按钮完成转换。

步骤 5：在“计算机管理”窗口的“磁盘管理”选区中，右击“磁盘 1”容量的区域，在弹出的快捷菜单中选择“新建跨区卷”命令，如图 5.2.3 所示。

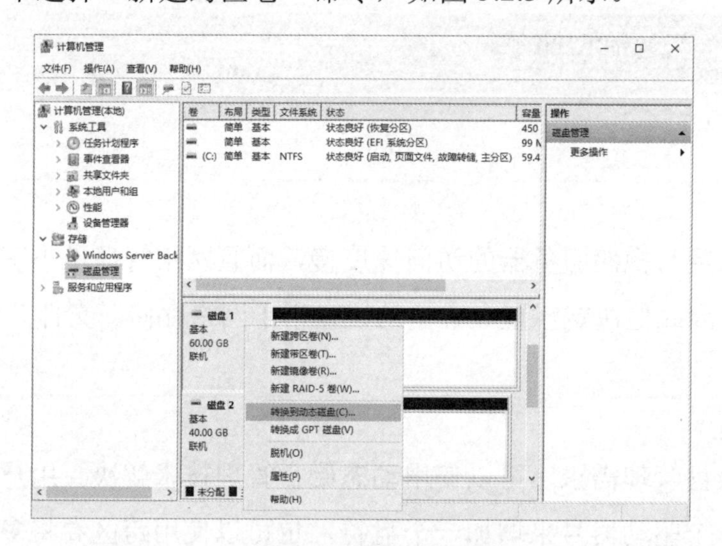

图 5.2.1　选择“转化到动态磁盘”命令

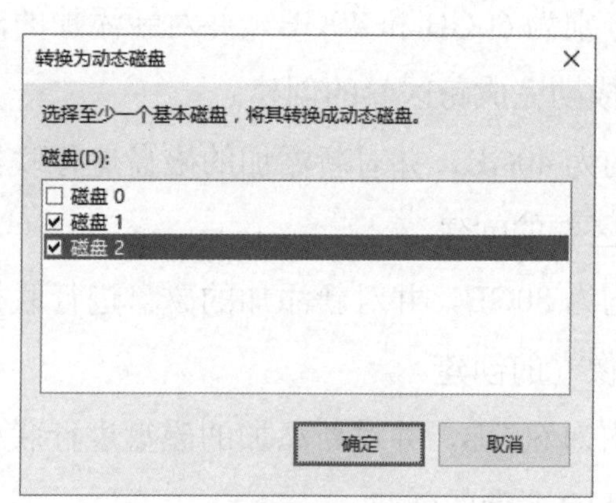

图 5.2.2　选择要转换的磁盘

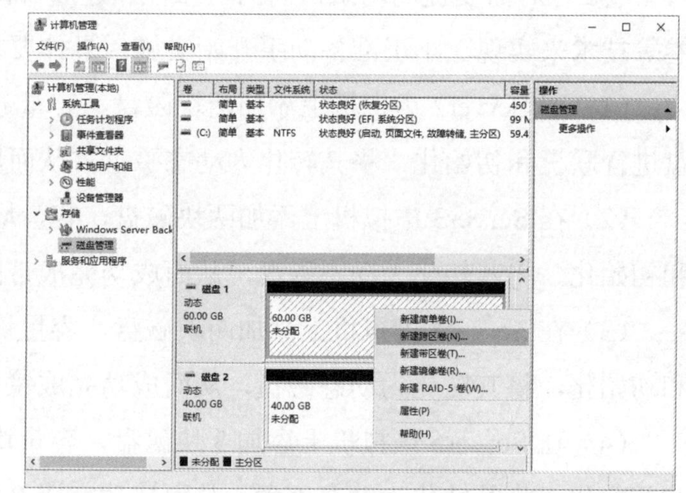

图 5.2.3　选择“新建跨区卷”命令

步骤 6：在弹出的“新建跨区卷”对话框的“欢迎使用新建跨区卷向导”界面中，单击“下一步”按钮。

步骤 7：在“选择磁盘”界面中，选择“可用”列表框中的“磁盘 2”选项，单击“添加”按钮，将“磁盘 2”移动到“已选的”选区中，单击“下一步”按钮，如图 5.2.4 所示。

步骤 8：在“分配驱动器号和路径”界面中，为跨区卷分配磁盘驱动器号。本任务使用默认的“E:”盘作为驱动器号，单击“下一步”按钮。

步骤 9：在“卷区格式化”界面中，将“文件系统”设置为“NTFS”，勾选“执行快速格式化”复选框，单击“下一步”按钮。

步骤 10：在“正在完成新建跨区卷向导”界面中，单击“完成”按钮。

步骤 11：返回“计算机管理”窗口的“磁盘管理”选区，可以看到“磁盘 1”和“磁盘 2”共同组成了跨区卷“E:”，且卷容量为 100GB，如图 5.2.5 所示。

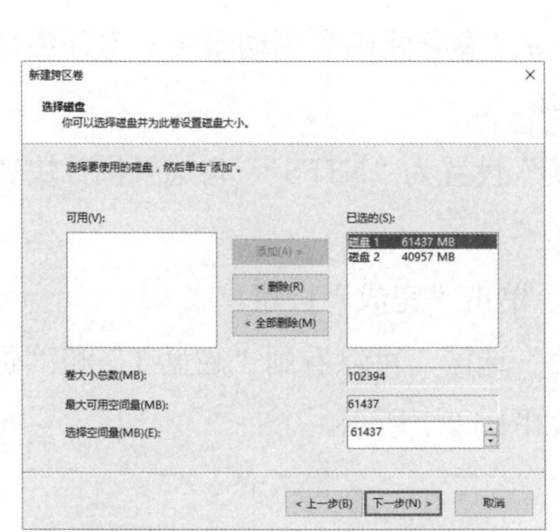

图 5.2.4 “选择磁盘”界面

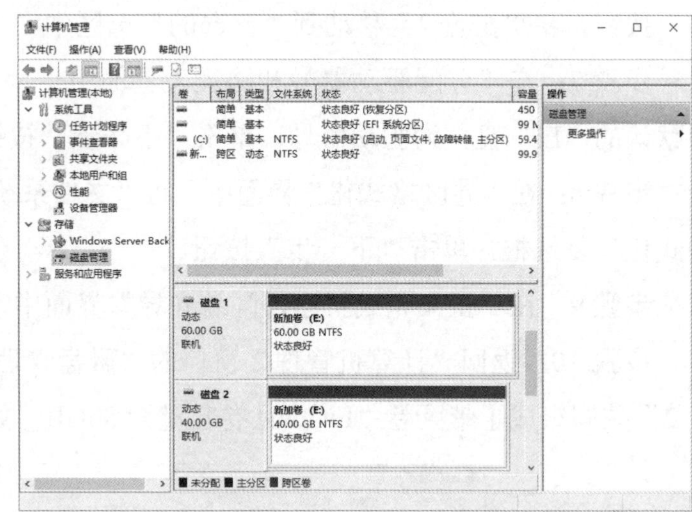

图 5.2.5 查看跨区卷

2. 新建带区卷

步骤 1：为 Server3 虚拟机添加两块 SCSI 接口的磁盘，且容量均为 40GB。

步骤 2：将磁盘进行联机和初始化。

步骤 3：在“磁盘管理”选区中，将两块磁盘转换为动态磁盘。

步骤 4：右击要组成带区卷的磁盘。本任务可以右击“磁盘 1”容量的区域，在弹出的快捷菜单中选择“新建带区卷”命令，如图 5.2.6 所示。

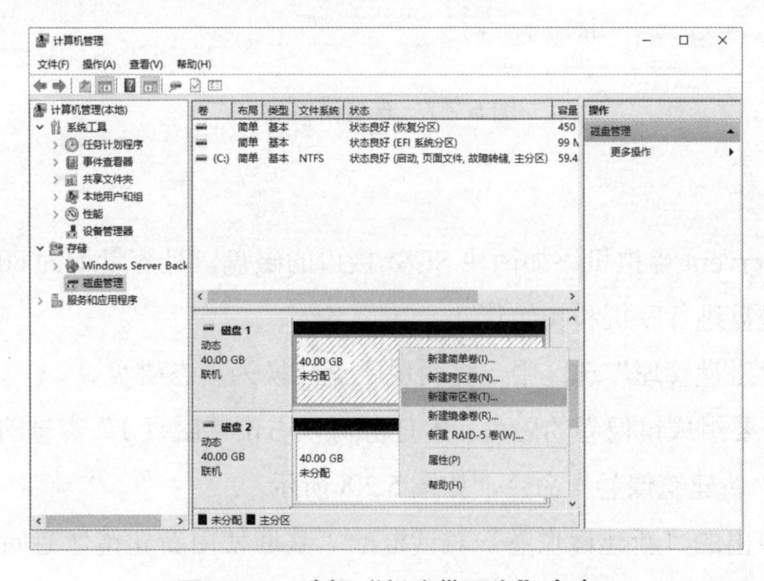

图 5.2.6 选择“新建带区卷”命令

步骤 5：在弹出的“新建带区卷”对话框的“欢迎使用新建带区卷向导”界面中，单击“下一步”按钮。

步骤 6：在“选择磁盘”界面中，选择“可用”列表框中的“磁盘 2”选项，单击“添加”按钮，将“磁盘 2”移动到“已选的”选区中。

步骤 7：在“分配驱动器号和路径”界面中，为带区卷分配磁盘驱动器号。本任务使用默认的“E:”盘作为驱动器号，单击“下一步”按钮。

步骤 8：在“卷区格式化”界面中，将“文件系统”设置为“NTFS”，勾选“执行快速格式化”复选框，单击“下一步”按钮。

步骤 9：在“正在完成新建带区卷向导”界面中，单击“完成”按钮。

步骤 10：返回“计算机管理”窗口的“磁盘管理”选区，可以看到“磁盘 1”和“磁盘 2”共同组成了带区卷“F:”，且卷容量为 80GB，如图 5.2.7 所示。

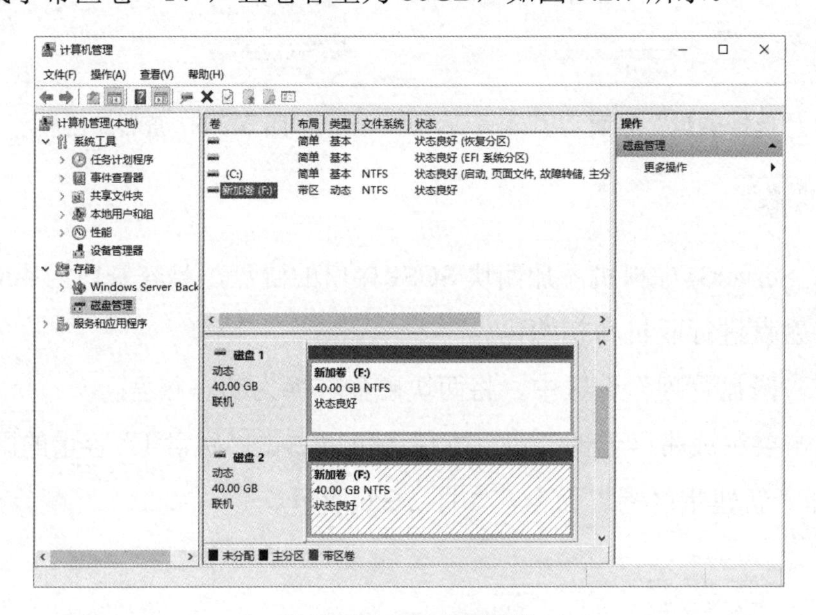

图 5.2.7 查看带区卷

3. 新建镜像卷

步骤 1：为 Server4 虚拟机添加两块 SCSI 接口的磁盘，且容量均为 80GB。

步骤 2：将磁盘进行联机和初始化。

步骤 3：在“磁盘管理”选区中，将两块磁盘转换为动态磁盘。

步骤 4：右击要组成镜像卷的磁盘。本任务可以右击“磁盘 1”容量的区域，在弹出的快捷菜单中选择“新建镜像卷”命令，如图 5.2.8 所示。

步骤 5：在弹出的“新建镜像卷”对话框的“欢迎使用新建镜像卷向导”界面中，单击“下一步”按钮。

步骤 6：在“选择磁盘”界面中，选择“可用”列表框中的“磁盘 2”选项，单击“添加”按钮，将“磁盘 2”移动到“已选的”选区中。

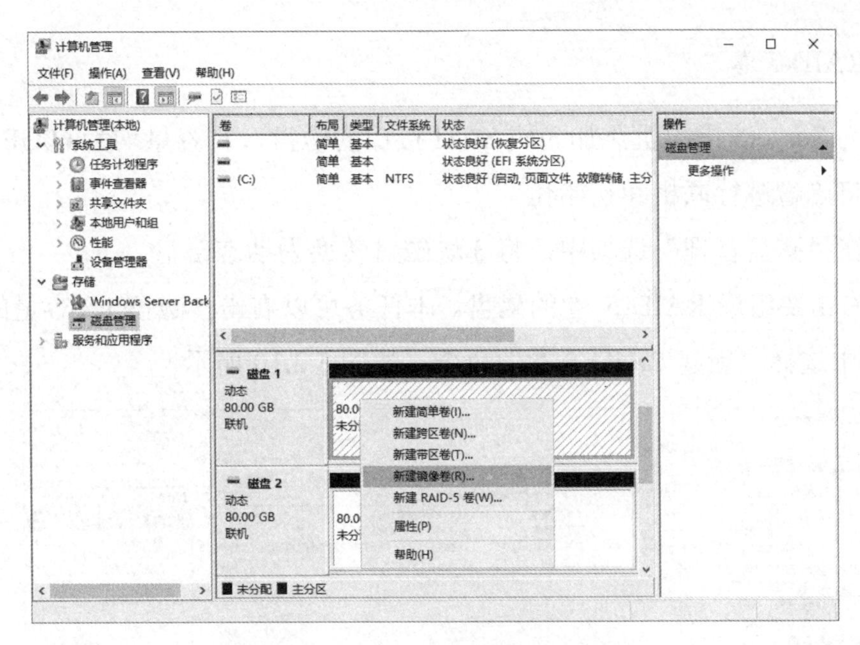

图 5.2.8 选择“新建镜像卷”命令

步骤 7：在“分配驱动器号和路径”界面中，为镜像卷分配磁盘驱动器号。本任务使用默认的“F:”盘作为驱动器号，单击“下一步”按钮。

步骤 8：在“卷区格式化”界面中，将“文件系统”设置为“NTFS”，勾选“执行快速格式化”复选框，单击“下一步”按钮。

步骤 9：在“正在完成新建镜像卷向导”界面中，单击“完成”按钮。

步骤 10：返回“计算机管理”窗口的“磁盘管理”选区，可以看到“磁盘 1”和“磁盘 2”共同组成了镜像卷“E:”，且卷容量为 80GB，如图 5.2.9 所示。

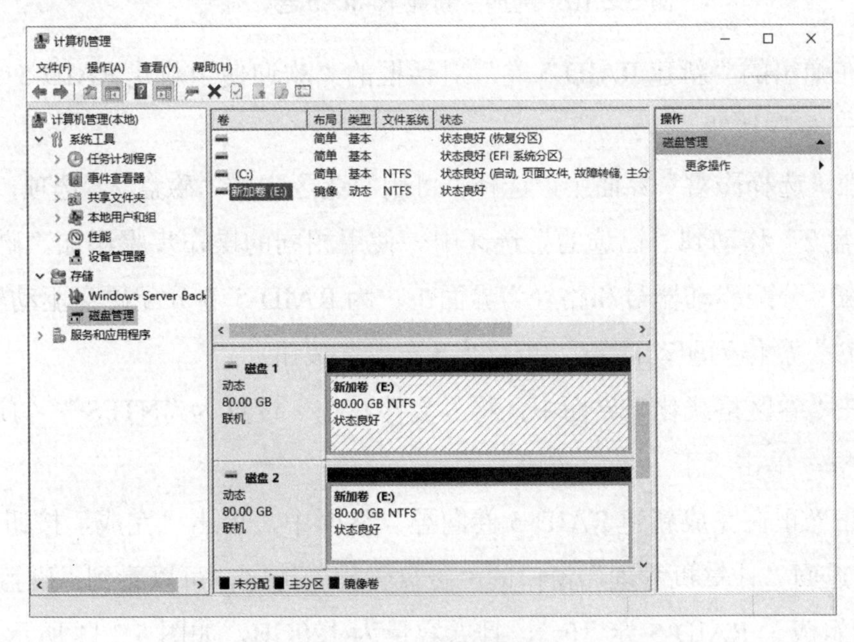

图 5.2.9 查看镜像卷

4. 新建 RAID-5 卷

步骤 1：为 Server5 虚拟机添加 3 块 SCSI 接口的磁盘，且容量均为 60GB。

步骤 2：将磁盘进行联机和初始化。

步骤 3：在“磁盘管理”选项中，将 3 块磁盘转换为动态磁盘。

步骤 4：右击要组成 RAID-5 卷的磁盘。本任务可以右击“磁盘 1”容量的区域，在弹出的快捷菜单中选择“新建 RAID-5 卷”命令，如图 5.2.10 所示。

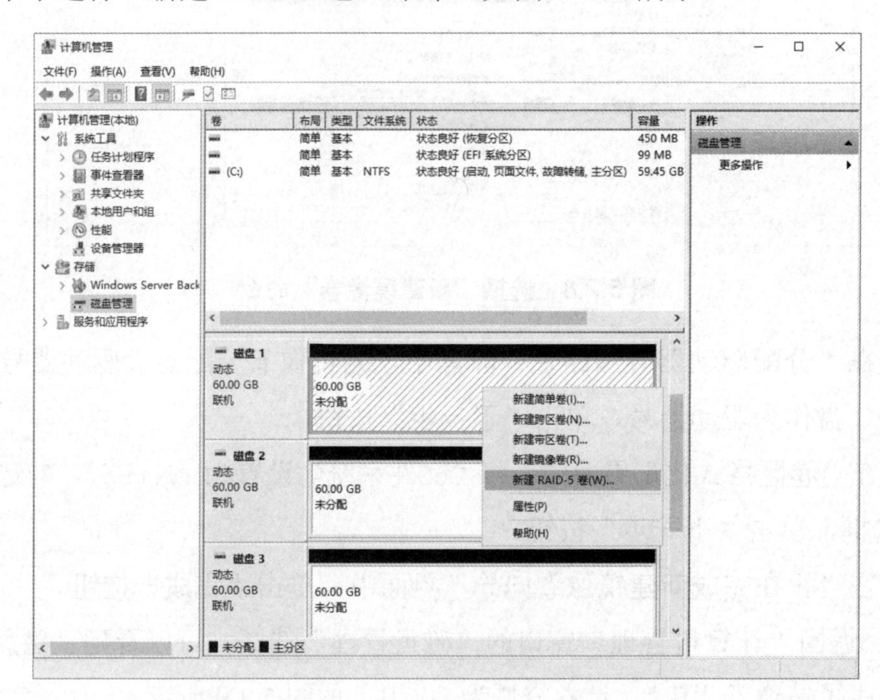

图 5.2.10 选择“新建 RAID-5 卷”命令

步骤 5：在弹出的“新建 RAID-5 卷”对话框的“欢迎使用新建 RAID-5 卷向导”界面中，单击“下一步”按钮。

步骤 6：在“选择磁盘”界面中，选择“可用”选区中的“磁盘 2”选项，单击“添加”按钮，将“磁盘 2”移动到“已选的”选区中。使用相同的操作步骤添加“磁盘 3”。

步骤 7：在“分配驱动器号和路径”界面中，为 RAID-5 卷分配磁盘驱动器号。本任务使用默认的“F:”盘作为驱动器号，单击“下一步”按钮。

步骤 8：在“卷区格式化”界面中，将“文件系统”设置为“NTFS”，勾选“执行快速格式化”复选框，单击“下一步”按钮。

步骤 9：在“正在完成新建 RAID-5 卷向导”界面中，单击“完成”按钮。

步骤 10：返回“计算机管理”窗口的“磁盘管理”选区，可以看到“磁盘 1”“磁盘 2”“磁盘 3”共同组成了 RAID-5 卷“F:”，且卷容量为 120GB，如图 5.2.11 所示。

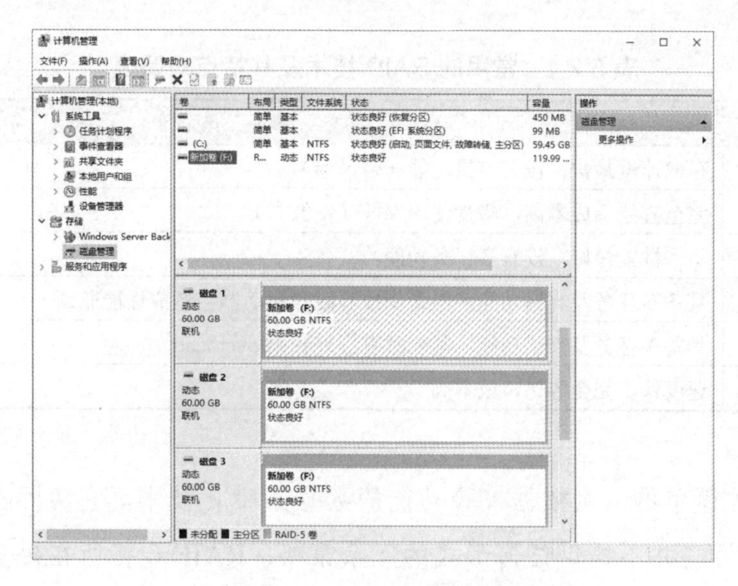

图 5.2.11　查看 RAID-5 卷

知识链接

动态磁盘强调了磁盘的扩展性，一般用于创建跨越多个磁盘的卷（例如，跨区卷、带区卷、镜像卷、RAID-5 卷），也支持简单卷。

1. 认识 RAID

RAID（Redundant Arrays of Independent Disks，独立冗余磁盘阵列）概念源于美国加利福尼亚大学伯克利分校一个研究 CPU 性能的小组，他们在研究时为提升磁盘的性能，将很多价格较便宜的（Inexpensive）磁盘组合成一个容量更大、速度更快、能够实现冗余备份的磁盘阵列（Array），并且在某一个磁盘发生故障时，能够重新同步数据。如今，RAID 更侧重于由独立的（Independent）磁盘组成。

2. 软 RAID 和硬 RAID

RAID 可分为软 RAID 和硬 RAID，其中软 RAID 是通过软件来实现多块磁盘冗余的，而硬 RAID 一般是通过 RAID 卡来实现多块磁盘冗余的。软 RAID 的配置相对简单，管理也比较灵活，对于中小企业来说不失为一种最佳选择；而硬 RAID 往往花费较高，但在性能方面具有一定的优势。

3. RAID 分类

RAID 作为高性能的存储系统，已经得到了越来越广泛的应用。RAID 技术从 RAID 概念的提出到现在，已经发展了 7 个级别，分别是 RAID 0、RAID 1、RAID 3、RAID 4、RAID 5，以及 RAID 01 和 RAID 10，如表 5.2.1 所示。

表 5.2.1　常用的 RAID 技术及其特点对照表

RAID 技术	特　点
RAID 0	存取速度最快，没有容错功能（带区卷）
RAID 1	完全容错，成本高，磁盘使用率低（镜像卷）
RAID 3	写入性能最好，没有多任务功能
RAID 4	具备多任务及容错功能，但奇偶校验磁盘驱动器会造成性能瓶颈
RAID 5	具备多任务及容错功能，写入时有额外开销 overhead
RAID 01 和 RAID 10	速度快、完全容错，成本高

（1）RAID 0

RAID 0 是一种简单的、无数据校验功能的数据条带化技术。它实际上并非真正意义上的 RAID 技术，因为它并不提供任何形式的冗余策略。RAID 0 将所在磁盘条带化后组成大容量的存储空间，如图 5.2.12 所示。RAID 0 将数据分散存储在所有磁盘中，以独立访问方式实现多块磁盘的并读访问。由于 RAID 0 能并发执行 I/O 操作使总线带宽得到充分利用，再加上不需要进行数据校验，因此 RAID 0 的性能在所有 RAID 技术中是最高的。从理论上讲，一个由 n 块磁盘组成的 RAID 0，其读写性能是单个磁盘性能的 n 倍，但由于总线带宽等多种因素的限制，其实际性能的提升往往低于理论值。

RAID 0 具有低成本、高读写性能、100%的高存储空间利用率等优点，但是它不提供数据冗余保护，一旦数据损坏，将无法恢复。因此，RAID 0 一般适用于对性能要求严格，但对数据安全性和可靠性要求不高的场合，如视频存储、音频存储、临时数据缓存空间等。

（2）RAID 1

RAID 1 被称为镜像，可以将数据完全一致地分别写入工作磁盘和镜像磁盘，其磁盘空间利用率为 50%。在利用 RAID 1 写入数据时，响应时间会有所影响，但是在读取数据时并没有影响。RAID 1 提供了最佳的数据保护，一旦工作磁盘发生故障，系统会自动从镜像磁盘中读取数据，不会影响用户工作。RAID 1 无校验的相互镜像如图 5.2.13 所示。

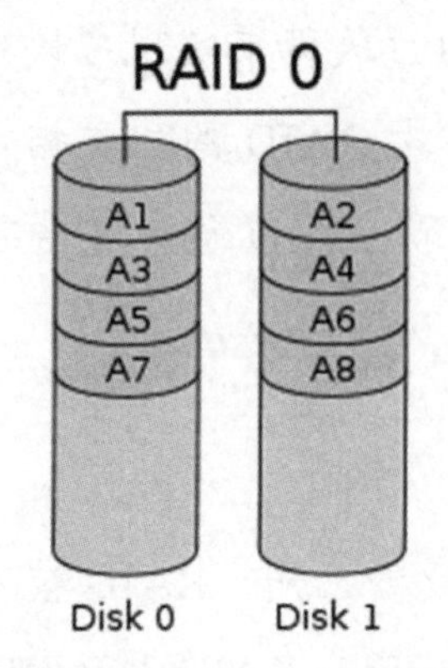

图 5.2.12　RAID 0 无冗余的数据条带

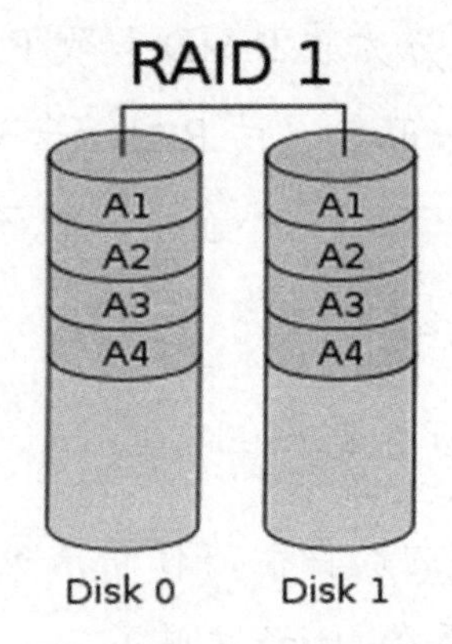

图 5.2.13　RAID 1 无校验的相互镜像

（3）RAID 5

RAID 5 是目前最常见的 RAID 技术，可以同时存储数据和校验数据。数据块和对应的校验信息保存在不同的磁盘上，当一个数据盘损坏时，系统可以根据同一数据条带的其他数据块和对应的校验数据来重建损坏的数据。与其他 RAID 技术一样，在重建数据时，RAID 5 的性能会受到很大影响。RAID 5 带分散校验的数据条带如图 5.2.14 所示。

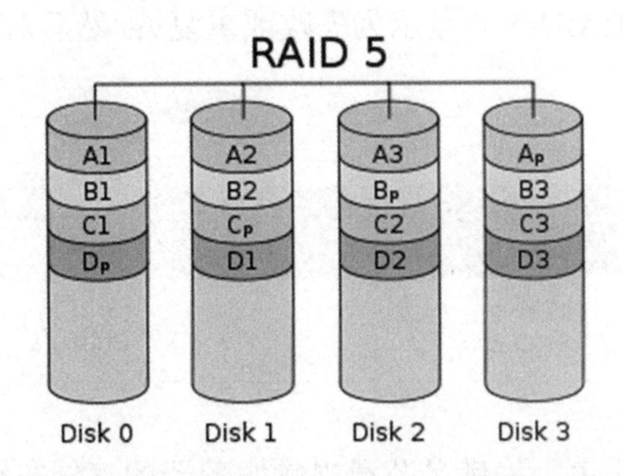

图 5.2.14 RAID 5 带分散校验的数据条带

由于 RAID 5 可以兼顾存储性能、数据安全和存储成本等多方面因素，因此可以将其视为 RAID 0 和 RAID 1 的折中方案，是目前综合性能最佳的数据保护方案。RAID 5 基本上可以满足大部分的存储应用需求，因此数据中心大多将其作为应用数据的保护方案。

（4）RAID 01 和 RAID 10

RAID 01 先进行条带化再进行镜像，其本质是对物理磁盘实现镜像；而 RAID 10 先进行镜像再进行条带化，其本质是对虚拟磁盘实现镜像。在相同的配置下，通常 RAID 01 比 RAID 10 具有更好的容错能力。典型的 RAID 01 和 RAID 10 模型如图 5.2.15 所示。

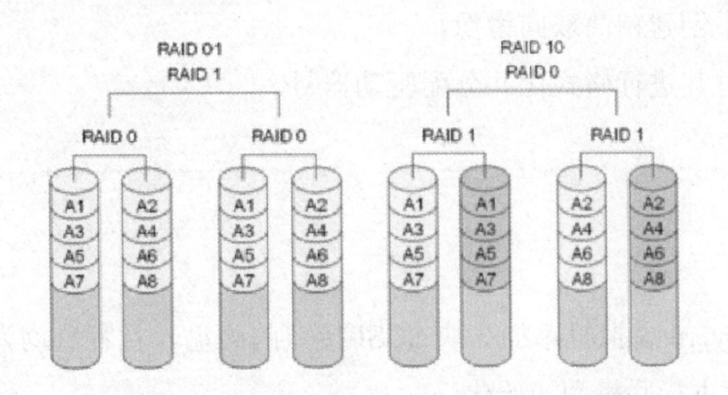

图 5.2.15 典型的 RAID 01 和 RAID 10 模型

RAID 01 兼具 RAID 0 和 RAID 1 的优点，首先用两块磁盘建立镜像，然后在镜像内部进行条带化。RAID 01 的数据将同时写入两个磁盘阵列，当其中一个磁盘阵列损坏时，仍可继续工作，这样既保证了数据的安全性又提高了性能。RAID 01 和 RAID 10 内部都含有 RAID 1，因此整体磁盘的利用率仅为 50%。

任务拓展

在 Server5 虚拟机的设置中，首先将第 2 块 SCSI 接口的磁盘删除并单击“应用”按钮，构建磁盘丢失状态（原来 RAID-5 卷显示为失败或重复）；然后对 RAID-5 卷出现的错误进行修复。

任务 5.3 管理存储池

任务描述

某公司的网络管理员小王，为满足公司视频服务器的存储需求，将在服务器上建立存储池功能，使其随着存储量的大小增加磁盘空间，以便实现视频服务器存储数据的功能。

任务要求

Windows Server 2022 服务器操作系统提供了存储池功能，可以保障视频服务器的存储功能。具体要求如下。

（1）在 Server6 虚拟机上添加 3 块 500GB 的磁盘。

（2）对新添加的磁盘进行联机和初始化。

（3）将新添加的磁盘加入存储池。

（4）在存储池中创建精简双向镜像。

（5）创建卷，对其进行格式化并分配驱动器号。

任务实施

1. 创建存储池

步骤 1：为 Server6 虚拟机添加 3 块 SCSI 接口的磁盘，且容量均为 500GB。

步骤 2：将磁盘进行联机和初始化。

步骤 3：以 Administrator 身份登录系统，依次选择“开始”→“服务器管理器”→“文件和存储服务”命令，打开“服务器管理器”窗口的“服务器”选项卡，如图 5.3.1 所示。

步骤 4：在“服务器”选项卡中，选择左侧“存储池”选项，单击右上方“任务”按钮的下拉按钮，在下拉列表中选择“新建存储池”选项，如图 5.3.2 所示。这里默认已内置一个名称为 Primordial 的原始存储池，已安装的 3 块磁盘位于此存储池中。

图 5.3.1 “服务器”选项卡

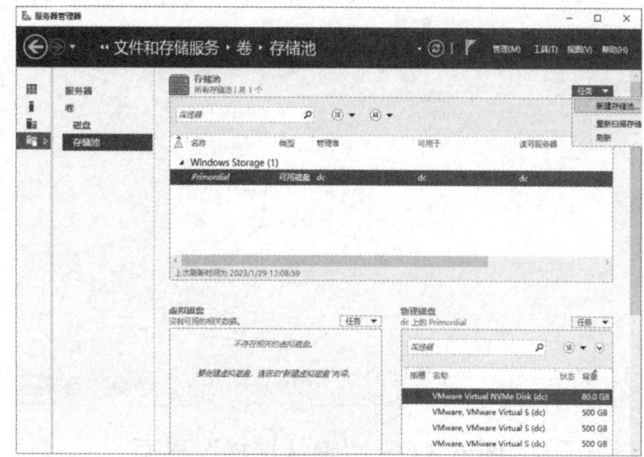

图 5.3.2 新建存储池

步骤 5：在“新建存储池向导”对话框的“开始之前”界面中，单击“下一步”按钮。

步骤 6：在“指定存储池名称和子系统”界面中，将“名称”设置为“MyStoragePool”，“描述”设置为“PHEI 公司存储池”，单击“下一步”按钮，如图 5.3.3 所示。

步骤 7：在“选择存储池的物理磁盘”界面中，选中 3 个容量为 500GB 的物理磁盘，单击“下一步”按钮，如图 5.3.4 所示。

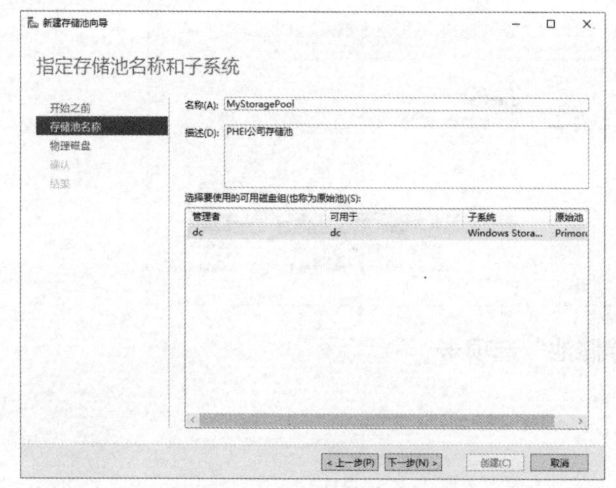

图 5.3.3 “指定存储池名称和子系统”界面

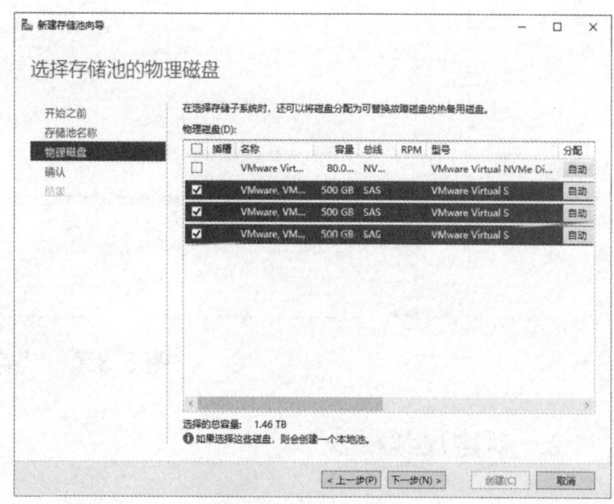

图 5.3.4 “选择存储池的物理磁盘”界面

步骤 8：在“确认选择”界面中，单击“创建”按钮，如图 5.3.5 所示。

步骤 9：在“查看结果”界面中，单击“关闭”按钮，表示存储池创建完成，如图 5.3.6 所示。

步骤 10：返回“存储池”选项卡，可以看到刚创建好的名称为 MyStoragePool 的存储池，如图 5.3.7 所示。

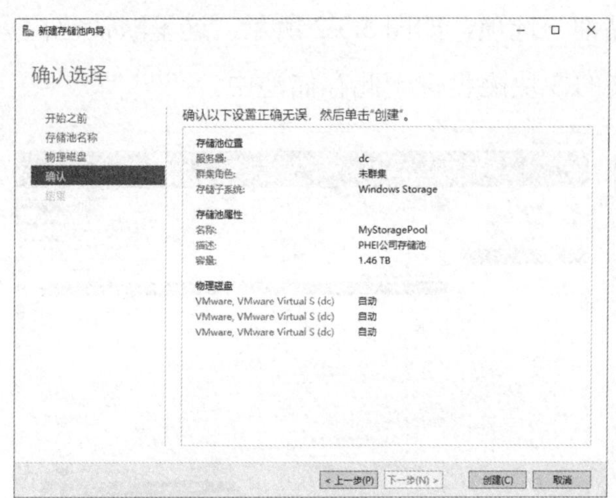

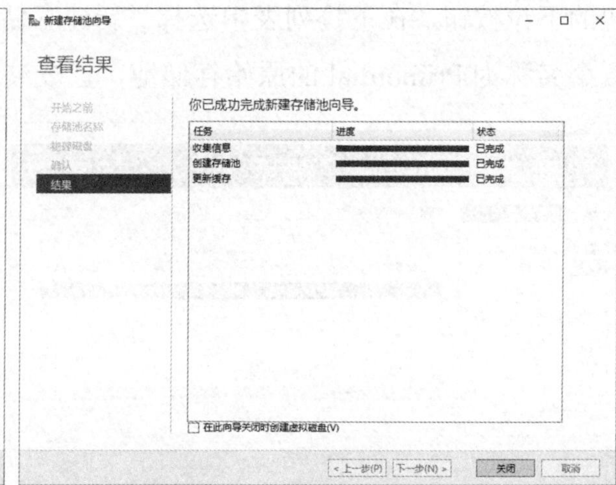

图 5.3.5 “确认选择”界面　　　图 5.3.6 “查看结果”界面

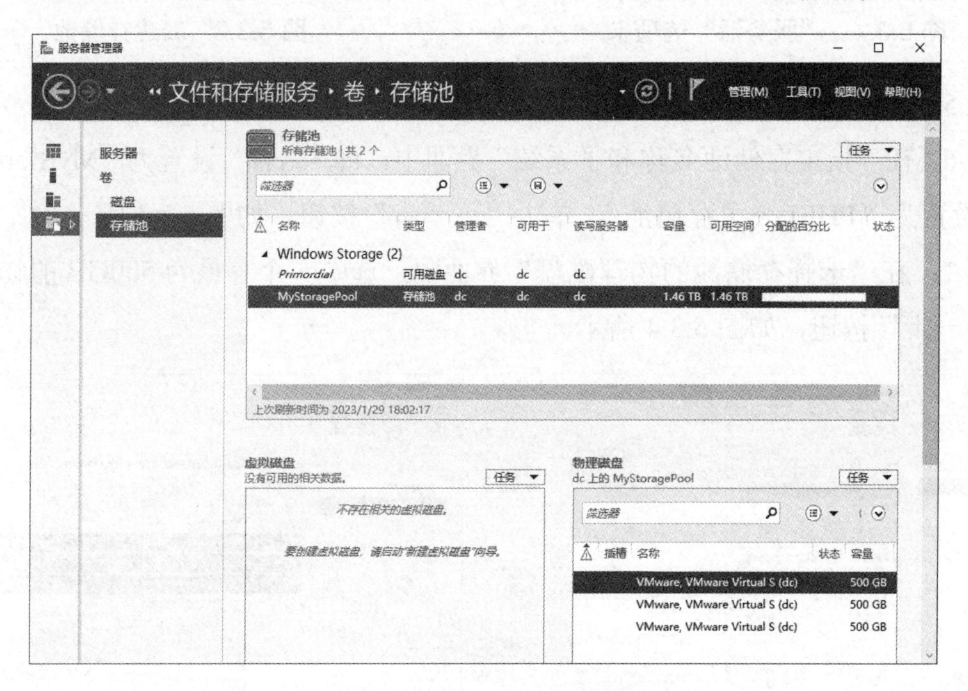

图 5.3.7 “存储池”选项卡

2. 创建虚拟磁盘

步骤 1：在“存储池”选项卡中，右击 MyStoragePool 存储池，在弹出的快捷菜单中选择“新建虚拟磁盘”命令，或者单击“存储池”选项卡左下方的“要创建虚拟磁盘，请启动‘新建虚拟磁盘’向导。”文字链接，如图 5.3.8 所示。

步骤 2：在弹出的“选择存储池”对话框中，选择“MyStoragePool”选项，单击“确定”按钮，如图 5.3.9 所示。

步骤 3：在“新建虚拟磁盘向导”对话框的“开始之前”界面中，单击“下一步”按钮。

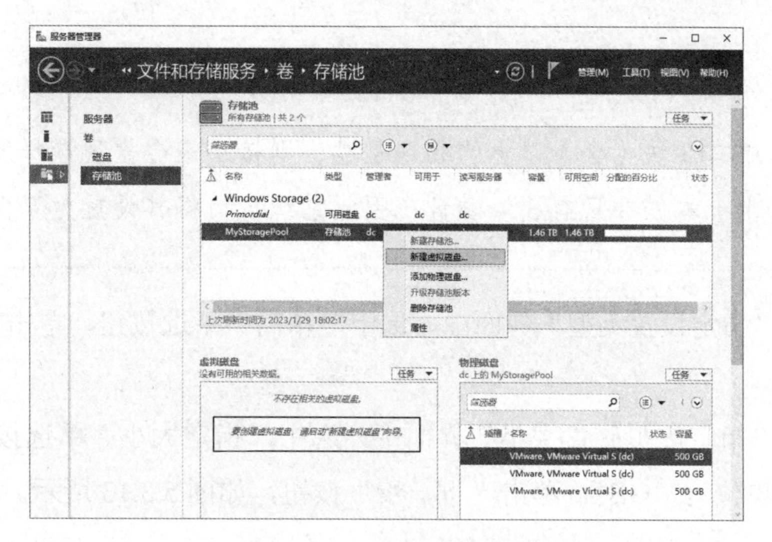

图 5.3.8　新建虚拟磁盘

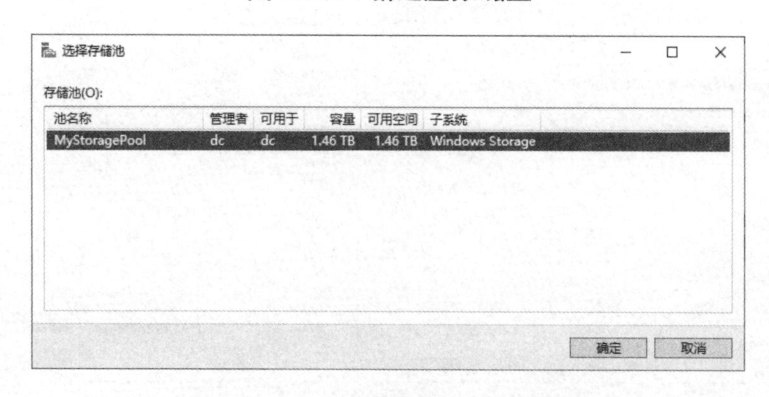

图 5.3.9　“选择存储池”对话框

步骤 4：在“指定虚拟磁盘名称”界面中，输入虚拟磁盘名称为“My-Mirror”，单击“下一步”按钮，如图 5.3.10 所示。

步骤 5：在“机箱感知”界面中，使用默认配置，单击“下一步”按钮。

步骤 6：在“选择存储数据布局”界面中，选择“Mirror”选项，单击“下一步”按钮，如图 5.3.11 所示。

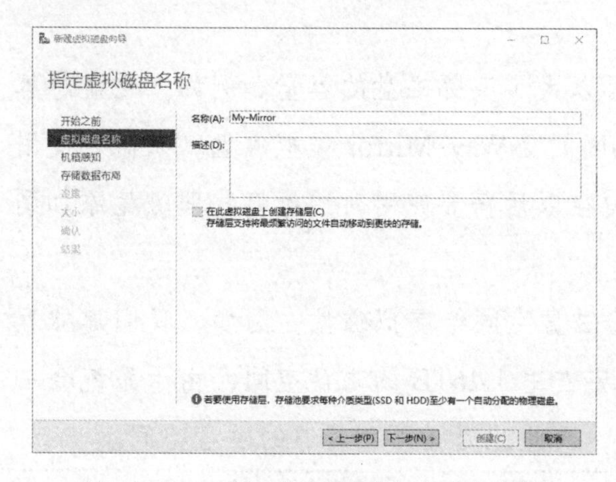

图 5.3.10　“指定虚拟磁盘名称”界面

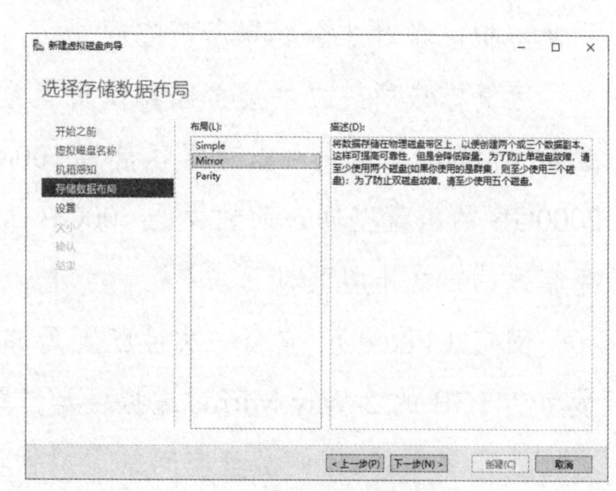

图 5.3.11　“选择存储数据布局”界面

小贴士：

若服务器中有 5 块（含）以上的物理磁盘，则接下来会出现选择双向镜像或三向镜像的界面。由于本任务只有 3 块磁盘，因此系统自动将其设置为双向镜像。

步骤 7：在“指定设置类型”界面中，选中“精简”单选按钮，单击“下一步”按钮，如图 5.3.12 所示。

步骤 8：在“指定虚拟磁盘大小”界面中，选中“指定大小”单选按钮，并在文本框中输入“747”，单位为“GB”，单击“下一步”按钮，如图 5.3.13 所示。

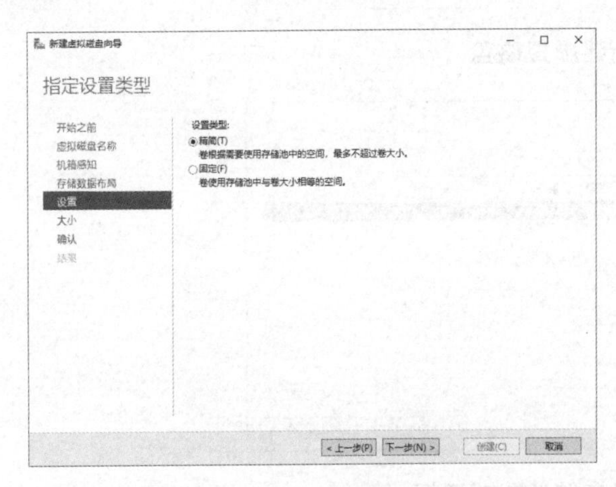

图 5.3.12 “指定设置类型”界面

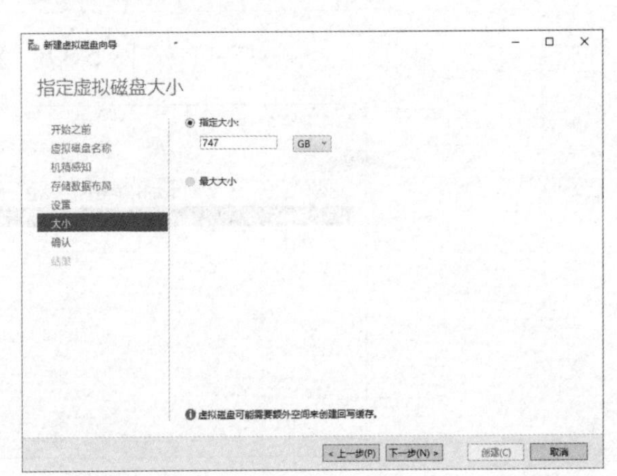

图 5.3.13 “指定虚拟磁盘大小”界面

小贴士：

精简（Thin）：虚拟磁盘只有在使用磁盘空间时，才会实际配置空间给虚拟磁盘。例如，我们建立容量为 747GB 的 2-Way Mirror 虚拟磁盘会占用 1.46TB 的磁盘空间，但是系统并非现在就一次性地配置 747GB 的磁盘空间给此虚拟磁盘，而是将数据存储到此虚拟磁盘时才会配置所需空间。

精简方式所建立的虚拟磁盘使用容量可以大于实际磁盘的容量。例如，磁盘总容量为 1500GB，但是可以建立容量为 1000GB 的 2-Way Mirror 虚拟磁盘。它需要使用 2000GB 的磁盘空间，而缺少的 500GB 只需在以后需要使用时通过将物理磁盘添加到存储池的方式来补足即可。

固定（Fixed）：它会一次性配置足够的磁盘空间给虚拟磁盘。例如，我们建立容量为 747GB 的 2-Way Mirror 虚拟磁盘，需要占用 1.46TB 的磁盘空间，由于系统会一次性地配置 1.46TB 的磁盘空间给虚拟磁盘，因此此时必须有足够的磁盘空间。

步骤 9：在“确认选择”界面中，单击“创建”按钮，如图 5.3.14 所示。

步骤 10：在“查看结果”界面中，可以看到新建虚拟磁盘向导已成功完成，单击“关闭”按钮，如图 5.3.15 所示。

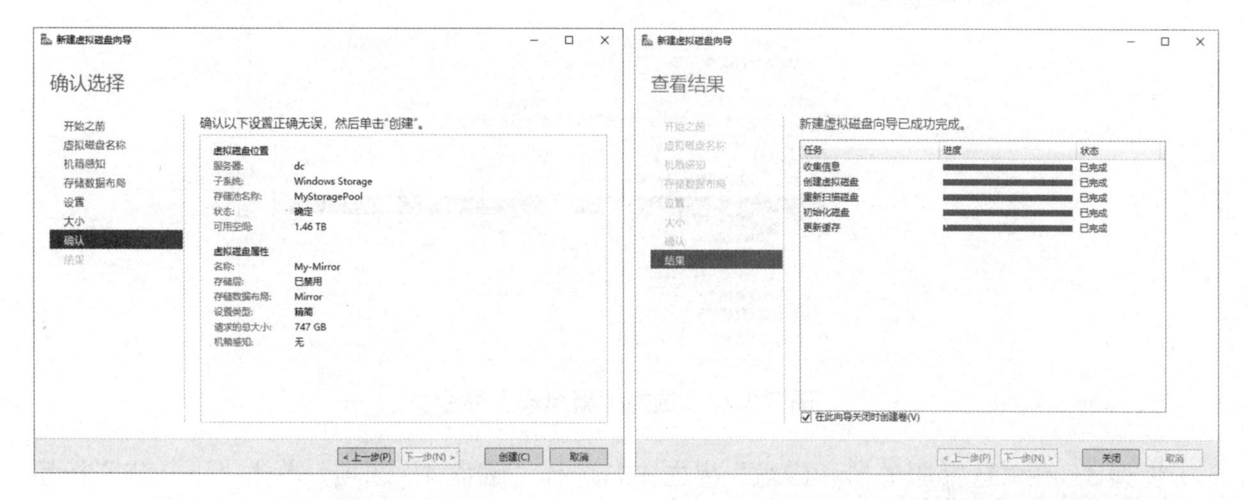

图 5.3.14 “确认选择”界面　　　　图 5.3.15 “查看结果”界面

步骤 11：返回“存储池”选项卡，选中 MyStoragePool 存储池后，可以看到刚创建好的名称为“My-Mirror”的虚拟磁盘，如图 5.3.16 所示。

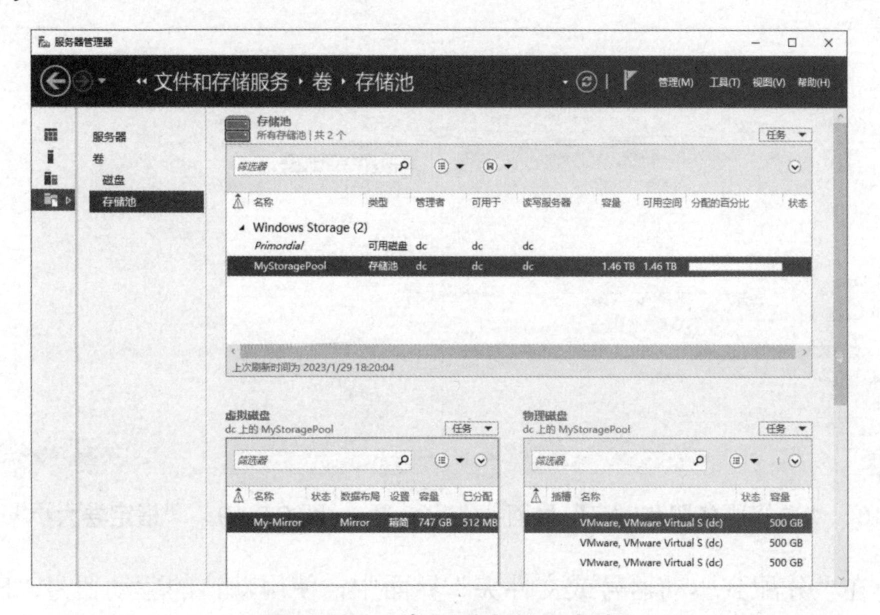

图 5.3.16 虚拟磁盘创建成功

3. 创建卷

步骤 1：在“存储池”选项卡中，选中 MyStoragePool 存储池后，右击名称为“My-Mirror”的虚拟磁盘，在弹出的快捷菜单中选择“新建卷”命令，如图 5.3.17 所示。

步骤 2：在弹出的“新建卷向导”对话框的“开始之前”界面中，单击“下一步”按钮。

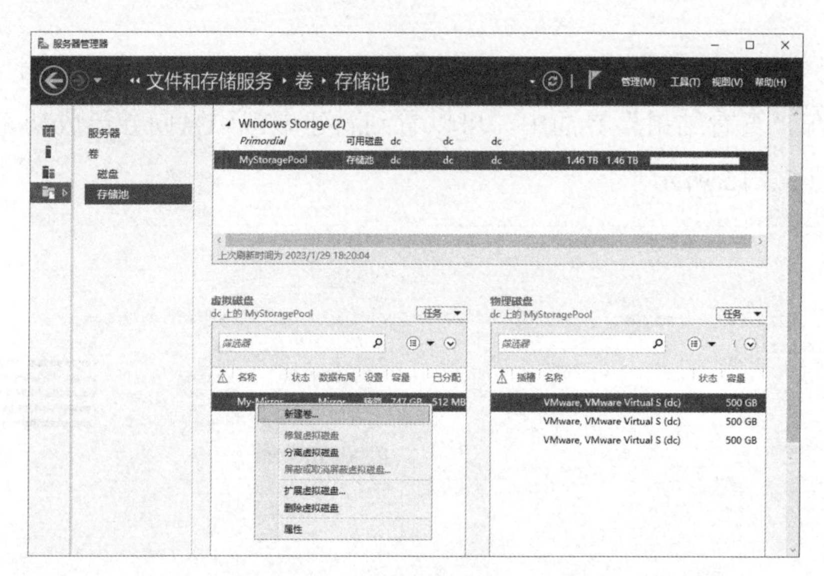

图 5.3.17　选择“新建卷”命令

步骤 3：在“选择服务器和磁盘”界面中，选择“磁盘 4”选项，单击“下一步”按钮，如图 5.3.18 所示。

步骤 4：在“指定卷大小”界面中，使用默认配置，单击“下一步”按钮，如图 5.3.19 所示。

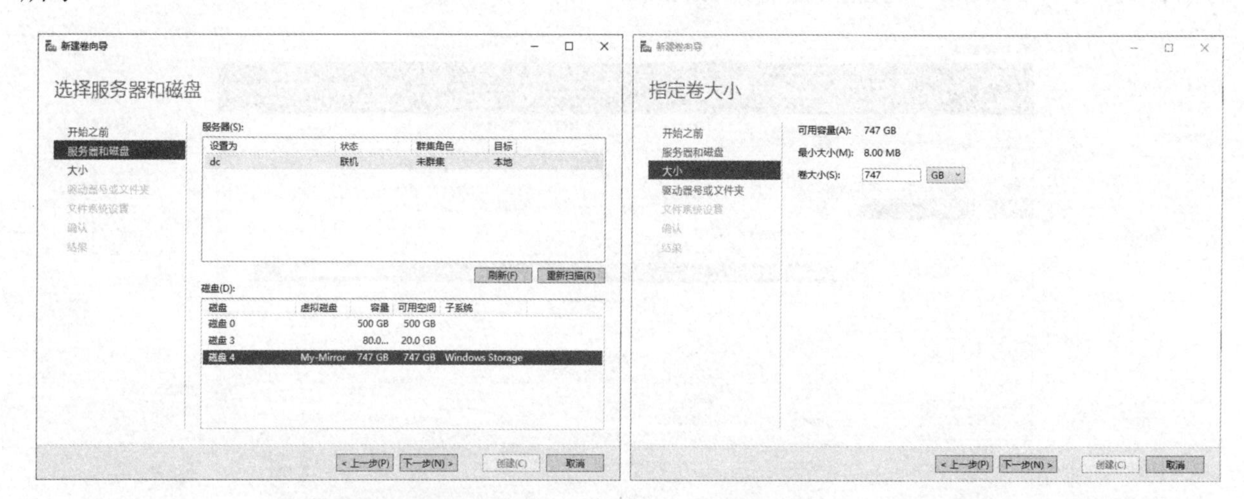

图 5.3.18　“选择服务器和磁盘”界面　　图 5.3.19　“指定卷大小”界面

步骤 5：在“分配到驱动器号或文件夹”界面中，使用默认的驱动器号“E”，单击“下一步”按钮，如图 5.3.20 所示。

步骤 6：在“选择文件系统设置”界面中，使用默认配置，单击“下一步”按钮，如图 5.3.21 所示。

步骤 7：在“确认选择”界面中，单击“创建”按钮，如图 5.3.22 所示。

步骤 8：在“完成”界面中，可以看到新建卷向导已成功完成，单击“关闭”按钮，如图 5.3.23 所示。

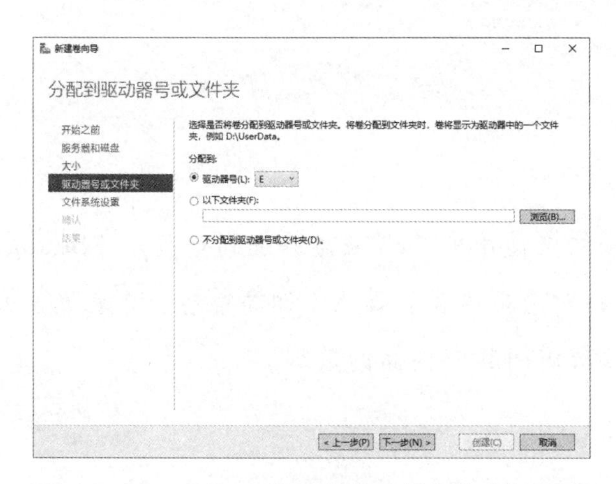

图 5.3.20 “分配到驱动器号或文件夹”界面

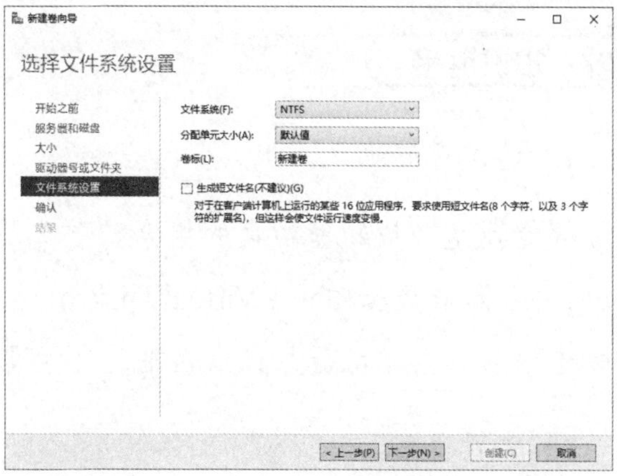

图 5.3.21 “选择文件系统设置”界面

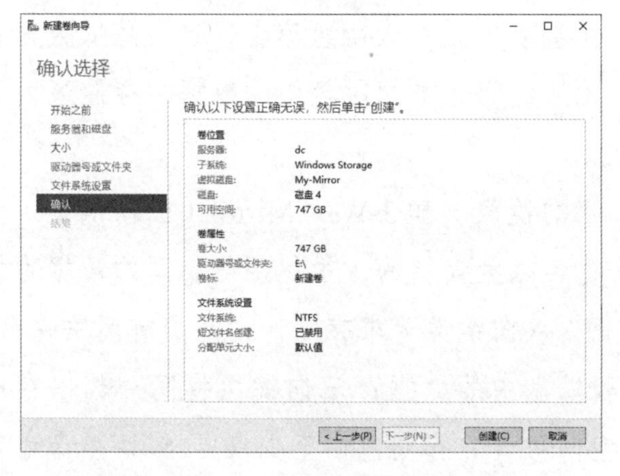

图 5.3.22 “确认选择”界面

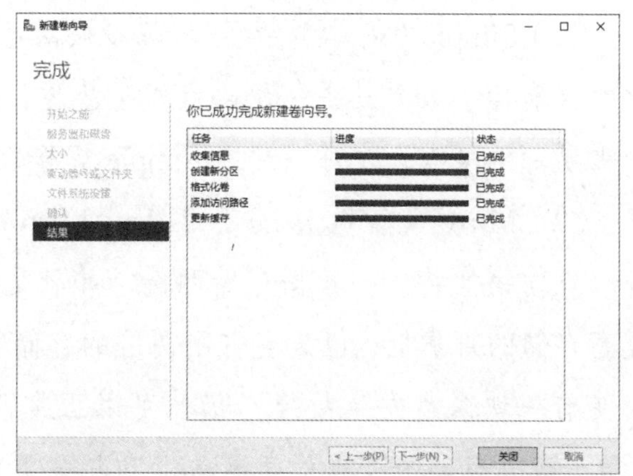

图 5.3.23 “完成”界面

4. 查看虚拟磁盘

选择“文件和存储服务”→“卷”→“磁盘”选项，在“磁盘”选项卡的“卷”选区中可以看到“E:”卷，如图 5.3.24 所示；或者在“此电脑”窗口中可以看到新建卷 E 盘，如图 5.3.25 所示。

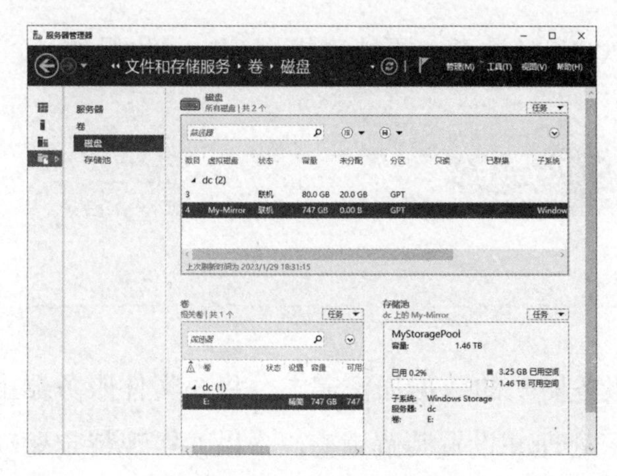

图 5.3.24 “磁盘”选项卡

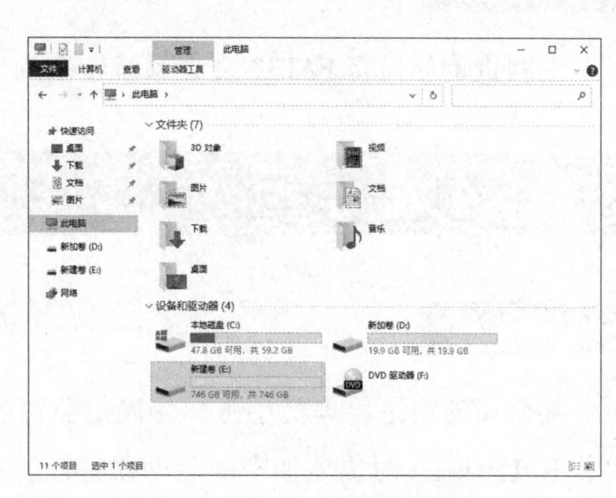

图 5.3.25 “此电脑”窗口

知识链接

1. 认识存储池

存储池是多块物理磁盘的组合。首先将多块未使用的物理磁盘添加到存储池（Storage Pool）中，形成虚拟磁盘（Virtual Disk）；然后针对虚拟磁盘新建卷（如简单卷、镜像卷等），并赋予该卷一个驱动器号；最后通过驱动器号来访问其中存储的数据。

2. 配置类型

虚拟磁盘分为以下几种配置类型。

（1）Simple（简单）：数据跨越多块磁盘，主要功能是扩大磁盘容量，但会降低数据存储的可靠性，只要其中一块磁盘发生故障，就无法访问此虚拟磁盘中的数据。存储池内至少需要一块磁盘，才可以建立 Simple 虚拟磁盘。

（2）Mirror（镜像）：分为 2-Way Mirror（双向镜像）和 3-Way Mirror（三向镜像）两种。双向镜像将同一数据存储两份，并且是跨越各磁盘存储的，虽然两份相同的数据可以提高存储的可靠性，但是会占用两倍的存储空间。双向镜像要求存储池内至少有两块磁盘，即使有一块磁盘发生故障，仍然可以正常读取磁盘中的数据；三向镜像将同一数据存储 3 份，数据存储的可靠程度更高，但占用磁盘空间更大。存储池内至少需要 5 块磁盘才可以建立三向镜像，且允许 2 块磁盘发生故障。

（3）Parity（奇偶校验）：数据和校验信息跨磁盘存储，通过奇偶校验可以提高数据存储的可靠度，但校验信息会占用磁盘空间，降低磁盘可存储数据的容量。存储池至少需要 3 块磁盘才可以建立 Parity 虚拟磁盘，且仅允许 1 块磁盘发送故障。

任务拓展

上网查询如何将 FAT32 文件系统转换为 NTFS（注意：不能直接进行格式化操作）。

任务 5.4 使用 BitLocker 加密驱动器

任务描述

某公司的网络管理员小王，为满足公司服务器上的数据加密需求，将在文件服务器上安装 BitLocker，对需要加密的驱动器进行加密处理并设置其解锁密码，以便实现特定驱动器数据的加密存储。

任务要求

Windows Server 2022 服务器操作系统提供了 BitLocker 加密功能，使用 BitLocker 加密驱动器可以保障数据的安全。具体要求如下。

（1）安装 BitLocker，对驱动器进行加密，并使用密码解锁驱动器。

（2）将恢复密钥保存在 D:\Key 文件夹中。

（3）使用恢复密钥对驱动器 E 盘进行解锁。

任务实施

1. 安装 BitLocker

步骤 1：在“服务器管理器”窗口中，依次选择“仪表板”→“快速启动”→“添加角色和功能”选项。

步骤 2：在“添加角色和功能向导”窗口的“开始之前”界面中，单击“下一步”按钮。

步骤 3：在“选择安装类型”界面中，选中“基于角色或基于功能的安装”单选按钮，单击“下一步”按钮。

步骤 4：在“选择目标服务器”界面中，选中“从服务器池中选择服务器”单选按钮，选择本任务所使用的服务器“dc”，单击“下一步”按钮。

步骤 5：在“选择服务器角色”界面中，单击“下一步”按钮。

步骤 6：在“选择功能”界面中，勾选“BitLocker 驱动器加密”复选框，在弹出的“添加 BitLocker 驱动器加密所需的功能？”对话框中单击“添加功能”按钮，返回“选择功能”界面，单击“下一步”按钮，如图 5.4.1 所示。

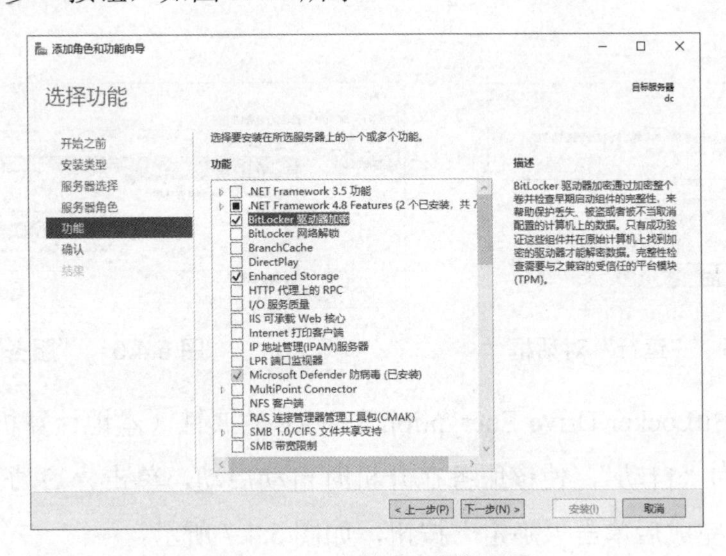

图 5.4.1 “选择功能”界面

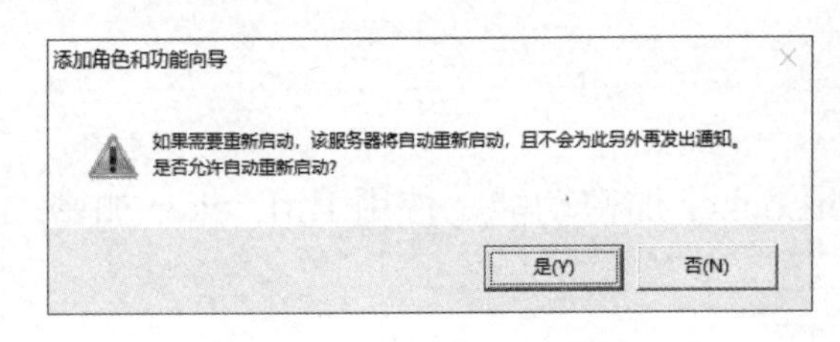

图 5.4.2 警告对话框

步骤 7：在“确认安装所选内容”界面中，勾选“如果需要，自动重新启动目标服务器”复选框，在弹出的警告对话框中单击“是”按钮，如图 5.4.2 所示。返回“确认安装所选内容”界面，单击“安装”按钮，如图 5.4.3 所示。

步骤 8：安装完成且自动重启后，在“安装进度”界面中确认安装完成后，单击“关闭”按钮，如图 5.4.4 所示。

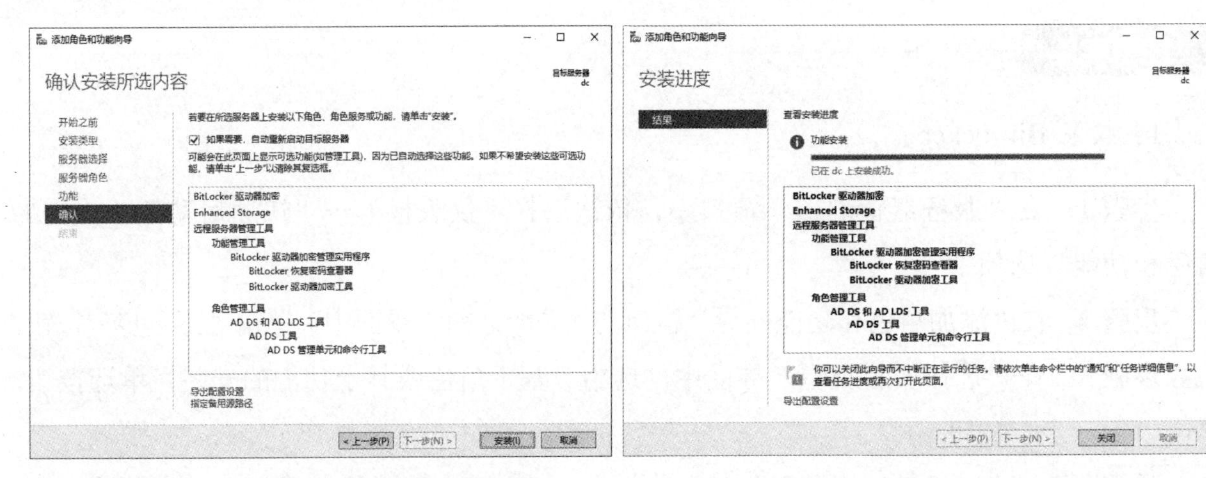

图 5.4.3 “确认安装所选内容”界面　　图 5.4.4 确认安装进度

2. 设置 BitLocker 加密服务器自动启动

步骤 1：选择“开始”→“运行”命令，弹出“运行”对话框，在“打开”文本框中输入命令“services.msc”，单击“确定”按钮，如图 5.4.5 所示。

步骤 2：打开“服务”窗口，双击“BitLocker Drive Encryption Service”选项，如图 5.4.6 所示。

图 5.4.5 “运行”对话框　　图 5.4.6 “服务”窗口

步骤 3：在“BitLocker Drive Encryption Service 的属性（本地计算机）”对话框中，将“启动类型”设置为“自动”，使该服务在开机时自动启动，单击“启动”按钮立即启动该服务，待服务启动完成后单击“确定”按钮，如图 5.4.7 所示。

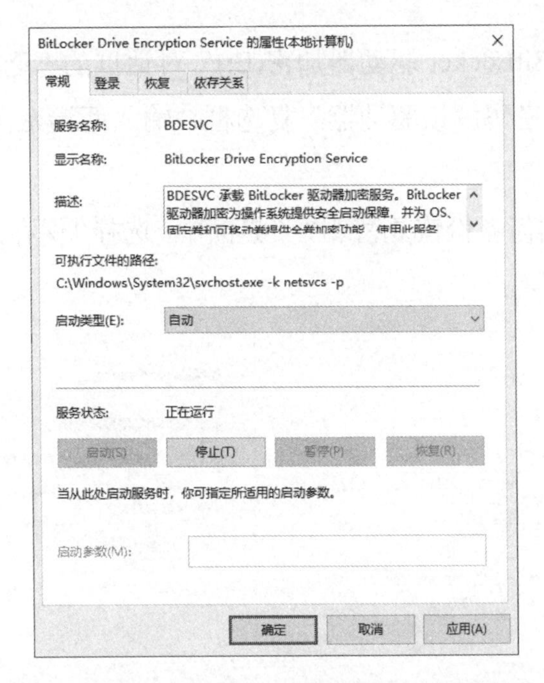

图 5.4.7 启动 BitLocker 加密服务并设置为自动启动

3. 加密驱动器

步骤 1：打开“控制面板”窗口，单击“系统和安全”文字链接，如图 5.4.8 所示。

步骤 2：打开“系统和安全”窗口，单击“BitLocker 驱动器加密”文字链接，如图 5.4.9 所示。若窗口中无此链接，则重启计算机再次尝试。

图 5.4.8 单击“系统和安全”文字链接

图 5.4.9 单击“BitLocker 驱动器加密”文字链接

步骤 3：在“BitLocker 驱动器加密”窗口中，单击“新加卷(E:)BitLocker 已关闭”(“E:”为本任务要操作的驱动器）下拉按钮，单击“启用 BitLocker”文字链接，如图 5.4.10 所示。

图 5.4.10 启动指定驱动器的 BitLocker 功能

步骤 4：在弹出的“BitLocker 驱动器加密(E:)”对话框的“选择希望解锁此驱动器的方式”界面中，勾选“使用密码解锁驱动器”复选框，输入两遍密码后单击“下一步”按钮，如图 5.4.11 所示。

步骤 5：在“你希望如何备份恢复密钥？”界面中，选择“保存到文件”选项，如图 5.4.12 所示。

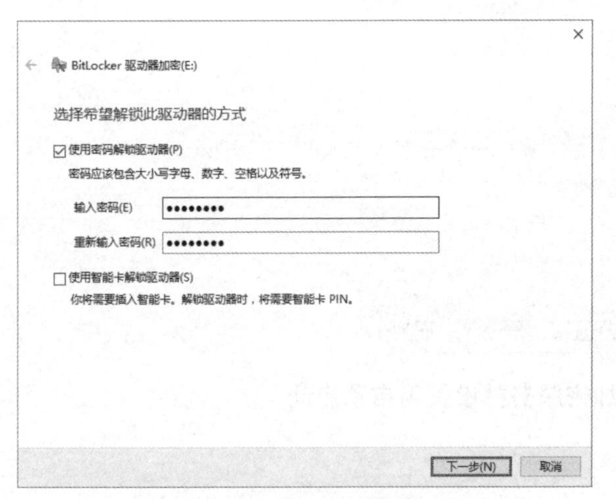

图 5.4.11　设置解锁驱动器的方式

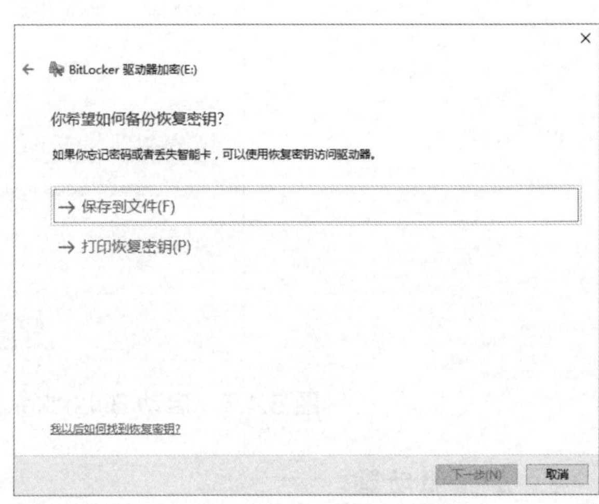

图 5.4.12　选择备份恢复密钥的方式

步骤 6：在弹出的“将 BitLocker 恢复密钥另存为”对话框中，设置密钥的保存位置和文件名，单击“保存”按钮，如图 5.4.13 所示。

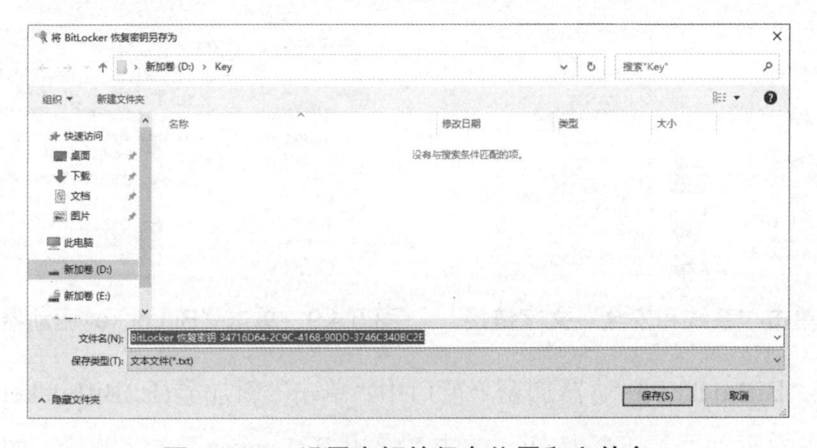

图 5.4.13　设置密钥的保存位置和文件名

步骤 7：在“选择要加密的驱动器空间大小”界面中，选中“仅加密已用磁盘空间（最适合于新电脑或新驱动器，且速度较快）”单选按钮，单击“下一步”按钮，如图 5.4.14 所示。

步骤 8：在“选择要使用的加密模式”界面中，选中“新加密模式（最适合用于此设备上的固定驱动器）”单选按钮，单击“下一步”按钮，如图 5.4.15 所示。

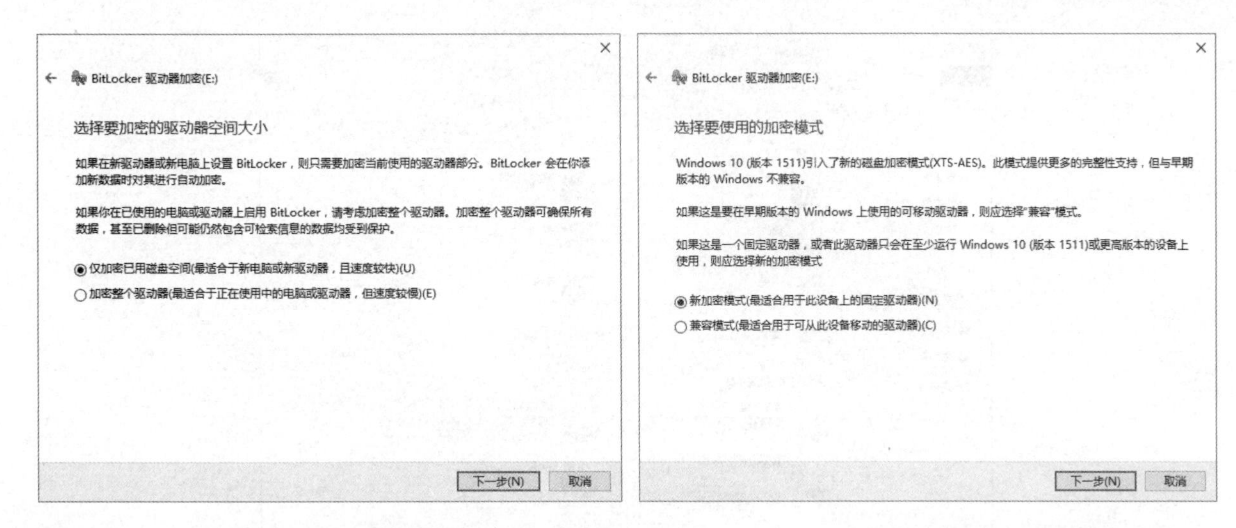

图 5.4.14 “选择要加密的驱动器空间大小”界面　　图 5.4.15 “选择要使用的加密模式”界面

步骤 9：在“是否准备加密该驱动器？”界面中，单击“开始加密”按钮，如图 5.4.16 所示。

步骤 10：在弹出的提示对话框中，单击“关闭”按钮，如图 5.4.17 所示。

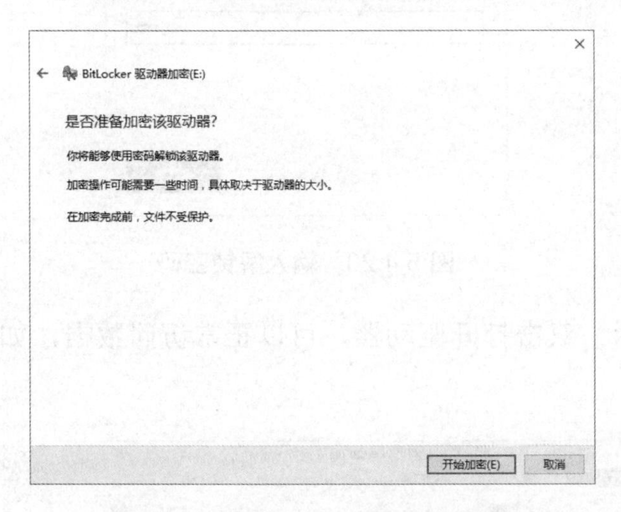

图 5.4.16 单击“开始加密”按钮

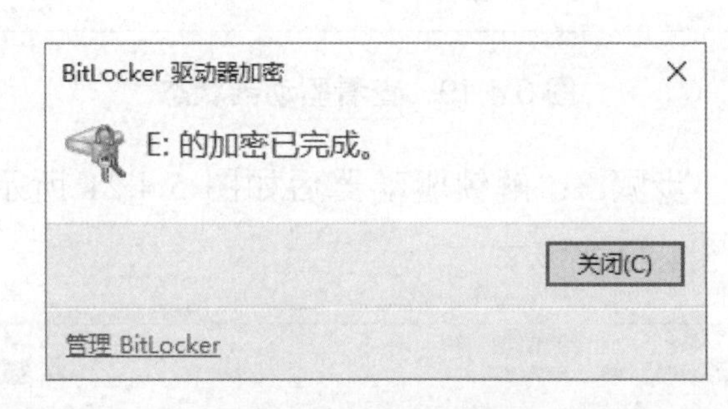

图 5.4.17 提示对话框

步骤 11：打开“此电脑”窗口，如果驱动器的图标中出现了一个打开状态的锁，则表示启用了 BitLocker 功能，但当前处于解锁状态，如图 5.4.18 所示。

4. 使用密码解锁驱动器

步骤 1：重新启动操作系统后，打开“此电脑”窗口，可以看到驱动器“E:”的图标中出现一个关闭状态的锁，表示处于加密状态，双击该驱动器，如图 5.4.19 所示。

步骤 2：在弹出的“BitLocker(E:)”对话框中，输入解锁密码，单击“解锁”按钮，如图 5.4.20 所示。

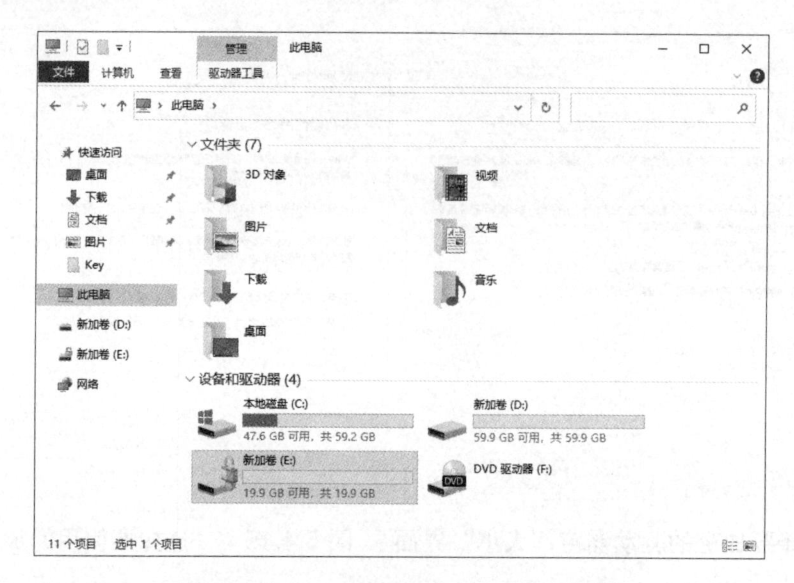

图 5.4.18　驱动器启用 BitLocker 功能

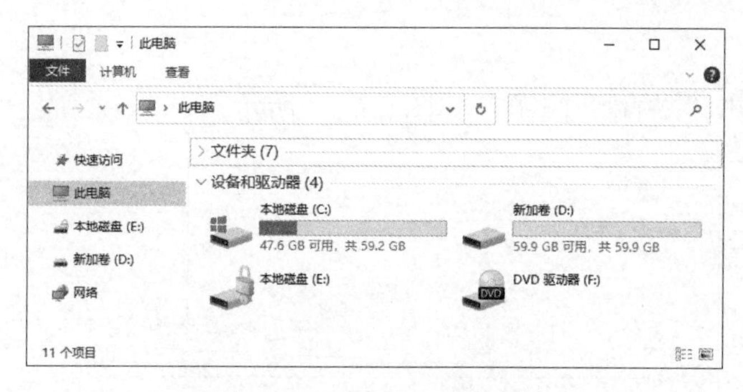

图 5.4.19　查看驱动器状态

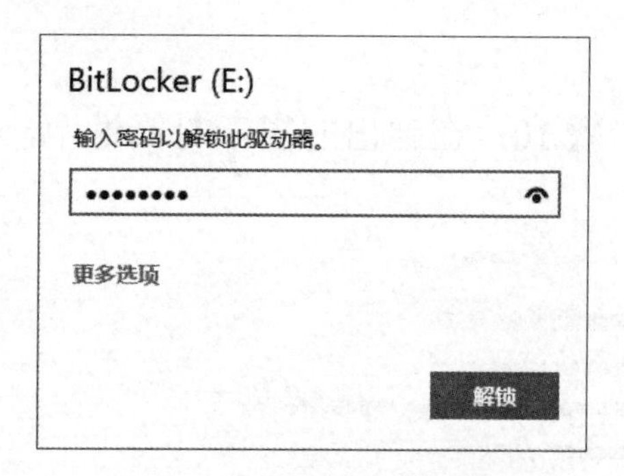

图 5.4.20　输入解锁密码

步骤 3：解锁驱动器后如图 5.4.21 所示。双击打开驱动器，可以正常访问数据，如图 5.4.22 所示。

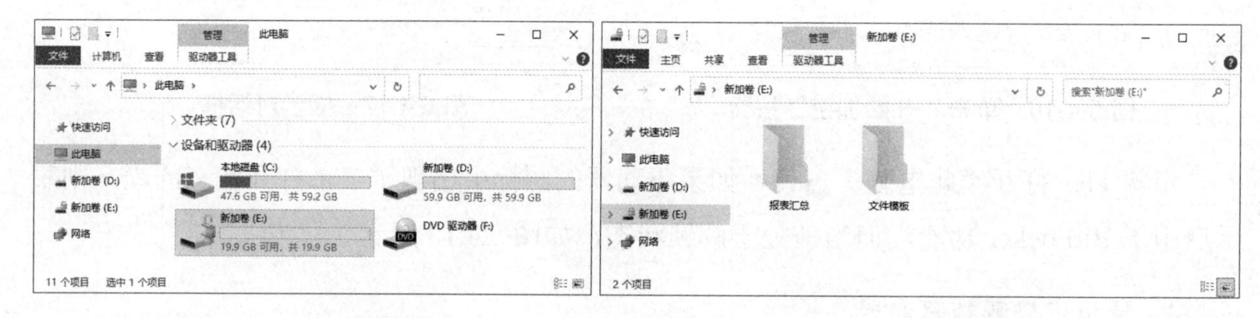

图 5.4.21　解锁驱动器　　　　图 5.4.22　打开驱动器

5. 使用恢复密钥解锁驱动器

步骤 1：打开恢复密钥文件，将 48 位恢复密钥内容复制到剪切板，如图 5.4.23 所示。

步骤 2：双击处于 BitLocker 加密状态的驱动器，在弹出的对话框中单击“更多选项”文字链接，此时该文字链接会变为“更少选项”，单击“输入恢复密钥”文字链接，如图 5.4.24

所示。在文本框中粘贴已复制的恢复密钥，如图 5.4.25 所示，单击“解锁”按钮。

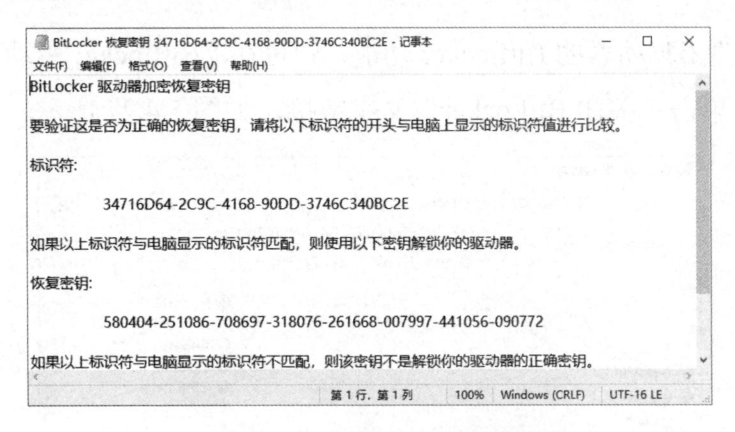

图 5.4.23 打开恢复密钥文件

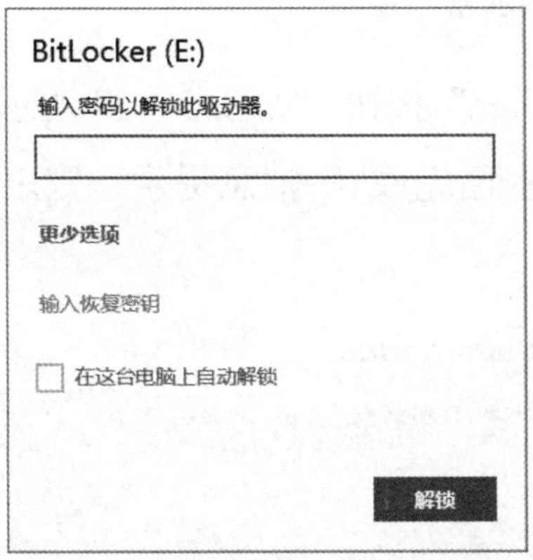

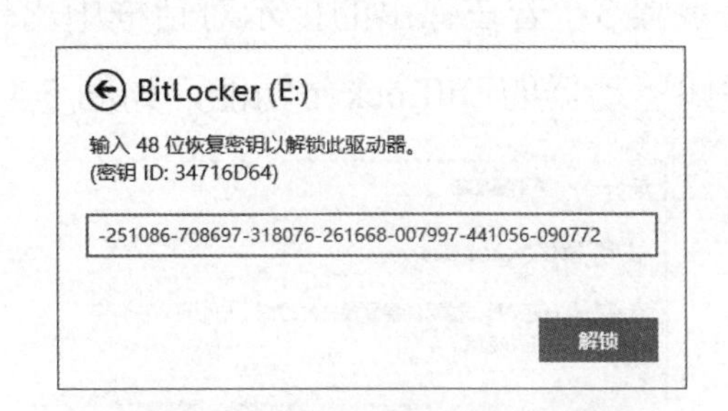

图 5.4.24 使用恢复密钥解锁驱动器

图 5.4.25 粘贴已复制的恢复密钥

步骤 3：使用恢复密钥解锁成功后，如图 5.4.26 所示。

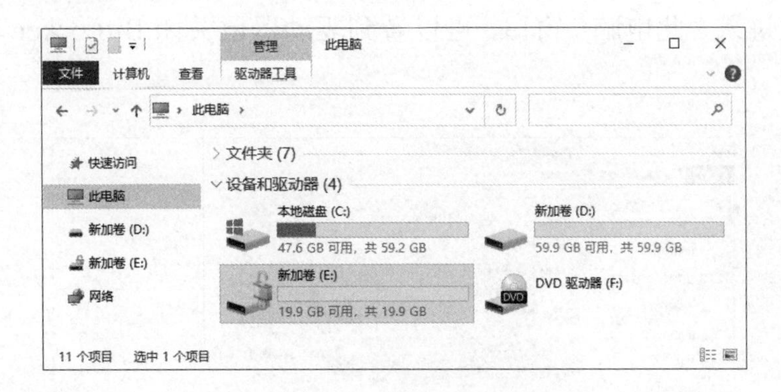

图 5.4.26 驱动器解锁成功

小贴士：

在使用 BitLocker 的过程中，一旦忘记解锁密码，就只能使用恢复密钥解锁驱动器。

6. 关闭驱动器的 BitLocker 功能

步骤 1：若要关闭驱动器的 BitLocker 功能，则可在“BitLocker 驱动器加密”窗口中选择对应的驱动器，单击“关闭 BitLocker”文字链接，如图 5.4.27 所示。

图 5.4.27 “BitLocker 驱动器加密”窗口

步骤 2：在弹出的对话框中，单击“关闭 BitLocker”按钮，如图 5.4.28 所示。

步骤 3：若在弹出的提示对话框中出现“E:的解密已完成。”消息提示，则表示已经成功关闭驱动器的 BitLocker 功能，如图 5.4.29 所示。

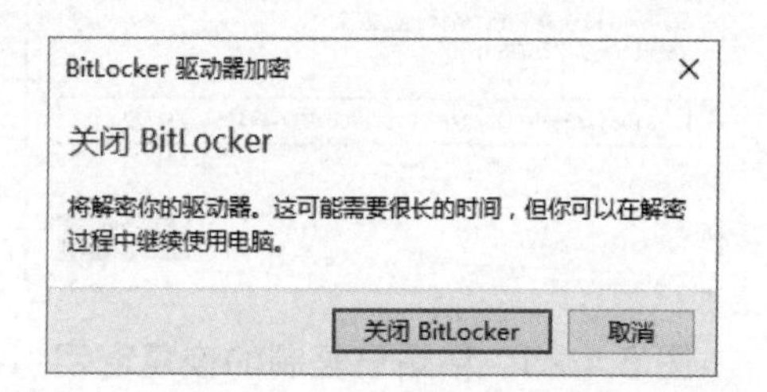

图 5.4.28 单击“关闭 BitLocker”按钮

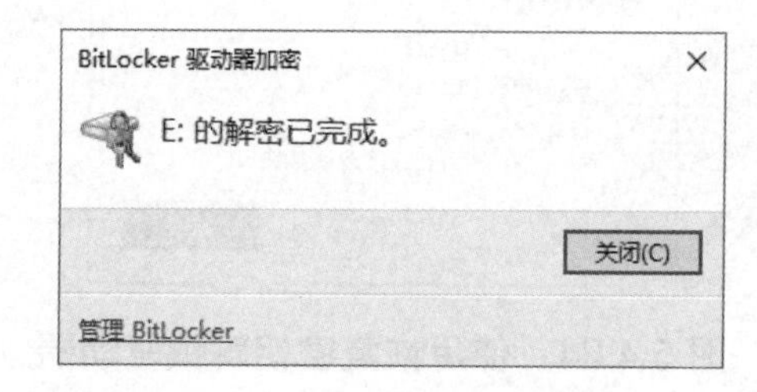

图 5.4.29 提示对话框

步骤 4：再次进入“此电脑”窗口，可以看到驱动器已关闭 BitLocker 功能，如图 5.4.30 所示。

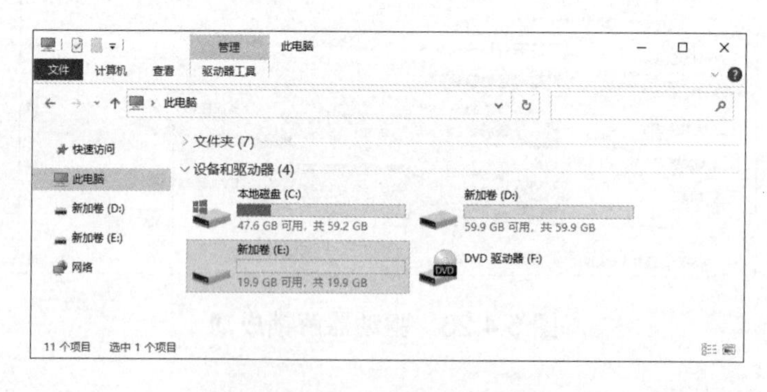

图 5.4.30 查看驱动器状态

BitLocker 驱动器加密是在 Windows Vista 中新增的一种数据保护功能，主要用于解决

因计算机设备的物理丢失而导致的数据失窃或恶意泄露的问题。与 Windows Server 2008 一同发布的有 BitLocker 实用程序，该程序不仅能通过加密逻辑驱动器来保护重要数据，还能提供系统启动完整性检查功能。

1. BitLocker 的驱动器类型

在 Windows Server 2022 中，BitLocker 将加密的驱动器分为 3 种类型，包括操作系统驱动器、固定数据驱动器和可移动数据驱动器。

系统所在驱动器（一般 Windows 操作系统的系统盘驱动器号为“C:”）会被识别为操作系统驱动器。

如果不是操作系统驱动器，则按磁盘的接口识别，IDE、SATA 接口的磁盘会被识别为固定数据驱动器，NVMe、SCSI 接口的磁盘会被识别为可移动数据驱动器。

2. BitLocker 工作模式

BitLocker 主要有两种工作模式，包括 TPM 模式和 U 盘模式。为了实现更高程度的安全性，我们可以同时启用这两种模式。

1）TPM 模式

如果想要使用 TPM 模式，则要求计算机中必须具备不低于 1.2 版本的 TPM 芯片。这种芯片是通过硬件提供的，一般只出现在对安全性要求较高的商用计算机或工作站上，而家用计算机或普通的商用计算机通常不会提供。

要想知道计算机是否有 TPM 芯片，可以使用 devmgmt.msc 命令打开“设备管理器”窗口，选择“安全设备”选项，查看该选项下是否有“受信任的平台模块”这类的设备，并确定其版本。

2）U 盘模式

如果想要使用 U 盘模式，则需要计算机上有 USB 接口，这是因为计算机的 BIOS 支持在开机时访问 USB 设备（能够流畅运行 Windows Vista 或 Windows 7 的计算机基本上都应该具备这样的功能），并且需要有一个专用的 U 盘（U 盘只是用于保存密钥文件，容量不用太大，但是质量一定要好）。使用 U 盘模式后，用于解密系统盘的密钥文件会被保存到 U 盘中，每次重启动系统时都必须在开机之前将 U 盘连接到计算机上。

受信任的平台模块是实现 TPM 模式 BitLocker 功能的前提条件。

3. 有关 BitLocker 的密码策略

使用 BitLocker 加密驱动器所涉及的组策略也要按上述驱动器类型分别设置。以“需要对固定数据驱动器使用密码”这一策略为例，如果启用了这个策略，则需要设置密码的复杂性、最小密码长度等。这个设置只作用于被 BitLocker 识别为固定数据驱动器且启用了 BitLocker 功能的驱动器，并不会作用到操作系统驱动器或可移动数据驱动器中。

要使 BitLocker 解锁密码的复杂度策略生效，还需要启用组策略中“计算机配置”→“Windows 设置”→“安全设置”→“账户策略”→“密码策略”选项下的“密码必须符合复杂性要求”策略，但 BitLocker 的最小密码长度要求以自身的单独定义为准，不受账户策略的密码长度策略项影响。

任务拓展

将 Server2 的 E 盘启用 BitLocker 功能，使用密码解锁驱动器，仅加密已用磁盘空间，使用 XTS-AES 加密模式，启用自动解锁。

任务 5.5 管理磁盘配额

任务描述

某公司的网络管理员小王，在公司的文件服务器上安装了新的磁盘。由于公司员工将一些和工作无关的数据存放在服务器上，从而导致磁盘空间不够用的情况，于是小王准备利用磁盘配额技术来解决此问题。

任务要求

Windows Server 2022 服务器操作系统提供了磁盘配额功能，可以限制用户对磁盘空间的无限使用，即通过配置磁盘配额设置用户可以使用的磁盘空间数量。当发现用户接近或超过限制时，就会发出警告或者阻止该用户对磁盘的写入，具体要求如下。

（1）启用磁盘配额管理，设置拒绝将磁盘空间分给超过配额限制的用户。

（2）设置“用户超出配额限制时记录事件”和“用户超过警告等级时记录事件”。

（3）对项目 3 中的 Zhangsan 用户限制可使用的磁盘大小为 1GB，警告等级大小设为 900MB。

（4）对项目 3 中的 Zhaoliu 用户限制可使用的磁盘大小为 500MB，警告等级大小设为 480MB。

任务实施

1. 启用磁盘配额管理

右击在需要启用磁盘配额的卷（本任务使用 E 盘），在弹出的快捷菜单中选择“属性”

命令，弹出“新加卷（E:）属性”对话框，选择“配额”选项卡。在“配额”选项卡中，勾选“启用配额管理”和“拒绝将磁盘空间给超过配额限制的用户”复选框，如图 5.5.1 所示。

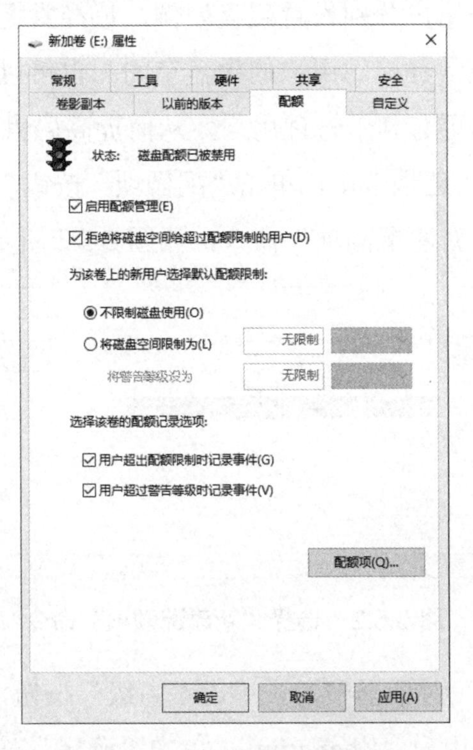

图 5.5.1 “配额”选项卡

小贴士：

“配额”选项卡中各选项的功能如下。

- 拒绝将磁盘空间给超过配额限制的用户：当某个用户占用的磁盘空间达到了配额的限制时，就不能再使用新的磁盘空间，系统会提示“磁盘空间”不足。
- 不限制磁盘使用：管理员不限制用户对卷空间的使用，只是对用户的使用情况进行跟踪。
- 将磁盘空间限制为：限制用户使用的磁盘空间的数量和单位，该选项是针对所有用户的默认值。
- 将警告等级设为：当用户使用的磁盘空间超过警告等级时，系统会及时地给用户警告。警告等级的设置应该不大于磁盘配额的限制。
- 用户超出配额限制时记录事件：当用户使用的磁盘空间超过配额限制时，系统会在本地计算机的日志文件中记录该事件。
- 用户超过警告等级时记录事件：当用户使用的磁盘空间超过警告等级时，系统会在本地计算机的日志文件中记录该事件。

2. 设置单个用户磁盘配额

系统管理员可以为各个用户分别设置磁盘配额，让经常更新应用程序的用户有一定的磁盘空间，而限制其他不经常登录的用户的磁盘空间；也可以对经常超出磁盘空间的用户设置较低的警告等级，这样更有利于管理用户，从而提高磁盘空间的利用率。

步骤 1：在卷的“配额”选项卡中，单击“配额项”按钮，弹出“新加卷(E:)的配额项”对话框，选择“配额”→“新建配额项”命令，如图 5.5.2 所示。

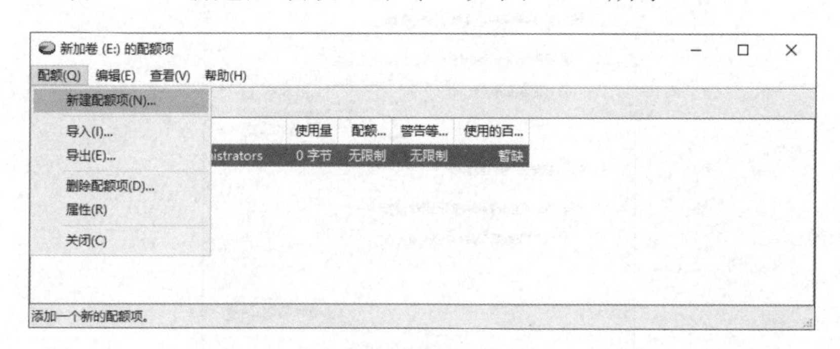

图 5.5.2 选择“新建配额项”命令

步骤 2：在“选择用户”对话框中，先单击“高级”按钮，再单击“立即查找”按钮，在“搜索结果”选区中选择用户“Zhangsan”，单击“确定”按钮，如图 5.5.3 所示。

步骤 3：打开所选用户的“添加新配额项”对话框，设置 Zhangsan 用户对磁盘 E 的使用空间至少为 1GB，警告等级为 900MB，单击“确定”按钮，完成对 Zhangsan 用户磁盘配额的设置，如图 5.5.4 所示。

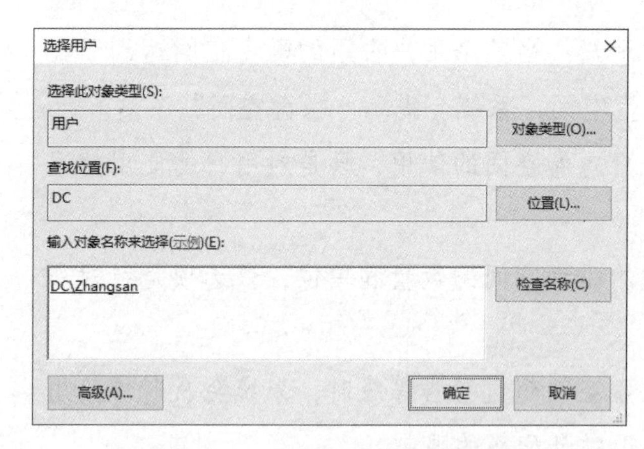

图 5.5.3 “选择用户”对话框

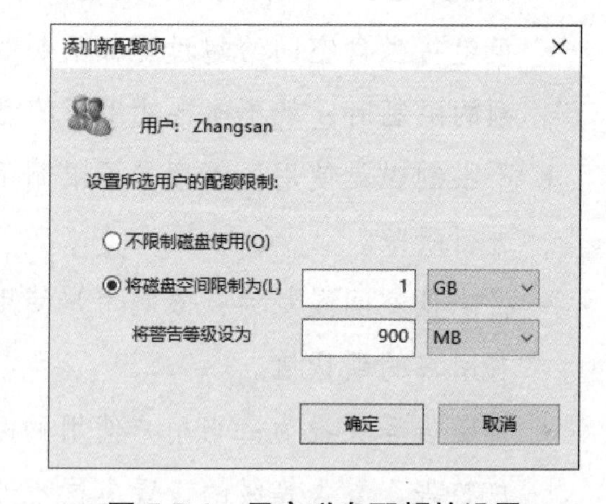

图 5.5.4 用户磁盘配额的设置

步骤 4：按照上面的步骤设置 Zhaoliu 用户对磁盘 E 的配额限制。

步骤 5：在完成 Zhangsan 用户和 Zhaoliu 用户磁盘配额的设置后，可以监控每个用户的磁盘空间使用情况，如图 5.5.5 所示。

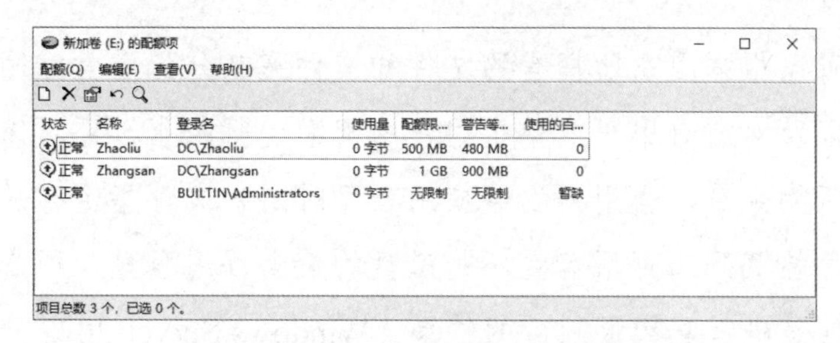

图 5.5.5　设置好的用户磁盘配额

3. 测试用户配额

使用 Zhangsan 账户登录系统，查看 E 盘可用空间大小，如图 5.5.6 所示。

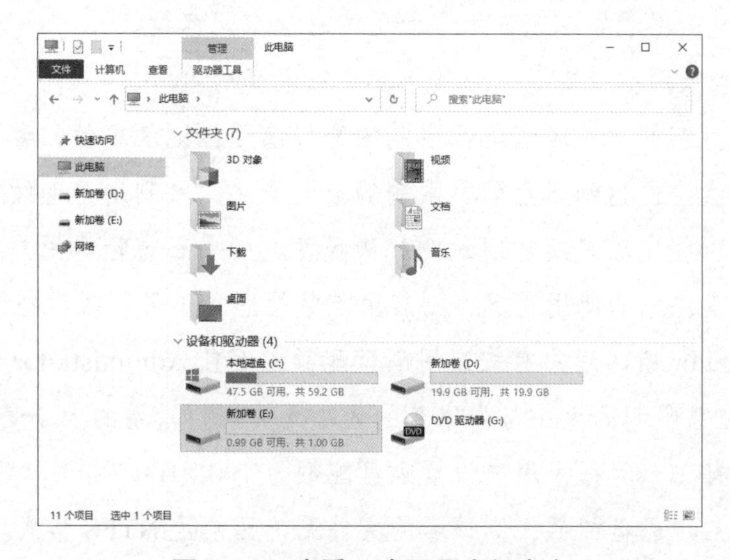

图 5.5.6　查看 E 盘可用空间大小

知识链接

认识磁盘配额

在计算机网络中，网络管理员有一项很重要的任务，就是为访问服务资源的用户设置磁盘配额，也就是限制他们一次性访问服务器资源的卷空间数量。磁盘配额是用户在计算机中指定磁盘的空间限制，即管理员对用户所能使用的磁盘空间进行配额限制，使每个用户只能使用最大配额范围内的磁盘空间。

磁盘配额是以文件所有权为基础的，并且不受卷中用户文件的文件夹位置的限制，如果用户在同一个卷的文件夹之间移动文件，则卷空间用量不变。磁盘配额只适用于卷，且不受卷的文件夹结构及物理磁盘布局的限制，如果卷有多个文件夹，则卷的配额将应用于该卷中的所有文件夹。如果单块磁盘有多个卷，并且配额是针对每个卷的，则卷的配额只适用于特定的卷。

磁盘配额功能可以根据用户所拥有的文件和文件夹来分配磁盘空间，也可以设置磁盘配额、配额上限，以及对所有用户或单个用户的配额进行阻止，还可以监视用户已经占用的磁盘空间及其配额剩余量。当用户安装应用程序时，将文件指定存放到启用配额限制的磁盘中时，应用程序检测到的可用容量不是磁盘的最大可用容量，而是用户还可以访问的最大磁盘空间，这就是磁盘配额限制后的结果。Windows Server 2022 服务器操作系统中的磁盘配额功能在每个磁盘驱动器上是独立的。也就是说，用户在一个磁盘驱动器上使用了多少磁盘空间，对另外一个磁盘驱动器上的配额限制并无影响。

在启用磁盘配额时，可以设置以下两个值。

- 磁盘配额限度：用于指定允许用户使用的磁盘空间容量。
- 磁盘配额警告级别：指定了用户接近其配额限度的值。

当用户使用磁盘空间达到磁盘配额限制的警告值后，记录事件，警告用户磁盘空间不足；当用户使用磁盘空间达到磁盘配额限制的最大值时，限制用户继续写入数据并记录事件。系统管理员可以指定用户所能超过的配额限度。如果不想拒绝用户对卷的访问，但想跟踪每个用户的磁盘空间的使用情况，则启用配额管理且不限制磁盘空间的使用。

只有 Administrator 组的用户有权启用磁盘配额，而且 Administrator 组的用户不受磁盘配额的限制。磁盘配额限制的大小与卷本身的大小无关。例如，卷的大小是 200MB，有 100 个用户要使用该卷，却可以为每个用户设置磁盘配额为 100MB。

如果想在卷上启用磁盘配额，则该卷的文件系统必须是 NTFS 格式。

任务拓展

在 Server1 虚拟机上实现对本地磁盘 C 的碎片整理和优化驱动器的功能。

练习题

一、选择题

1．在冗余磁盘阵列中，下列不具有容错技术的是（　　）。

A．RAID 0　　B．RAID 1

C．RAID 3　　D．RAID 5

2．要启用磁盘配额管理，Windows Server 2022 驱动器必须使用（　　）。

A．FAT 文件系统　　B．FAT32 文件系统

C．NTFS 文件系统　　D．所有文件系统都可以

3．镜像卷的磁盘空间利用率为（　　）。

A．100%　　B．75%　　C．50%　　D．80%

4．在 RAID-5 卷中，如果具有 4 个磁盘，则磁盘空间利用率为（　　）。

A．100%　　B．75%　　C．50%　　D．80%

5．一个基本磁盘最多有（　　）个主分区。

A．1　　B．2　　C．3　　D．4

6．一个基本磁盘最多有（　　）个扩展分区。

A．1　　B．2　　C．3　　D．4

7．在下列的动态磁盘类型中，运行速度最快的是（　　）。

A．简单卷　　B．带区卷　　C．镜像卷　　D．RAID-5 卷

8．在基本磁盘管理中，扩展分区不能用一个具体的驱动器盘符表示，必须在其中划分（　　）之后才能使用。

A．主分区　　B．卷　　C．格式化　　D．逻辑驱动器

二、实训题

1．某公司为文件服务器增加了 3 块 500GB 的磁盘，为了方便使用，创建 60GB 的简单卷，用来存放各部门的技术资料。后来发现简单卷存储空间不够，需要扩展到 200GB，但财务部的数据非常重要，如果磁盘出现故障，则需要数据能恢复。

（1）对新添加的磁盘进行联机和初始化。

（2）将新添加的基本磁盘转换为动态磁盘。

（3）在磁盘 1 上创建一个大小为 60GB 的简单卷。

（4）对简单卷进行扩展，使其容量增大到 200GB。

（5）利用 3 块磁盘剩余的空间创建 RAID-5 卷，用来存放财务部的资料。

2．某公司为监控服务器增加了 3 块 1TB 的磁盘，不仅要建立存储池，创建双向镜像虚拟磁盘，以便存储视频数据，还要能随着存储量的大小，增加磁盘空间。

（1）对新添加的磁盘进行联机和初始化，将新添加磁盘加入存储池。

（2）在存储池中创建精简双向镜像。

（3）创建卷，对其进行格式化并分配驱动器号。

部署与管理 Active Directory 域服务

知识目标

1. 理解域和活动目录的概念。
2. 理解域的结构。
3. 理解域组策略的概念。

能力目标

1. 能实现活动目录的安装与管理。
2. 能将计算机加入域或脱离域。
3. 能管理域组、域用户、组织单位和域组策略。

素质目标

1. 锻炼交流沟通的能力，提高合作精神，逐步养成清晰、有序的逻辑思维。
2. 在管理用户账户、设置安全策略的过程中逐步建立网络安全意识。
3. 增强信息系统安全和集中管理意识，能够利用 Active Directory 管理内部计算机资源。

本项目单词

Domain：域　Service：服务　Container：容器

Site：站点　AD：Active Directory，活动目录　Object：对象

Service：服务　DC：Domain Controller，域控制器　Enterprise：企业

AD DS：Active Directory Domain Services，活动目录域服务

OU：Organizational Unit，组织单位

项目需求

某公司是一家电子商务运营公司，该公司的网络管理员小王刚开始管理公司的 20 台计算机，用的是工作组管理模式，其网络配置很轻松，几乎不用管理，哪台计算机有问题，就去哪台计算机上解决，工作强度也不是很大。近年来公司发展快速，规模不断扩大，员工增加了几百人，在网络中计算机增加到 500 台。小王采用同样的管理方式，每天都很忙碌，从早到晚一直在解决网络中用户的计算机故障问题，经常晚上加班，但问题总是解决不了。这是因为传统的工作组管理模式采用分散管理的方式，只适合于小规模的网络管理，当网络中有上百台计算机时，就需要使用一种更加高效的网络管理方式。Windows Server 2022 服务器操作系统提供的域管理模式，不仅可以很好地实现集中管理计算机和用户账户，还可以解决其他网络资源的问题。

网络管理员可以通过域管理模式很方便地实现对内网的所有计算机、用户账户、共享资源、安全策略的集中管理，从而实现更加高效的网络管理。在 Windows Server 2022 服务器操作系统中安装了活动目录服务的服务器，也被称为域控制器。域是活动目录服务的逻辑管理单位。活动目录（Active Directory，AD）是 Windows Server 2022 服务器操作系统提供的一种目录服务，用于存储网络上各种对象的相关信息，以便系统管理员和用户对其进行查找与使用。

本项目主要介绍 Windows Server 2022 服务器操作系统中创建和配置域控制器，并将 Windows 计算机加入域，管理域用户、组和组织单位，以及管理域组策略。项目拓扑结构如图 6.0.1 所示。

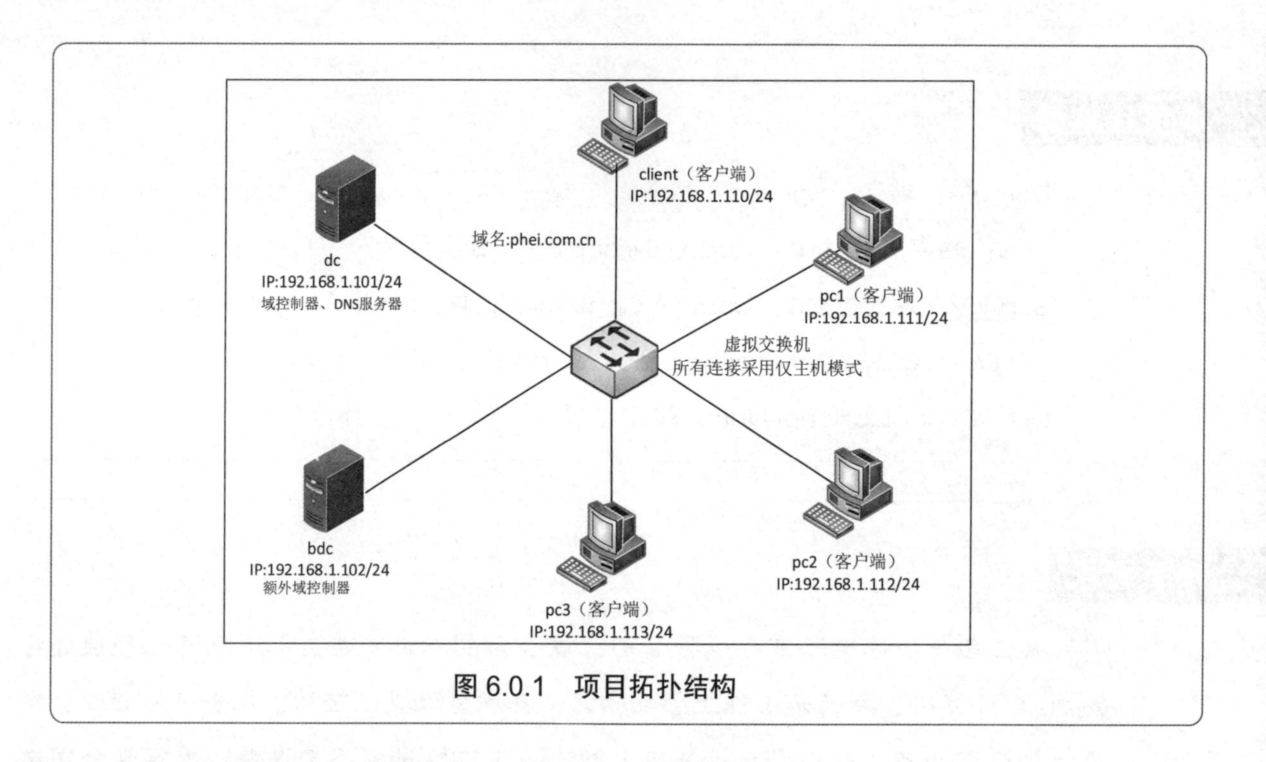

图 6.0.1　项目拓扑结构

任务 6.1 创建和配置域控制器

任务描述

某公司的网络管理员小王刚开始管理全公司的 20 台计算机，因为他使用的是工作组管理模式，所以网络配置得很轻松，但公司近年发展快速，计算机增加到 500 台，因此需要将旧的工作组管理模式升级成集中控制、资源共享、方便灵活的域管理模式。

任务要求

当网络中有上百台计算机时，公司将网络变成域管理模式，使所有的计算机加入域，由一台或数台域控制器集中管理域中的其他计算机。Windows Server 2022 服务器操作系统提供的域管理模式，可以很好地实现此需求。域控制器的基本要求如表 6.1.1 所示。

表 6.1.1　域控制器的基本要求

项　目	说　明	角　色
计算机名	dc	域控制器
域名	phei.com.cn	
IP 地址/子网掩码	192.168.1.101/24	
C 盘	NTFS 分区，有足够的磁盘空间	
管理模式	域管理模式	

续表

项　　目	说　　明	角　　色
计算机名	bdc	额外域控制器
IP 地址/子网掩码	192.168.1.102/24	
client	加入 phei.com.cn 域	客户端
pc1		
pc2		
pc3		

任务实施

1. 创建域控制器

当一台 Windows Server 2022 服务器满足成为域控制器的所有条件时，就可以安装并部署 Active Directory 控制器。这台域控制器将成为整个活动目录的核心控制设备，所有的权限分配、资源共享、身份验证等都由它完成。

1）准备阶段

步骤 1：将“计算机全名”设置为“dc”，如图 6.1.1 所示。在升级为域控制器后，计算机名会自动更改为 dc.phei.com.cn，其中 phei.com.cn 为域名。

步骤 2：修改计算机的 IP 地址和 DNS 服务器地址，如图 6.1.2 所示。如果网络中有独立的 DNS 服务器，则需要填写正确的 DNS 服务器 IP 地址。在当前环境中，由于没有专门的 DNS 服务器，而域控制器会自动安装 DNS 服务并成为域网络的 DNS 服务器，因此 DNS 服务器地址填写为本机 IP 地址。

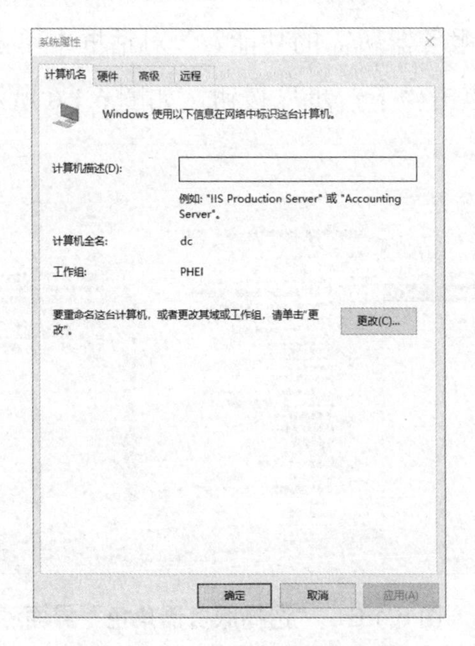

图 6.1.1　“系统属性”界面

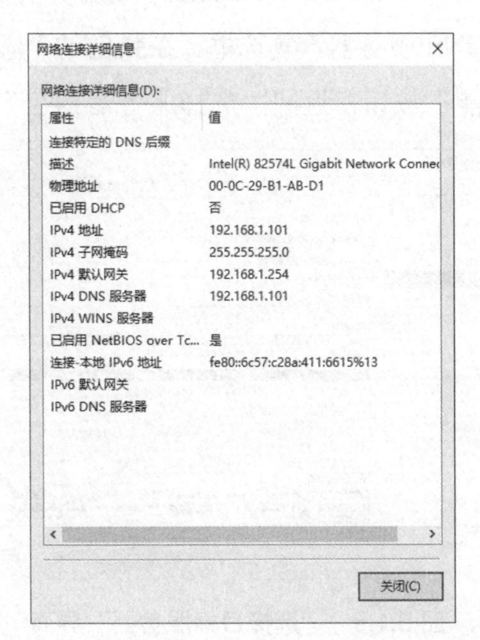

图 6.1.2　IP 地址和 DNS 服务器地址信息

2）安装 Active Directory 域服务与 DNS 服务器角色

步骤 1：在“服务器管理器”窗口中，依次选择“仪表板”→“快速启动”→“添加角色和功能”选项，打开“添加角色和功能向导”窗口。在“开始之前”界面中，单击“下一步”按钮，如图 6.1.3 所示。

步骤 2：在“选择安装类型”界面中，选中“基于角色或基于功能的安装”单选按钮，单击“下一步”按钮，如图 6.1.4 所示。

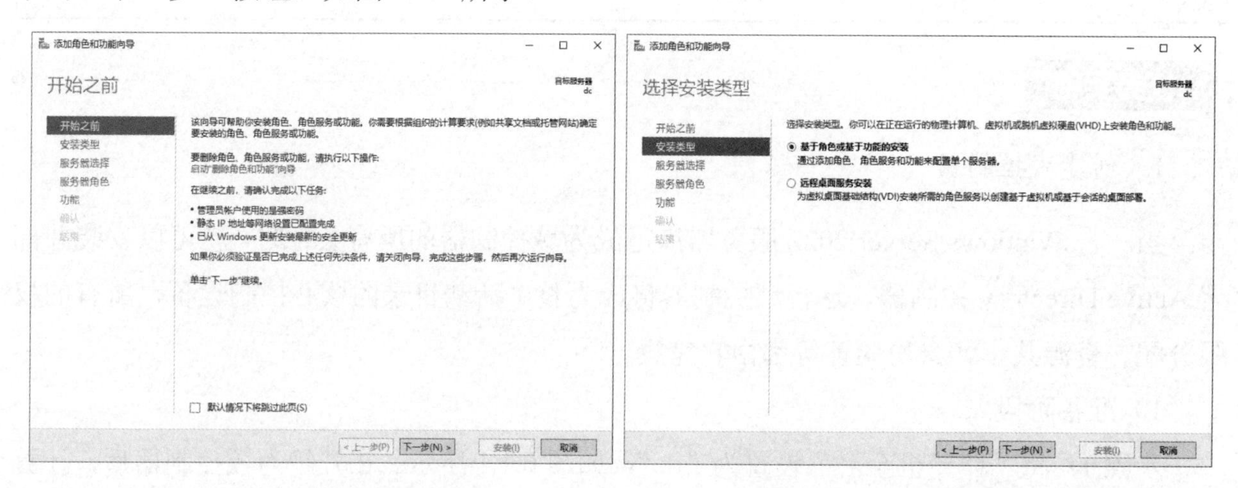

图 6.1.3　“开始之前”界面　　　　图 6.1.4　“选择安装类型”界面

步骤 3：在“选择目标服务器”界面中，选中“从服务器池中选择服务器”单选按钮，选择当前服务器，本任务为“dc”，单击“下一步”按钮，如图 6.1.5 所示。

步骤 4：在“选择服务器角色”界面中，勾选“Active Directory 域服务”复选框，在弹出的“添加 Active Directory 域服务所需的功能？”对话框中单击“添加功能”按钮。勾选“DNS 服务器”复选框，在弹出的“添加 DNS 服务器所需的功能？”对话框中单击“添加功能”按钮，返回“选择服务器角色”界面，单击“下一步”按钮，如图 6.1.6 所示。

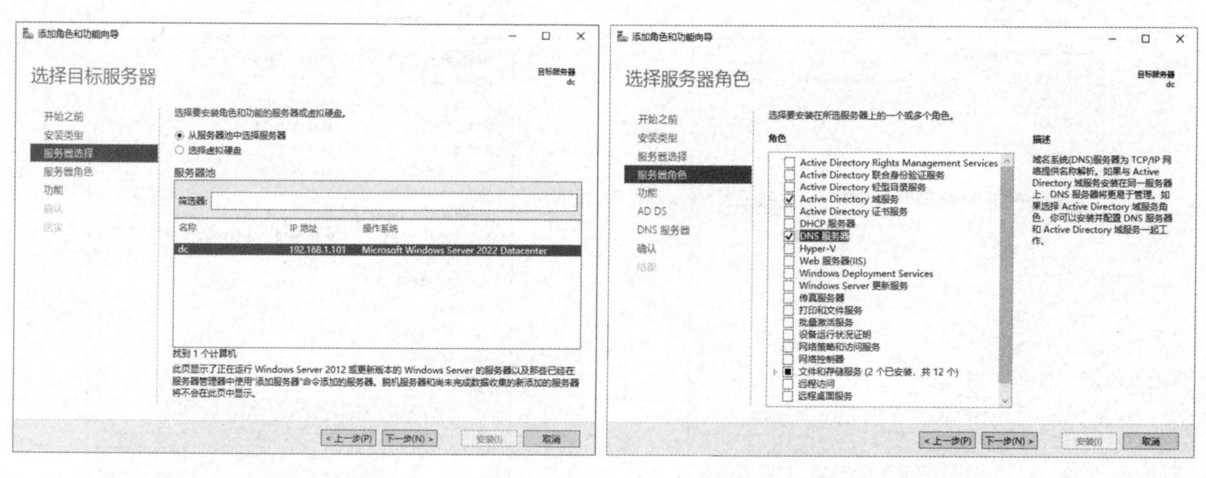

图 6.1.5　“选择目标服务器”界面　　　　图 6.1.6　“选择服务器角色”界面

步骤 5：在“选择功能”界面中，单击“下一步”按钮。

步骤 6：在“Active Directory 域服务”界面中，单击“下一步”按钮。

步骤 7：在“DNS 服务器”界面中，单击“下一步”按钮。

步骤 8：在“确认安装所选内容”界面中，单击“安装”按钮，如图 6.1.7 所示。

步骤 9：安装完成后，在“安装进度”界面中，单击“关闭”按钮，如图 6.1.8 所示。

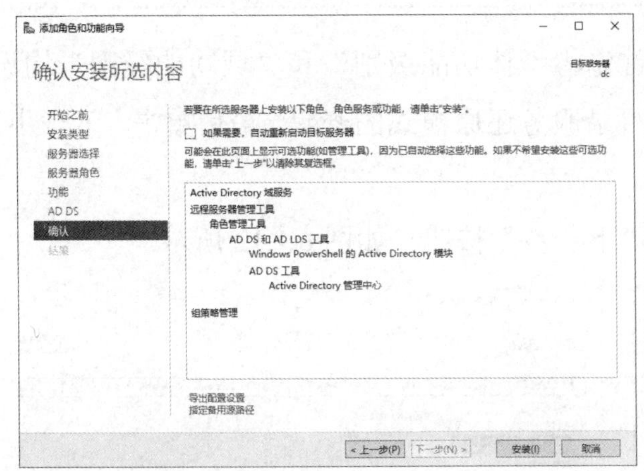

图 6.1.7 “确认安装所选内容”界面

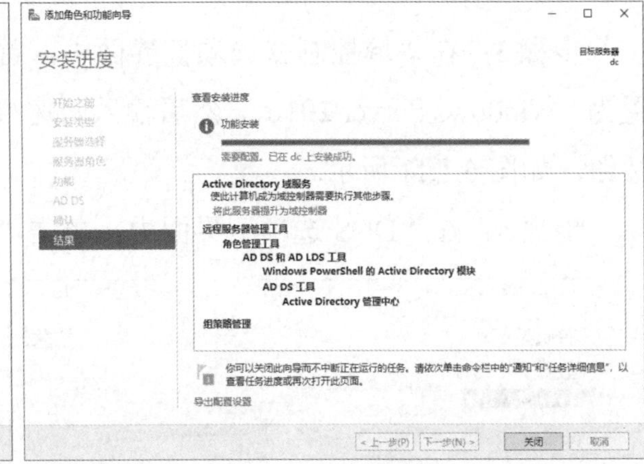

图 6.1.8 “安装进度”界面

3）提升为域控制器

步骤 1：在“服务器管理器”窗口中，单击通知区域的黄色感叹号图标，在弹出的对话框中单击“将此服务器提升为域控制器”文字链接，如图 6.1.9 所示。

步骤 2：在“Active Directory 域服务配置向导”窗口的“部署配置”界面中，选中“添加新林”单选按钮，在“根域名”文本框中输入林根域的名称，本任务输入“phei.com.cn”，单击“下一步”按钮，如图 6.1.10 所示。

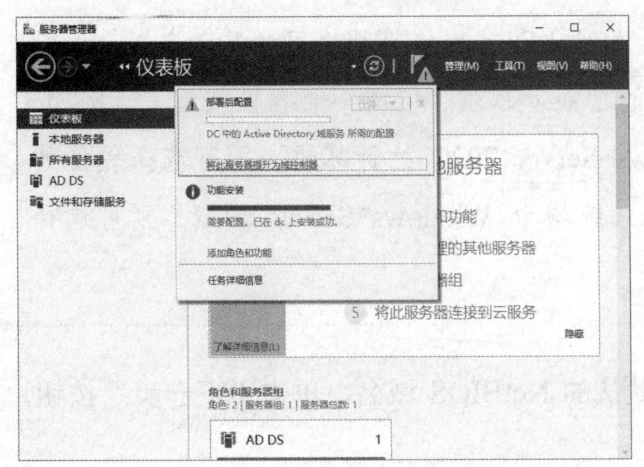

图 6.1.9 继续完成配置的提示信息

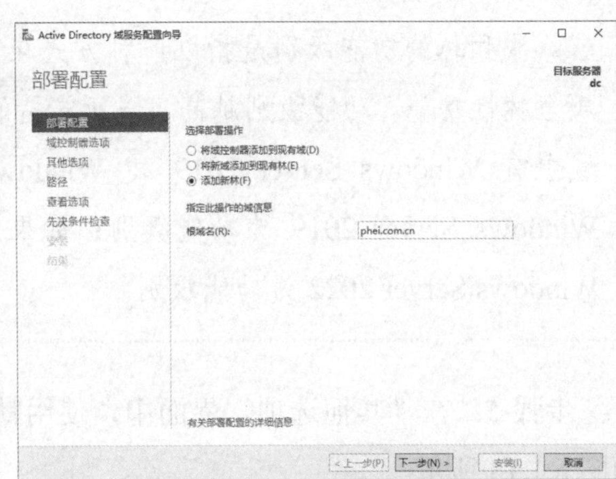

图 6.1.10 建立新林并输入林根域的名称

小贴士：

域控制器是安装 Active Directory 域服务的计算机，存储了用户账户、计算机位置等目录数据，负责管理用户对访问网络资源的各种权限，包括管理登录域、账号的身份验证，以及访问目录和共享资源等，一个 Active Directory 域中至少有一台域控制器。

步骤 3：在“域控制器选项”界面中，首先将“林功能级别”和“域功能级别”均设置为“Windows Server 2016”，然后输入两遍目录服务还原模式的密码，最后单击“下一步”按钮，如图 6.1.11 所示。

步骤 4：在“DNS 选项”界面中，单击“下一步”按钮，如图 6.1.12 所示。

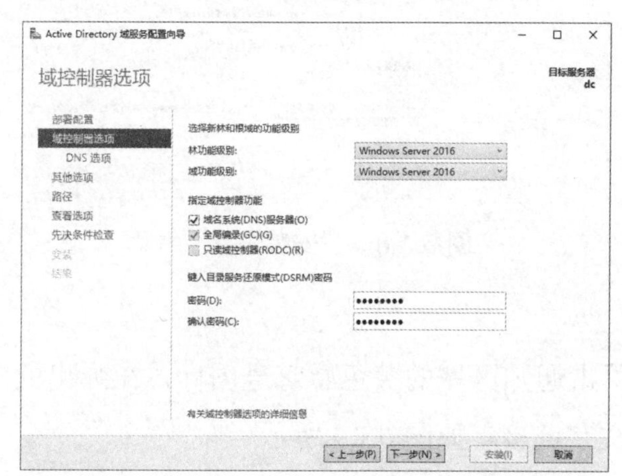

图 6.1.11　“域控制器选项”界面

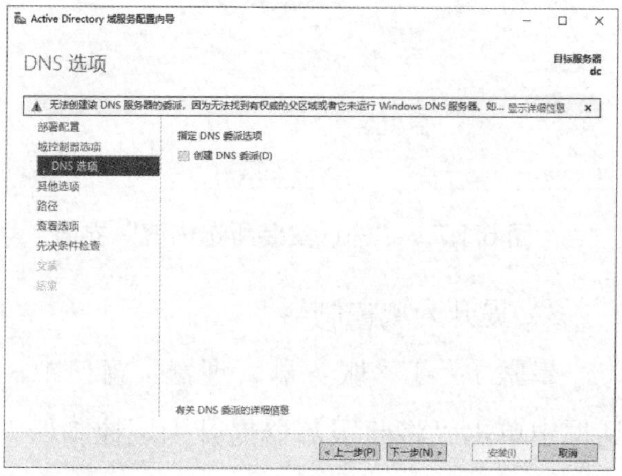

图 6.1.12　“DNS 选项”界面

小贴士：

域和林的功能级别是指以何种方式在 Active Directory 域服务环境中，启用全域性或全林性功能。功能级别越高，域所支持的功能就越强，但向下兼容性就越差。例如，域中有 Windows Server 2019 和 Windows Server 2022 的计算机，则可选择较低的 Windows Server 2019 为功能级别；如果系统均为 Windows Server 2022，则可选择 Windows Server 2022 为功能级别。

步骤 5：在“其他选项”界面中，使用默认的 NetBIOS 域名，单击“下一步”按钮，如图 6.1.13 所示。

步骤 6：在“路径”界面中，使用默认的存储路径，单击“下一步”按钮，如图 6.1.14 所示。

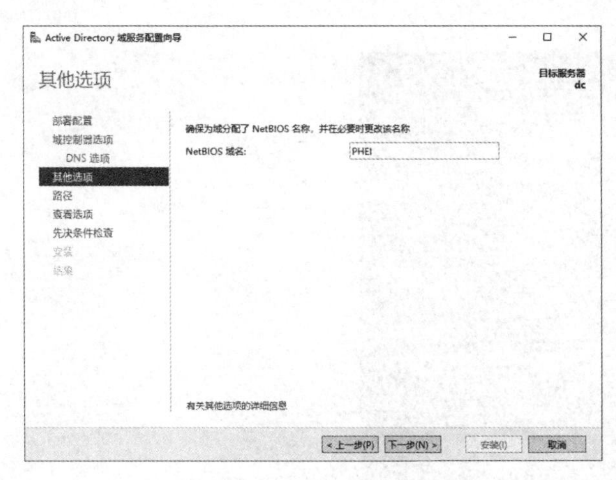

图 6.1.13　“其他选项”界面

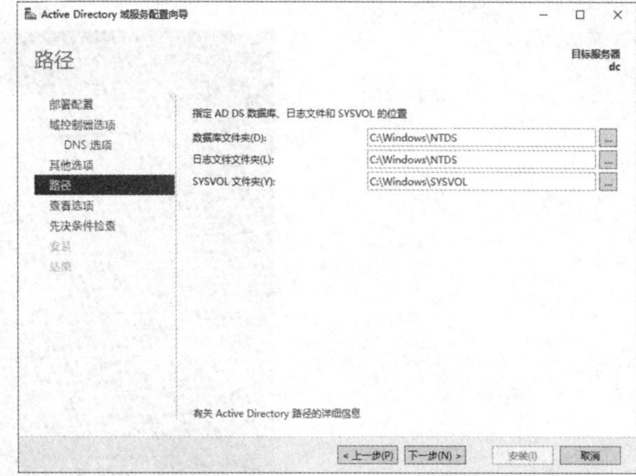

图 6.1.14　“路径”界面

步骤 7：在“查看选项”界面中，单击“下一步”按钮，如图 6.1.15 所示。

步骤 8：在“先决条件检查”界面中，“查看结果”选区的末尾处出现“所有先决条件检查都成功通过。请单击‘安装’开始安装。”的提示信息后，单击“安装”按钮，如图 6.1.16 所示。安装完成后，重新启动计算机。

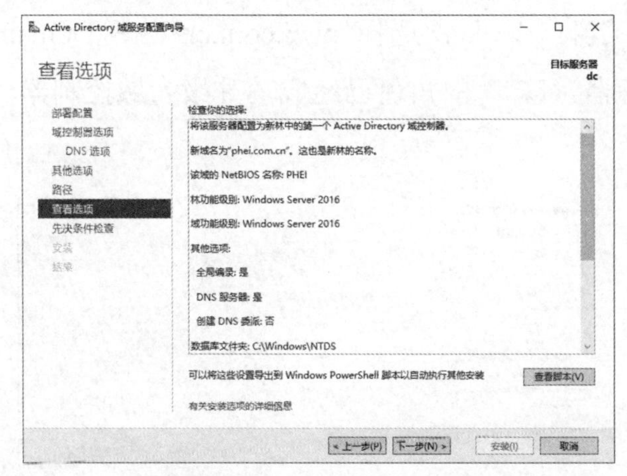

图 6.1.15　“查看选项”界面

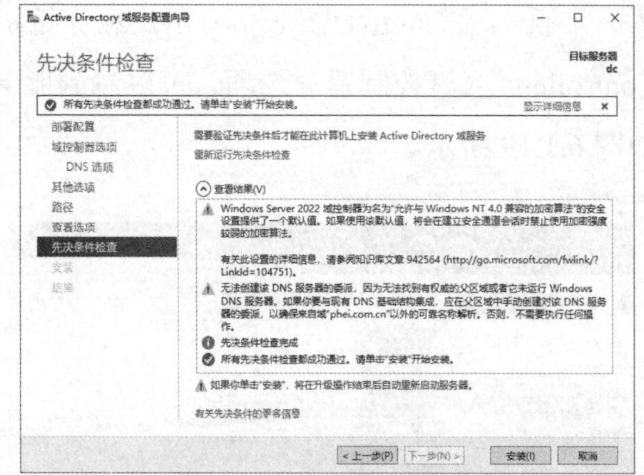

图 6.1.16　“先决条件检查”界面

4）登录域控制器

重启计算机后，按 Ctrl+Alt+ Delete 组合键登录系统，可以看到登录的用户为域管理员，登录的用户名格式为“PHEI\Administrator”，如图 6.1.17 所示。

小贴士：

登录域控制器的域用户格式为“域 NetBIOS 名\用户名”，如“ABC\ Administrator”。在域成员计算机上登录时，除了采用这种方式，还可以采用“用户名@域名”的方式，如“administrator@abc.cn”。

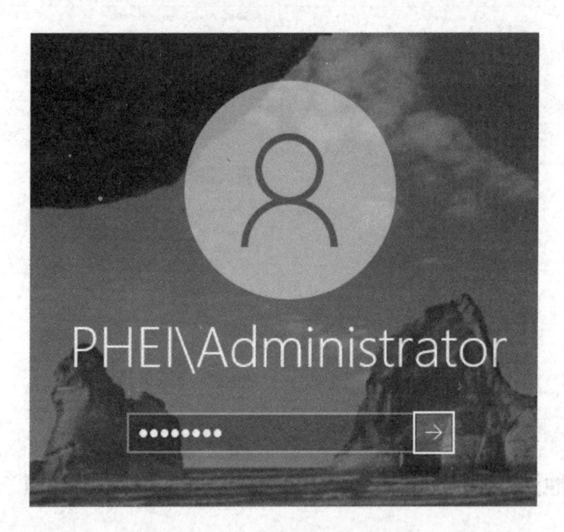

图 6.1.17 登录域控制器

5）查看域控制器

步骤 1：在“服务器管理器”窗口中，选择“工具”→“Active Directory 用户和计算机”命令，如图 6.1.18 所示。

步骤 2：在“Active Directory 用户和计算机”窗口中，依次选择“phei.com.cn”→“Domain Controllers”（域控制器）选项，可以看到服务器“DC”的角色已经成功升级为域控制器，如图 6.1.19 所示。

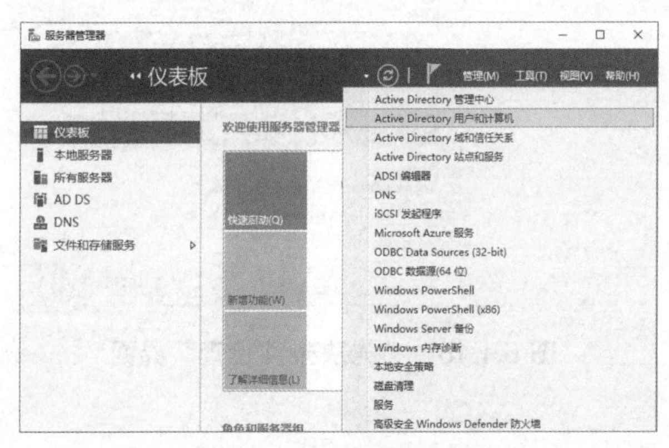

图 6.1.18 “服务器管理器”窗口

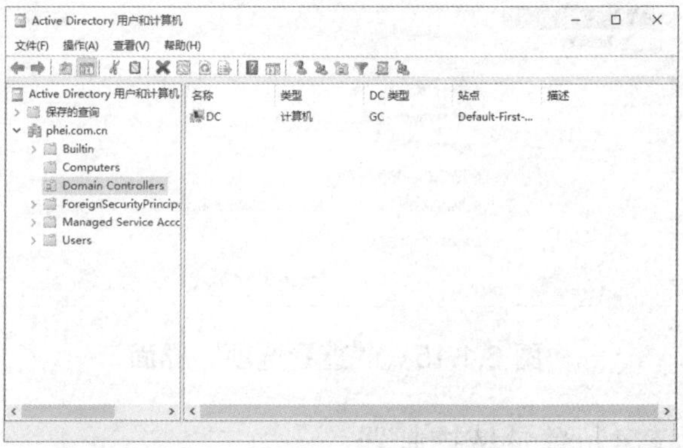

图 6.1.19 查看域控制器

2. 添加额外的域控制器

在一个安装了 Windows Server 2022 服务器操作系统的组成域中，可以有多个地位平等的域控制器，并且都有所属域的活动目录的副本。多个域控制器不仅可以分担用户登录时的验证任务，还能防止因单一域控制器的失败而导致网络瘫痪的问题。当在域中的某一个域控制器上添加用户时，域控制器会把活动目录的变化复制到域中其他的域控制器上。在域中安装额外的域控制器，需要把活动目录从原有的域控制器复制到新的服务器上。下面以 bdc 服务器为例来说明添加额外域控制器的过程。

1）准备阶段

步骤 1：将计算机全名设置为 bdc，在升级为额外域控制器后，计算机名会自动更改为 bdc.phei.com.cn，其中 phei.com.cn 为域名。

步骤 2：将计算机的 IP 地址修改为 192.168.1.102/24，并将 DNS 服务器地址指向 192.168.1.101。

2）安装 Active Directory 域服务

步骤 1：在“服务器管理器”窗口中，依次选择“仪表板”→“快速启动”→“添加角色和功能”选项，打开“添加角色和功能向导”窗口。在“开始之前”界面中，单击“下一步”按钮。

步骤 2：在“选择安装类型”界面中，选中“基于角色或基于功能的安装”单选按钮，单击“下一步”按钮。

步骤 3：在“选择目标服务器”界面中，选中“从服务器池中选择服务器” 单选按钮，选择当前服务器，本例为“bdc”，单击“下一步”按钮。

步骤 4：在“选择服务器角色”界面中，勾选“Active Directory 域服务”复选框，在弹出的“添加 Active Directory 域服务所需的功能？”对话框中单击“添加功能”按钮。返回“选择服务器角色”界面，单击“下一步”按钮。

步骤 5：在“选择功能”界面中，单击“下一步”按钮。

步骤 6：在“Active Directory 域服务”界面中，单击“下一步”按钮。

步骤 7：在“DNS 服务器”界面中，单击“下一步”按钮。

步骤 8：在“确认安装所选内容”界面中，单击“安装”按钮。

步骤 9：安装完成后，在“安装进度”界面中，单击“将此服务器提升为域控制器”文字链接，如图 6.1.20 所示。

步骤 10：在“Active Directory 域服务配置向导”窗口的“部署配置”界面中，选中“将域控制器添加到现有域”单选按钮，将“域”设置为“phei.com.cn”，如图 6.1.21 所示。单击“更改”按钮，弹出“Windows 安全中心”对话框，输入有权限添加域控制器的账户（phei\administrator）与密码，单击“确定”按钮，如图 6.1.22 所示。关闭“Windows 安全中心”对话框，返回“部署配置”界面，单击“下一步”按钮，如图 6.1.23 所示。

步骤 11：在“域控制器选项”界面中，采用默认设置，输入两遍目录服务还原模式的密码，如图 6.1.24 所示，单击“下一步”按钮。

步骤 12：在“DNS 选项”界面中，单击“下一步”按钮，如图 6.1.25 所示。

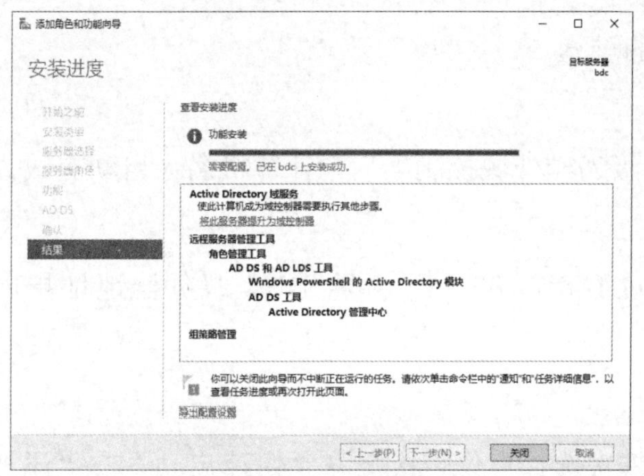

图 6.1.20 “安装进度”界面

图 6.1.21 指定域

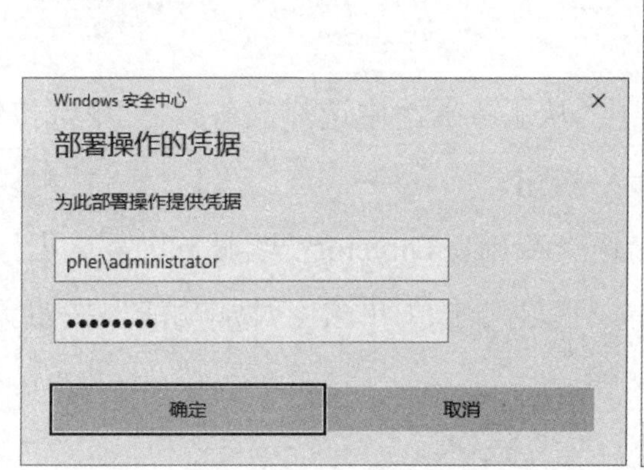

图 6.1.22 输入凭据

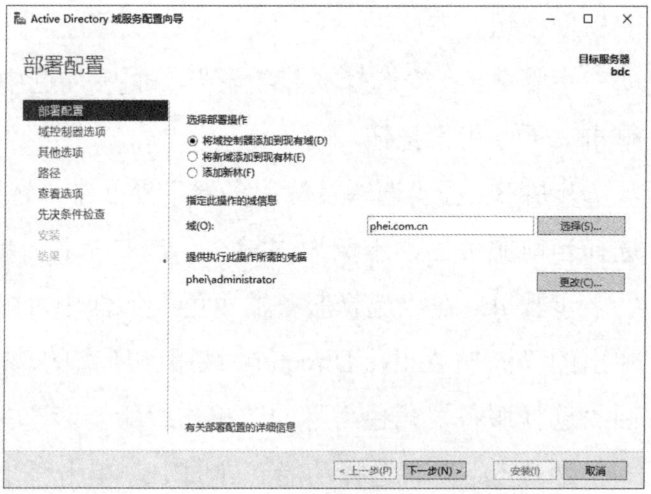

图 6.1.23 添加到现有域

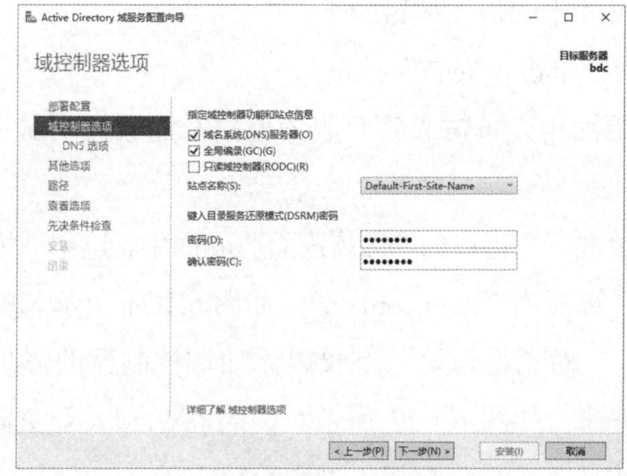

图 6.1.24 输入目录服务还原模式的密码

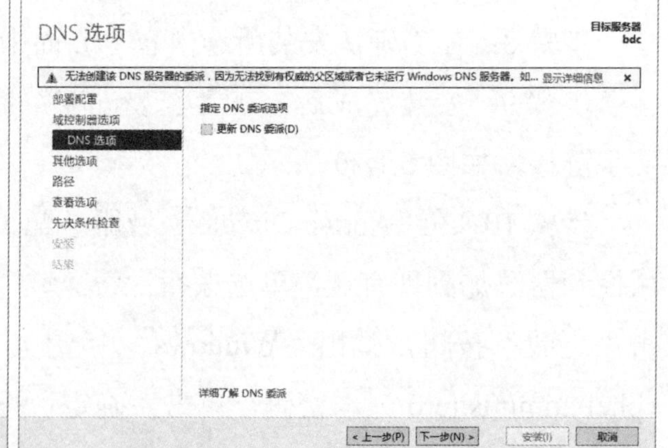

图 6.1.25 “DNS 选项”界面

步骤 13：在“其他选项”界面中，将“复制自”设置为“dc.phei.com.cn”，单击“下一步”按钮，如图 6.1.26 所示。

步骤 14：随后的步骤和创建域林中域控制器的步骤一样，这里不再详述。最后，单击“确定”按钮，安装向导从原有的域控制器上开始复制活动目录。安装完成后，重新启动计算机。

3）查看域控制器

步骤 1：在“服务器管理器”窗口中，选择“工具”→“Active Directory 用户和计算机”命令。

步骤 2：在“Active Directory 用户和计算机”窗口中，依次展开“phei.com.cn”→“Domain Controllers”（域控制器）选项，可以看到服务器“BDC”的角色已经成功升级为域控制器，如图 6.1.27 所示。

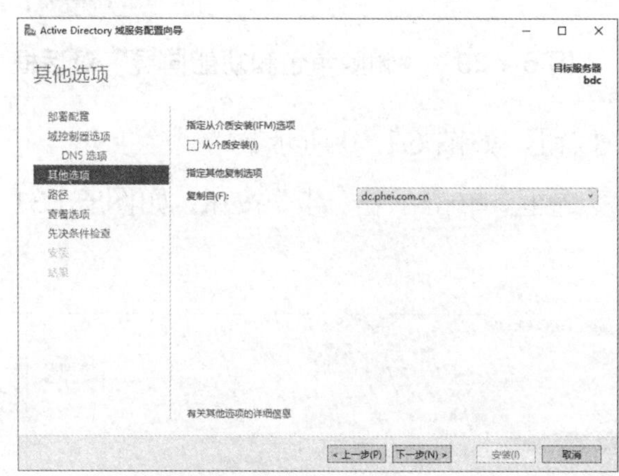

图 6.1.26 “其他选项”界面

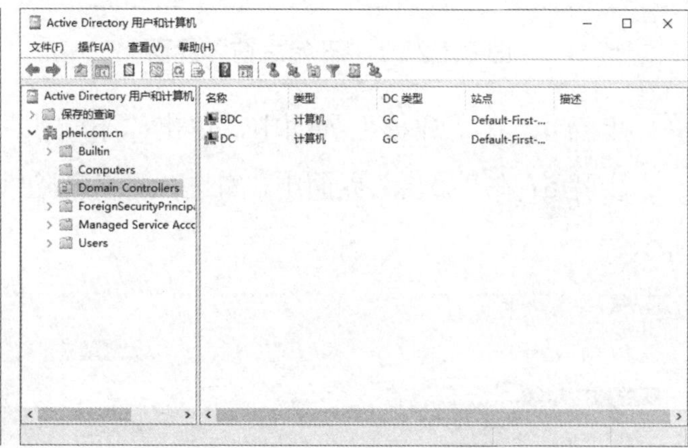

图 6.1.27 查看域控制器

3. 域控制器降级

1）域控制器降级为成员服务器

在域控制器上把活动目录删除，域控制器就降级为成员服务器了。下面以 bdc.phei.com.cn 降级为例，介绍其实现过程。

步骤 1：在“服务器管理器”窗口中，依次选择“管理”→“删除角色和功能”命令，打开“删除角色和功能向导”窗口。在“开始之前”界面中，单击“下一步”按钮，如图 6.1.28 所示。

步骤 2：在“选择目标服务器”界面中，选中“从服务器池中选择服务器”单选按钮，并选择当前服务器，本例为“bdc.phei.com.cn”，单击“下一步”按钮。

步骤 3：在“删除服务器角色”界面中，勾选要删除角色的“Active Directory 域服务”复选框，在弹出的“删除 Active Directory 域服务所需的功能？”对话框中单击“删除功能”按钮。在弹出的“删除角色和功能向导”对话框中，单击“将此域控制器降级”文字链接，如图 6.1.29 所示。

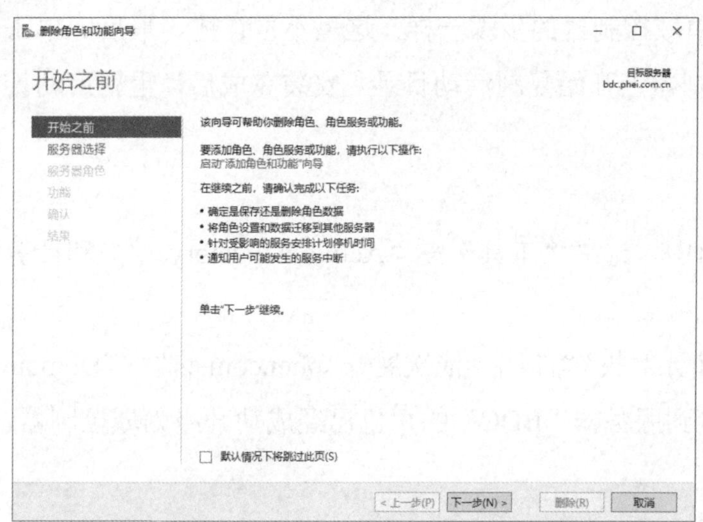

图 6.1.28 “开始之前”界面

图 6.1.29 “删除角色和功能向导”对话框

步骤 4：在“凭据”界面中，单击“下一步”按钮，如图 6.1.30 所示。

步骤 5：在“警告”界面中，勾选“继续删除”复选框，单击“下一步”按钮，如图 6.1.31 所示。

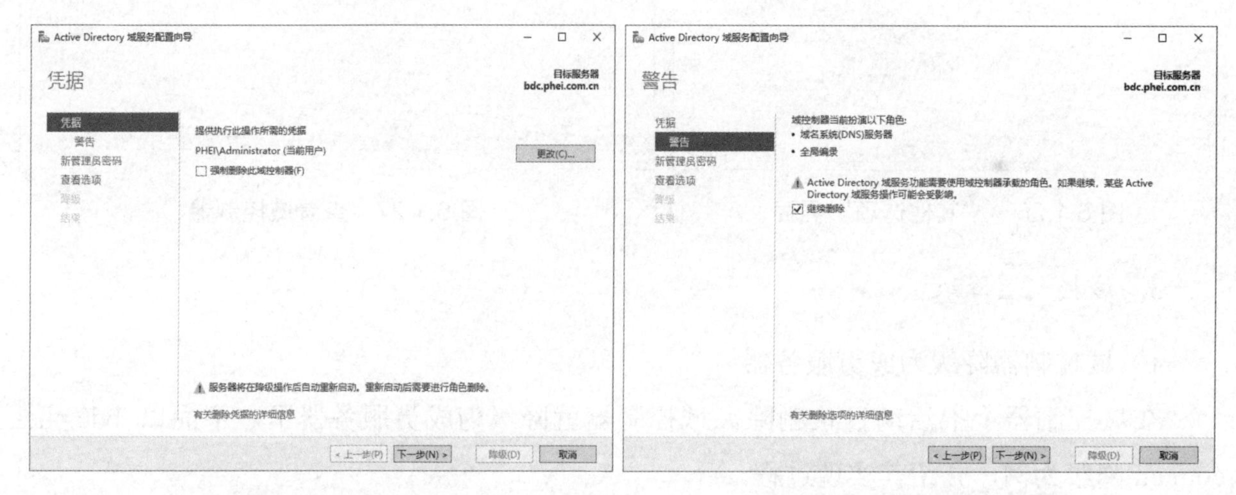

图 6.1.30 “凭据”界面　　　图 6.1.31 “警告”界面

步骤 6：在“新管理员密码”界面中，输入两遍目录服务还原模式的密码，单击“下一步”按钮，如图 6.1.32 所示。

步骤 7：在“查看选项”界面中，单击“降级”按钮，使域控制器开始降级，如图 6.1.33 所示。

步骤 8：在降级过程中，安装向导从该计算机中删除活动目录，结果显示“已成功将 Active Directory 域控制器降级”，如图 6.1.34 所示。重新启动计算机，这样就把域控制器降为成员服务器。

图 6.1.32 “新管理员密码”界面　　图 6.1.33 “查看选项”界面

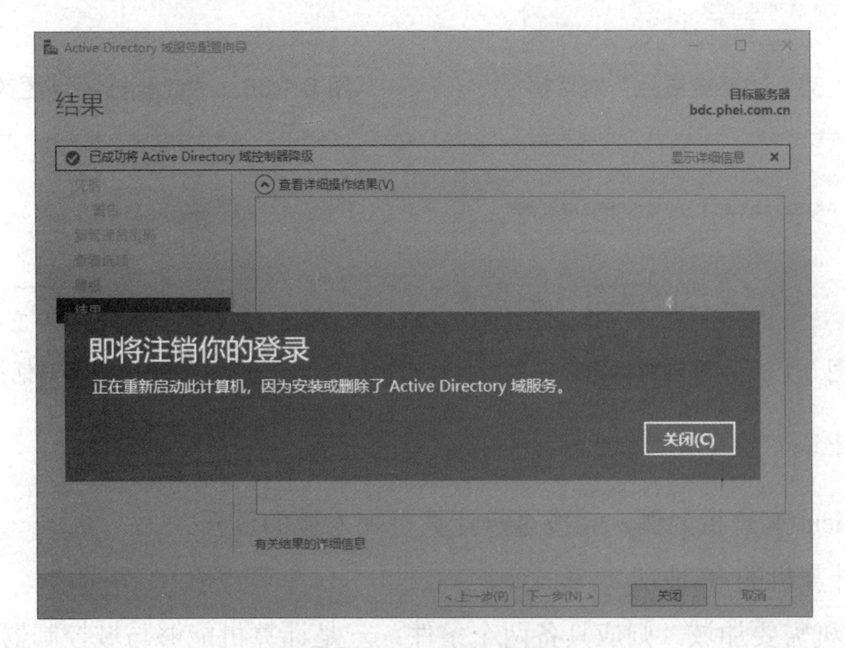

图 6.1.34 降级结果

2）成员服务器降级为独立服务器

步骤 1：在“服务器管理器”窗口中，依次选择“本地服务器”→“计算机名”选项，弹出“系统属性”对话框，如图 6.1.35 所示。

步骤 2：在“系统属性”对话框中，单击“更改”按钮，弹出“计算机名/域更改”对话框，在“隶属于”选区的“工作组”文本框中，输入从域中脱离后要加入的工作组的名称，单击“确定”按钮，如图 6.1.36 所示。

步骤 3：在警告对话框中，系统会提示“离开域后，你需要知道本地管理员账户的密码才能登录到计算机。单击‘确定’继续。”信息，单击“确定”按钮，如图 6.1.37 所示。

步骤 4：在提示对话框中，系统会弹出“欢迎加入 PHEI 工作组。”信息，单击“确定”按钮，重新启动计算机即可，如图 6.1.38 所示。

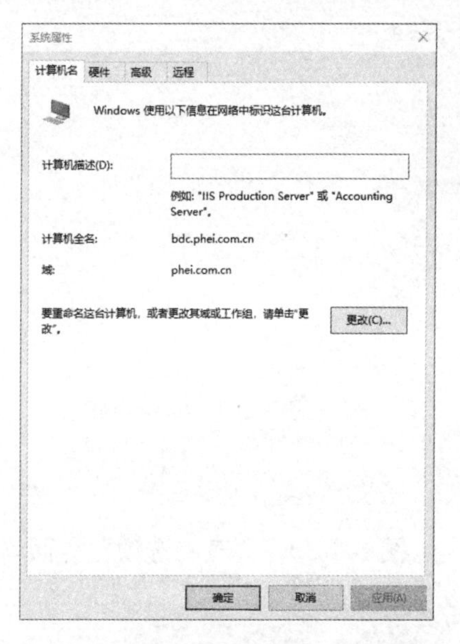

图 6.1.35 “系统属性”对话框

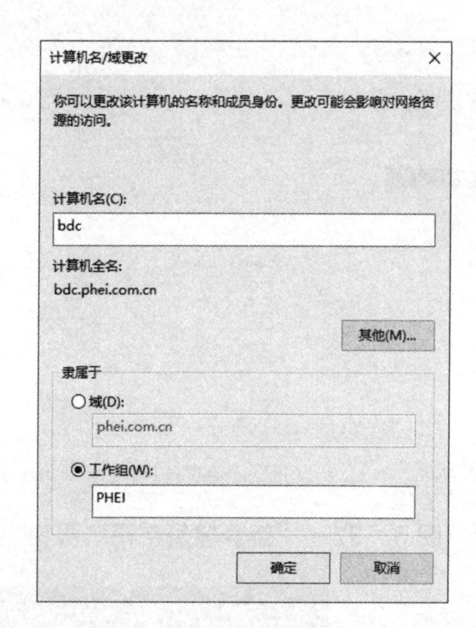

图 6.1.36 “计算机名/域更改”对话框

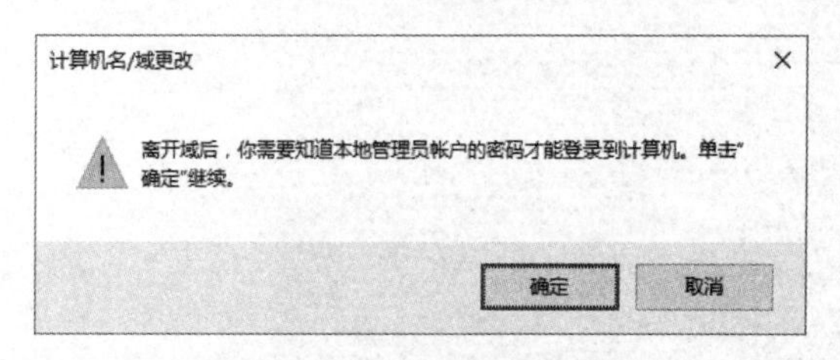

图 6.1.37 警告对话框

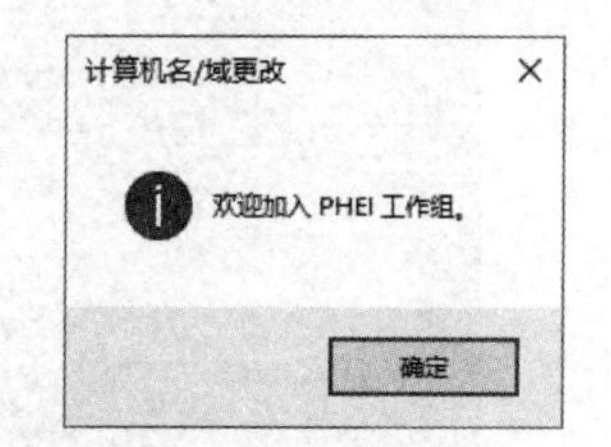

图 6.1.38 提示对话框

4. 客户计算机加入域

这里以 client 客户机为例，完成客户计算机加入域的过程。

1）设置计算机的 IP 地址

如果计算机需要加域，则应具备两个条件：一是计算机能够与域控制器进行通信，且将首选 DNS 服务器的 IP 地址指向域控制器；二是需要一个能够登录 Active Directory 的域账户，首次加域时可以使用域管理员账户完成，后续可以通过域管理员为公司员工建立普通身份的域账户。

设置成员计算机的 IP 地址，将首选 DNS 服务器指向域控制器的 IP 地址，如图 6.1.39 所示。

小贴士：

在一个 Active Directory 域中，如果具有两个域控制器，则可以将首选 DNS 服务器的 IP 地址指向主域控制器（PDC），将备用 DNS 服务器的 IP 地址指向辅域控制器（bdc），从而确保主域控制在停机维护的情况下，由辅域控制器处理成员计算机加域和登录的请求。

2）将计算机加入域

步骤 1：在桌面上右击“此电脑”图标，在弹出的快捷菜单中选择“属性”命令，打开“系统”窗口，如图 6.1.40 所示。

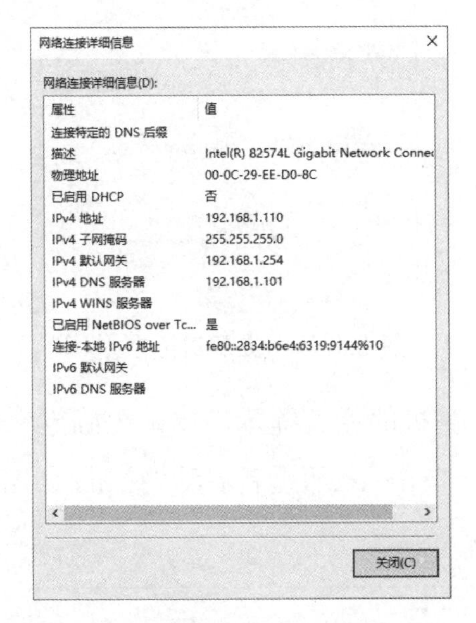

图 6.1.39 设置成员计算机的 IP 地址

图 6.1.40 “系统”窗口

步骤 2：在“系统”窗口的“计算机名、域和工作组设置”选区中，单击“更改设置”文字链接，弹出“系统属性”对话框，并单击“更改”按钮，如图 6.1.41 所示。

步骤 3：在“计算机名/域更改”对话框中，将“计算机名”修改为“client”，在“隶属于”选区中选中“域”单选按钮，并在其文本框中输入要加入域的名称“phei.com.cn”，单击“确定”按钮，如图 6.1.42 所示。

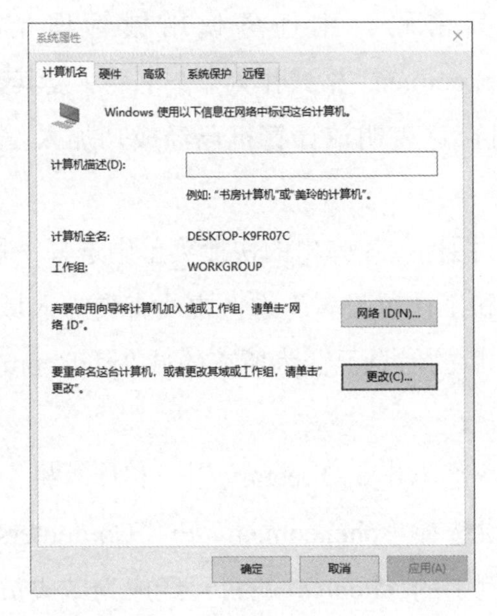

图 6.1.41 “系统属性”对话框

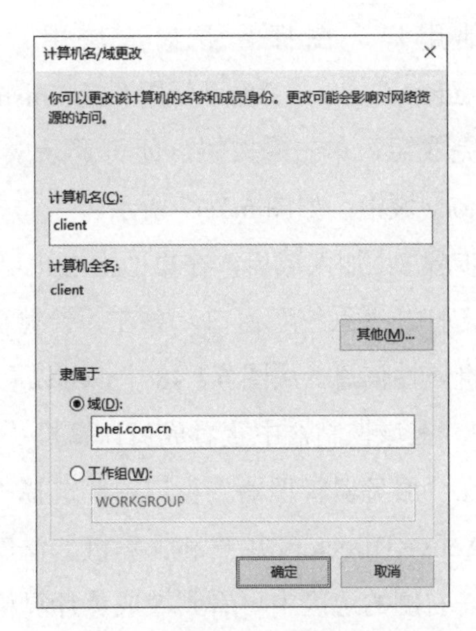

图 6.1.42 “计算机名/域更改”对话框

步骤 4：在弹出的“Windows 安全中心”对话框中，输入具有加域权限的账户“administrator”及其密码，单击“确定”按钮，如图 6.1.43 所示。

步骤 5：在弹出的提示对话框中，单击“确定”按钮，如图 6.1.44 所示。

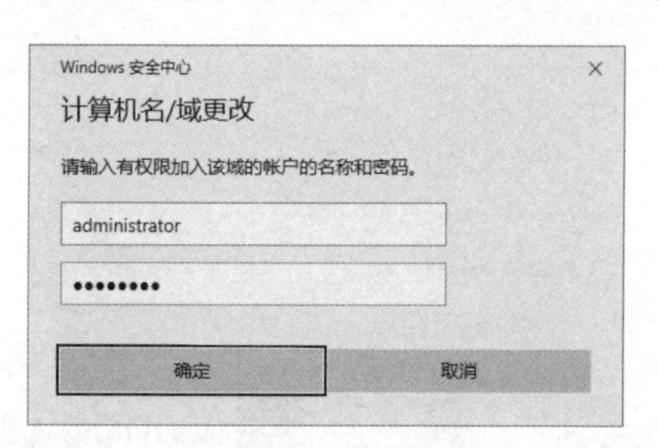

图 6.1.43 “Windows 安全中心”对话框

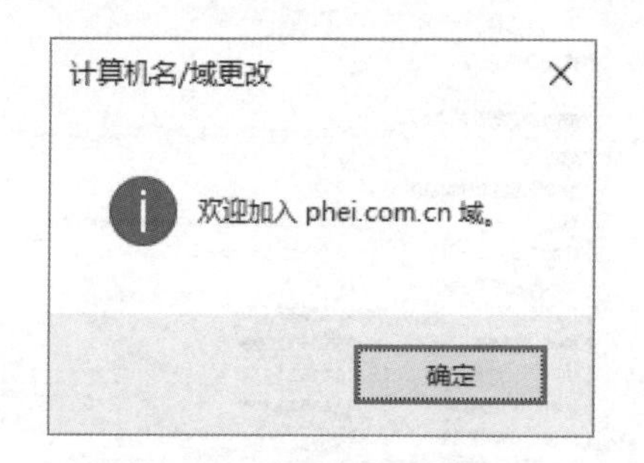

图 6.1.44 提示对话框（1）

步骤 6：在提示对话框中可以看到重新启动计算机的相关提示，单击“确定”按钮，如图 6.1.45 所示。在“Microsoft Windows”对话框中，单击“立即重新启动”按钮，如图 6.1.46 所示。

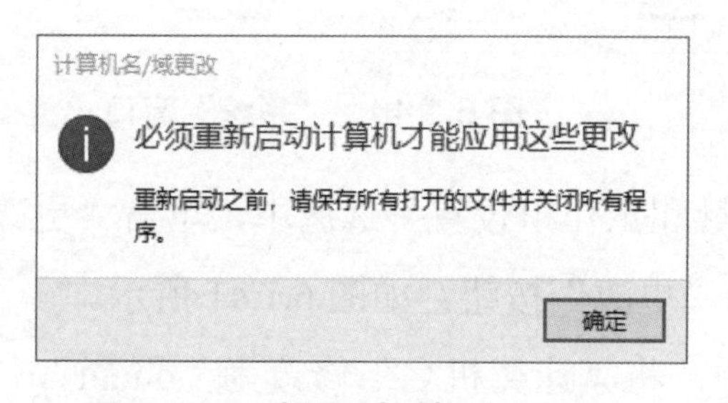

图 6.1.45 提示对话框（2）

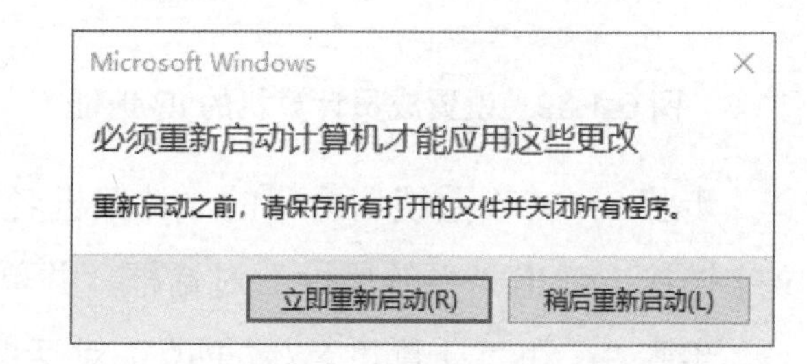

图 6.1.46 “Microsoft Windows”对话框

步骤 7：重新启动计算机后，按 Ctrl+Alt+Delete 组合键登录系统，出现登录用户后单击“其他用户”图标，并输入域用户账户及其密码。本任务使用域管理员账户“phei\administrator”（也可使用“administrator@phei.com.cn”格式作为账户名称）及其密码，输入完成后，单击➡按钮，即可登录成员计算机，这表明该计算机已经成功加入 Active Directory 域中，如图 6.1.47 所示。

步骤 8：加入域后，在桌面上右击“此电脑”图标，在弹出的快捷菜单中选择“属性”命令，打开“系统”窗口，并在“计算机名、域和工作组设置”选区中，查看加入域后的计算机属性信息。从图 6.1.48 中，可以看到“域”后的信息已变为所在的域“phei.com.cn”。

3）在域控制器中查看成员计算机

在“服务器管理器”窗口中，选择“工具”→“Active Directory 用户和计算机”命令在“Active Directory 用户和计算机”窗口中，依次选择“phei.com.cn”→“Computers”选项，在右侧的选区中可看到域成员计算机，即本例中的 client 计算机已经成为域成员，如图 6.1.49 所示。

图 6.1.47 使用域管理员账户登录成员计算机

图 6.1.48 加入域后的计算机属性信息

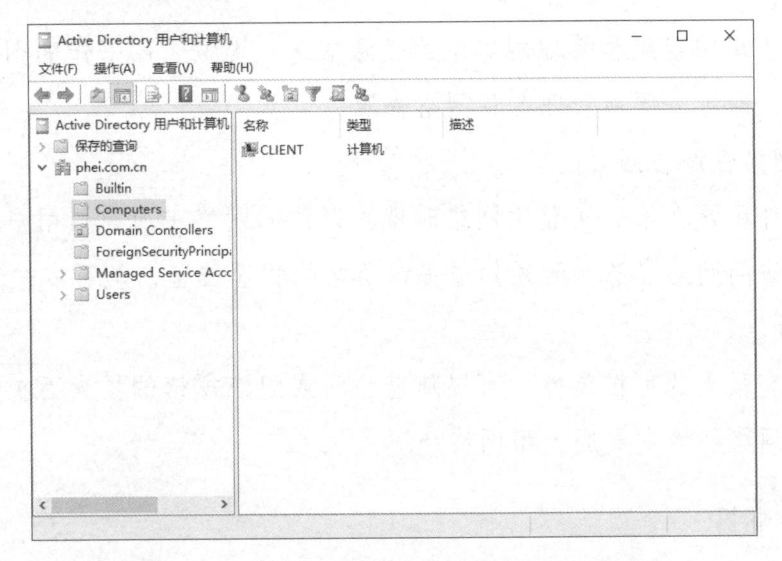

图 6.1.49 在域控制器中查看域成员计算机

小贴士：

在域控制器版本较低的 Active Directory 环境中，一般需要将域控制器迁移到系统版本较高的服务器中。若因某些情况无法迁移，也可在域控制器中对域架构进行升级。以域控制器系统是 Windows Server 2016、成员是 Windows Server 2022 为例，若因某些情况无法迁移，则需要在 Windows Server 2016 域控制器中使用 Windows Server 2022 安装盘中的 adprep 组件来升级林、域的架构。

知识链接

1. 活动目录

目录在日常生活中经常用到，能够帮助人们很容易且迅速地搜索到所需要的数据，如手机通讯录中存储的电话目录，计算机文件系统内记录文件名、大小、日期等数据的文件目录。活动目录域服务（Active Directory Domain Services，以下简称 AD DS）是一种服务，这里所说的目录不是一个普通的文件目录，而是一个目录数据库，存储着整个 Windows 网络内的用户账户、组、打印机和共享文件夹等对象的相关信息。目录数据库可以集中存储整个 Windows 网络的配置信息，从而使管理员可以集中处理网络，提高管理效率。

目录数据库所存储的信息都是经过事先整理的有组织、结构化的数据信息，使用户可以非常方便、快速地找到所需数据，也可以非常方便地对活动目录中的数据进行添加、删除、修改、查询等操作。活动目录具有以下特点。

1）集中管理

活动目录用于集中组织和管理网络中的资源信息，类似于图书馆的图书目录。用户只需通过活动目录，即可方便地管理各种网络资源。

2）便捷的网络资源访问

活动目录允许用户在第一次登录网络时就可以访问网络中所有该用户有权限访问的资源，而且用户在访问网络资源时无须知道资源所在的物理位置，就可以快速找到资源。

3）可扩展性

活动目录具有强大的可扩展性，可以随着公司或组织规模的扩大而扩展，从一个网络对象较少的小型网络环境发展成大型网络环境。

2. 域和域控制器

域是活动目录的一种实现形式，也是活动目录最核心的管理单位。在域中可以将一组计算机作为一个管理单位，使域管理员可以实现对整个域的管理和控制。例如，域管理员可以为用户创建域用户账户，使其能登录域并访问域资源，也可以控制用户在什么时间、什么地点登录，以及能否登录、登录后能够执行哪些操作等。

一个域由域控制器和成员计算机组成，域网络结构如图 6.1.50 所示。DC（Domain Controller，域控制器）就是安装了活动目录服务的一台计算机。活动目录的数据都保存在域控制器中，即活动目录数据库中。一个域可以有多台域控制器，每台域控制器都存储着一份完全相同的活动目录，并且会根据数据的变化同步更新。例如，当在任意一台域控制器中添加一个用户后，这个用户的相关数据就会被复制到其他域控制器的活动目录中，并保持数据同步；当用户登录时，则由其中一台域控制器验证用户的身份。

管理员可以通过修改活动目录数据库的配置来实现对整个域的管理和控制，而域中的客户机要访问域的资源，则必须先加入域，再通过管理员为其创建的域用户账户登录域，同时必须接受管理员的控制和管理。

3. 活动目录和 DNS

在 TCP/IP 网络中，DNS 是用来解决域名和 IP 地址的映射关系的。Windows Server 2022 的活动目录和 DNS 是紧密不可分的，可以使用 DNS 服务器来登记域控制器的 IP 地址、各种资源的定位等，因此在一个域林中至少要有一个 DNS 服务器存在。Windows Server 2022 中域的命名采用的是 DNS 的格式。

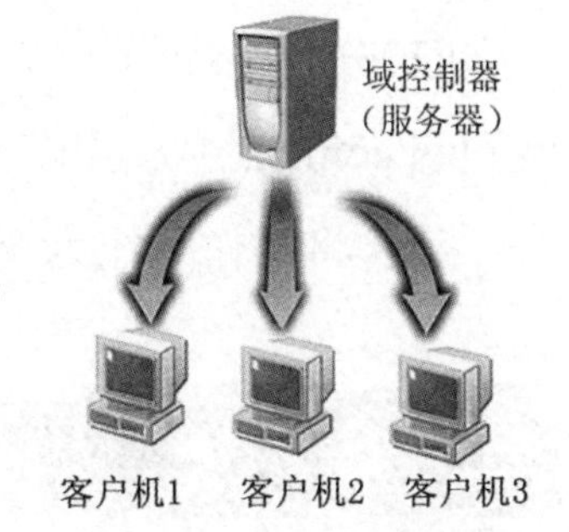

图 6.1.50 域网络结构

4. 域控制器、成员服务器与独立服务器

1）域控制器

域控制器是运行活动目录的 Windows Server 2022 服务器。在域控制器上，活动目录存储了所有的域范围内的账户和策略信息，如系统的安全策略、用户身份验证数据和目录搜索等。正是因为有活动目录的存在，所以域控制器不需要本地安全账户管理器（SAM）。

一个域可以有一个或多个域控制器。通常单个局域网的用户可能只需一个域就能满足要求。由于一个域比较简单，因此整个域也只要一个域控制器。为了获得较高的可用性和较强的容错能力，具有多个网络位置的大型网络或组织可能在每个部分都需要一个或多个域控制器。

2）成员服务器

成员服务器是一台运行 Windows Server 2022 的域成员服务器，而不是域控制器，因此成员服务器不执行用户身份验证，并且不存储安全策略信息，从而使成员服务器可以直接处理网络中的其他服务。所以，在网络中通常将成员服务器作为专用的文件服务器、应用服务器、数据库服务器或 Web 服务器，专门用于为网络中的用户提供一种或几种服务。

3）独立服务器

独立服务器既不是域控制器，也不是某个域的成员。也就是说，它是一台具有独立安全边界的计算机，用于维护本机独立的用户账户信息，并服务于本机的身份验证。独立服务器以工作组的形式与其他计算机组建成对等网。

服务器角色的转化如图 6.1.51 所示。

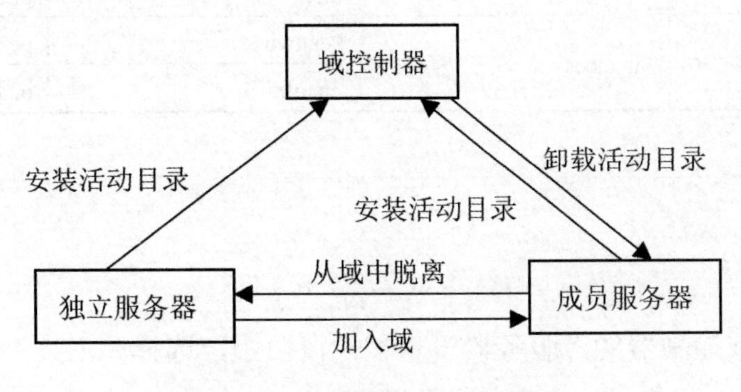

图 6.1.51 服务器角色的转化

任务拓展

（1）分别将操作系统为 Windows 10、Windows Server 2019 的计算机加入 Active Directory 域 phei.com.cn 中，并以域管理员身份登录系统。

（2）将操作系统为 Windows 10 的计算机退出 phei.com.cn 域。

任务 6.2 管理域用户、组和组织单位

任务描述

某公司的网络管理员小王，根据需求已经完成 Active Directory 域的初步部署，即将财务部的 client 计算机，以及销售部的若干台计算机加入 phei.com.cn 域。小王要为这些部门的员工创建登录 phei.com.cn 域的用户账户并进行分组。

任务要求

根据公司业务需求，我们需要在域控制器上添加域用户并按照部门进行逻辑划分。由于考虑日后将要使用组策略对相应部门的计算机和用户进行管理，因此组织单位可以实现对某个部门的用户、组、计算机等进行组策略设置。

本任务在 dc 域控制器上完成相关操作，采用由大到小的方式分别新建组织单位、组、用户，并将用户、组、计算机划分到相应的组织单位中。组织结构转换为域的逻辑关系如表 6.2.1 所示。

表 6.2.1　组织结构转换为域的逻辑关系

组织单位（部门名称）	组（部门名称）	用 户 账 户	用户计算机
销售部	Sales	Zhangsan	client
		Lisi	pc1
财务部	Finances	Pengwu	pc2
		Zhaoliu	pc3

任务实施

1. 新建组织单位

步骤 1：在 dc 域控制器的“服务器管理器”窗口中，选择“工具”→“Active Directory 用户和计算机”命令，打开“Active Directory 用户和计算机”窗口，右击“phei.com.cn”

选项，在弹出的快捷菜单中依次选择“新建”→“组织单位”命令，如图 6.2.1 所示。

步骤 2：在“新建对象-组织单位”对话框的“名称”文本框中，输入组织单位名称“销售部”，如图 6.2.2 所示，单击“确定”按钮。

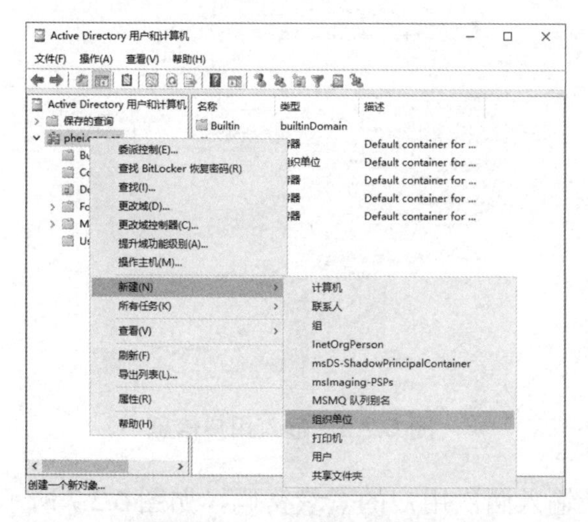

图 6.2.1　新建组织单位

图 6.2.2　输入组织单位名称

2. 在组织单位中新建组

步骤 1：右击“销售部”选项，在弹出的快捷菜单中依次选择“新建”→“组”命令，如图 6.2.3 所示。

步骤 2：在“新建对象-组”对话框中，输入组名“Sales”（本任务中销售部的组名），如图 6.2.4 所示，单击“确定”按钮。

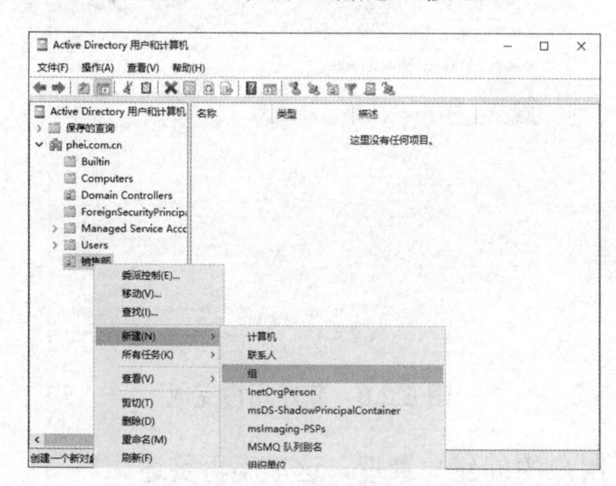

图 6.2.3　新建组

图 6.2.4　输入组名

3. 在组织单位中新建用户

步骤 1：右击“销售部”选项，在弹出的快捷菜单中依次选择“新建”→“用户”命令，如图 6.2.5 所示。

步骤 2：在“新建对象-用户”对话框中，输入姓名和用户登录名“Zhangsan”（本任务中销售部的 Zhangsan 用户账户），如图 6.2.6 所示，单击“下一步”按钮。

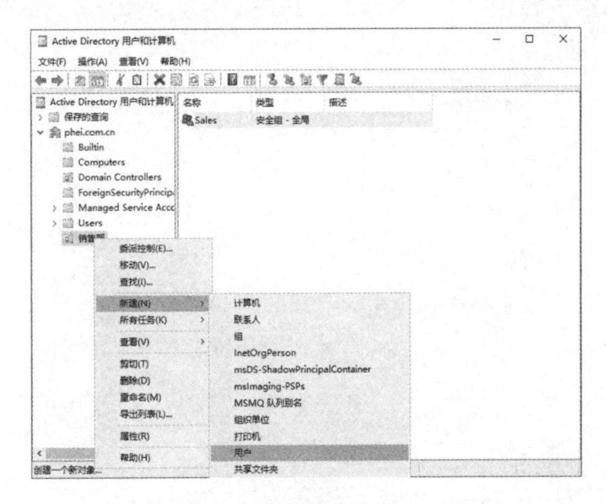

图 6.2.5 新建用户

图 6.2.6 输入用户信息

步骤 3：在“新建对象-用户”对话框中，输入两次用户的登录密码，如图 6.2.7 所示。为了便于管理，取消勾选“用户下次登录时须更改密码”复选框，勾选“用户不能修改密码”和“密码永不过期”复选框，单击“下一步”按钮。

步骤 4：查看用户账户信息，确认无误后单击“完成”按钮，如图 6.2.8 所示。

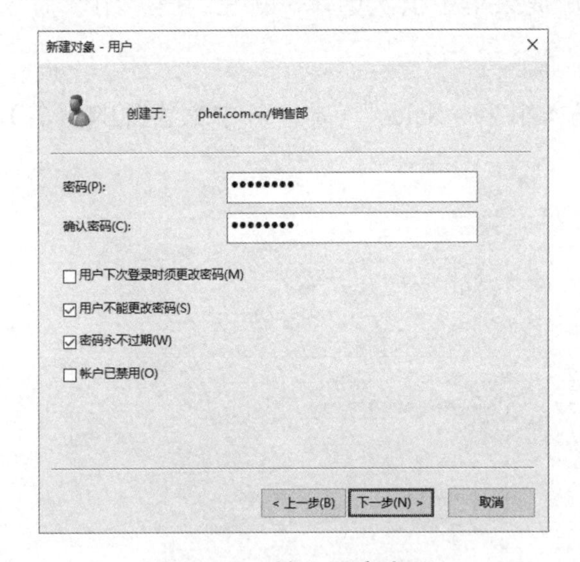

图 6.2.7 输入用户密码

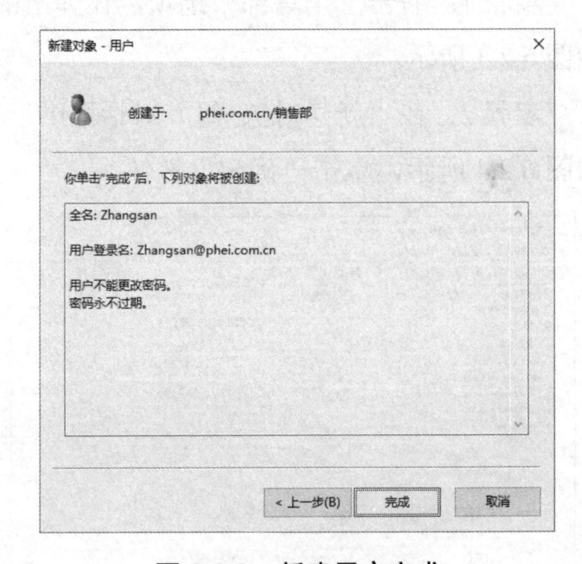

图 6.2.8 新建用户完成

步骤 5：参照上述步骤完成销售部中 Lisi 用户的创建与管理，这里不再赘述。

4. 将用户添加到组

步骤 1：右击要添加到组的用户“Zhangsan”和“Lisi”，在弹出的快捷菜单中选择“添加到组”命令，如图 6.2.9 所示。

步骤 2：在“选择组”对话框中，输入组名“Sales”，或者依次单击“高级”“立即查找”按钮，在“搜索结果”选区中选择“Sales”选项，单击“确定”按钮，如图 6.2.10 所示。在弹出的提示对话框中，单击“确定”按钮，如图 6.2.11 所示。

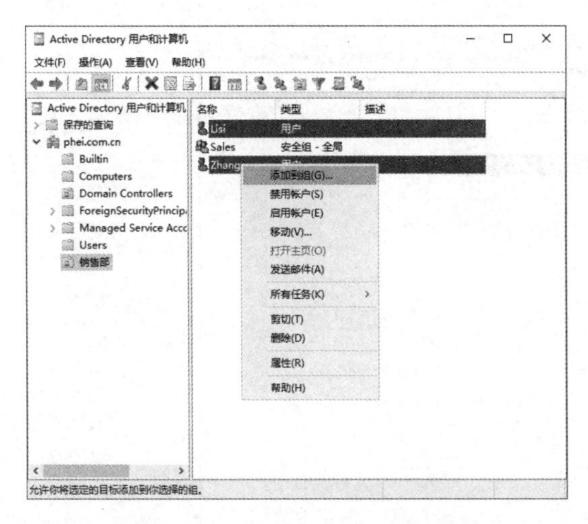

图 6.2.9　将用户添加到组

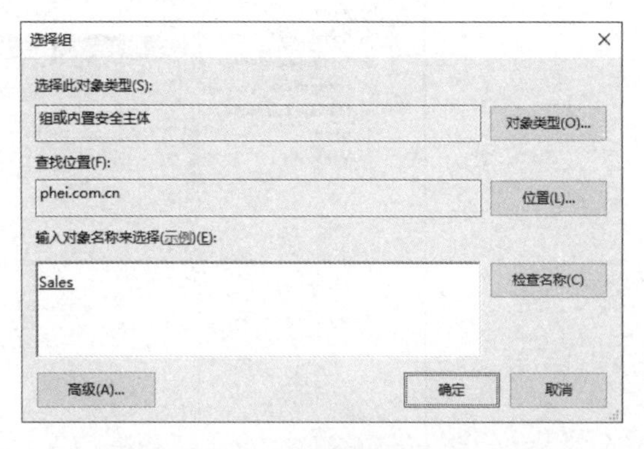

图 6.2.10　“选择组”对话框

5. 将成员计算机（对象）移动到组织单位

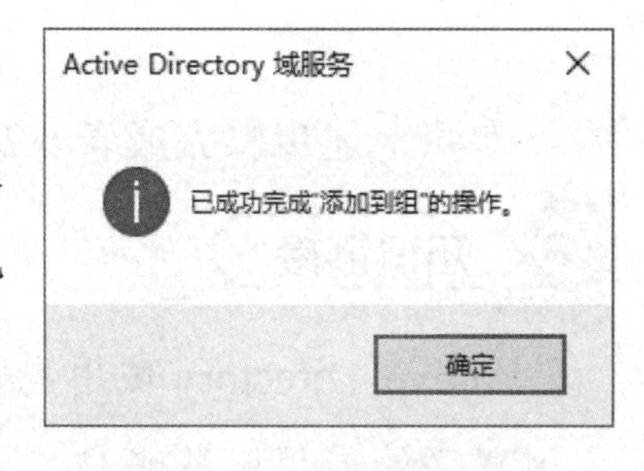

图 6.2.11　提示对话框

步骤 1：在“Active Directory 用户和计算机”窗口中，双击“Computers”选项，右击选区中要移动位置的 client 计算机（本任务中销售部计算机），在弹出的快捷菜单中选择“移动”命令，如图 6.2.12 所示。

步骤 2：在弹出的“移动”对话框中，选择要移动到的目的组织单位，因此本任务选择“销售部”选项，单击“确定”按钮，如图 6.2.13 所示。

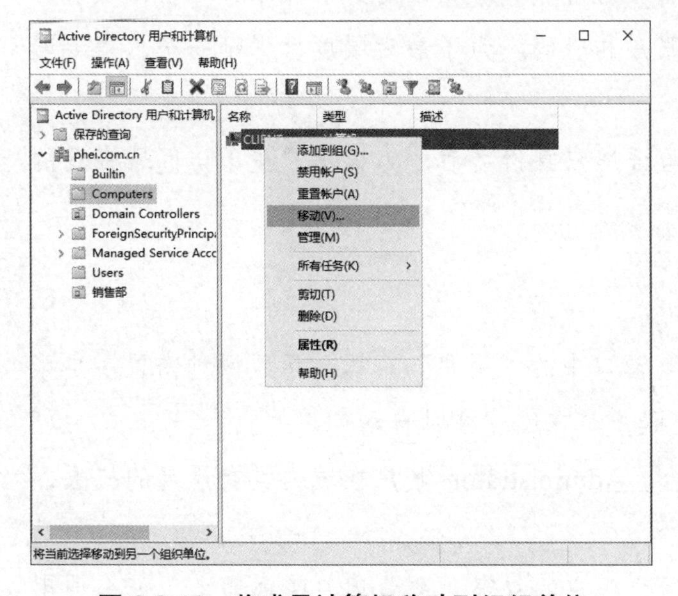

图 6.2.12　将成员计算机移动到组织单位

图 6.2.13　选择移动到的目的组织单位

步骤 3：返回“Active Directory 用户和计算机”窗口，双击“销售部”选项，可以看到其所包含的对象，如图 6.2.14 所示。

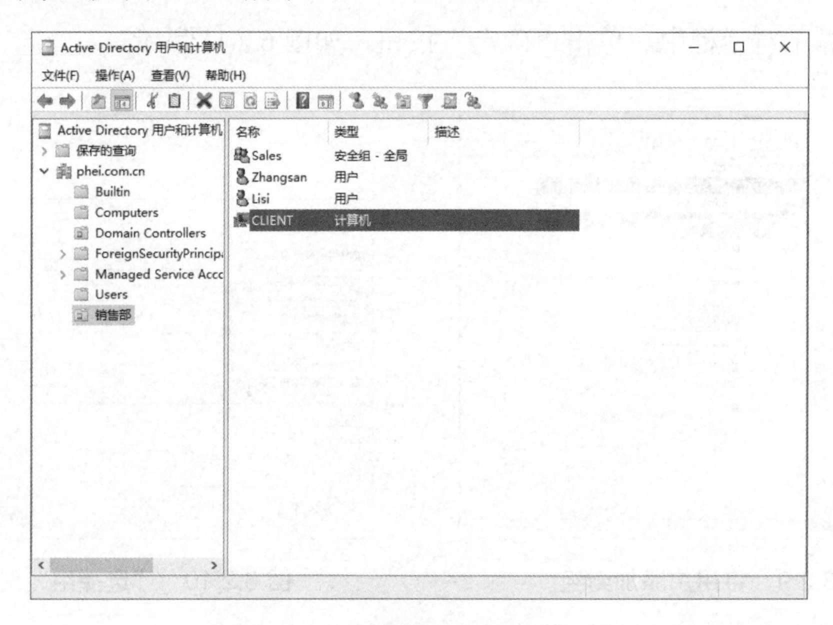

图 6.2.14　查看组织单位中的对象

参照上述步骤完成表 6.2.1 中财务部对象域管理的创建，这里不再赘述。

知识链接

Active Directory 域用户账户代表物理实体，如人员。管理员可以将用户账户用作某些应用程序的专用服务账户。用户账户也被称为安全主体。安全主体是指自动为其分配安全标识符（SID）的目录对象，可用于访问域资源。用户账户的主要作用如下。

（1）验证用户的身份。用户可以使用能够通过域身份验证的身份登录计算机或域。每个登录到网络的用户都应该有自己唯一的账户和密码。为了最大限度地保证安全，需要避免多个用户共享同一个账户。

（2）授权或拒绝对域资源的访问。在验证用户身份之后，为该用户授予访问域资源的权限或拒绝该用户对域资源的访问。

1. 默认域用户

Active Directory 用户和“计算机管理”窗口中的“用户”容器显示了两种内置用户账户：Administrator 和 Guest。这些内置用户账户是在创建域时自动创建的。

每个内置用户账户都有不同的权限组合。Administrator 账户在域内具有最大的权限，而 Guest 账户则具有有限的权限。

如果网络管理员没有修改或禁用内置用户账户的权限，恶意用户（或服务）就会使用这些权限通过 Administrator 账户或 Guest 账户来非法登录域。保护这些账户的一种较好的安全操作是重命名或禁用它们。由于重命名的用户账户会保留其 SID，因此也会保留其他所有属性，如说明、密码、组成员身份、用户配置文件、账户信息，以及任何已分配的权限和用户权利。

如果想要拥有用户身份验证和授权的安全优势，则可以通过“Active Directory 用户和计算机”窗口为所有加入网络的用户创建单独的用户账户，将各个用户账户（包括 Administrator 账户和 Guest 账户）添加到组，以便控制分配给该账户的权限。如果具有适合某网络的账户和组，则需要确保可以识别登录该网络的用户和只能访问允许资源的用户。

设置强密码和实施账户锁定策略，可以帮助域抵御攻击。其中，强密码会减少攻击者对密码的智能密码猜测和字典攻击的危险；而账户锁定策略会减少攻击者通过重复登录企图危及用户所在域的安全的可能性，这是因为账户锁定策略可以确定用户账户在禁用之前尝试登录的失败次数。

2. 域中组

组是指用户与计算机账户、联系人，以及其他可以作为单个单位管理的组的集合。属于特定组的用户和计算机被称为组成员。

Active Directory 域服务中的组都是驻留在域和组织单位容器对象中的目录对象。AD DS 自动安装了系列默认的内置组，也允许以后根据实际需要创建组，使管理员可以灵活地控制域中的组和成员。AD DS 中的组管理功能如下。

- 资源权限的管理，即为组而不是个别用户账户指派资源权限。这样可将相同的资源访问权限指派给该组的所有成员。
- 用户的集中管理，可以创建一个应用组，指定组成员的操作权限，并向该组中添加需要拥有与该组相同权限的成员。

1）按照域中组的安全性划分组

在 Windows Server 2022 中，按照域中组的安全性，可划分为安全组和通信组两种类型。

① 安全组：主要用于控制和管理资源的安全性。使用安全组可以在共享资源的“属性”窗口中，选择“共享”选项卡，并为该组的成员分配访问控制权限。例如，设置该组的成员对特定文件夹具有“写入”权限。

② 通信组：也被称为分布式组，用来管理与安全性无关的任务。例如，将信息发送给某个分布式组，但是不能为其设置资源权限，即不能在某个文件夹的“共享”选项卡中为该组的成员分配访问控制权限。

2）按照组的作用域划分组

组都有一个作用域，用来确定在域树或域林中该组的应用范围。按照组的作用域划分组，可以划分为全局组、本地域组和通用组 3 种组作用域。

① 全局组：主要用来组织用户面向域用户，即全局组中只包含所属域的域用户账户。为了管理方便，管理员通常将多个具有相同权限的用户账户添加到一个全局组中。之所以被称为全局组，是因为它不仅能够在所创建的计算机上使用，还能在域中的任何一台计算机上使用，但只有在 Windows Server 2022 域控制器上，才能创建全局组。

② 本地域组：主要用来管理域的资源。通过本地域组，可以快速地为本地域、其他信任域的用户账户和全局组的成员指定访问本地资源的权限。本地域组由该组所属域的用户账户、通用组和全局组组成，不包含非本域的本地域组。为了管理方便，管理员通常在本域内建立本地域组，并根据资源访问的需要将适合的全局组和通用组添加到该组，以便为该组分配本地资源的访问控制权限。本地域组的成员仅限于本域的资源，而无法访问其他域内的资源。

③ 通用组：可以用来管理所有域内的资源，包含任何一个域中的用户账户、通用组和全局组，但不包含本地域组。一般在大型企业应用环境中，管理员可以建立通用组，并为该组的成员分配在各域内的访问控制权限。通用组的成员可以使用所有域的资源。

3. 组织单位

域中包含的一种特别有用的目录对象类型是组织单位（OU）。OU 是一个 Active Directory 容器，用于放置用户、组、计算机和其他 OU，但不包含来自其他域中的对象。

OU 是向其分配组策略设置或委派管理权力的最小作用域或单位。管理员可以使用 OU 在域中创建表示组织中层次结构、逻辑结构的容器，也可以根据组织模型来管理账户，以及配置和使用资源。

OU 可以包含其他 OU。管理员可以根据需要将 OU 的层次结构扩展为模拟域中组织的层次结构。使用 OU 有助于最大限度地减少网络所需的域数目。

管理员可以使用 OU 创建能够缩放到任意大小的管理模型，从而对域中的所有 OU 或单个 OU 具有管理权利。一个 OU 的管理员不一定对域中的任何其他 OU 具有管理权利。

4. 创建域用户、组和组织单位

如果要管理域用户，则需要在 Active Directory 域服务中创建用户账户。若要执行此过程，则创建的用户账户必须是 Active Directory 域服务中 Account Operators 组、Domain Admins 组或 Enterprise Admins 组的成员，或者被委派了适当的权限。从安全角度来考虑，可使用“运行身份”来执行此过程。

如果未分配密码，则用户在首次尝试登录时（使用空白密码）会弹出一条登录消息显示“您必须在第一次登录时更改密码”。用户更改密码后，登录过程将继续。如果服务的用户账户的密码已更改，则必须重置使用该用户账户验证的服务。

如果要添加组，则可以单击要添加组的文件夹，并单击工具栏上的“新建组”图标来完成此过程。最低需要使用 Account Operators 组、Domain Admins 组、Enterprise Admins 组或类似组中的成员身份。

任务拓展

上网查找域用户状态迁移工具（User State Migration Tool，USMT）的相关介绍，体验使用工具包中的 scanstate 命令来备份域用户信息，使用 loadstate 命令来导入域用户信息。

任务 6.3 管理域组策略

任务描述

某公司已经为各部门的员工通过 Active Directory 域创建了用户账户。网络管理员小王发现，销售部的员工需要经常访问公司首页，他们希望登录系统后桌面能够自动建立一个访问公司首页的快捷方式；而财务部员工在自行修改 Windows 中的注册表后产生了软件故障。

任务要求

针对公司的需求，网络管理员小王需要针对销售部和财务部设置域安全策略。域安全策略的基本要求如表 6.3.1 所示。

表 6.3.1 域安全策略的基本要求

项　目	说　明
组织单位	销售部，包含 Zhangsan 和 Lisi 用户（任务 6.2 已创建）
	财务部，包含 Pengwu 和 Zhaoliu 用户（任务 6.2 已创建）
域安全策略	使销售部用户登录域后自动在登录计算机的桌面创建快捷方式
	禁止财务部用户访问注册表

任务实施

1. 配置组策略

1）在使用域账户登录时自动在桌面创建快捷方式

步骤 1：在“服务器管理器”窗口中，选择“工具”→“组策略管理”命令，或者在“运行”对话框中输入命令“gpmc.msc”，打开“组策略管理”窗口，依次展开“组策略管理”→“林：phei.com.cn”→“域”→“phei.com.cn”选项，右击“销售部”选项，在弹出的快捷菜单中选择“在这个域中创建 GPO 并在此处链接”命令，如图 6.3.1 所示。

步骤 2：在“新建 GPO”对话框中，将“名称”设置为“销售部组策略”，单击“确定”按钮，如图 6.3.2 所示。

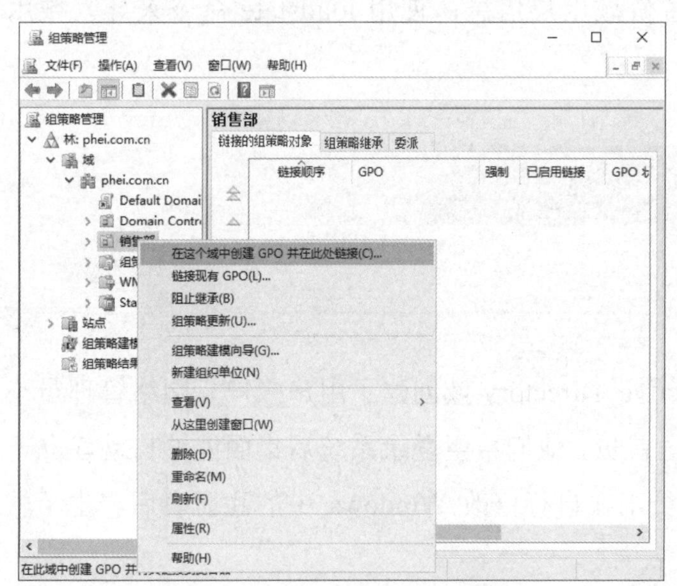

图 6.3.1 新建销售部对应的 GPO

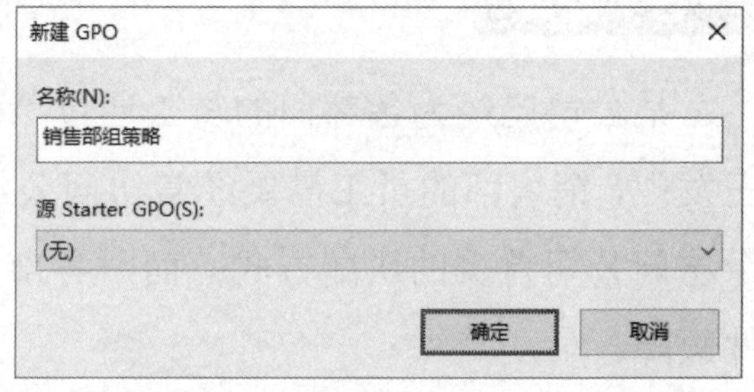

图 6.3.2 “新建 GPO”对话框

步骤 3：右击“销售部组策略”选项，在弹出的快捷菜单中选择“编辑”命令，如图 6.3.3 所示。

步骤 4：在“组策略管理编辑器”窗口中，选择“用户配置”→“首选项”→“Windows 设置”→“快捷方式”选项，在工作区的空白处右击，在弹出的快捷菜单中选择“新建”→“快捷方式”命令，如图 6.3.4 所示。

步骤 5：在“新建快捷方式属性”对话框中，将“名称”设置为“www.phei.com.cn”，“目标类型”设置为“URL”，“位置”设置为“桌面”，“目标 URL”设置为“https://www.phei.com.cn”，单击“确定”按钮，如图 6.3.5 所示。

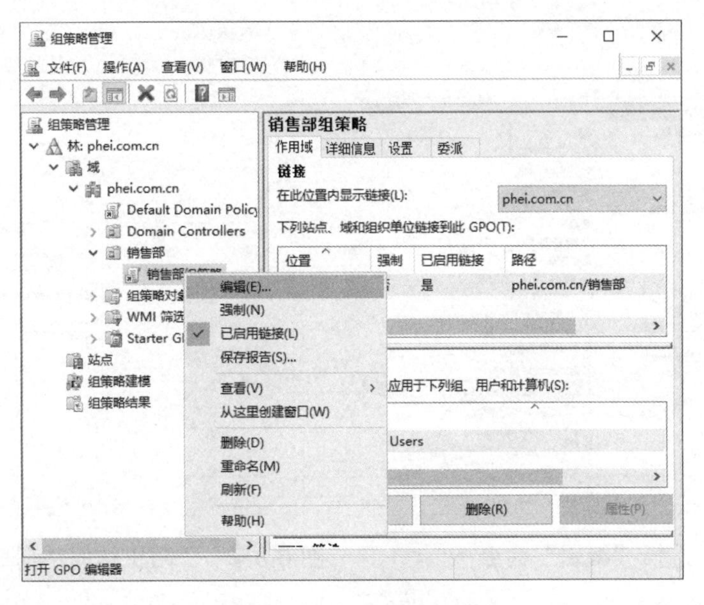

图 6.3.3　编辑 GPO

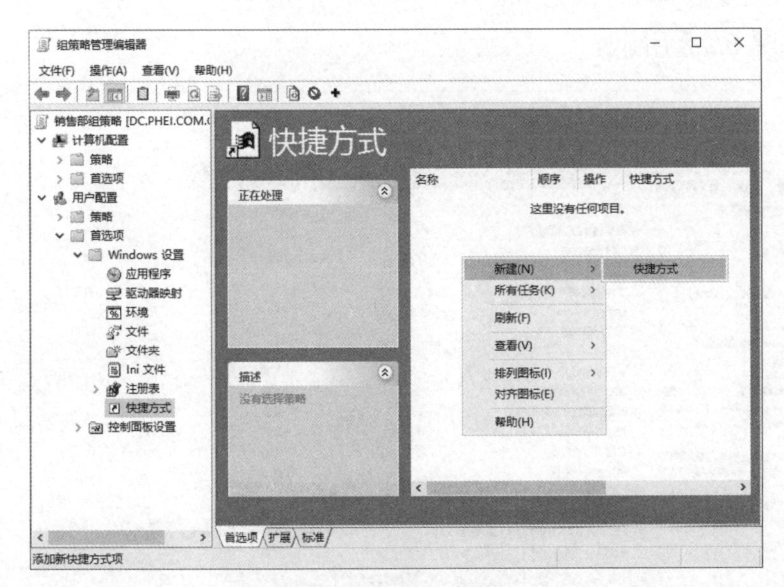

图 6.3.4　新建快捷方式

图 6.3.5　“新建快捷方式属性”对话框

2）禁止特定组织单位的用户访问注册表编辑器

步骤 1：在“组策略管理”窗口中，创建“财务部”的 GPO“财务部组策略”。

步骤 2：右击“财务部组策略”选项，在弹出的快捷菜单中选择“编辑”命令。

步骤 3：在“组策略管理编辑器”窗口中，选择“用户配置”→“策略”→“管理模板：从本地计算机中检索的策略定义（ADMX 文件）”→“系统”选项，在右侧选区中右击“阻止访问注册表编辑工具”选项，在弹出的快捷菜单中选择“编辑”命令，如图 6.3.6 所示。

步骤 4：在“阻止访问注册表编辑工具”对话框中，选中“已启用”单选按钮，单击“确定”按钮，如图 6.3.7 所示。

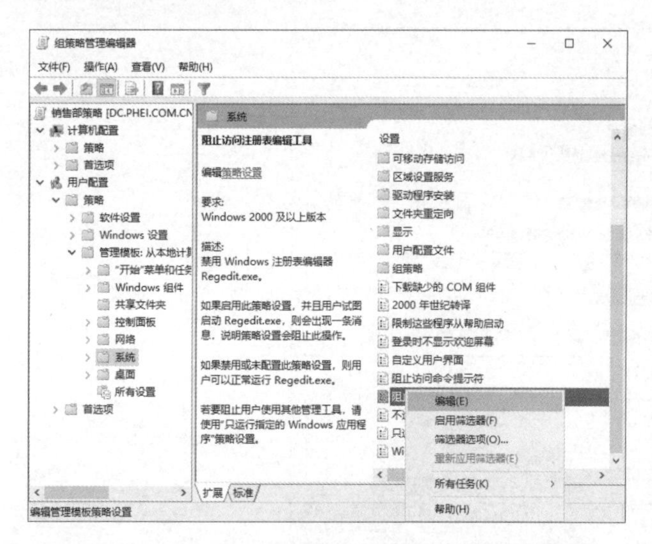

图 6.3.6　选择“编辑”命令

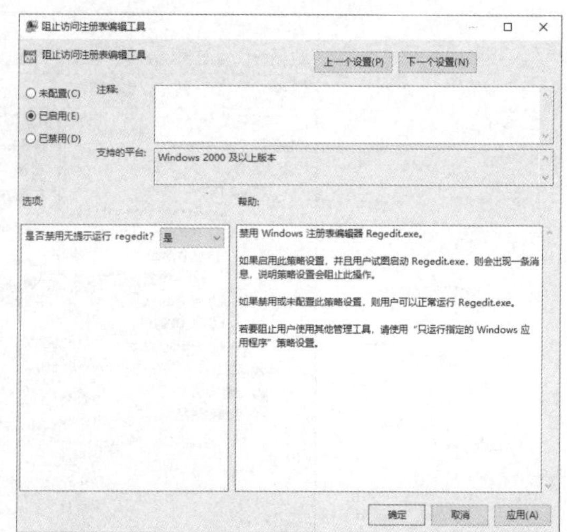

图 6.3.7　“阻止访问注册表编辑工具”对话框

步骤 5：返回“组策略管理编辑器”窗口，可以看到“阻止访问注册表编辑工具”策略项的状态已变为“已启用”，如图 6.3.8 所示。

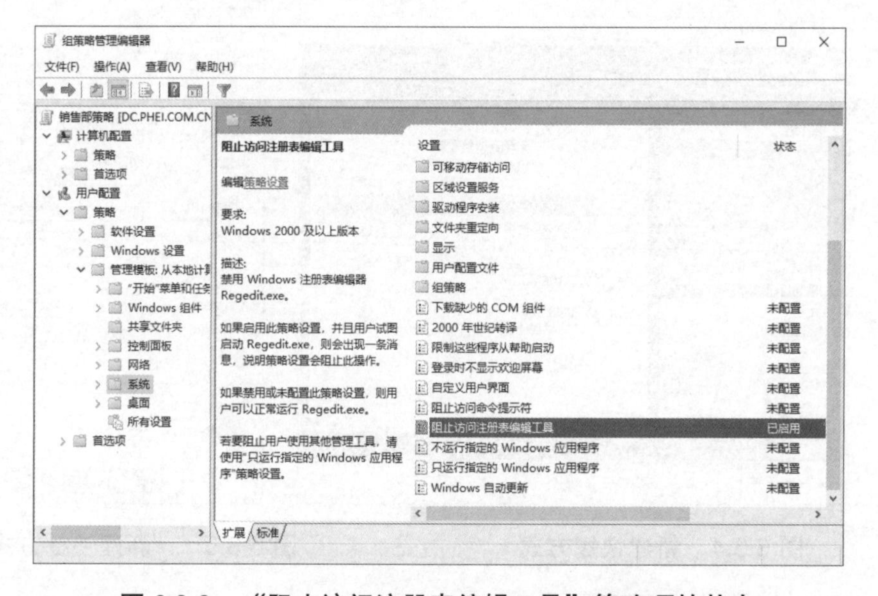

图 6.3.8　“阻止访问注册表编辑工具”策略项的状态

2. 更新组策略

在命令提示符窗口中输入命令“gpupdate /force”，完成组策略的更新，如图 6.3.9 所示。

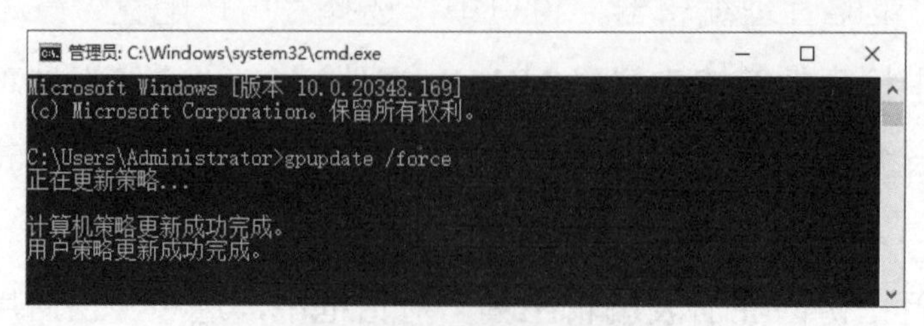

图 6.3.9　更新组策略

3. 在成员计算机上验证组策略效果

（1）使用销售部员工账户登录，验证自动创建的快捷方式。

使用 Zhangsan@phei.com.cn 域用户账户登录销售部安装有 Windows 10 操作系统的 client 计算机，可以看到桌面已显示通过策略配置自动创建的快捷方式，如图 6.3.10 所示。

图 6.3.10 client 计算机桌面已显示快捷方式

（2）使用财务部员工账户登录，验证禁止访问注册表编辑器策略。

步骤 1：使用 Pengwu@phei.com.cn 域用户账户登录财务部安装有 Windows 10 操作系统的 pc2 计算机，在命令提示符窗口中输入命令“gpupdate /force”，即可立即更新组策略。

步骤 2：单击“开始”菜单按钮，选择“运行”命令，在“运行”对话框中输入命令“regedit”，即可在打开“注册表编辑器”窗口时弹出提示对话框，如图 6.3.11 所示。

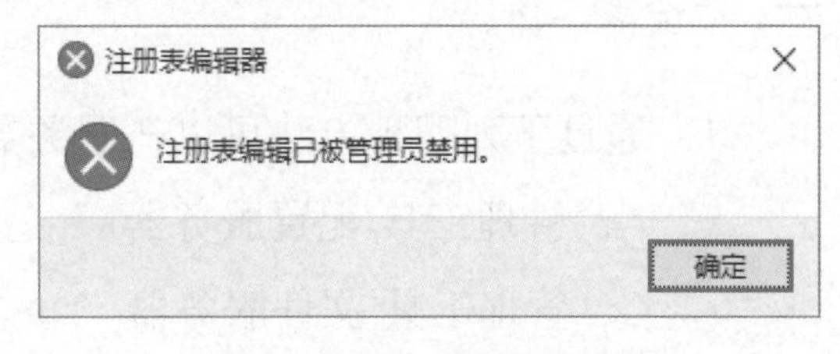

图 6.3.11 提示对话框

1. 组策略

组策略（Group Policy）就是对组的策略限制，用来限制指定组中用户对系统设置的更改或资源的使用，也是介于控制面板和注册表之间的一种设置方式，而这些设置最终保存在注册表中。

2. 组策略对象

GPO（Group Policy Object，组策略对象）是定义了各种策略的设置集合，也是 Active Directory 中的重要管理方式，可以管理用户和计算机对象。一般需要为不同组织单位设置不同的 GPO，其中组织单位等容器可以链接（可理解为调用，在容器中显示时会标记为快捷方式）多个 GPO，而一个 GPO 也可以被不同的容器链接。

3. 组策略继承

组策略继承是指子容器将从父容器中继承策略设置。例如，本任务中的组织单位“财务部”如果没有单独设置策略，则它包含的用户或计算机会继承全域的安全策略，即会执行 Default Domain Policy 的设置。

4. 组策略执行顺序

组策略执行顺序是指多个组策略叠加一起时的执行顺序。当子容器有自己单独的 GPO 时，策略执行累加。例如，“财务部”策略为“已启动”状态，继承来的组策略为“未定义”状态，则最终为“已启动”状态。当策略发生冲突时，以子容器策略为准。例如，某组织单位中设置某一策略为“已启动”状态，继承来的组策略为“已禁用”状态，则最终为“已启动”状态。执行的先后顺序为组织单位→域控制器→域→站点→（域内计算机的）本地安全策略。

任务拓展

在财务部门的组织单位上建立并定义组策略，禁止员工使用可移动存储设备。

练习题

一、选择题

1. 通过下列哪种方法可以在服务器上安装活动目录？（　　）

A. 管理工具/配置服务器　　B. 管理工具/计算机管理

C. 管理工具/文件服务器　　D. 以上都不是

2. 在下列策略中，（　　）只属于计算机安全策略。

A. 软件设置策略　　B. 密码策略

C. 文件夹重定向　　D. 软件限制

3. 为加强公司域的安全性，我们需要设置域安全策略。下列与密码策略不相关的是（　　）。

A. 密码长度最小值　　B. 账户锁定时间

C. 密码必须符合复杂性要求　　D. 密码最长使用期限

4．在下列关于 Windows Server 2022 的域管理模式的描述中，正确的是（　　）。

A．域间信任关系只能是单向信任

B．只有一个主域控制器，其他都为备份域控制器

C．每个域控制器都可以改变目录信息，并把变化的信息复制到其他域控制器中

D．只有一个域控制器可以改变目录信息

5．活动目录（Active Directory）是由组织单元、域、（　　）和域林构成的层次结构。

A．超域　　B．域树

C．团体　　D．域控制器

6．安装活动目录要求分区的文件系统为（　　）。

A．FAT16　　B．FAT32

C．ext2　　D．NTFS

二、实训题

某公司网络中有 200 台计算机，员工 200 个，分为 5 个部门（销售部、财务部、技术部、人力资源部、后勤部），现需要集中管理计算机和用户账户，以及相关的网络资源，并建立域名为 tiantain.cn 的域环境。请完成以下要求。

1．为服务器配置 TCP/IP 参数。

2．将服务器名称设置为 dctt，安装活动目录，并升级为域控制器。

3．将客户机添加到域中。

4．为员工创建域用户账户，根据部门创建组织单位和域组，将各部门账户加入相应组中。

5．配置域组策略，设置财务部用户在登录时显示信息标题和相关文字。

6．配置域组策略，实现所有人力资源部的用户在登录域后自动删除“计算机”上下文菜单中的“属性”命令。

配置与管理 DNS 服务器

知识目标

1. 理解 DNS 的基本功能和应用场景。
2. 理解 DNS 服务的基本原理。
3. 理解 DNS 正向解析和反向解析的作用。
4. 理解辅助 DNS 服务器的作用。

能力目标

1. 能安装 DNS 服务器。
2. 能正确实现主 DNS 服务器和辅助 DNS 服务器。
3. 能在客户端测试 DNS 服务器的正确性。

素质目标

1. 增强服务意识，提高合作能力，能为用户便捷使用网络提供支持。
2. 弘扬爱国精神，能主动了解我国 DNS 根服务器的现状。
3. 增强信息系统安全意识，能够部署备份服务器，以便提高 DNS 服务器的可靠性。

本项目单词

DNS：Domain Name System，域名系统

Domain Namespace：域名空间

FQDN：Full Qualified Domain Name，完全合格的域名

SOA：Start of Authority，起始授权机构

Primary：主要的

Zone：区域

Record：记录

Root：根

Zone：区域

Resource：资源

Secondary：次要的

Forwarder：释放

项目需求

某公司是一家电子商务运营公司，现在公司需要一台 DNS 服务器为内部用户提供内网域名解析。DNS 服务器不仅可以使用户在内网中使用 FQDN 访问公司的网站，还可以为用户解析公网域名。为了减轻 DNS 服务器的压力，公司还需要搭建第二台 DNS 服务器，并将第一台 DNS 服务器上的记录传输到第二台 DNS 服务器中。内部的局域网使用 phei.com.cn 作为域名后缀。

为了实现域名解析服务，用户可以对 DNS 服务器进行配置。Windows Server 2022 服务器操作系统提供的 DNS 服务，可以解决员工简单快捷地访问本地网络及 Internet 上的资源的问题。

本项目主要介绍 Windows Server 2022 服务器操作系统中 DNS 服务器的创建、配置与管理，以及辅助 DNS 的配置等，以便为网络用户提供可靠的 DNS 服务。项目拓扑结构如图 7.0.1 所示。

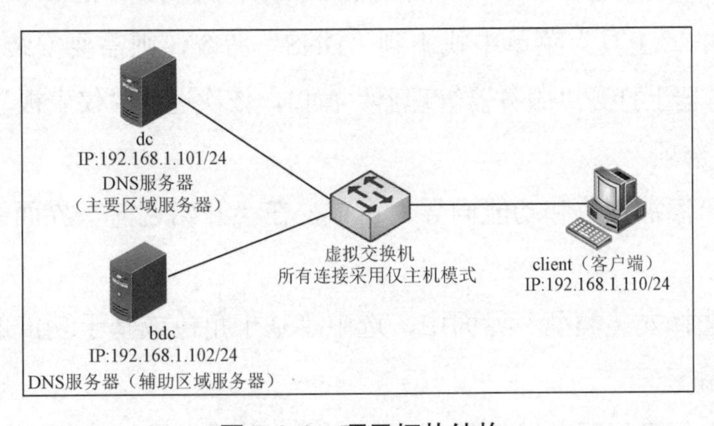

图 7.0.1 项目拓扑结构

任务 7.1 安装与配置 DNS 服务器

任务描述

公司员工能简单快捷地访问本地网络及 Internet 上的资源。如果公司需要向外发布网站，就需要在公司局域网内部部署 DNS 服务器。公司将此任务交给网络管理员小王，接下来小王的工作便是在公司的服务器上安装与配置 DNS 服务器。

任务要求

Windows Server 2022 通过安装 DNS 服务，并利用 DNS 管理工具在创建主要区域、正向解析区域和反向解析区域中，为用户提供 DNS 服务。服务器主机名、IP 地址、别名的对应关系如表 7.1.1 所示。

表 7.1.1　服务器主机名、IP 地址、别名的对应关系

主机名	IP 地址	别名	备注
dc	192.168.1.101	无	主 DNS 服务器和 DHCP 服务器
bdc	192.168.1.102	无	辅助 DNS 服务器和 DHCP 服务器
mail	192.168.1.103	无	邮件服务器
web	192.168.1.104	www、ftp	Web 服务器，别名主要用于网络服务和 FTP 服务器
client	192.168.1.110	无	客户端，用于测试

任务实施

1. 安装 DNS 服务器

如果本机已经是域控制器，则 DNS 服务器已经默认安装，可以跳过本步。如果在“服务器管理器”窗口的“工具”菜单中找不到“DNS”命令，则需要安装 DNS 服务器。

步骤 1：在服务器上打开“服务器管理器”窗口，依次选择“仪表板”→“快速启动”→“添加角色和功能”选项。

步骤 2：打开“添加角色和功能向导”窗口，在“开始之前”界面中，单击“下一步”按钮。

步骤 3：在“选择安装类型”界面中，选中“基于角色或基于功能的安装”单选按钮，单击“下一步”按钮。

步骤 4：在“选择目标服务器”界面中，选中“从服务器池中选择服务器”单选按钮，

并选择本任务所使用的服务器“dc”，单击“下一步”按钮。

步骤 5：在“选择服务器角色”界面中勾选“DNS 服务器”复选框，在弹出的“添加 DNS 服务器所需的功能？”对话框中单击“添加功能”按钮，返回“选择服务器角色”界面。在确认“DNS 服务器”角色处于已选择状态后，单击“下一步”按钮，如图 7.1.1 所示。

步骤 6：在“选择功能”界面中，保持默认设置，单击“下一步”按钮。

步骤 7：在“DNS 服务器”界面中，保持默认设置，单击“下一步”按钮。

步骤 8：在“确认安装所选内容”界面中，单击“安装”按钮进行安装，如图 7.1.2 所示。

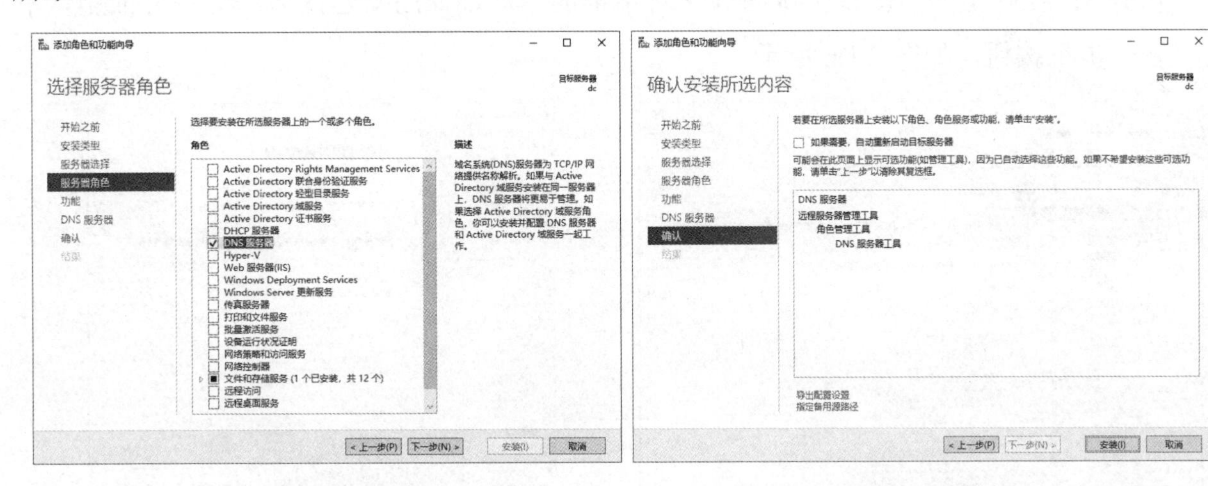

图 7.1.1 “选择服务器角色”界面　　　　图 7.1.2 “确认安装所选内容”界面

步骤 9：安装完成后，在“安装进度”界面中，单击“关闭”按钮，如图 7.1.3 所示。

步骤 10：在“服务器管理器”界面的“工具”菜单中选择“DNS”命令，在打开的“DNS 管理器”窗口中对本地或远程的 DNS 服务器进行管理，如图 7.1.4 所示。需要注意的是，在图 7.1.4 中，DNS 服务器并没有安装域控制器，若已经安装了域控制器和 DNS 服务，则正向查找区域中会有域控制器 phei.com.cn 的区域。

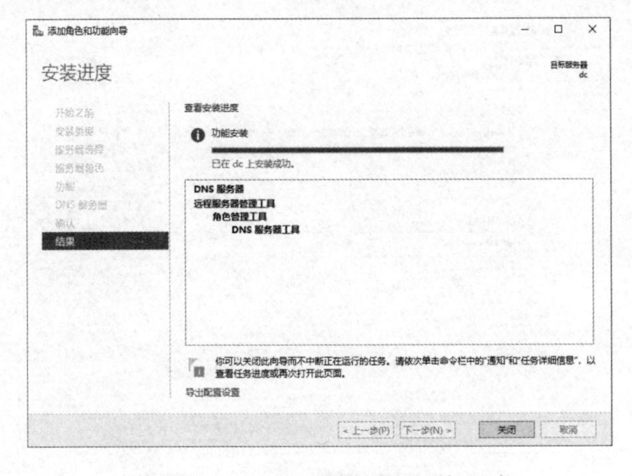

图 7.1.3 DNS 服务器安装完成

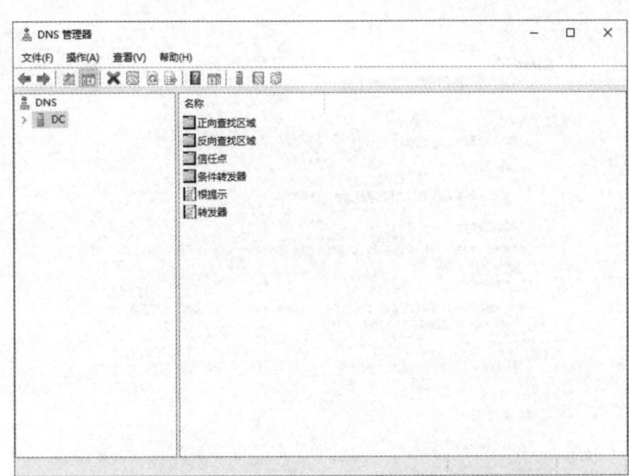

图 7.1.4 “DNS 管理器”窗口

2. 配置 DNS 服务器

1）创建正向查找区域

大部分 DNS 客户端的请求都是正向解析的，即把域名解析成 IP 地址。正向解析是由正向查找区域完成的，而创建正向查找区域的步骤如下。

步骤 1：在“服务器管理器”窗口中，选择“工具”→“DNS”命令。

步骤 2：在“DNS 管理器”窗口中，展开“DNS”→“DC”选项，右击“正向查找区域”选项，在弹出的快捷菜单中选择“新建区域”命令，如图 7.1.5 所示。

步骤 3：在弹出的“新建区域向导”对话框的“欢迎使用新建区域向导”界面中，单击“下一步”按钮，如图 7.1.6 所示。

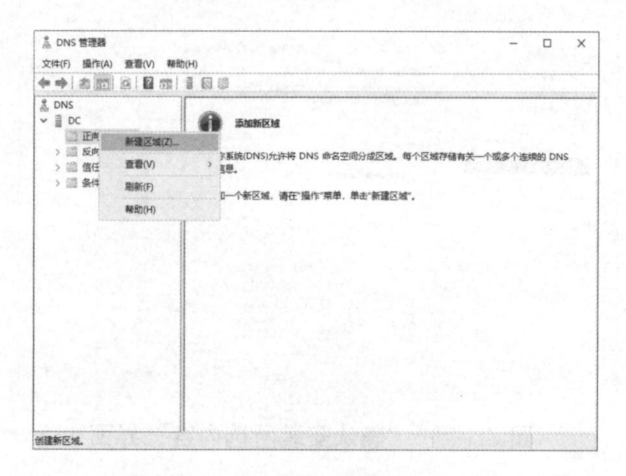

图 7.1.5 选择“新建区域”命令

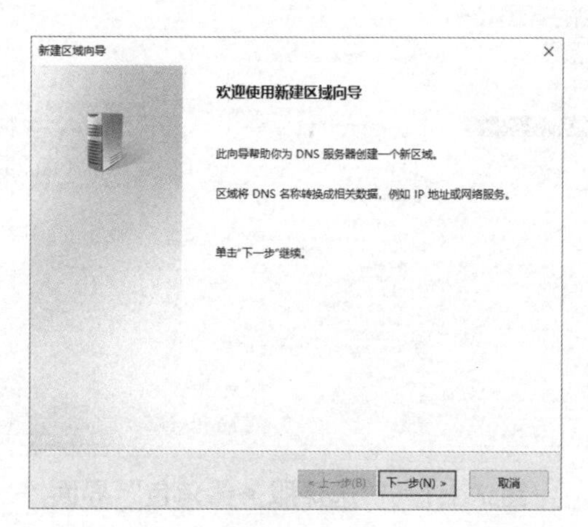

图 7.1.6 “新建区域向导”对话框

步骤 4：在“区域类型”界面中，显示主要区域、辅助区域和存根区域 3 种区域的类型。这里选中“主要区域”单选按钮，单击“下一步”按钮，如图 7.1.7 所示。

步骤 5：在“区域名称”界面中，输入区域名称“phei.com.cn”，如图 7.1.8 所示，单击“下一步”按钮。

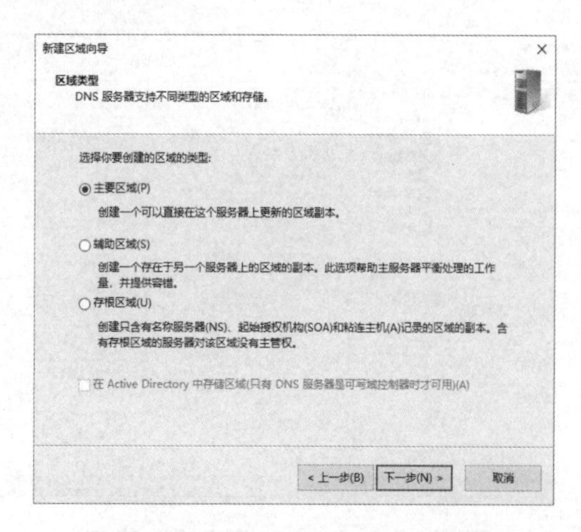

图 7.1.7 “区域类型”界面

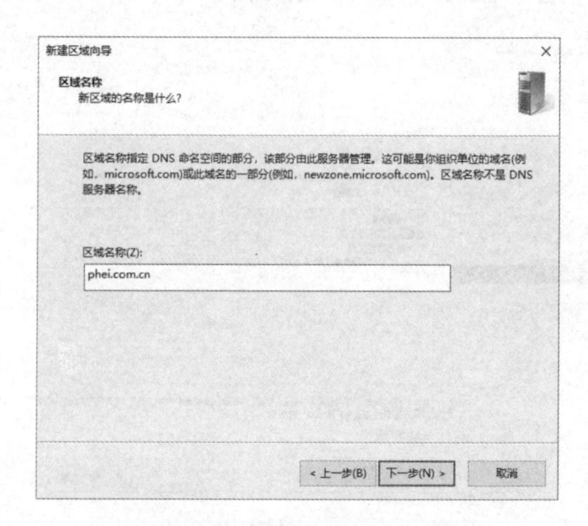

图 7.1.8 输入区域名称

步骤 6：在“区域文件”界面中，使用默认的文件名，单击“下一步”按钮，如图 7.1.9 所示。

步骤 7：在“动态更新”界面中，指定该 DNS 区域的安全使用范围，选中“不允许动态更新”单选按钮，单击“下一步”按钮，如图 7.1.10 所示。

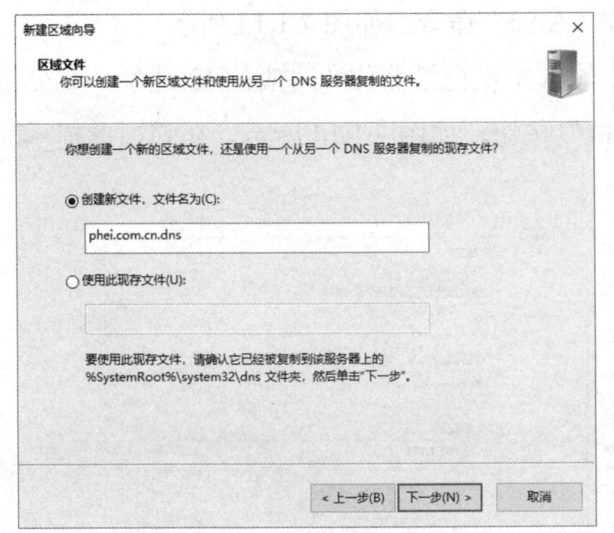

图 7.1.9 “区域文件”界面

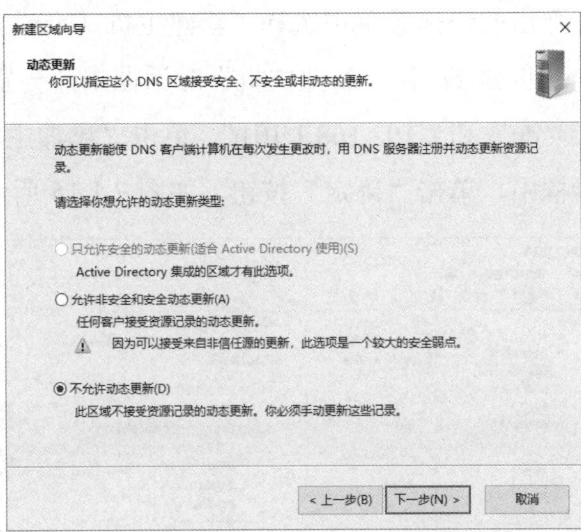

图 7.1.10 “动态更新”界面

步骤 8：在“正在完成新建区域向导”界面中，单击“完成”按钮，完成正向查找区域的创建，如图 7.1.11 所示。

步骤 9：返回“DNS 管理器”窗口，在右侧列表框中可以看到创建完成的正向查找区域，如图 7.1.12 所示。

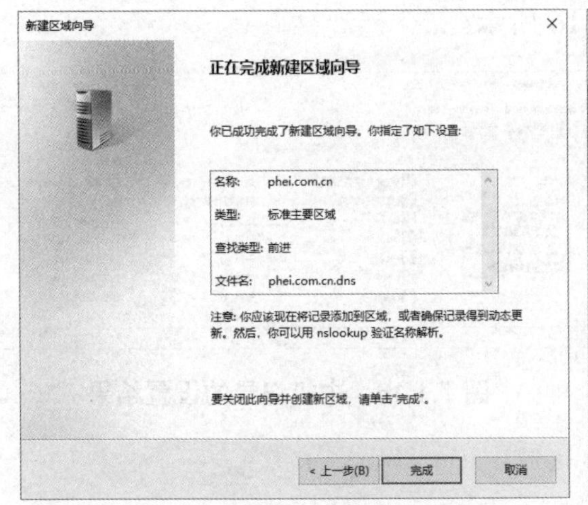

图 7.1.11 完成正向查找区域的创建

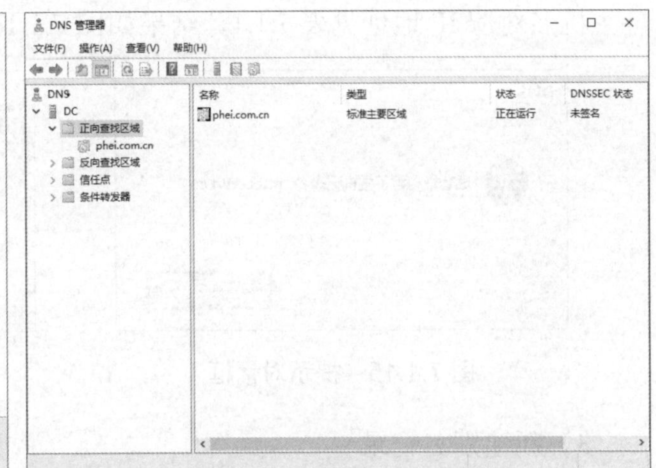

图 7.1.12 查看正向查找区域

2）新建主机记录

DNS 服务器区域创建完成后，还需要添加主机记录才能真正实现 DNS 解析服务。也就是说，必须为 DNS 服务添加与主机名和 IP 地址对应的数据库，从而将 DNS 主机名与其 IP 地址一一对应起来。这样一来，当输入主机名时，就能解析成对应的 IP 地址并实现对相应服务器的访问。

步骤 1：选择“DC”→“正向查找区域”→“phei.com.cn”选项，右击选区空白处，在弹出的快捷菜单中选择“新建主机（A 或 AAAA）”命令，如图 7.1.13 所示。

步骤 2：在“新建主机”对话框中，分别输入主机记录名称和对应的 IP 地址，此处输入“dc”和“192.168.1.101”，单击“添加主机”按钮，如图 7.1.14 所示。在弹出的提示对话框中，单击“确定”按钮，如图 7.1.15 所示。

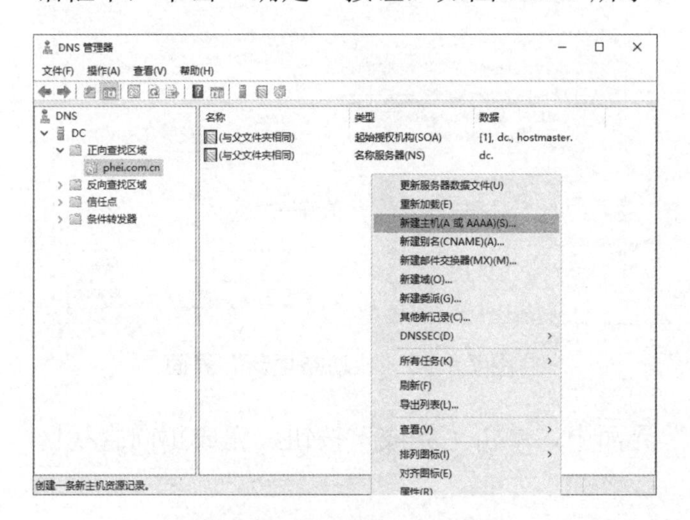

图 7.1.13 新建主机记录

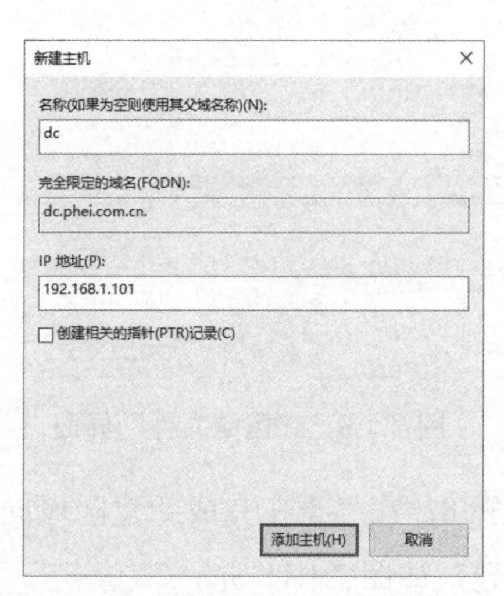

图 7.1.14 设置主机记录信息

步骤 3：使用相同的步骤添加其他主机记录，主机名为“bdc”“mail”“web”“client”，各主机名对应 IP 地址见表 7.1.1，结果如图 7.1.16 所示。

图 7.1.15 提示对话框

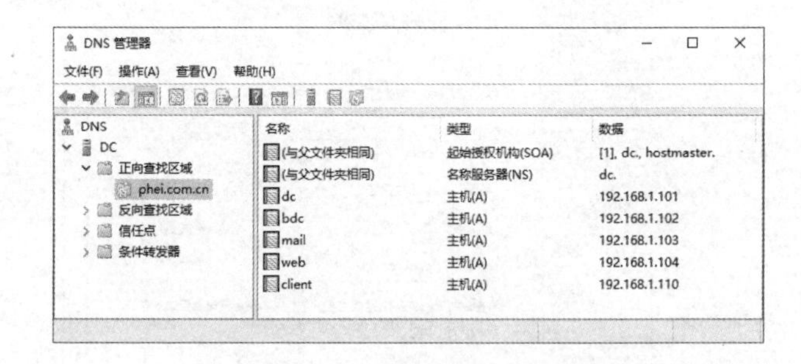

图 7.1.16 主机记录的设置结果

3）新建别名记录

在很多情况下，需要为区域内的一台主机建立多个主机名称。例如，某台主机是 Web 服务器，其主机名称为 www.phei.com.cn。

步骤 1：选择“DC”→“正向查找区域”→“phei.com.cn”选项，右击选区空白处，在弹出的快捷菜单中选择“新建别名（CNAME）”命令，如图 7.1.17 所示。

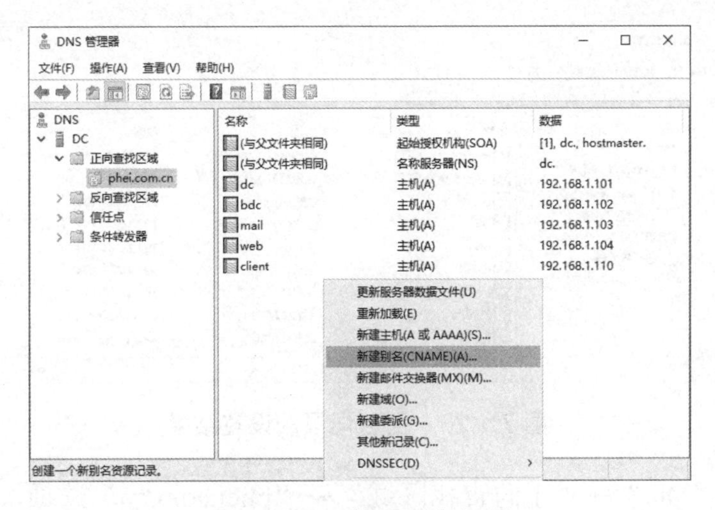

图 7.1.17 新建别名记录

步骤 2：在“新建资源记录”对话框中，输入别名“www”，单击“浏览”按钮，设置其目标主机的完全合格域名。在“浏览”对话框中，依次选择“DC”→“正向查找区域”→“phei.com.cn”→“web”选项，单击“确定”按钮，如图 7.1.18 所示。返回“新建资源记录”对话框，单击“确定”按钮，如图 7.1.19 所示。

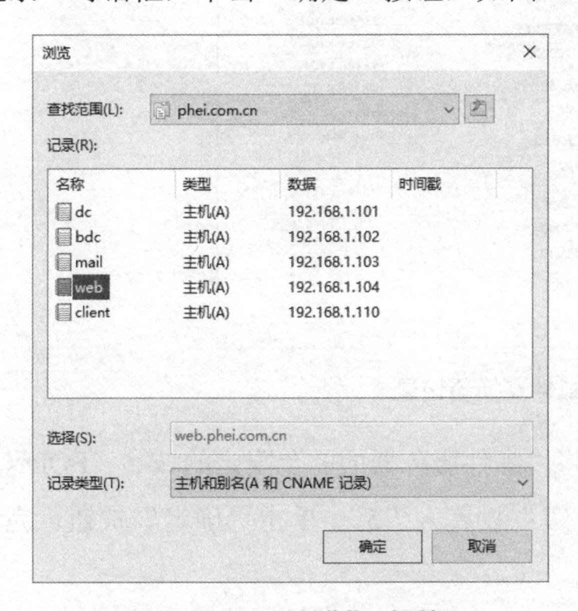

图 7.1.18 “浏览”对话框

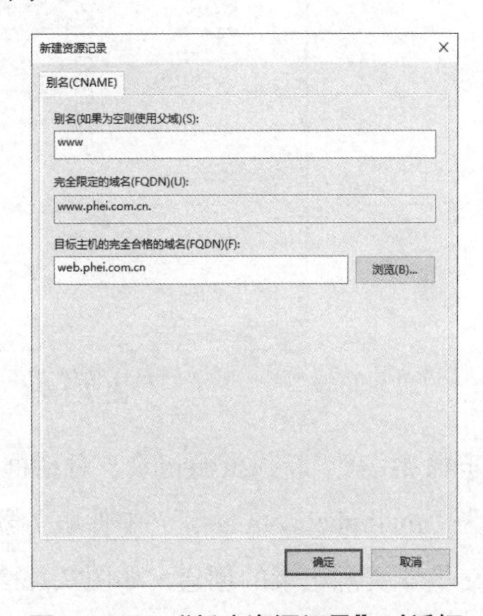

图 7.1.19 “新建资源记录”对话框

步骤 3：使用相同的步骤添加另一条别名记录，别名为“ftp”，并将“目标主机的完全合格的域名”设置为“web.phei.com.cn”，结果如图 7.1.20 所示。

4）新建邮件交换器记录

当局域网用户与其他 Internet 用户进行邮件交换时，将由在该处指定的邮件服务器与 Internet 邮件服务器共同完成。也就是说，如果不指定 MX 邮件交换记录，则网络用户将与 Internet 的邮件交换，不能实现 Internet 电子邮件的收发功能。

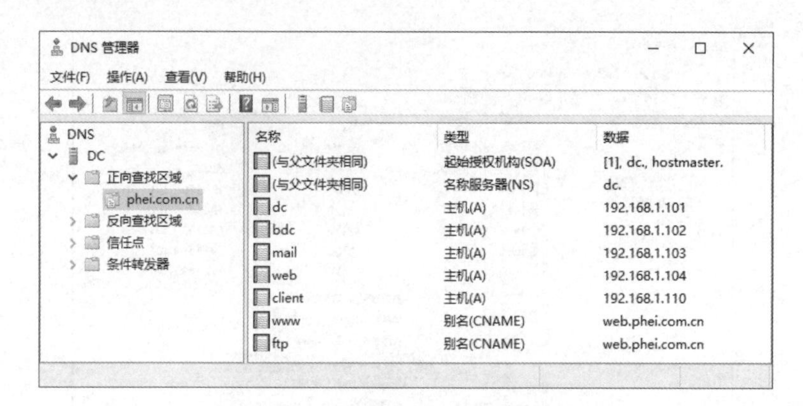

图 7.1.20　别名记录的设置结果

步骤 1：选择“DC”→“正向查找区域”→“phei.com.cn”选项，右击选区空白处，在弹出的快捷菜单中选择“新建邮件交换器（MX）”命令，如图 7.1.21 所示。

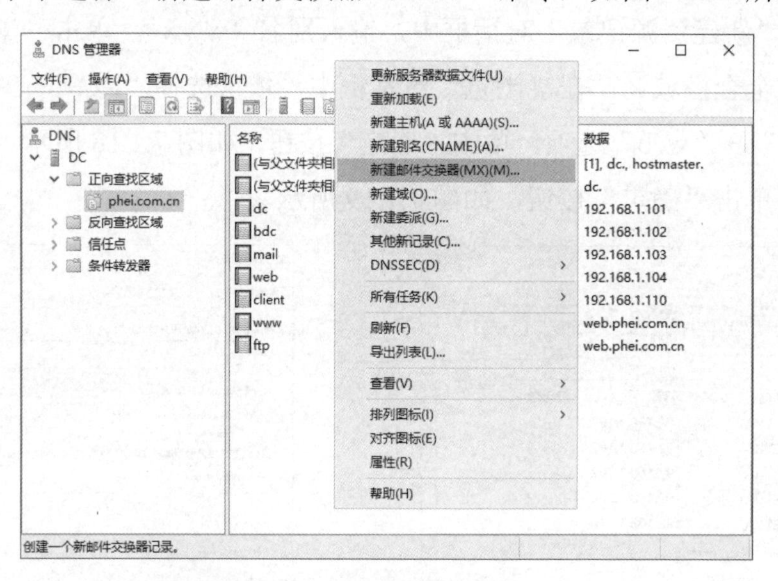

图 7.1.21　新建邮件交换器记录

步骤 2：在“新建资源记录”对话框中，将“邮件服务器的完全限定的域名（FQDN）”设置为“mail.phei.com.cn”，“邮件服务器优先级”设置为“5”，单击“确定”按钮，完成邮件交换器资源记录的创建，如图 7.1.22 所示。

步骤 3：返回“DNS 管理器”窗口，可以看到已创建完成的邮件交换器记录，如图 7.1.23 所示。

5）创建反向查找区域

通过 IP 地址查询主机名的过程被称为反向查找，而反向查找区域可以实现 DNS 客户端利用 IP 地址来查询其主机名的功能。创建反向查找区域的步骤如下。

步骤 1：在“DNS 管理器”窗口中，展开“DNS”→“DC”选项，右击“反向查找区域”选项，在弹出的快捷菜单中选择“新建区域”命令，如图 7.1.24 所示。

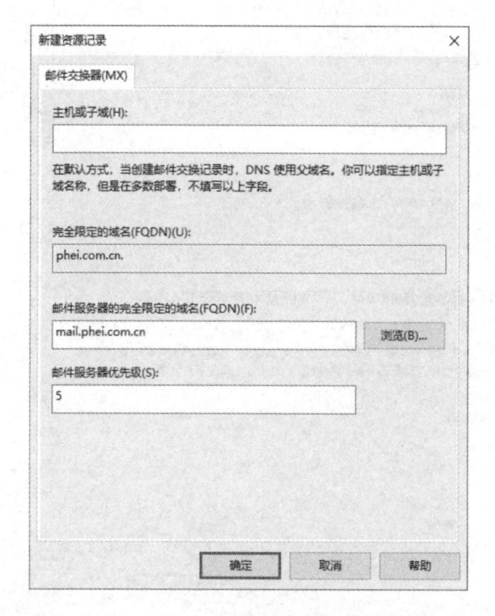

图 7.1.22　设置邮件服务器记录信息

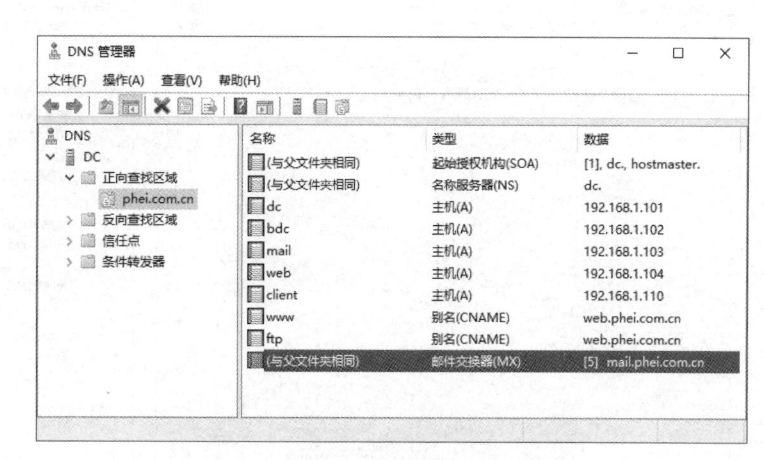

图 7.1.23　创建完成的邮件交换器记录

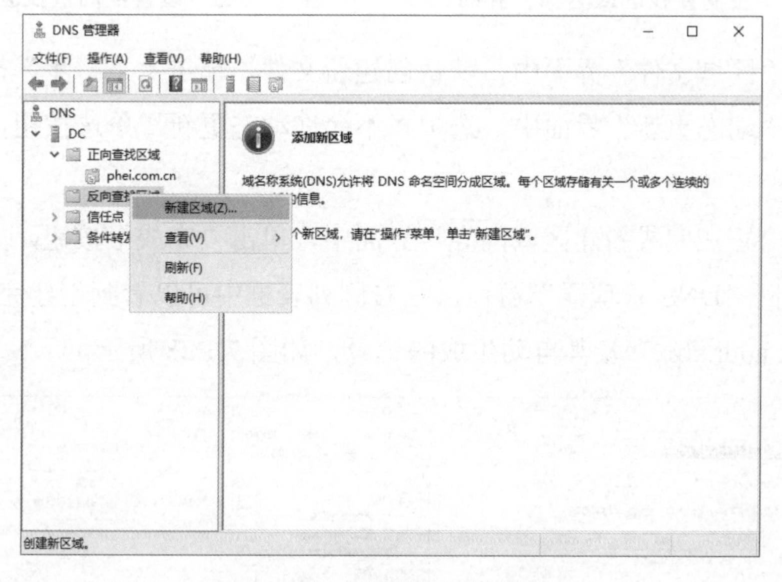

图 7.1.24　新建反向查找区域

步骤 2：在弹出的“新建区域向导”对话框的“欢迎使用新建区域向导”界面中，单击“下一步”按钮。

步骤 3：在“区域类型”界面中，选中“主要区域”单选按钮（默认），单击“下一步”按钮。

步骤 4：在“反向查找区域名称”界面中，选中“IPv4 反向查找区域”单选按钮，单击“下一步”按钮，如图 7.1.25 所示。输入反向查找区域的网络 ID，由于本任务要为 192.168.1.0/24 网段创建反向查找区域，因此在“网络 ID”的文本框中输入“192.168.1.”，单击“下一步”按钮。需要注意的是，在“网络 ID”文本框中以正常的网络 ID 顺序进行输入，输入完成后，在下面的“反向查找区域名称”文本框中将显示“1.168.192.in-addr.arpa”，如图 7.1.26 所示。

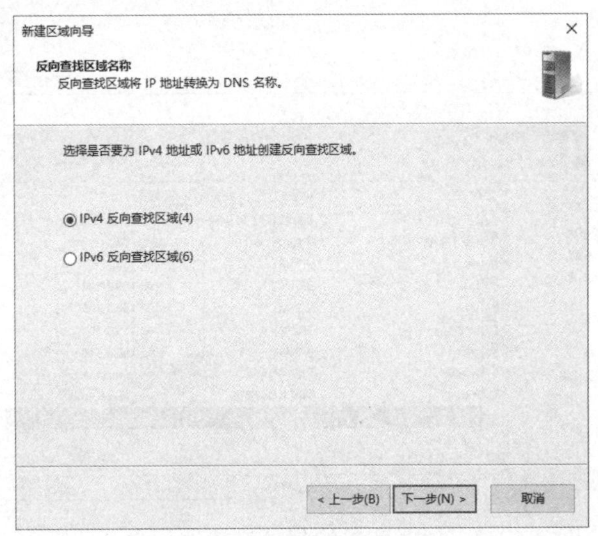

图 7.1.25　“反向查找区域名称”界面

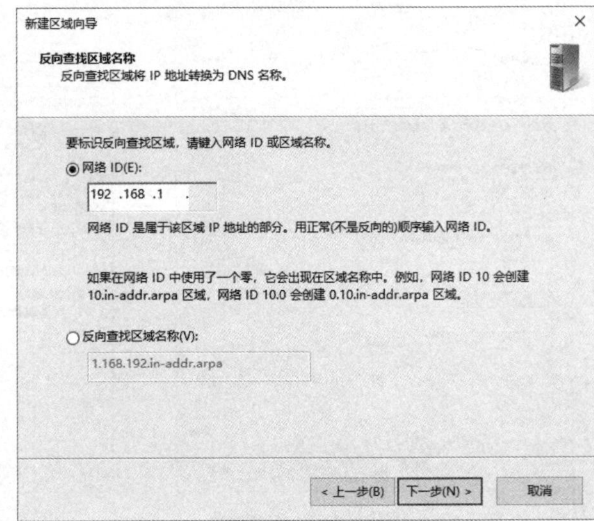

图 7.1.26　设置反向查找区域的网络 ID

步骤 5：在“区域文件”界面中，默认创建新文件，单击“下一步”按钮。

步骤 6：在“动态更新”界面中，选中“不允许动态更新”单选按钮，单击“下一步”按钮。

步骤 7：在“正在完成新建区域向导”界面中，单击“完成”按钮，如图 7.1.27 所示。

步骤 8：返回“DNS 管理器”窗口，在右侧列表框中可以看到创建完成的反向查找区域“1.168.192.in-addr.arpa”及其自动生成的记录，如图 7.1.28 所示。

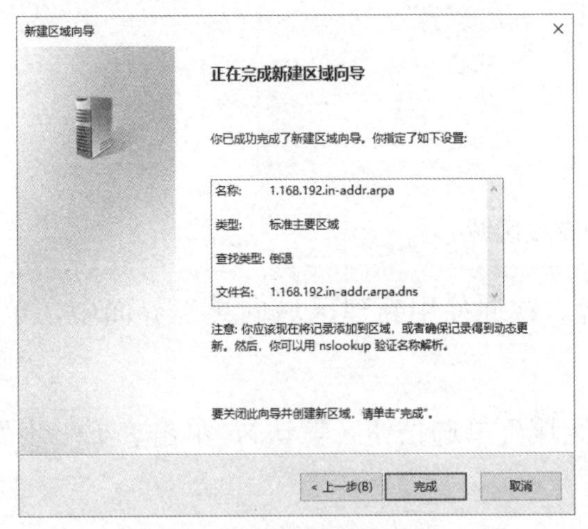

图 7.1.27　完成反向查找区域的创建

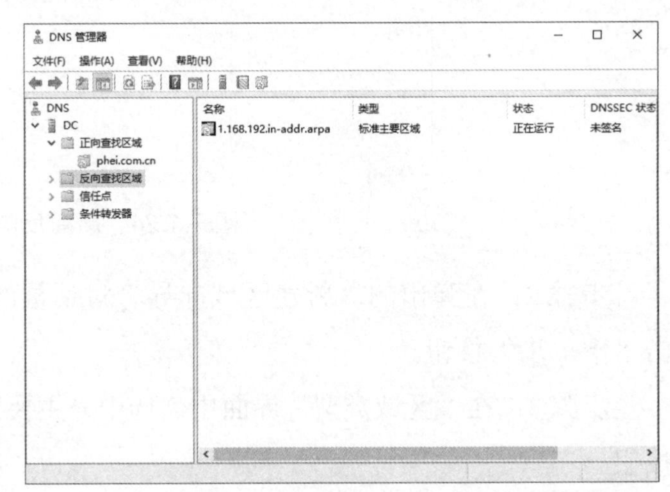

图 7.1.28　查看反向查找区域

6）新建指针记录

步骤 1：选择“DNS”→“DC”→“反向查找区域”→“1.168.192.in-addr.arpa”选项，右击选区空白处，在弹出的快捷菜单中选择“新建指针（PTR）”命令，如图 7.1.29 所示。

步骤 2：在“新建资源记录”对话框中，输入指定的 IP 地址，并采用直接输入或单击

“浏览”按钮的方式选择其对应的主机名（完全限定的域名）。此处将“主机 IP 地址”设置为“192.168.1.101”，“主机名”设置为“dc.phei.com.cn”，如图 7.1.30 所示。

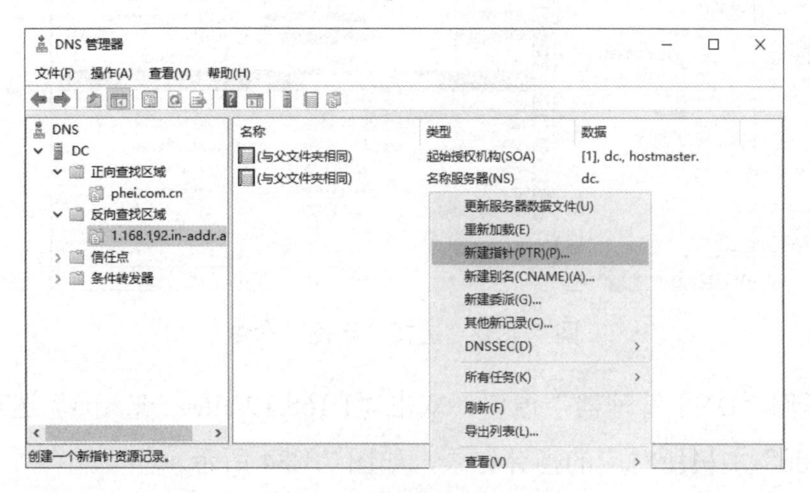

图 7.1.29 新建指针记录

步骤 3：返回“DNS 管理器”窗口，可以看到已创建完成的指针记录，如图 7.1.31 所示。

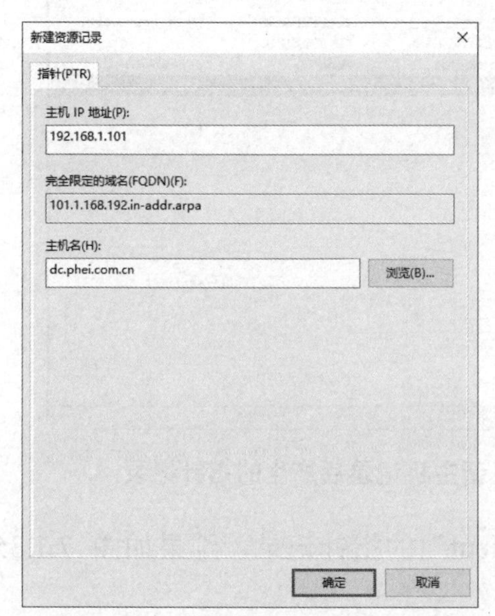

图 7.1.30 “新建资源记录”对话框

图 7.1.31 创建完成的指针记录

7）更新主机记录产生的指针记录

除了可以采用新建的方式，还可以在创建反向查找区域后，通过更新主机记录的方式产生指针记录。本任务以生成“bdc”所对应的指针记录为例。

步骤 1：右击正向查找区域“phei.com.cn”中的主机记录“bdc”，在弹出的快捷菜单中选择“属性”命令，如图 7.1.32 所示。

步骤 2：在“bdc 属性”对话框中，勾选“更新相关的指针（PTR）记录”复选框，单击“确定”按钮，如图 7.1.33 所示。

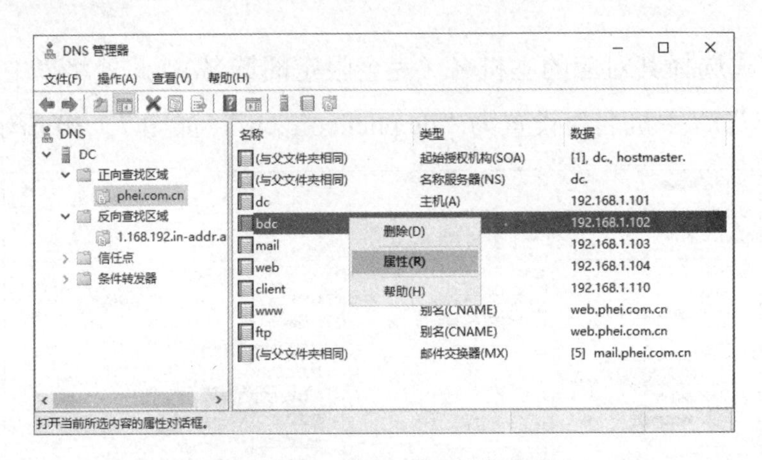

图 7.1.32 选择“属性”命令

步骤 3：返回“DNS 管理器”窗口，双击“1.168.192.in-addr.arpa”选项，即可在右侧选区中看到“bdc”主机所对应的指针记录，如图 7.1.34 所示。

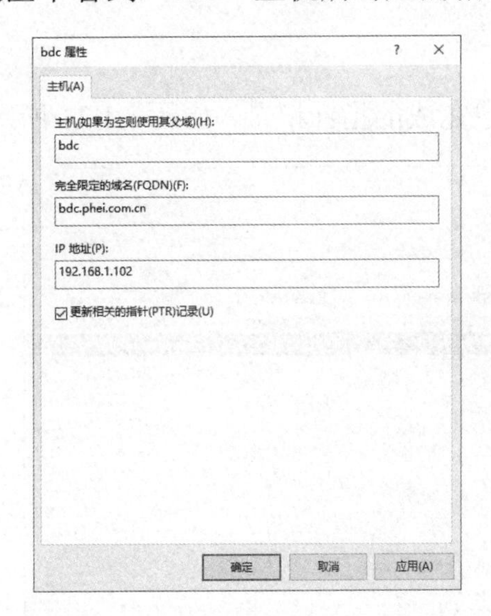

图 7.1.33 “bdc 属性”对话框

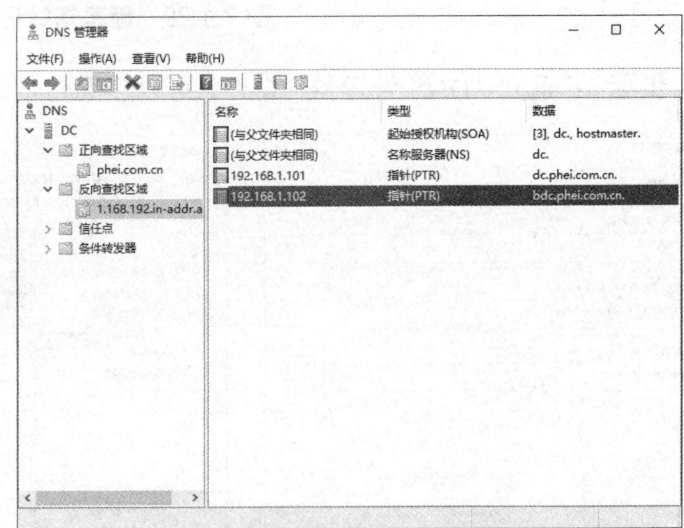

图 7.1.34 更新主机记录后产生的指针记录

步骤 4：使用相同的步骤配置“mail”“web”“client”的指针记录，结果如图 7.1.35 所示。

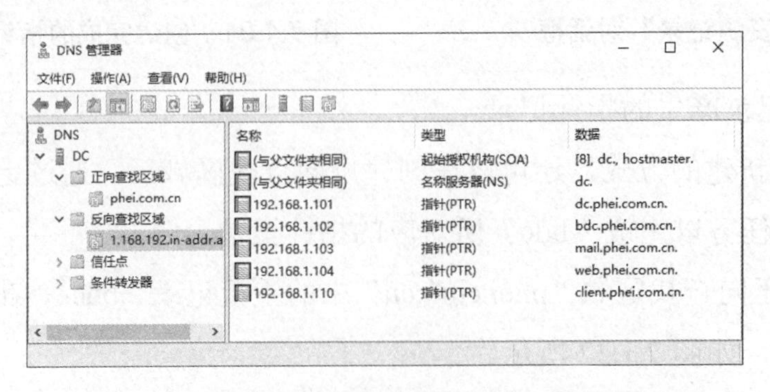

图 7.1.35 更新主机记录后产生的所有指针记录

3. 配置 DNS 客户端

在 DNS 客户端上，确保两台主机之间网络连接正常。检查网络适配器中的 DNS 服务器地址的设置，如图 7.1.36 所示。

4. 测试 DNS 服务

在 DNS 客户端上打开命令提示符窗口，使用 nslookup 命令测试 DNS 服务器的可用性。

方法 1：以“nslookup 资源记录”格式测试 DNS 服务器可用性及解析结果。此处针对主机记录“dc.phei.com.cn”、主机记录“bdc.phei.com.cn”、别名记录“www.phei.com.cn”和指针记录“192.168.1.103”进行测试，查询结果如图 7.1.37 所示。

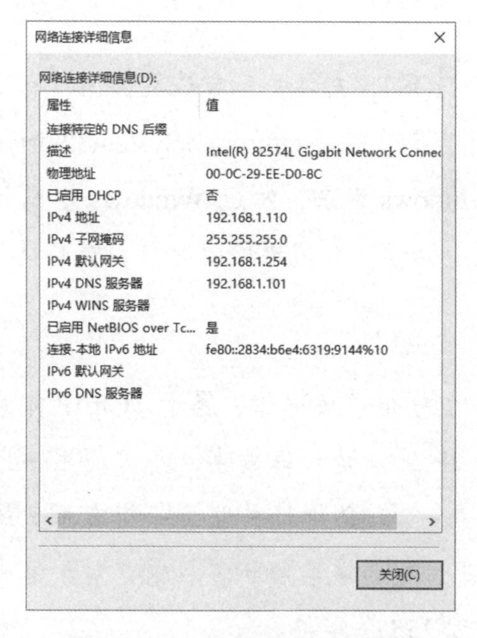

图 7.1.36 配置 DNS 客户端

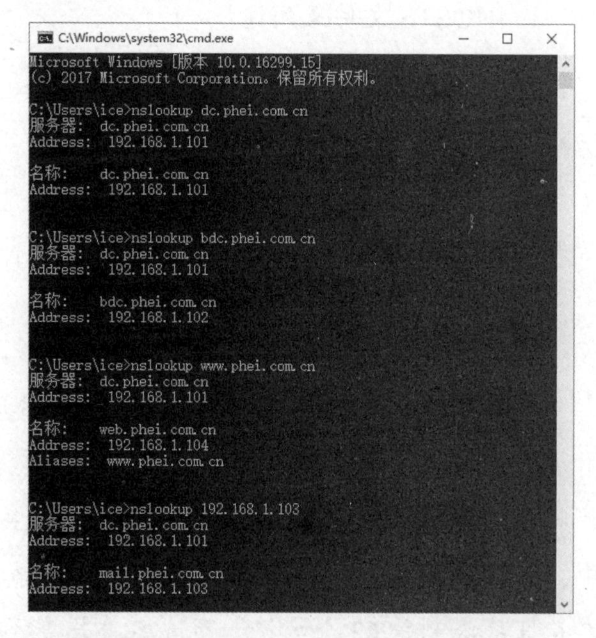

图 7.1.37 nslookup 命令及查询结果

方法 2：以交互式模式查询解析结果，适用于需要多次查询或需要设置记录类型的情况。此处以查询邮件交换器记录为例，使用 nslookup 命令的交互模式查询邮件交换器记录如表 7.1.2 所示，结果如图 7.1.38 所示。

表 7.1.2 使用 nslookup 命令的交互模式查询邮件交换器记录

命 令	作 用
nslookup	进入 nslookup 命令的交互模式
set type=mx	设置查询类型为“mx”，即查看邮件交换器记录
phei.com.cn	设置要查询的邮件域
exit	退出 nslookup 命令

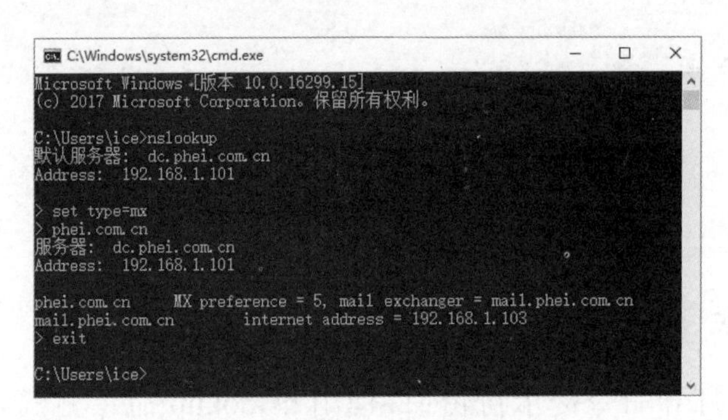

图 7.1.38 使用 nslookup 命令查询邮件交换器记录

知识链接

1. HOSTS 文件及用途

DNS 客户端在进行查询时，首先会检查自身的 HOSTS 文件，只有该文件内没有主机解析的记录，才会向 DNS 服务器进行查询。此文件存储在%systemroot%System32\drivers\etc 文件夹下（%systemroot%替换为系统所在磁盘的 Windows 目录，如 C:\Windows），默认无任何有效记录。为了用户的安全，建议将此文件设置为只读，在需要修改时再去掉只读属性。

2. DNS 服务器

域名系统（Domain Name System，DNS）是一个分布式数据库，属于 TCP/IP 体系中应用层的协议，使用 TCP 和 UDP 的 53 端口。由于 IP 地址是一串数字，不方便用户记忆，因此人们发明了域名（Domain Name）。域名可以将一个 IP 地址关联到一组有意义的字符中，而域名系统的作用是将域名映射为 IP 地址，此过程为域名解析。目前，对于每一级域名长度的限制是 63 个字符，而域名总长度不能超过 255 个字符。

3. 层次化域名空间

Internet 的域名的层次化结构，最高层为根。任何一台 Internet 上的主机或路由器，都有一个唯一的层次结构的域名。域名的结构由标号序列组成，各标号之间用“.”隔开。例如，“…….三级域名.二级域名.顶级域”，其中各标号分别代表不同级别的域名，如图 7.1.39 所示。

顶级域名分为 3 类：一是国家和地区顶级域名（Country Code Top-Level Domains，简称 ccTLDs），200 多个国家都按照 ISO3166 国家代码分配了顶级域名，如中国是.cn；二是通用顶级域名（Generic Top-Level Domains，简称 gTLDs），如表示公司、企业的.com，表示教育机构的.edu，表示网络提供商的.net 等；三是新顶级域名（New gTLD），如通用的.xyz，代表“高端”的.top 等 1000 多种。常见的顶级域名如表 7.1.3 所示。

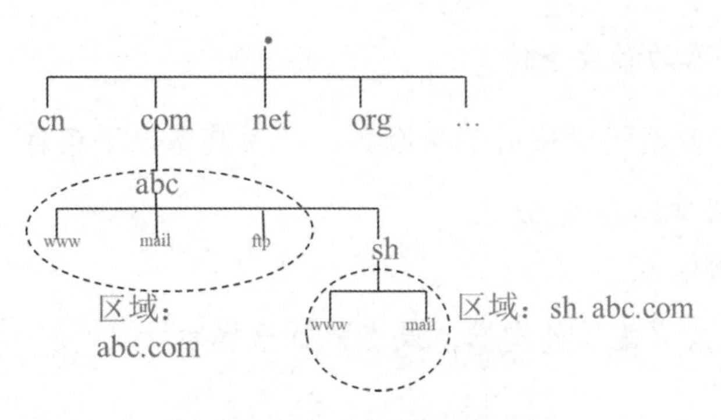

图 7.1.39 层次化域名空间

表 7.1.3 常见的顶级域名

分 配 情 况	顶 级 域 名	分 配 情 况	顶 级 域 名
阿帕网	arpa	中国	cn
商业机构（大多数公司、企业）	com	中国香港	hk
教育机构（例如大学和学院）	edu	日本	jp
Internet 网络服务机构	net	英国	uk
政府机关	gov	个人	name
军事系统	mil	博物馆	museum
非营利性组织	org	合作团体	coop

4. DNS 名称解析的查询模式

域名解析分为递归解析（也被称为递归查询）和迭代解析（也被称为迭代查询）。提供递归解析服务的域名服务器，可以代替查询主机或其他域名服务器做进一步的域名查询，并将最终的解析结果发送给查询主机或服务器，如图 7.1.40 所示；提供迭代解析的服务器，不会代替查询主机或其他域名服务器做进一步的查询，只是将下一步要查询的服务器告知查询主机或服务器（当然，如果该服务器拥有最终的解析结果，则直接响应解析结果），如图 7.1.41 所示。

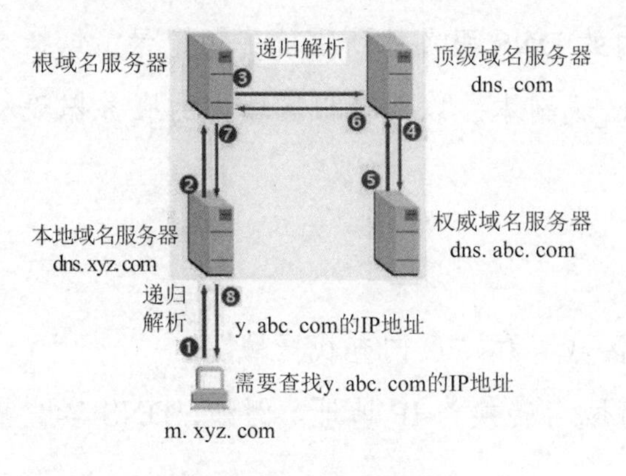

图 7.1.40 递归解析

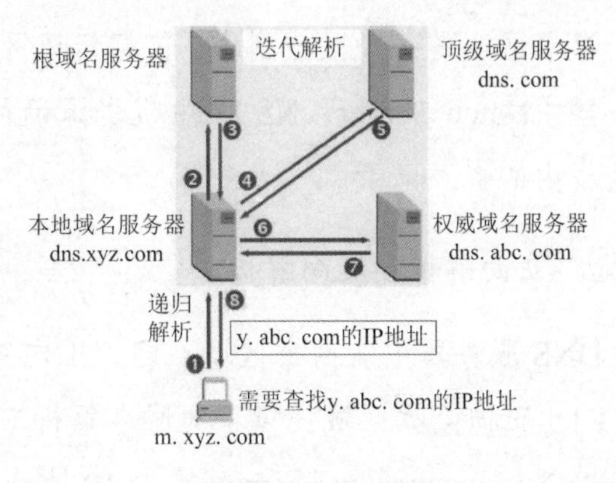

图 7.1.41 迭代解析

5. 安装 DNS 服务器的必要条件

DNS 服务器要为客户机提供域名解析服务，必须具备以下条件。

（1）有固定的 IP 地址。

（2）安装并启动 DNS 服务。

（3）有区域文件，或者配置转发器，或者配置根提示。

6. 区域类型

Windows Server 2022 的 DNS 服务器有 3 种区域类型，分别为主要区域（Primary Zone）、辅助区域（Secondary Zone）和存根区域（Stub Zone）。

1）主要区域

主要区域包含了相应 DNS 命名空间所有的资源记录，可以对区域中所有资源记录进行读写，即 DNS 服务器可以修改此区域中的数据，而保存这些资源记录的是一个标准的 DNS 区域文件。一般 DNS 服务器的设置，就是指设置主要区域数据库的记录，因此管理员可以在此区域内新建、修改和删除记录。若 DNS 服务器是独立服务器，则 DNS 区域内的记录存储在区域文件中，并且该区域文件名默认为“区域名称.dns”；若 DNS 是域控制器，则区域内数据库的记录会存储在区域文件或 Active Directory 集成区域中，并且所有记录都随着 Active Directory 数据库的复制而被复制到其他域控制器中。

2）辅助区域

辅助区域是主要区域的备份，辅助区域的文件从主要区域直接复制而来，同样包含相应 DNS 命名空间所有的资源记录，而保存这些资源记录的也同样是一个标准 DNS 区域文件，只是该区域文件为只读文件。当在 DNS 服务器中创建了一个辅助区域后，这个 DNS 服务器就是这个区域的辅助名称服务器。

3）存根区域

存根区域是一个区域副本，仅标识该区域内的 DNS 服务器所需的资源记录，包括名称服务器（Name Server，NS）、主机资源记录的区域副本，以及存根区域内的服务器无权管理区域内的资源记录。

7. 正向解析和反向解析

DNS 服务器中有两个区域，即“正向查找区域”和“反向查找区域”。

（1）正向查找区域提供正向域名解析，即将域名转换为 IP 地址。例如，DNS 客户端发起请求解析 www.yiteng.com 域名的 IP 地址。

（2）反向查找区域提供反向域名解析，即将 IP 地址转换为域名。反向解析由网络 ID 反向书写与固定的域名 in-addr.arpa 两部分组成。例如，解析 192.168.1.101 域名，则此反向域名需要写成 1.168.192.in-addr.arpa。由此可见，固定的域名 in-addr.arpa 是反向解析的顶级域名。

8. nslookup 命令

nslookup 是命令行界面下的一个网络工具，用于查询 DNS 的记录，查看域名解析是否正常。根据使用的系统不同（如 Windows 和 Linux），返回的值可能有所不同。

1）命令格式

nslookup 命令的书写格式为：nslookup [主机名/IP 地址] [server]。

其中，用户可以直接在 nslookup 的后面加个待查询的主机名或 IP 地址，[server]是可选参数。如果没有在 nslookup 的后面加上任何主机名或 IP 地址，则直接进入 nslookup 命令的查询界面。在该界面中，用户可以加入其他参数进行特殊查询，如查询所有正向解析的配置文件、所有主机的信息或当前设置的所有值等。

2）直接查询实例

若没有指定域名，则查询默认 DNS 服务器，如图 7.1.42 所示。

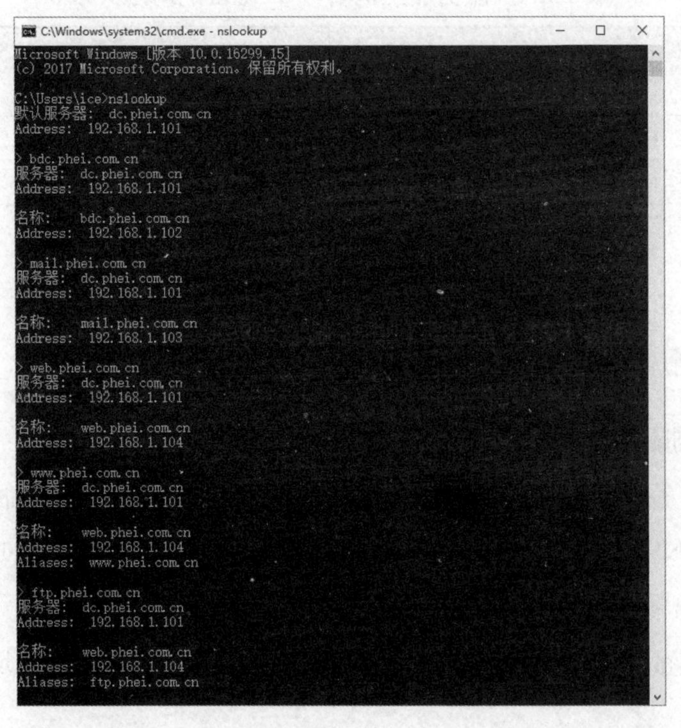

图 7.1.42 使用 nslookup 命令解析域名

任务拓展

（1）访问具有正规资质的域名注册网站，查询并记录 news.cn 域名的注册信息。

（2）上网查询有关 DNS 服务器的网络安全事件，了解 DNS 服务器的安全加固方法。

任务 7.2 配置辅助 DNS 服务器

任务描述

随着公司规模的扩大和上网人数的增加，公司主 DNS 服务器负荷过重，为防止单点故障，小王想通过增加一台 DNS 服务器作为辅助 DNS 服务器来实现 DNS 的负载平衡和冗余备份。即使主 DNS 服务器出现故障，也不影响用户访问 Internet。

任务要求

辅助 DNS 服务器是 DNS 服务器的一种容错机制，当主 DNS 服务器遇到故障不能正常工作时，辅助 DNS 服务器可以立刻分担主 DNS 服务器的工作，提供解析服务。服务器主机名与 IP 地址的对应关系如表 7.2.1 所示。

表 7.2.1 服务器主机名与 IP 地址的对应关系

主 机 名	IP 地址	备 注
dc	192.168.1.101	主 DNS 服务器
bdc	192.168.1.102	辅助 DNS 服务器
client	192.168.1.110	客户端，用于测试

任务实施

1. 在辅助区域服务器上新建辅助区域

步骤 1：在 bdc 服务器上，完成 DNS 服务器角色的添加。

步骤 2：在“服务器管理器”窗口中，选择“工具”→“DNS”命令。

步骤 3：在“DNS 管理器”窗口中，选择“DNS”→“BDC”选项，右击“正向查找区域”选项，在弹出的快捷菜单中选择“新建区域”命令。

步骤 4：在弹出的“新建区域向导”对话框的“欢迎使用新建区域向导”界面中，单击“下一步”按钮。

步骤 5：在“区域类型”界面中，选中“辅助区域”单选按钮，如图 7.2.1 所示。

步骤 6：在“区域名称”界面中，输入辅助区域名称“phei.com.cn”，单击“下一步”按钮。

步骤 7：在“主 DNS 服务器”界面的“主服务器”选区中，单击并输入主要区域 DNS

服务器的 IP 地址“192.168.1.101”，输入完成后按 Enter 键，单击“下一步”按钮，如图 7.2.2 所示。

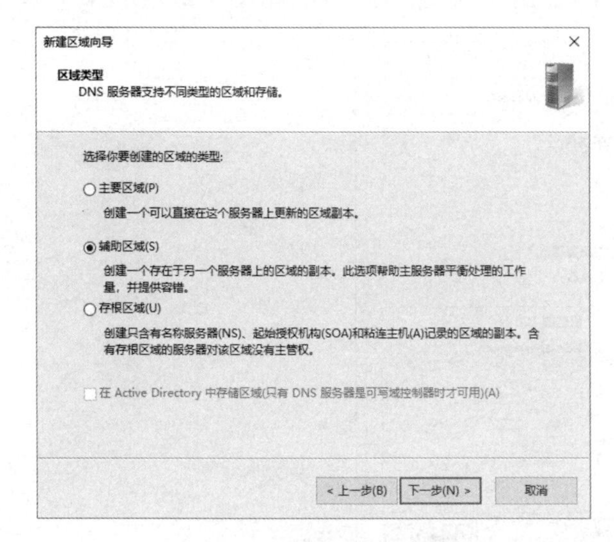

图 7.2.1　选择区域类型

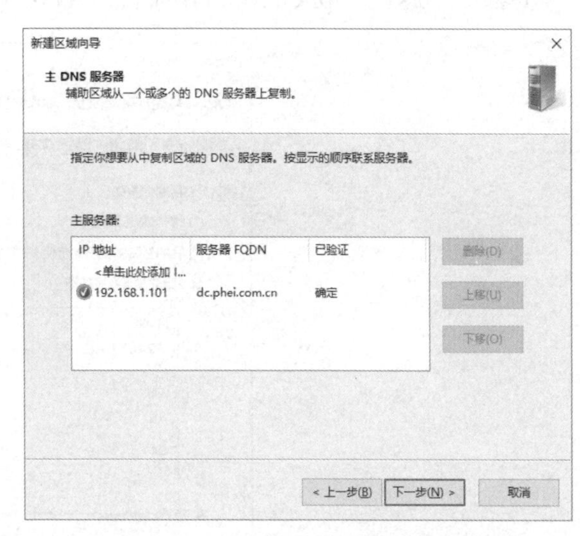

图 7.2.2　“主 DNS 服务器”界面

步骤 8：在“正在完成新建区域向导”界面中，单击“完成”按钮。

2. *在主要区域服务器上允许区域传输*

步骤 1：在主要区域服务器 DC 上打开“DNS 管理器”窗口，右击“正向查找区域”选项下的“phei.com.cn”选项，在弹出的快捷菜单中选择“属性”命令，如图 7.2.3 所示。

步骤 2：在“phei.com.cn 属性”对话框的“区域传送”选项卡中，勾选“允许区域传送”复选框，选中“只允许到下列服务器”单选按钮，单击“编辑”按钮，在弹出的“允许区域传送”对话框中输入辅助区域服务器的 IP 地址。此处输入“192.168.1.102”，完成后单击“确定”按钮，如图 7.2.4 所示。

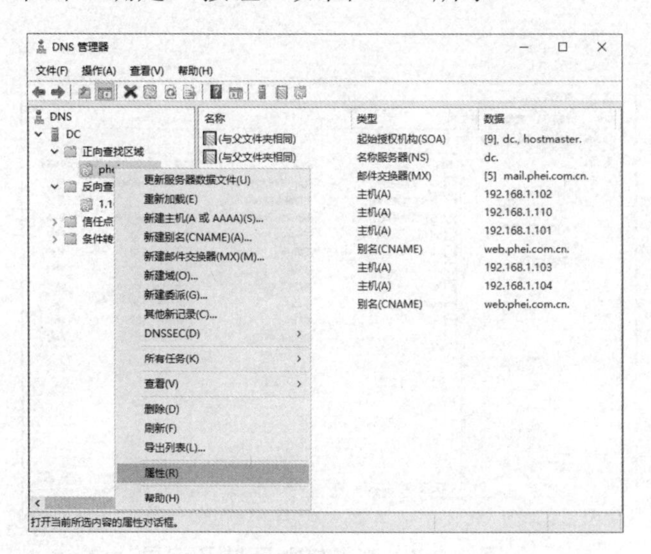

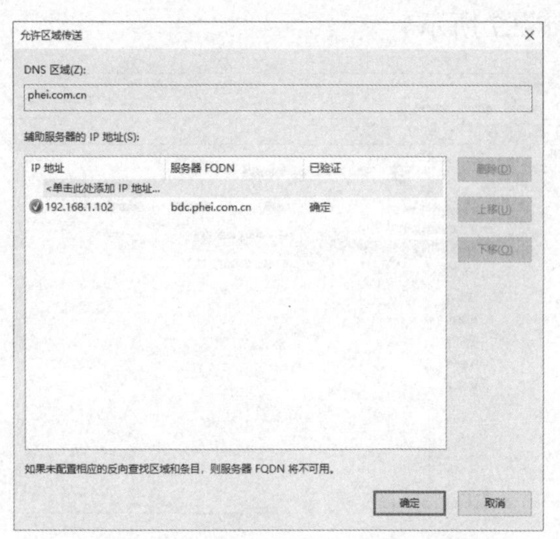

图 7.2.3 “DNS 管理器”窗口　　图 7.2.4 输入辅助区域服务器的 IP 地址

步骤 3：返回“phei.com.cn 属性”对话框，单击“确定”按钮，如图 7.2.5 所示。

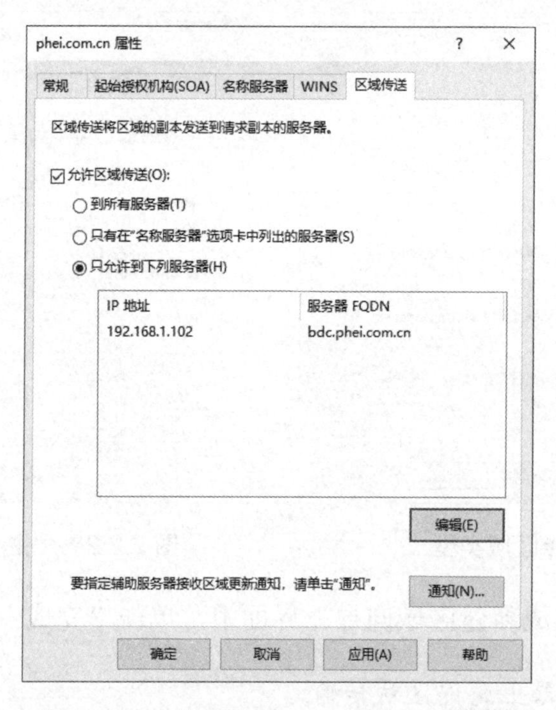

图 7.2.5 “phei.com.cn 属性”对话框

3. 在辅助区域服务器上加载区域副本

步骤 1：在辅助区域 DNS 服务器 bdc 的“DNS 管理器”窗口中，右击需要加载的正向查找区域“phei.com.cn”，在弹出的快捷菜单中选择“从主服务器传送区域的新副本”命令，如图 7.2.6 所示。

步骤 2：在传送完成后，可以看到所有 DNS 记录已从主要区域服务器上同步完成，如图 7.2.7 所示。

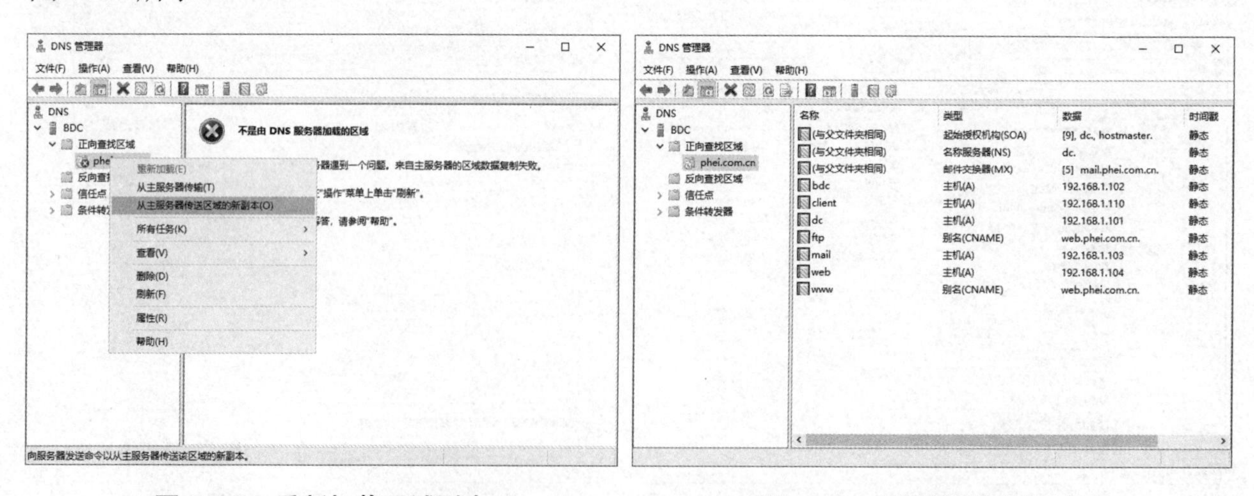

图 7.2.6 重新加载区域副本　　图 7.2.7 查看辅助区域及记录

小贴士：

在遇到辅助区域创建完成但无法加载区域信息的情况时，需要检查与主 DNS 服务器的连通性，以及查找相关区域的区域传送是否允许辅助服务器同步数据，并在辅助服务器的“DNS 管理器”窗口中重新启动 DNS 服务或重新加载区域。

4. 测试辅助区域服务器

步骤 1：在 DNS 客户端上，将网络适配器的首选 DNS 地址设置为 192.168.1.101，备用 DNS 服务器设置为 192.168.1.102，如图 7.2.8 所示。

步骤 2：在主 DNS 服务器 DC 上，将其系统关机。

步骤 3：在客户端命令提示符窗口中，执行 nslookup www.phei.com.cn 192.168.1.101 命令发现无法正常解析，而执行 nslookup www.phei.com.cn 192.168.1.102 命令却可以获得正确的解析结果，如图 7.2.9 所示。使用相同的方法测试其他记录，此处不再赘述。

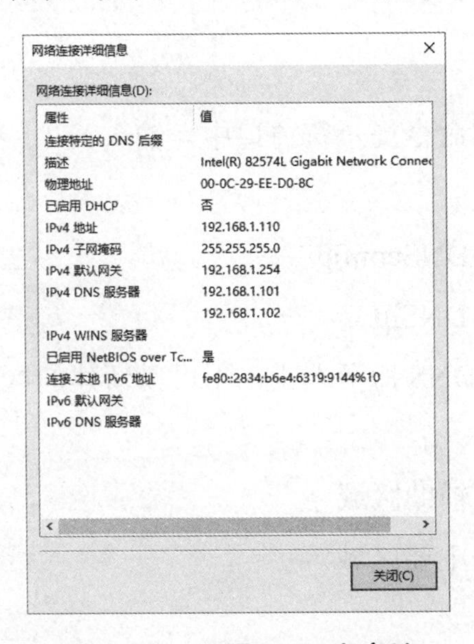

图 7.2.8 配置 DNS 客户端

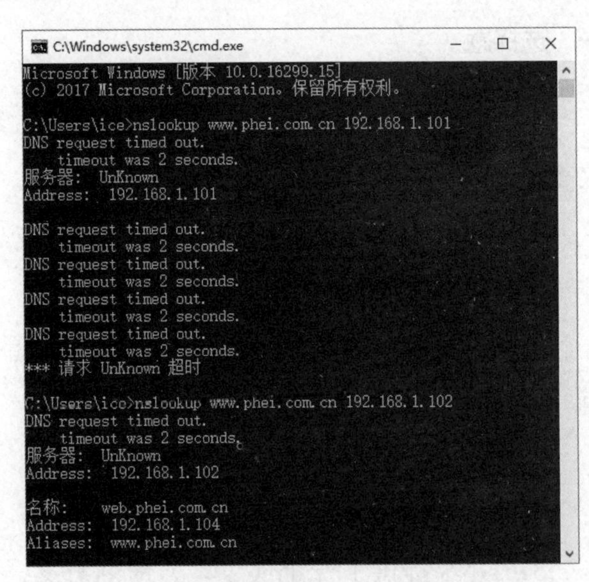

图 7.2.9 测试辅助区域服务器的可用性

小贴士：

在测试辅助 DNS 服务器时，可以将客户机的首选 DNS 服务器的地址改为辅助 DNS 服务器的 IP 地址，也可以同时填入两个 DNS 服务器的 IP 地址。在默认情况下，客户端使用首选 DNS 服务器来完成解析，只有无法和首选 DNS 服务器通信时，才会使用备用 DNS 服务器。

如果需要强制调用某台 DNS 服务器，则可以使用 nslookup 命令来指定。

知识链接

在 Internet 中，通常使用域名来访问 Internet 上的服务器，因此 DNS 服务器在 Internet 的访问中就显得十分重要，如果 DNS 服务器出现故障，即使是网络本身通信正常，也无法通过域名访问 Internet。

为保障域名解析正常，除了一台主域名服务器，还可以安装一台或多台辅助域名服务器。由于辅助域名服务器只创建与主域名服务器相同的辅助区域，而不创建区域内的资源记录，因此所有的资源记录都是从主域名服务器同步传送到辅助域名服务器中的。

任务拓展

上网查询有关“雪人计划”的相关内容。

练习题

一、选择题

1. 在 Windows Server 2022 服务器操作系统的命令提示符窗口中，输入（　　）命令来查看 DNS 服务器的 IP 地址。

A．DNSserver　　B．DNSconfig

C．nslookup　　D．DNSip

2. 在 Windows Server 2022 服务器操作系统的 DNS 服务器上，不可以新建的区域类型有（　　）。

A．转发区域　　B．辅助区域

C．存根区域　　D．主要区域

3. DNS 提供了一个（　　）命名方案。

A．分级　　B．分层

C．多级　　D．多层

4. DNS 顶级域名中表示学院组织的是（　　）。

A．COM　　B．GOV

C．MIL　　D．edu

5.（　　）表示别名的资源记录。

A．MX　　B．SOA

C．CNAME　　D．PTR

6.（　　）表示主机的资源记录。

A．MX　　B．A

C．CNAME　　D．PTR

7.（　　）表示指针的资源记录。

A．MX　　B．SOA

C．CNAME　　D．PTR

8.（　　）表示邮件服务器的资源记录。

A．MX　　B．SOA

C．CNAME　　D．PTR

9. 有一台 DNS 服务器，用来提供域名解析服务。网络中的其他计算机都作为这台 DNS 服务器的客户机。服务器中创建了一个标准主要区域，在一台客户机上使用 nslookup 工具查询一个主机名称，使 DNS 服务器能够正确地将其 IP 地址解析出来。可是，当使用 nslookup 工具查询该 IP 地址时，DNS 服务器却无法将其主机名称解析出来。请问：应如何解决这个问题？（　　）

A．在 DNS 服务器反向解析区域中，为这条主机记录创建相应的 PTR 指针记录

B．在 DNS 服务器区域属性上设置允许动态更新

C．在要查询的这台客户机上执行 ipconfig/registerdns 命令

D．重新启动 DNS 服务器

10. 将 DNS 客户端请求的完全合格的域名解析为对应的 IP 地址的过程被称为（　　）。

A．正向解析　　B．迭代解析

C．递归解析　　D．反向解析

11. 将 DNS 客户端请求的 IP 地址解析为对应的完全隔阂的域名的过程被称为（　　）。

A．正向解析　　B．迭代解析

C．递归解析　　D．反向解析

二、实训题

某公司局域网内没有 DNS 服务器，现计划搭建一台 DNS 服务器，IP 地址为 172.16.1.100，区域名称为 tiantain.cn，并为公司的服务器建立主机记录。请完成以下要求。

1．添加 DNS 角色服务，搭建 DNS 服务器。

2．创建区域，添加主机记录（www、mail 和 ftp），实现局域网内部的域名解析。

配置与管理 DHCP 服务器

知识目标

1. 了解 TCP/IP 网络中 IP 地址的分配方式。
2. 理解 DHCP 的基本功能和应用场景。
3. 理解 DHCP 服务的基本原理及工作过程。
4. 了解 DHCP 故障转移中伙伴服务器的概念。

能力目标

1. 能安装 DHCP 服务器。
2. 能建立 DHCP 作用域，实现 IP 地址自动分配。
3. 能在客户端上完成 DHCP 服务器的测试。
4. 能按照需要管理 DHCP 服务器，为客户端保留 IP 地址。
5. 能配置 DHCP 故障转移。

素质目标

1. 树立节约意识，合理分配 IP 地址等网络资源。
2. 增强服务意识，能为用户便捷使用网络提供支持。
3. 增强信息系统的安全意识，能主动提高网络服务的可靠性。

本项目单词

DHCP：Dynamic Host Configuration Protocol，动态主机配置协议

Automatic：自动的　　Protocol：协议　　Agent：代理

Request：请求　　Discover：发现　　Release：释放

Acknowledge：确认　　Lease：租用

项目需求

某公司是一家电子商务运营公司。随着公司网络使用需求的逐步增大，网络管理员小王为同事的计算机手动配置 IP 地址耗费了大量精力，因为稍不注意就会造成 IP 地址配置错误进而影响正常办公，而且很难为不同类型操作系统的移动设备手动配置 IP 地址，所以在公司的内网中实施动态 IP 地址分配方案已势在必行。

基于上述需求，管理部门决定，在公司内部架设一台 DHCP 服务器，为公司内的计算机动态分配 IP 地址，从而减少手动分配 IP 地址带来的烦琐。Windows Server 2022 服务器操作系统提供的 DHCP 服务，可以很好地解决 IP 地址的动态分配需求，为员工简单、快捷地访问网络提供支持。

本项目主要介绍 Windows Server 2022 服务器操作系统中 DHCP 服务器的安装、配置与管理方法，以及通过配置 DHCP 的故障转移等技术来为网络用户提供可靠的网络服务。项目拓扑结构如图 8.0.1 所示。

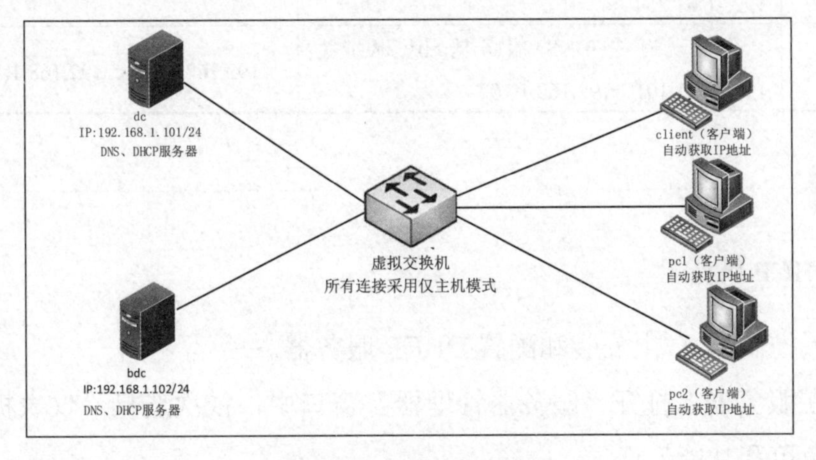

图 8.0.1　项目拓扑结构

任务 8.1 安装与配置 DHCP 服务器

任务描述

在公司内部已有正在使用的服务器，要在现有服务器上硬件部署 DHCP 服务器，实现 IP 地址的动态分配，此任务交给网络管理员小王来完成。

任务要求

在 Windows Server 2022 服务器上安装 DHCP 服务，并建立作用域，设置地址范围、租用期限、路由器（默认网关）、DNS 服务器等 DHCP 选项，从而实现公司内部网络 IP 地址的动态分配。DHCP 关键设置项如表 8.1.1 所示。

表 8.1.1 DHCP 关键设置项

DHCP 选项	公司现有网络情况	计划设置方案
IP 地址范围	内网网段为 192.168.1.0/24	起始 IP 地址：192.168.1.1 结束 IP 地址：192.168.1.253
作用域名称	无	PHEI 办公网络
排除	路由器内网接口（网关）的 IP 地址为 192.168.1.254； 服务器使用的 IP 地址范围为 192.168.1.101 至 192.168.1.109	排除服务器所用 IP 地址范围为 192.168.1.101 至 192.168.1.109 排除默认网关，其 IP 地址已在 IP 地址范围外，此处无须排除
租约时间	无	30 天
路由器（默认网关）	路由器内网接口（网关）的 IP 地址为 192.168.1.254	192.168.1.254
DNS 服务器	公司现有的 DNS 服务器 IP 地址为 192.168.1.101、192.168.1.102	192.168.1.101、192.168.1.102

任务实施

1. 安装 DHCP 服务器

本任务在域控制器 dc 上安装和配置 DHCP 服务器。

步骤 1：在服务器上打开“服务器管理器”窗口中，依次选择“仪表板”→“快速启动”→“添加角色和功能”选项。

步骤 2：在“添加角色和功能向导”窗口的“开始之前”界面中，单击“下一步”按钮。

步骤 3：在“选择安装类型”界面中，选中“基于角色或基于功能的安装”单选按钮，单击“下一步”按钮。

步骤 4：在“选择目标服务器”界面中，选中“从服务器池中选择服务器”单选按钮，在“服务器池”选区中选择“dc.phei.com.cn”选项，单击“下一步”按钮。

步骤 5：在“选择服务器角色”界面中，勾选“DHCP 服务器”复选框，在弹出的“添加 DHCP 服务器所需的功能？”对话框中单击“添加功能”按钮，返回确认“DHCP 服务器”角色处于已选择状态后，单击“下一步”按钮，如图 8.1.1 所示。

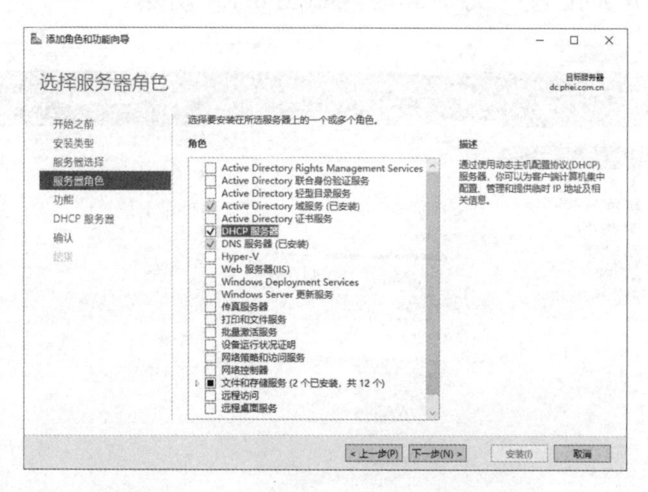

图 8.1.1 “选择服务器角色”界面

步骤 6：在“选择功能”界面中，保持默认设置，单击“下一步”按钮。

步骤 7：在“DHCP 服务器”界面中，保持默认设置，单击“下一步”按钮。

步骤 8：在“确认安装所选内容”界面中，单击“安装”按钮进行安装，如图 8.1.2 所示。

步骤 9：等待安装完成后，在“安装进度”界面中，单击“关闭”按钮，如图 8.1.3 所示。

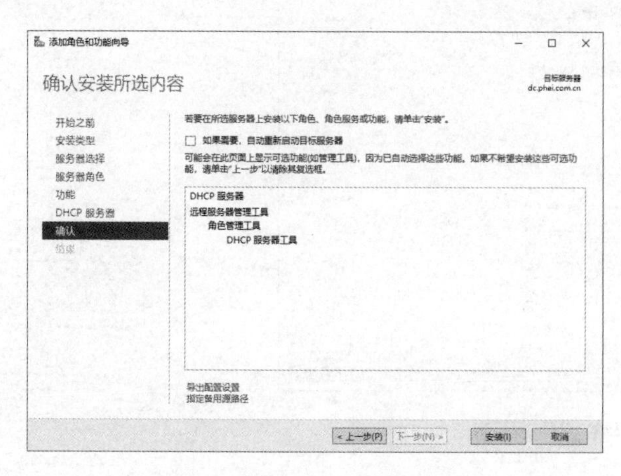

图 8.1.2 单击“安装”按钮

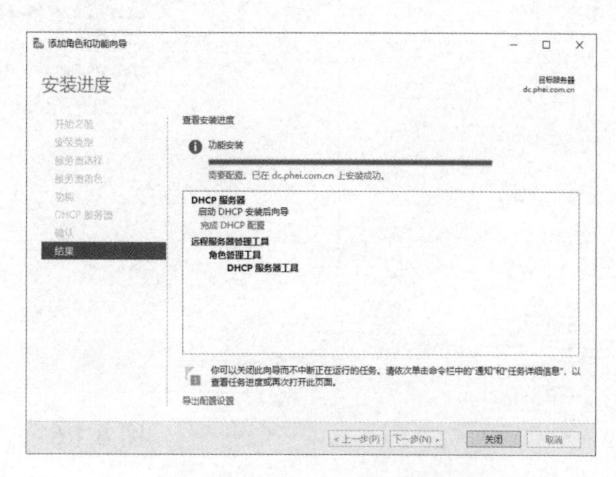

图 8.1.3 “安装进度”界面

2. 授权 DHCP 服务器

在基于活动目录（Active Directory）的网络中，为了防止非法 DHCP 服务器运行可能造成的 IP 地址混乱，提高 DHCP 服务器使用的安全性，必须使用管理员身份对合法 DHCP 服务器进行授权，未获得授权的 DHCP 服务器将无法提供服务。在基于工作组的网络环境中，则不需要对 DHCP 服务器进行授权。

步骤 1：在“服务器管理器”窗口中，单击通知区域的黄色感叹号图标，在弹出的对话框中单击“完成 DHCP 配置”文字链接，如图 8.1.4 所示。

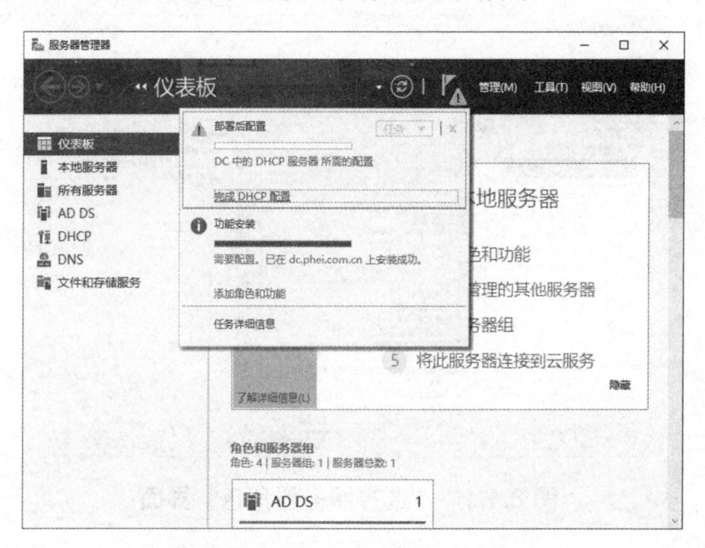

图 8.1.4 显示 DHCP 的警示信息

步骤 2：在“DHCP 安装后配置向导”窗口的“描述”界面中，单击“下一步”按钮，如图 8.1.5 所示。

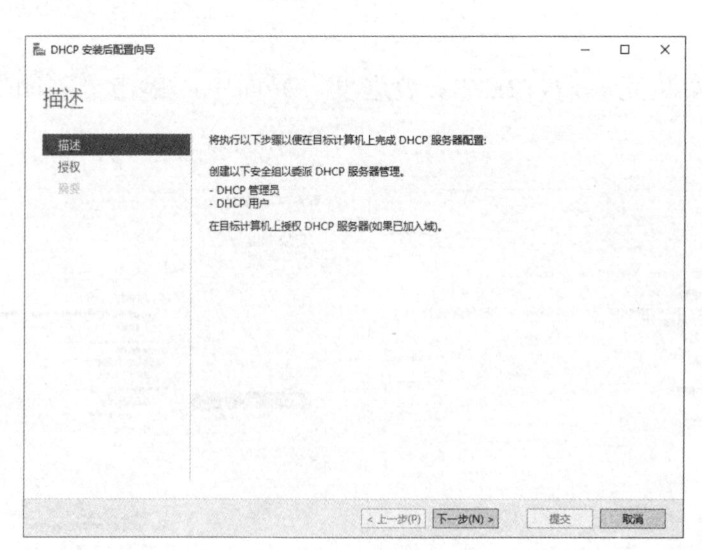

图 8.1.5 “描述”界面

步骤 3：在“授权”界面中，输入能够为 DHCP 服务器提供授权的用户凭据。如果是域成员服务器，则需要使用域管理员或 DHCP 用户作为凭据；如果 DHCP 服务器位于域控制器上，则选中“使用以下用户凭据”单选按钮，单击“提交”按钮，如图 8.1.6 所示。

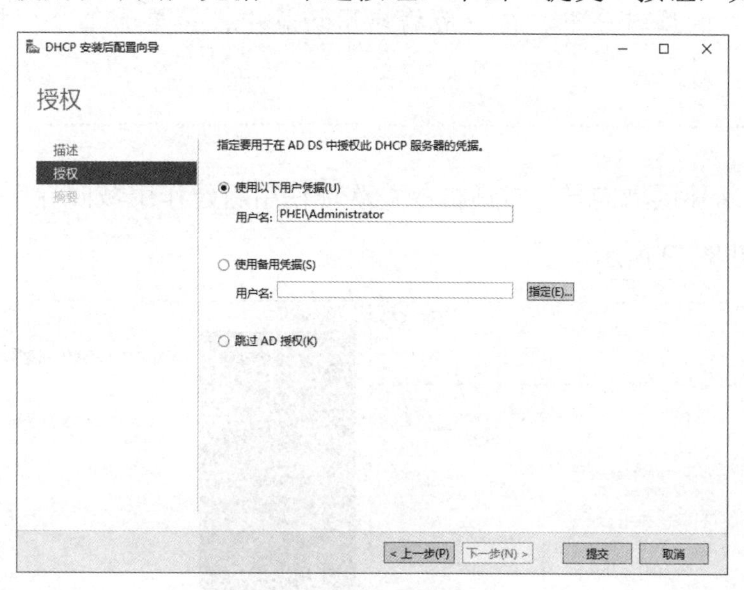

图 8.1.6 输入授权凭据

步骤 4：在“摘要”界面中，单击“关闭”按钮，完成 DHCP 授权，如图 8.1.7 所示。

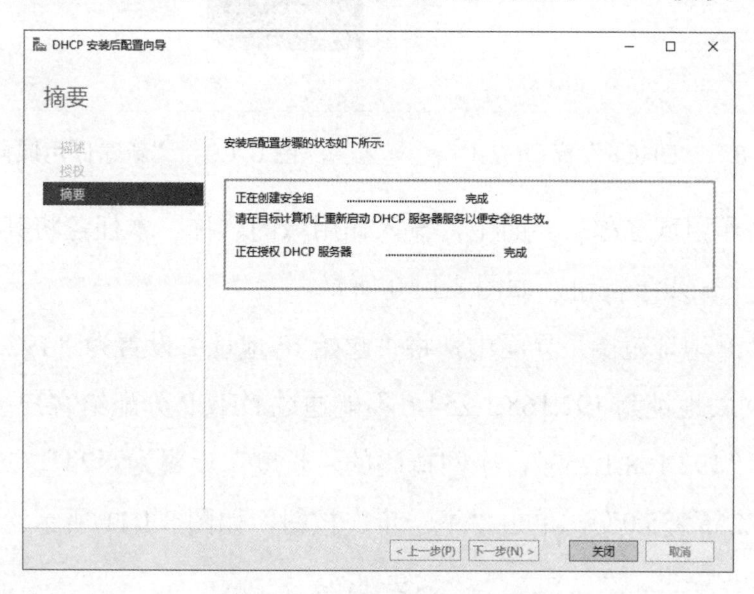

图 8.1.7 完成 DHCP 授权

3. 配置 DHCP 服务器

步骤 1：在“服务器管理器”窗口中，选择“工具”→“DHCP”命令。

步骤 2：在“DHCP”窗口中，选择“DHCP”→“dc.phei.com.cn”选项，右击“IPv4”选项，在弹出的快捷菜单中选择“新建作用域”命令，如图 8.1.8 所示。

小贴士：

DHCP 作用域是 DHCP 服务器提供 IP 地址、子网掩码、默认网关地址、DNS 服务器地址等信息的逻辑分组。在一般的应用场景中，需要为每个广播域建立一个作用域。

步骤 3：在“新建区域向导”对话框的“欢迎使用新建作用域向导”界面中，单击“下一步”按钮，如图 8.1.9 所示。

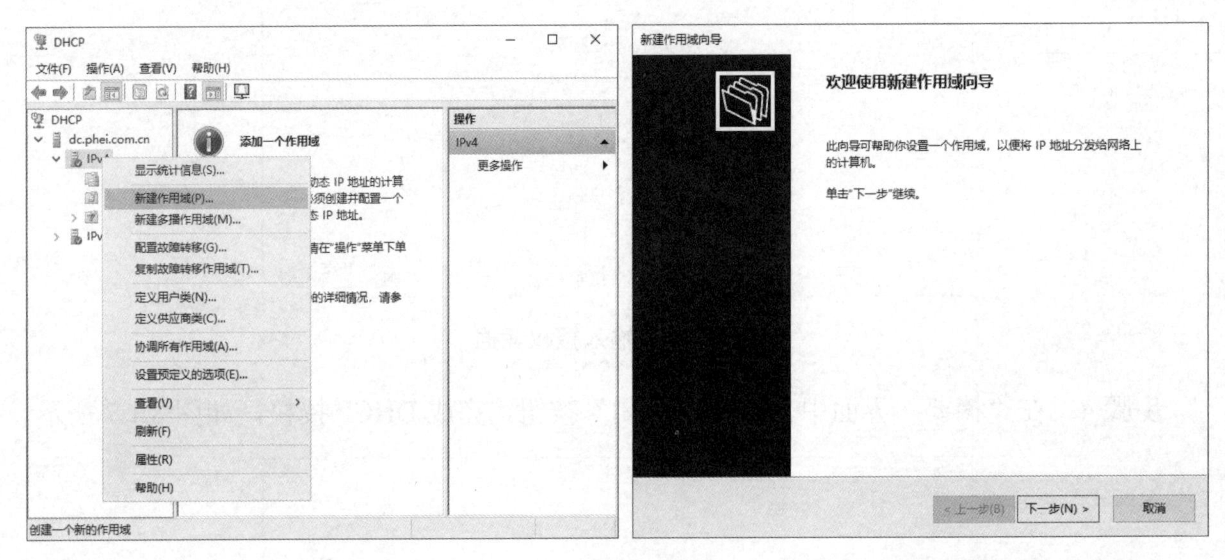

图 8.1.8　“DHCP”窗口　　　　图 8.1.9　“新建作用域向导”对话框

步骤 4：在“作用域名称”界面中，输入作用域的名称。本任务将其设置为“PHEI 办公网络”，单击“下一步”按钮，如图 8.1.10 所示。

步骤 5：在“IP 地址范围”界面中，将“起始 IP 地址”设置为“192.168.1.1”，由于公司现有网络中的网关地址为 192.168.1.254，不能通过 DHCP 分配给客户端，因此将“结束 IP 地址”设置为“192.168.1.253”，子网掩码的“长度”设置为“24”（或直接将“子网掩码”设置为“255.255.255.0”），单击“下一步”按钮，如图 8.1.11 所示。

小贴士：

DHCP 中的 IP 地址范围是指以起始和结束 IP 地址来定义的范围区间。此处的 IP 地址范围与可分配 IP 地址范围有所不同。能够分配给客户端使用的 IP 地址一般被称为地址池，即在 IP 地址范围中去掉后续步骤中“排除”IP 地址所剩余的 IP 地址。

图 8.1.10 “作用域名称”界面

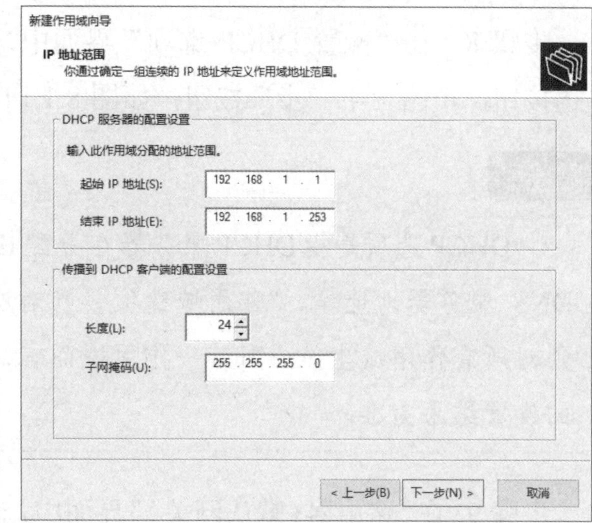

图 8.1.11 “IP 地址范围”界面

步骤 6：在“添加排除和延迟”界面中，输入要排除地址范围，公司现有服务器使用 192.168.1.101 到 192.168.109 这 9 个固定 IP 地址，因此将“起始 IP 地址”和“结束 IP 地址”分别设置为“192.168.1.101”和“192.168.1.109”，单击“添加”按钮，使这些地址显示在“排除的地址范围”选区中，单击“下一步”按钮，如图 8.1.12 所示。

步骤 7：在“租用期限”界面中，输入 IP 地址所能租用的最长时间，此处设置为 30 天，单击“下一步”按钮，如图 8.1.13 所示。

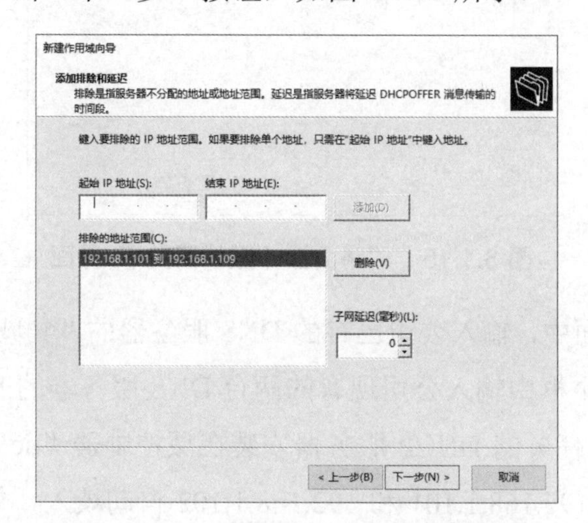

图 8.1.12 “添加排除和延迟”界面

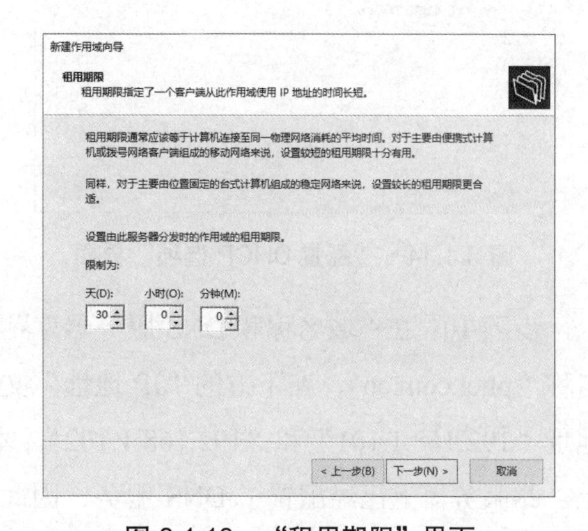

图 8.1.13 “租用期限”界面

小贴士：

租用期限是指客户端能够使用自动获得的 IP 地址的时间。在一个以有线网络为主的环境中，可使用默认的租约期限 30 天，而在网络中存在手机、平板电脑等可移动设备时，可设置租约期限为 1 天。

步骤 8：在“配置 DHCP 选项”界面中，选中默认的“是，我想现在配置这些选项”单选按钮，单击“下一步”按钮，如图 8.1.14 所示。

小贴士：

DHCP 选项是指 DHCP 服务器在分配 IP 地址时可包含的其他信息，包括默认网关、DNS 服务器地址等。“作用域选项”只对所在的单个作用域生效，而“服务器选项”则对所有作用域生效。对某一作用域而言，若二者设置不同，则以其“作用域选项”的设置结果为准。

步骤 9：在“路由器（默认网关）”界面中，输入公司内网的网关 IP 地址“192.168.1.254”，单击“添加”按钮后，确保上述地址显示在“IP 地址”下方的选区中，单击“下一步”按钮，如图 8.1.15 所示。

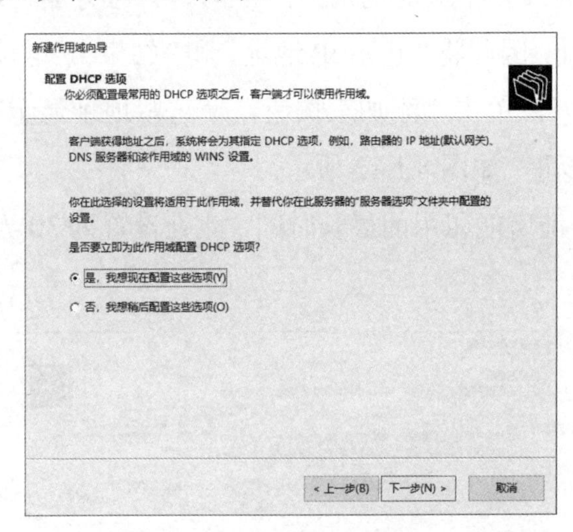

图 8.1.14 “配置 DHCP 选项”界面

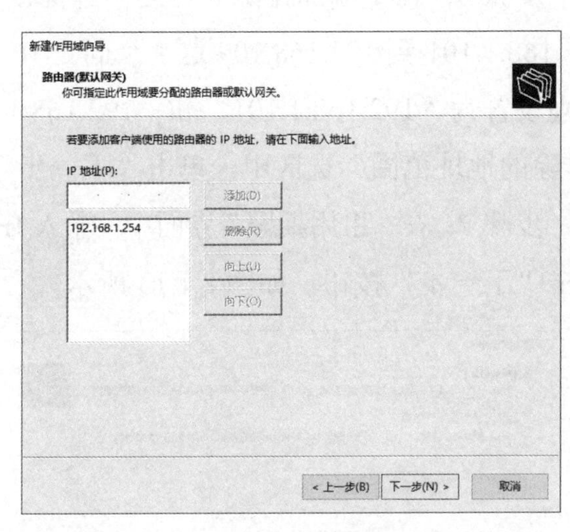

图 8.1.15 “路由器（默认网关）”界面

步骤 10：在“域名称和 DNS 服务器”界面中，输入公司已有的 DNS 服务器的“父域”名称“phei.com.cn”，在下方的“IP 地址”文本框中输入公司现有的两台 DNS 服务器的 IP 地址“192.168.1.101”和“192.168.1.102”。本任务的 DHCP 服务器安装在域控制器“dc”上，此服务器上已经配置了 DNS 服务，因此 192.168.1.101 和 192.168.1.102 自动填入，单击“下一步”按钮，如图 8.1.16 所示。

小贴士：

在此步骤中，当输入 DNS 服务器地址处于当前 DHCP 服务器无法连通的状态，或者 DNS 服务器上暂未配置 DNS 服务时，系统将弹出“不是有效的 DNS 地址”的相关提示，在确保输入无误的情况下可以单击“是”按钮跳过提示。

步骤 11：在“WINS 服务器”界面中，单击“下一步”按钮，如图 8.1.17 所示。

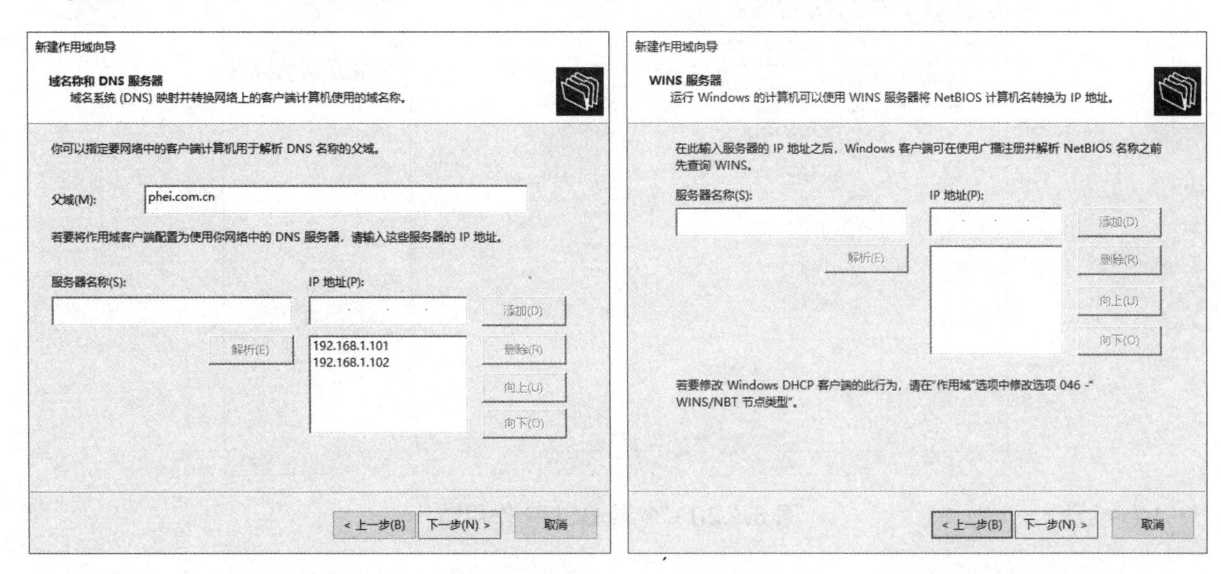

图 8.1.16 “域名称和 DNS 服务器”界面　　图 8.1.17 “WINS 服务器”界面

步骤 12：在“激活作用域”界面中，选中默认的“是，我想现在激活此作用域”单选按钮，单击“下一步”按钮，如图 8.1.18 所示。

步骤 13：在“正在完成新建作用域向导”界面中，单击“完成”按钮，完成 DHCP 服务器的主要配置，如图 8.1.19 所示。

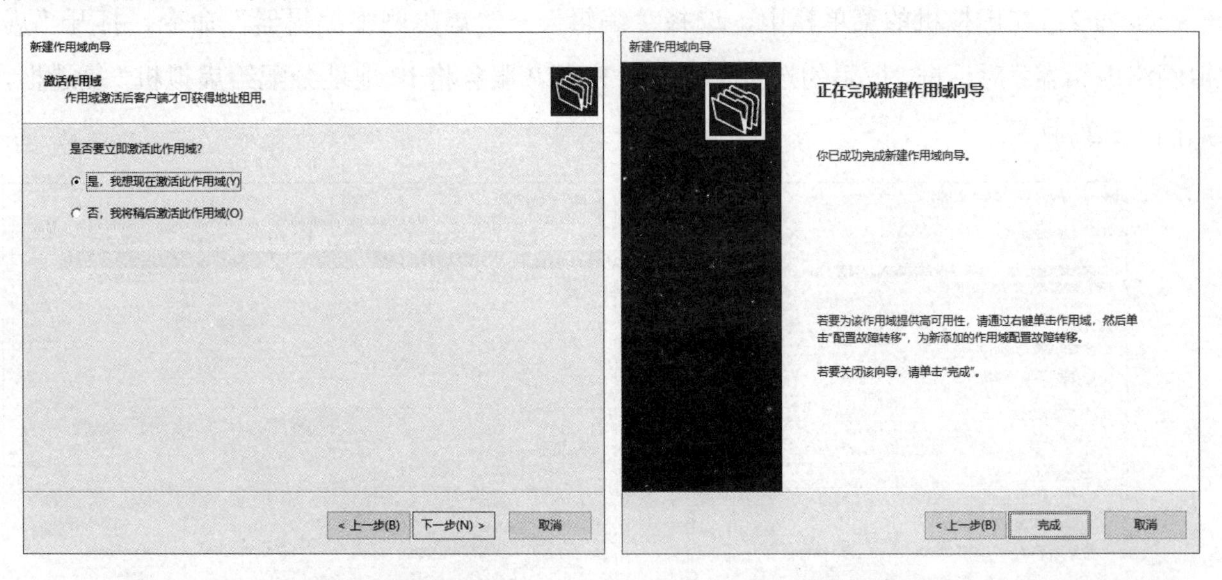

图 8.1.18 “激活作用域”界面　　图 8.1.19 “正在完成新建作用域向导”界面

步骤 14：返回“DHCP”窗口，即可看到上述步骤创建的 DHCP 作用域，如图 8.1.20 所示。

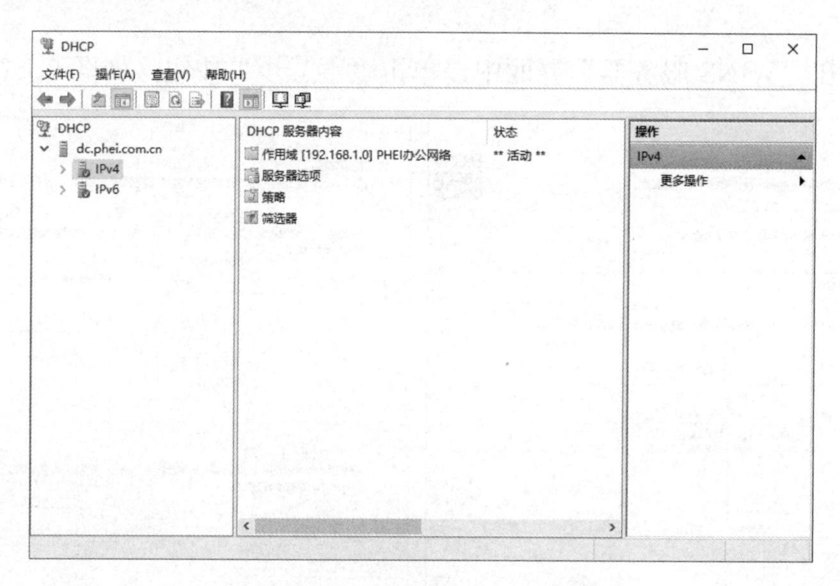

图 8.1.20　查看 DCHP 作用域

4. 配置 DHCP 客户端

步骤 1：本任务将 client 计算机作为 DHCP 客户端。在 DHCP 客户端上修改网络适配器“本地连接”的属性，在网络适配器的“Internet 协议版本 4（TCP/IPv4）属性”对话框中，分别选中“自动获得 IP 地址”单选按钮和“自动获得 DNS 服务器地址”单选按钮，如图 8.1.21 所示，单击“确定”按钮。

步骤 2：在虚拟机的菜单栏中，选择“编辑”→“虚拟网络编辑器”命令，打开“虚拟网络编辑器”对话框，取消勾选“使用本地 DHCP 服务将 IP 地址分配给虚拟机”复选框，如图 8.1.22 所示。

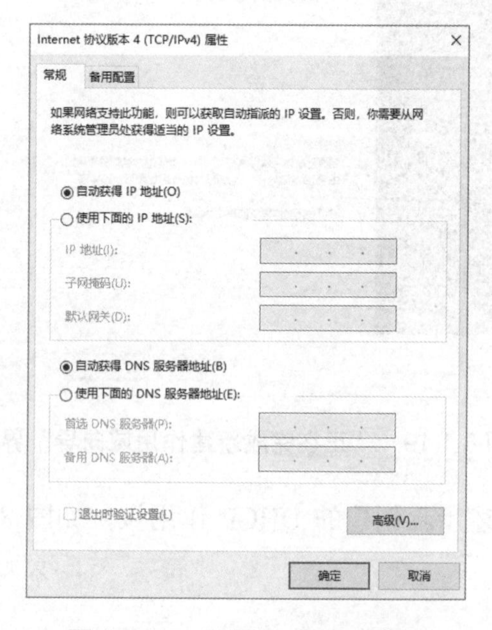

图 8.1.21　配置 DHCP 客户端

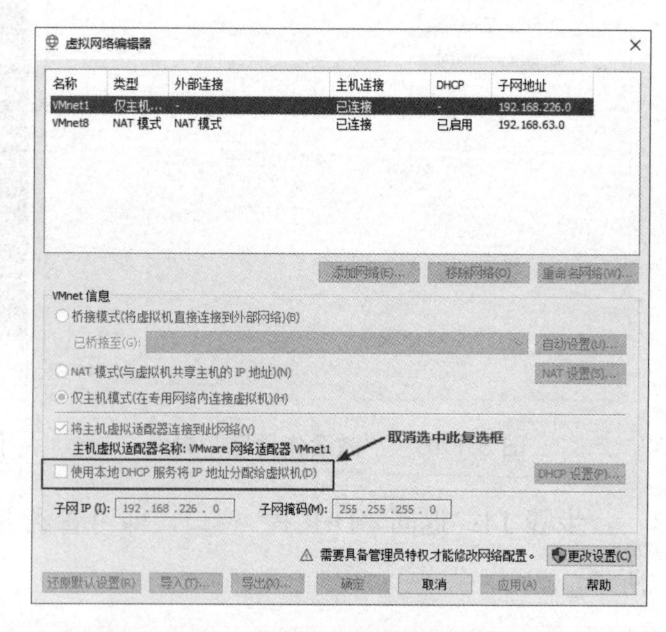

图 8.1.22　“虚拟网络编辑器”对话框

步骤 3：在此网络适配器的“网络连接详细信息”对话框中可以看到，此计算机已经获得了由 DHCP 服务器 192.168.1.101 分配的 IP 地址 192.168.1.1，如图 8.1.23 所示。除此之外，还可在客户端的命令提示符窗口中输入命令“ipconfig /all”进行查看，如图 8.1.24 所示。

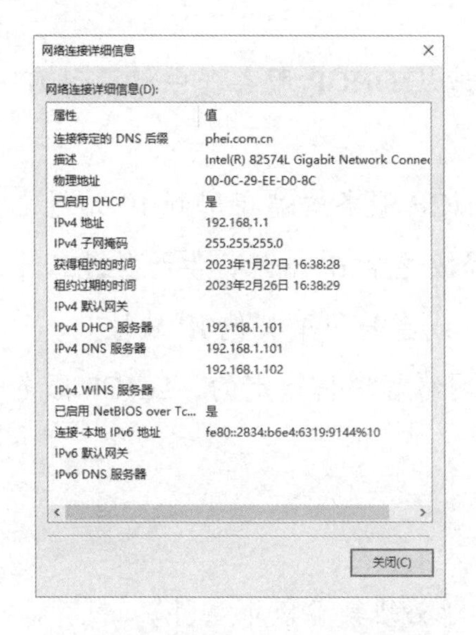

图 8.1.23　查看 DHCP 客户端 IP 地址获得情况

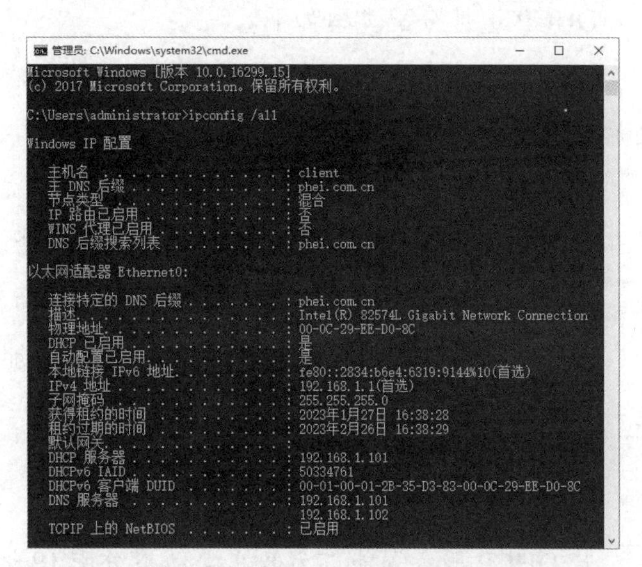

图 8.1.24　使用命令查看 DHCP 客户端 IP 地址获得情况

知识链接

1. 何时使用 DHCP 服务

在 TCP/IP 网络中，每一台主机的 IP 地址与相关配置可以采用两种方式获得：手动设置和动态获取。手动设置也被称为静态 IP 地址、固定 IP 等，即由网络管理员或用户直接在网络设备的接口等设置项中输入 IP 地址及子网掩码等，适合具备一定计算机网络基础的用户使用，但这种方式容易因输入错误而造成 IP 地址冲突，所以在网络主机数目少的情况下，可以手动为网络中的主机分配静态的 IP 地址。但是，在工作量很大时，就需要使用动态获取方式，即每台计算机并不设定固定的 IP 地址，而是计算机开机时才被分配一个 IP 地址。这台计算机被称为 DHCP 客户端，而在网络中提供 DHCP 服务的计算机被称为 DHCP 服务器。DHCP 服务器利用 DHCP（动态主机配置协议）为网络中的主机分配动态 IP 地址，并提供子网掩码、默认网关、路由器的 IP 地址，以及一个 DNS 服务器的 IP 地址等。

使用动态获取方式可以减少管理员的工作量，也可以减少手动用户输入可能产生的错误，适合计算机数量较多的网络环境。只要 DHCP 服务器正常工作，IP 地址就不会发生冲突。要大批量更改计算机的所在子网或其他 IP 参数，只需在 DHCP 服务器上进行即可，管理员无须为每一台计算机设置 IP 地址等参数。

2. DHCP 地址分配类型

DHCP 地址分配类型如下。

（1）自动分配方式。当 DHCP 客户端第一次成功地从 DHCP 服务器中租用到 IP 地址之后，就会永远使用这个地址。

（2）动态分配方式。当 DHCP 客户端第一次从 DHCP 服务器端租用到 IP 地址之后，并非永久地使用该地址，只要租约到期，客户端就得释放这个 IP 地址，供给其他工作站使用。当然，客户端可以比其他主机更优先地更新租约，或者是租用其他 IP 地址。

（3）手动分配方式。DHCP 客户端的 IP 地址是由网络管理员指定的，DHCP 服务器只是将指定的 IP 地址告知客户端。

3. 用 DHCP 服务必要条件

若 DHCP 服务器能够为客户端动态分配 IP 地址，则必须具备以下条件。

（1）有固定的 IP 地址。

（2）安装并启动 DHCP 服务。

（3）正确配置了 DHCP 作用域信息。

（4）能够接收到客户端的 DHCP 请求，即 DHCP 服务器与客户端位于同一广播域或已经配置了 DHCP 中继代理。

4. DHCP 基本概念及应用场景

DHCP（Dynamic Host Configuration Protocol，动态主机配置协议）是一种简化 IP 地址管理的协议，用来为网络中的计算机等设备自动分配 IP 地址等信息。相比手动设置 IP 地址，DHCP 具有多方面优势，如能够减少因手动设置 IP 地址出现的错误及 IP 地址冲突，能够提高 IP 地址的使用效率和网络管理员的工作效率，能够在网段 IP 地址发生变动时快速调整计算机等客户端的 IP 地址设置。

DHCP 采用 C/S（Client/Server，客户端/服务器）架构，服务器端使用 67 号端口及 UDP 协议监听客户端的 IP 地址请求并回复信息，分配的 IP 地址信息包括 IP 地址、子网掩码、默认网关、DNS 服务器地址等。DHCP 应用范围广泛，在校园网、办公网及共同区域的网络中均有大规模应用。

5. DHCP 的基本原理及主要工作过程

在 DHCP 工作过程中，客户端与服务主要以广播数据包进行通信，即发送数据包的目的地址为 255.255.255.255，如图 8.1.25 所示。

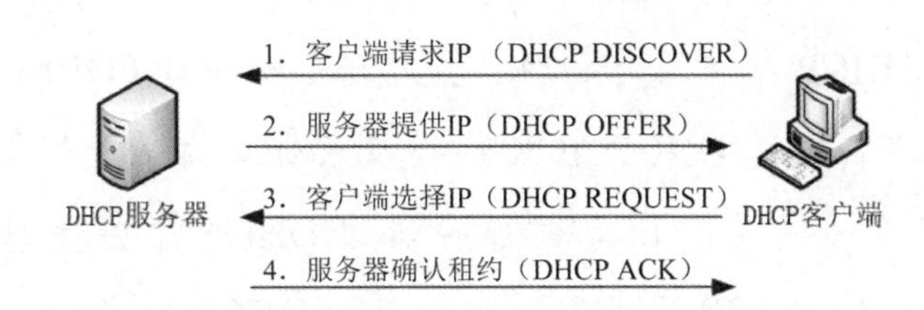

图 8.1.25　DHCP 主要工作过程

（1）DHCP DISCOVER：IP 地址租用申请。DHCP 客户端发送 DHCP DISCOVER 广播包，目的端口为 67，该广播包中包含客户端的硬件地址（MAC 地址）和计算机名。

（2）DHCP OFFER：IP 地址租用提供。DHCP 服务器在收到客户端请求后，会从地址池中拿出一个未分配的 IP 地址，通过 DHCP OFFER 广播包告知客户端。如果有多台 DHCP 服务器，则客户端会使用第一个收到的 DHCP OFFER 广播包中的 IP 地址信息。

（3）DHCP REQUEST：IP 地址租用选择。客户端在收到 DHCP 服务器发来的 IP 地址后，会发送 DHCP REQUEST 广播包来告知网络中 DHCP 服务器要使用的 IP 地址。

（4）DHCP ACK：IP 地址租用确认。被选中的 DHCP 服务器会回应一个 DHCP ACK 广播包，从而将这个 IP 地址分配给这个客户端使用。

除了上述 4 个主要步骤，DHCP 工作过程还会涉及客户端重新登录和更新 IP 地址租用信息两种情况。

当 DHCP 客户端重新登录网络时，会直接发送包含前一次所获得 IP 地址的 DHCP REQUEST 广播包，其源 IP 地址为 0.0.0.0，目标 IP 地址为前一次为客户端分配地址的 DHCP 服务器 IP。当 DHCP 服务器收到消息后，发送 DHCP ACK 广播包允许客户端继续使用原来所分配的 IP 地址，若已无法再为 DHCP 客户端分配原来的 IP 地址，则发送 DHCP NACK 广播包告知客户端，后者将发送 DHCP DISCOVER 广播包重新请求新的 IP 地址。

当租用期限到达 50%后，客户端就要向 DHCP 服务器发送 DHCP REQUEST 广播包，以便更新 IP 地址租用信息。当客户端收到 DHCP ACK 广播包后，更新租用期限及其他选项参数。当客户端无法收到 DHCP ACK 广播包时，则继续使用现有 IP 地址，直到租用期限到达 87.5%后再次发送 DHCP REQUEST 广播包，若依然没有得到回复，则将发送 DHCP DISCOVER 广播包重新请求新的 IP 地址。

6. DHCP 授权

DHCP 授权是 Active Directory 域中防止非法 DHCP 服务器运行的一种安全机制，未经授权的 DHCP 服务器将无法启动。在一个均为独立服务器的子网环境中，DHCP 服务器无须授权，直接启动服务即可。若在 Active Directory 域所在子网中，有一台独立服务器承担 DHCP 服务器角色，当 DHCP 服务器启动时，会发送 DHCP INFORM 广播包来查询已被授权的 DHCP 服务器，后者会发送 DHCP ACK 广播包来告知独立服务器，说明网络中已存在经过授权的 DHCP 服务器（域成员），独立服务器的 DHCP 服务就不会启动。只有独立服务器没有检测到已经授权的 DHCP 服务器，才能启动 DHCP 服务。

任务拓展

（1）对 DHCP 数据库进行备份，以便数据库有问题时通过它来修复。

（2）使用备份的 DHCP 数据库对 DHCP 的数据库进行还原。

任务 8.2 为指定计算机保留 IP 地址

任务描述

公司的总经理希望每次启动计算机时获得相同的 IP 地址，网络管理员小王曾试过使用固定 IP 地址，但有时总经理出差回来后，其计算机原来获得的 IP 地址会被 DHCP 服务器分配出去。小王决定使用 DHCP 中的“保留”功能，将总经理计算机网络适配器的 MAC 地址与一个 IP 地址进行绑定，这样 DHCP 服务器就只会将这个 IP 地址分配给对应 MAC 地址的计算机。

任务要求

在额外域控制器 bdc 上已经配置好 DHCP 服务，现需要实现公司总经理的计算机保留特定的 IP 地址。保留特定的 IP 地址设置项如表 8.2.1 所示。

表 8.2.1 保留特定的 IP 地址设置项

选　项	内　容
保留名称	经理办公室
MAC 地址	00-0C-29-EE-D0-8C
IP 地址	192.168.1.66/24
描述	总经理计算机

任务实施

1. 配置 DHCP 保留

步骤 1：本任务以为 client 计算机保留 IP 地址为例，在其计算机上使用 ipconfig /all 命令查看其 MAC 地址（也被称为物理地址），如图 8.2.1 所示。

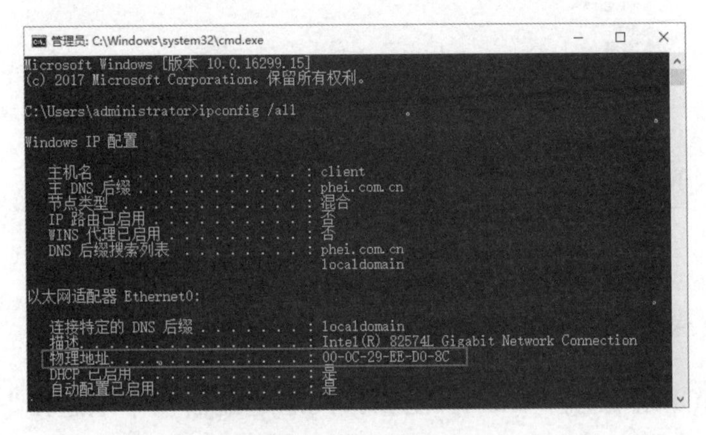

图 8.2.1 查询 client 计算机的 MAC 地址

步骤 2：在域控制器 dc 的“DHCP”窗口中，右击上述步骤所创建作用域中的“保留”选项，在弹出的快捷菜单中选择“新建保留”命令，如图 8.2.2 所示。

步骤 3：在“新建保留”对话框中，将“保留名称”设置为便于识别的名称（本任务将其设置为“经理办公室”），并输入要为其保留的 IP 地址和 client 计算机的 MAC 地址，输入完成后单击“添加”按钮，如图 8.2.3 所示。

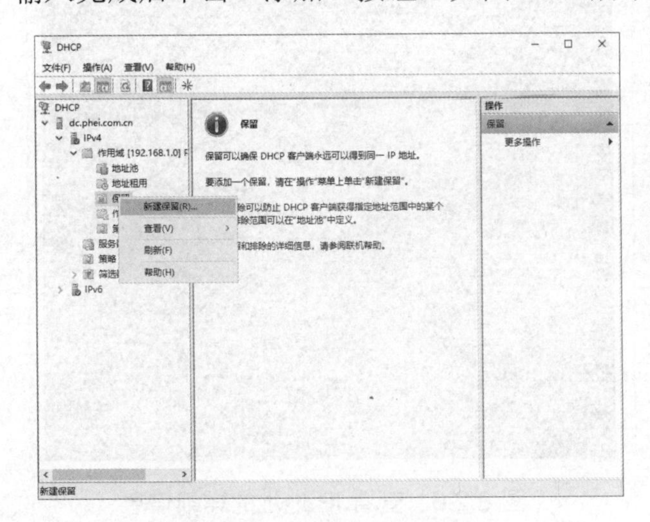

图 8.2.2 新建 DHCP 保留

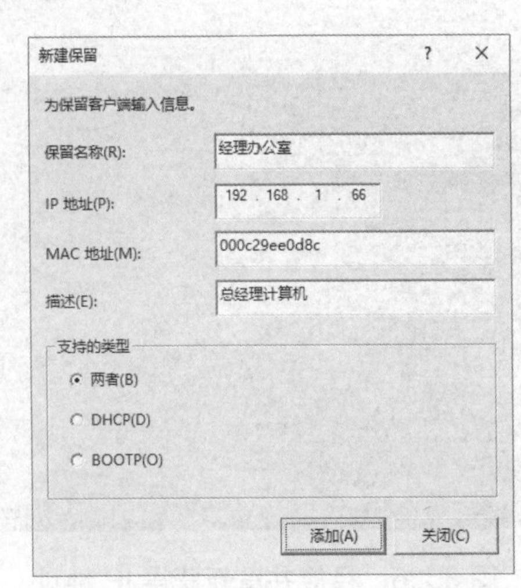

图 8.2.3 “新建保留”对话框

步骤 4：返回“DHCP”窗口，可在“保留”选区中查看已设置的 DHCP 保留项，如图 8.2.4 所示。

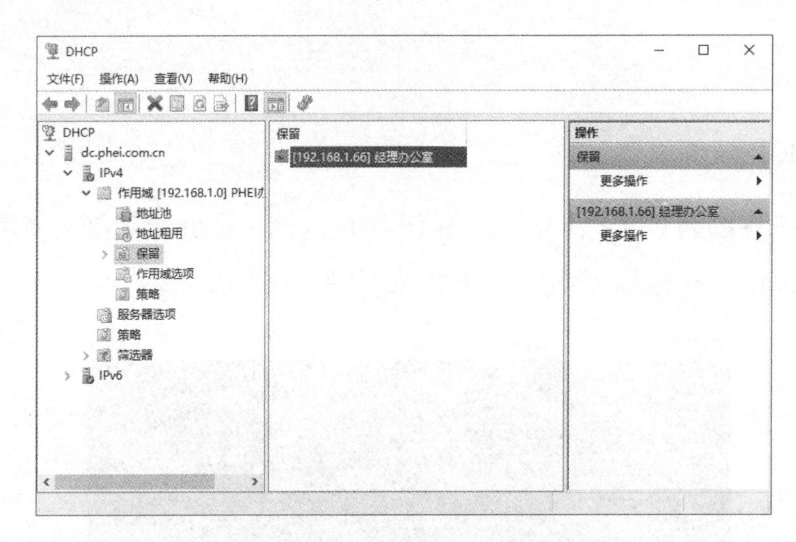

图 8.2.4 查看已设置的 DHCP 保留项

2. 测试 DHCP 保留

步骤 1：在 DHCP 客户端“client”上修改网络适配器“本地连接”的属性，在网络适配器的“Internet 协议版本 4（TCP/IPv4）属性”对话框中分别选中“自动获得 IP 地址”单选按钮和“自动获得 DNS 服务器地址”单选按钮。

步骤 2：在经理的计算机的命令提示符窗口中，分别输入命令“ipconfig /release”“ipconfig/renew”“ipconfig/all”，可以查看到此计算机已获得了 192.168.1.222 的 IP 地址，即在 DHCP 服务器中设置的保留 IP 地址，结果如图 8.2.5 和图 8.2.6 所示。

图 8.2.5 释放并重新获得 IP 地址

图 8.2.6 查看 IP 地址的详细信息

知识链接

DHCP 保留是指 DHCP 服务器为某一客户端始终分配一个无租约期限的 IP 地址。例如，软件或系统测试环境中需要多次为客户端重新安装操作系统，而使用 DHCP 保留就能确保客户端自动获得的始终为同一 IP 地址，其操作方法是在作用域中新建保留项，并绑定客户端的 MAC 地址与要分配的 IP 地址。

在客户端的命令提示符窗口中，可以通过 ipconfig 命令来查看计算机获得的 IP 地址等信息。ipconfig 命令的作用如表 8.2.2 所示。

表 8.2.2　ipconfig 命令的作用

命　令	作　用
ipconfig /release	释放当前的 IP 地址
ipconfig /renew	重新向 DHCP 服务器租用 IP 地址
ipconfig /all	查看本机 IP 地址的详细信息

任务拓展

（1）查看 DHCP 服务器和作用域的统计信息。

（2）更改 DHCP 服务器日志文件的存储位置。

任务 8.3 配置 DHCP 服务器的故障转移

任务描述

随着公司规模扩大，上网人数增加，公司主 DHCP 服务器负荷过重，为防止单点故障，小王想通过增加一台 DHCP 服务器来实现 DHCP 的负载平衡和冗余备份。当其中一台 DHCP 服务器出现故障或者需要进行维护时，另外一台 DHCP 服务器可继续工作。

任务要求

DCHP 故障转移是 Windows Server 2022 中有关 DHCP 服务器的一种容错机制，当一台 DHCP 服务器遇到故障不能正常工作时，另外一台 DHCP 服务器仍能正常工作，为客户端分配 IP 地址。DHCP 服务器中服务器角色及承担任务如表 8.3.1 所示。

表 8.3.1　DHCP 服务器中服务器角色及承担任务

主 机 名	IP 地址	角　色	承 担 任 务
dc	192.168.1.101	DHCP 服务器 1	本地服务器，承担 50%的 IP 地址分配任务
bdc	192.168.1.102	DHCP 服务器 2	伙伴服务器，承担 50%的 IP 地址分配任务

任务实施

1. 在伙伴服务器上安装并授权 DHCP 服务器

本任务将“bdc”作为第二台 DHCP 服务器，即作为第一台 DHCP 服务器“dc”的伙伴服务器。需要在“bdc”上添加 DHCP 服务器角色，并在 DHCP 配置向导或 DHCP 管理器中完成授权，从而确保服务能够正常运行。

2. 以“dc”为本地服务器配置故障转移

步骤 1：在本地服务器“dc”的“DHCP”窗口中，右击“IPv4”选项，在弹出的快捷菜单中选择“配置故障转移”命令，如图 8.3.1 所示。

步骤 2：在“配置故障转移”对话框的“DHCP 故障转移简介”界面中，选择需要配置 DHCP 故障转移的作用域，此处的“可用作用域”默认为“全选”状态，单击“下一步”按钮，如图 8.3.2 所示。

图 8.3.1 选择“配置故障转移”命令

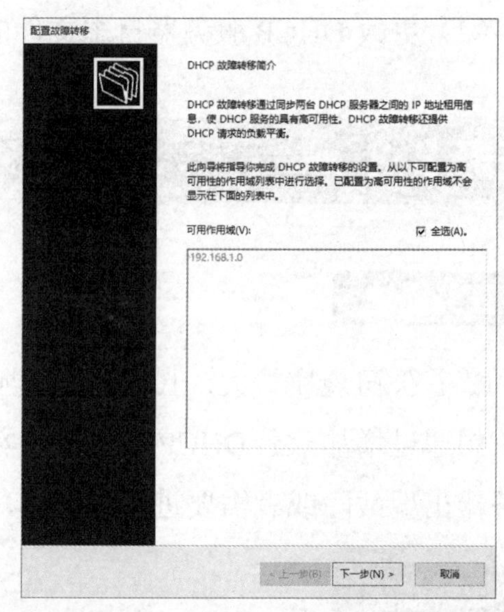

图 8.3.2 “DHCP 故障转移简介”界面

步骤 3：在“指定要用于故障转移的伙伴服务器”界面中，输入伙伴服务器的主机名或 IP 地址，或者单击“添加服务器”按钮，在 phei.com.cn 域中通过浏览的方式选择“bdc.phei.com.cn”，单击“下一步”按钮，如图 8.3.3 所示。

步骤 4：在“新建故障转移关系”界面中，可以看到伙伴关系的名称，此处无须修改，故障转移模式使用默认的“负载平衡”，勾选“启用消息验证”复选框，输入共享机密（DHCP 服务器之间相互验证的密码），单击“下一步”按钮，如图 8.3.4 所示。

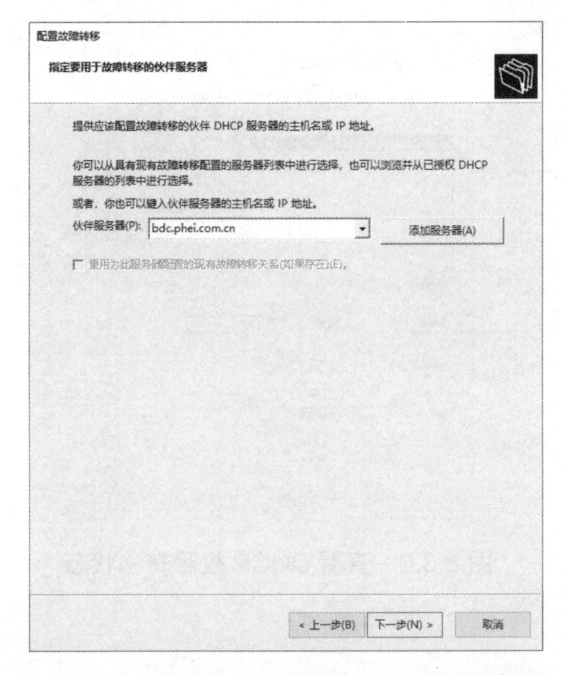

图 8.3.3 “指定要用于故障转移的伙伴服务器”界面

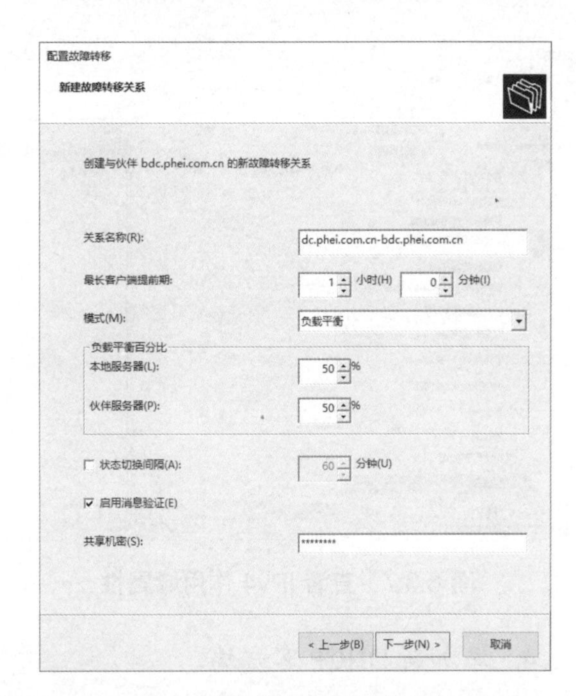

图 8.3.4 “新建故障转移关系”界面

步骤 5：在故障转移汇总信息界面中，单击“完成”按钮，如图 8.3.5 所示。

步骤 6：在故障转移配置成功界面中，单击“关闭”按钮，如图 8.3.6 所示。

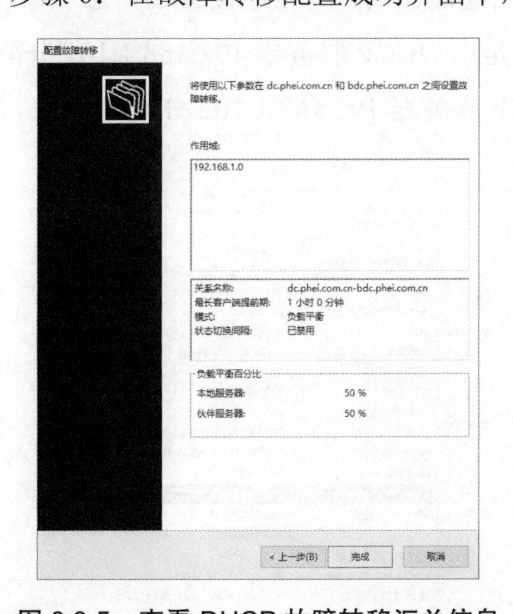

图 8.3.5 查看 DHCP 故障转移汇总信息

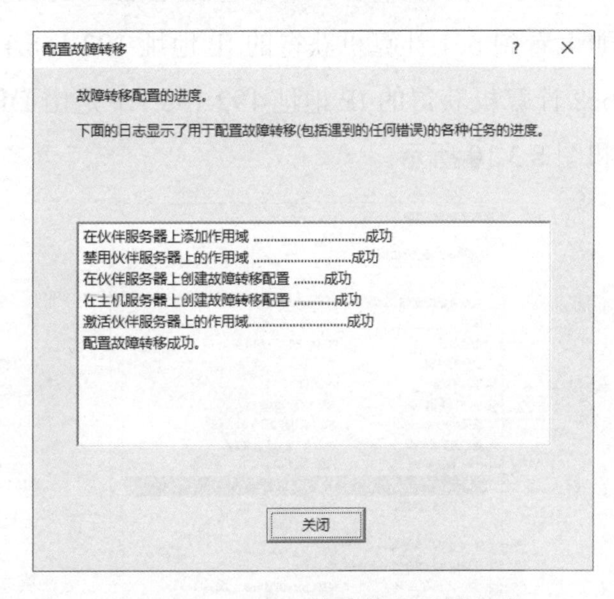

图 8.3.6 DHCP 故障转移配置完成

3. 在伙伴服务器“bdc”中查看 DHCP 服务器配置信息

步骤 1：在 DHCP 服务器的“DHCP”窗口中，右击“IPv4”选项，在弹出的快捷菜单中选择“属性”命令，如图 8.3.7 所示。

步骤 2：在“IPv4 属性”对话框的“故障转移”选项卡中，可以看到此 DHCP 服务器已和“dc”建立了伙伴关系，如图 8.3.8 所示。

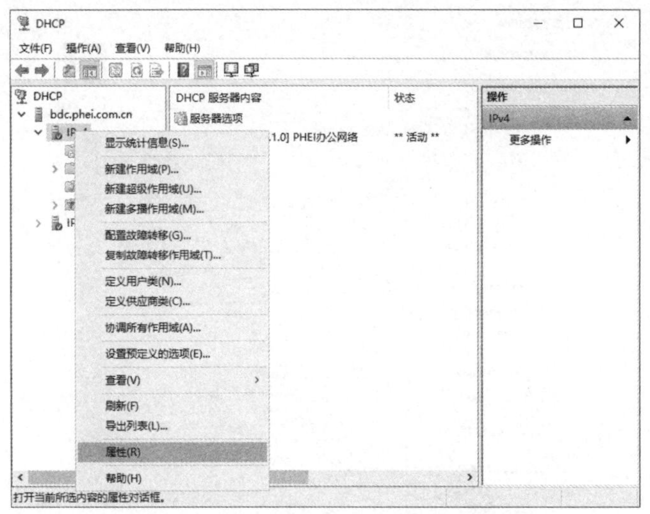

图 8.3.7　查看 IPv4 作用域属性

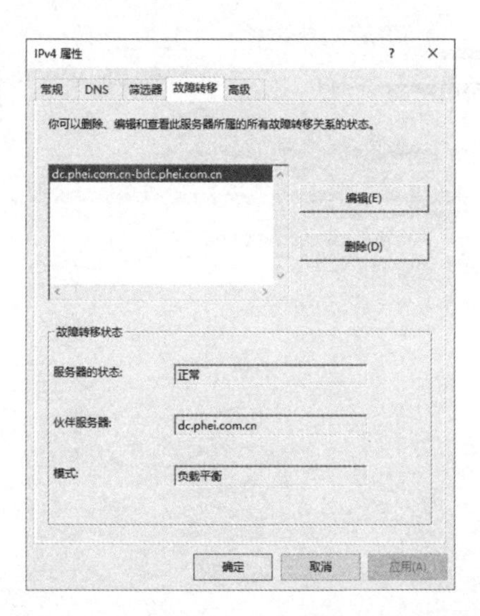

图 8.3.8　查看 DHCP 故障转移状态

4. 添加新 DHCP 客户端

添加两台新的 DHCP 客户端。本任务以两台安装有 Windows 10 操作系统且计算机名为“pc1”和“pc2”的计算机为例，在客户端上将 IP 地址的设置方式修改为“自动获得 IP 地址”“自动获得 DNS 服务器地址”，打开网络适配器的“网络连接详细信息”对话框，即可看到 pc1 计算机获得的 IP 地址 192.168.1.1 是由 DHCP 服务器 192.168.1.101 分配的，pc2 计算机获得的 IP 地址 192.168.1.1 是由 DHCP 服务器 192.168.1.102 分配的，如图 8.3.9 和图 8.3.10 所示。

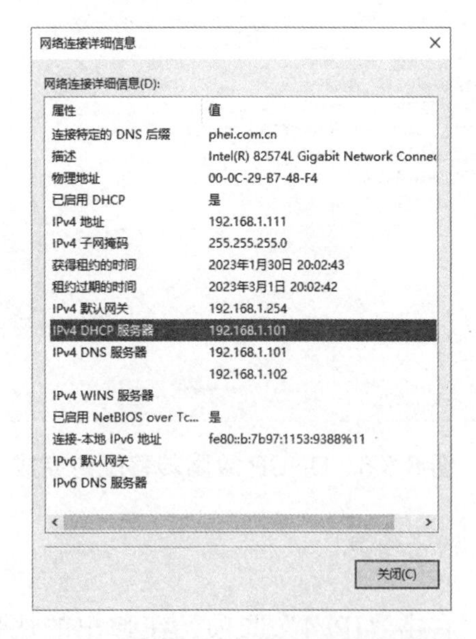

图 8.3.9　查看 pc1 网络连接详细信息

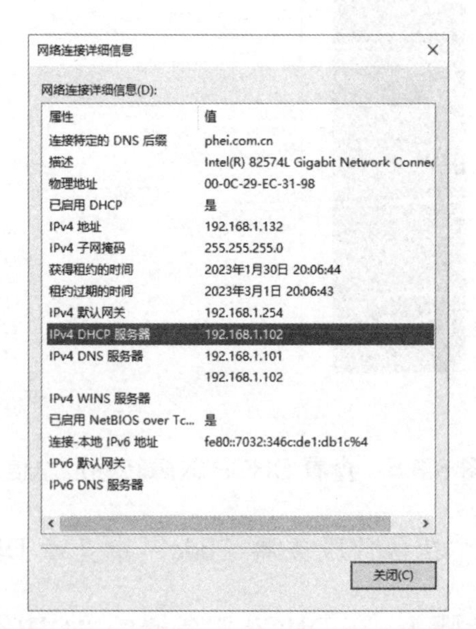

图 8.3.10　查看 pc2 网络连接详细信息

5. 在 DHCP 服务器中查看 IP 租用信息

在 DHCP 服务器“dc”中，打开“DHCP”窗口，双击“地址租用”选项，在右侧选区中可以看到 pc1 和 pc2 获得的地址租用信息，如图 8.3.11 所示。

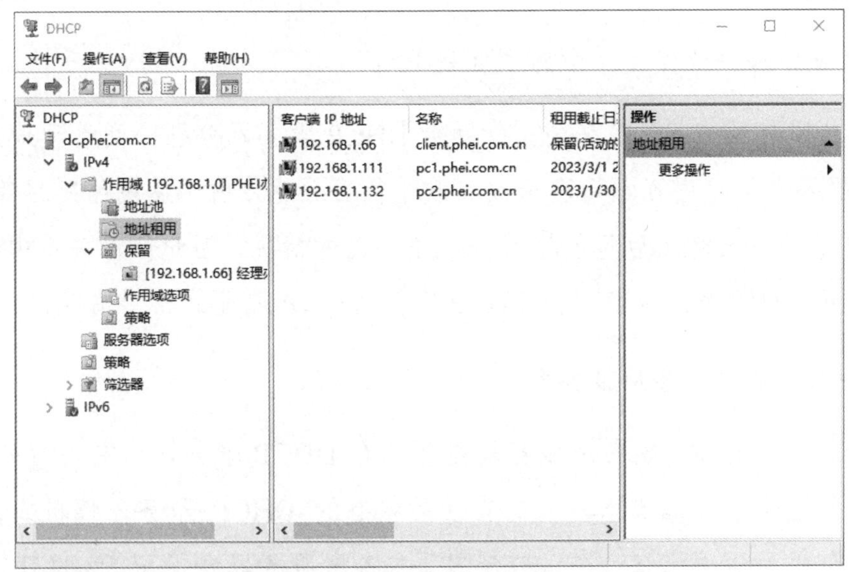

图 8.3.11　查看地址租用信息

6. 查看单台 DHCP 故障后的 IP 地址分配情况

步骤 1：将其中一台 DHCP 服务器“dc”关闭，或者停止 DHCP 服务。

步骤 2：在 DHCP 客户端“client”中，重新获得 IP 地址，即可看到该计算机仍然使用原来租用的 IP 地址 192.168.1.66，但 DHCP 服务器已由 192.168.101 变成了 192.168.1.102，如图 8.3.12 所示。

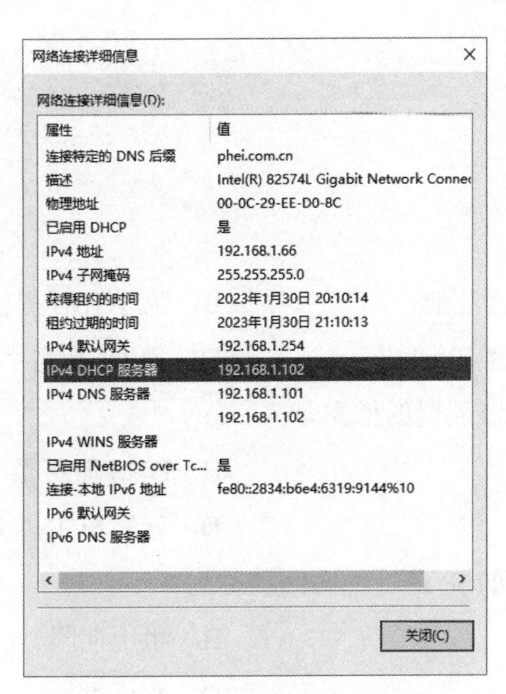

图 8.3.12　查看网络连接详细信息

知识链接

1. DHCP 故障转移伙伴关系中的“负载平衡”

在 DHCP 故障转移中，负载平衡是指两台 DHCP 服务器分别分配管理地址池中 50%的地址，并根据服务器的可用资源情况修改负载平衡百分比。由于受网络延迟等因素的影响，在开始出租 IP 地址一段时间后可能出现分配不均衡的情况，因此伙伴关系中的第一台服务器会以 5 分钟为时间间隔，检查两台 DHCP 服务器的 IP 地址的租用情况，自动调整比率。

2. 伙伴关系中的“热备用服务器”

在 DHCP 故障转移中，热备用服务器是指两台 DHCP 服务器中有一台处于活动状态，另一台备用服务器处于待机状态，只有当活动状态的 DHCP 服务器停机或出现故障时，备用服务器才会变为活动状态。在一般情况下，备用服务器会保留 5%的 IP 地址，当活动服务器发生故障，且备用服务器还未取得 DHCP 的管理权时，也可将这些 IP 地址分配给客户端。

任务拓展

上网查询 DHCP 服务器中 DHCP 选项的作用和配置方法，了解选项代码 003、006、015 和 044 的作用。

练习题

一、选择题

1. DHCP 的功能是（　　）。

A. 为客户自动进行注册　　B. 为 WINS 提供路由

C. 为客户自动配置 IP 地址　　D. 使 DNS 名字自动登录

2. DHCP 服务器不可以配置的信息是（　　）。

A. WINS 服务器　　B. DNS 服务器

C. 域名　　D. 计算机主机名

3. DHCP 客户机得到的 IP 地址的时间被称为（　　）。

A. 生存时间　　B. 租用期限

C. 周期　　D. 存活期

4．下列哪个命令是用来显示网络适配器的 DHCP 类别信息的？（　　）

A．ipconfig /all　　B．ipconfig /release

C．ipconfig /renew　　D．ipconfig /showclassid

5．在使用 Windows Server 2022 的 DHCP 服务时，当客户机租约使用时间超过租约的 50%时，客户机会向服务器发送（　　）数据包，以更新现有的地址租约。

A．DHCP DISCOVER　　B．DHCP OFFER

C．DHCP REQUEST　　D．DHCP ACK

6．如果需要为一台服务器设定固定的 IP 地址，则可以在 DHCP 服务器上为其设置（　　）。

A．IP 作用域　　B．IP 地址保留

C．DHCP 中继代理　　D．延长租期

7．DHCP 服务采用（　　）的工作方式。

A．单播　　B．组播

C．广播　　D．任意播

8．某 DHCP 服务器的地址池范围为 192.36.96.101～192.36.96.150，在启动该网段下的某 Windows 工作站后，自动获得的 IP 地址为 169.254.220.167，这是因为（　　）。

A．DHCP 服务器提供保留的 IP 地址

B．DHCP 服务器不工作

C．DHCP 服务器设置租约时间太长

D．工作站接到了网段内其他 DHCP 服务器提供的地址

二、实训题

在某公司的局域网中计划使用 DHCP 服务器为计算机分配 IP 地址，其中局域网使用 172.16.1.0/24 网段，服务器 IP 地址为 172.16.1.100，作用域名称为 dhcpserv，地址池为 172.16.1.101～172.16.1.200，网关地址为 172.16.1.254，DNS 服务器地址为 202.96.128.166，根据需求，排除作用域中 172.16.1.150～172.16.1.170 的 IP 地址范围。请完成以下要求。

1．添加 DHCP 服务器角色。

2．配置 DHCP 服务器授权。

3．创建和配置 DHCP 作用域。

4．在作用域选项中添加 DNS 服务器和网关地址。

5．新建排除作用域中的 IP 地址范围。

配置与管理 Web 服务器

知识目标

1. 了解 Web 服务的应用场景和基本工作过程。
2. 了解常见的 Web 服务器。
3. 理解 WWW、HTTP、URL 的基本概念。
4. 掌握虚拟目录的基本概念。
5. 掌握 Web 虚拟主机的基本概念。

能力目标

1. 能安装典型的 Web 服务器（IIS）。
2. 能建立简单网站。
3. 能使用虚拟目录扩展网站资源。
4. 能利用不同的端口建立多个网站。
5. 能利用不同的主机名搭建多个网站。

素质目标

1. 树立节约意识，搭建网站时充分利用现有服务器资源。

2. 形成服务意识，主动关注用户需求，协助发布网站。

3. 增强忧患意识，坚持底线思维，做到居安思危、未雨绸缪。

本项目单词

WWW：World Wide Web，万维网

IIS：Internet Information Service，互联网信息服务

HTTP：Hypertext Transfer Protocol，超文本传输协议

URL：Uniform Resource Locator，统一资源定位符

Physical Directory：物理目录　　Virtual Directory：虚拟目录

Alias：别名　　Default Web Site：默认网站

项目需求

某公司是一家电子商务运营公司，该公司已经部署了 DNS 等基本的服务器来满足网络的应用需求。为了对外宣传和扩大影响，公司决定架设 Web 服务器，并委托设计公司进行网站设计。目前，需要公司的网络管理员小王先搭建 Web 服务器发布简单网站，供公司内部使用。

基于上述需求，小王需要在公司的一台 Windows Server 2022 服务器上安装 IIS（Internet Information Services，Internet 信息服务）组件，用于发布公司及各部门的网站。

本项目主要介绍在 Windows Server 2022 服务器操作系统中 Web 服务器（IIS）的安装、配置与管理方法。项目拓扑结构如图 9.0.1 所示。

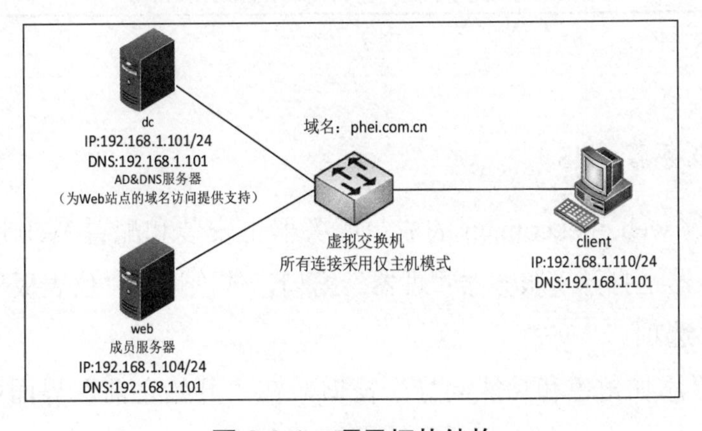

图 9.0.1　项目拓扑结构

任务 9.1 安装与配置 Web 服务器

任务描述

某公司的网络管理员小王，需要按照公司的业务要求搭建 Web 服务器。小王要先了解如何创建基于 Windows Server 2022 服务器操作系统下的 Web 服务器，以及如何安装 Web 服务器和实现网站的发布，并使用浏览器进行访问测试。

任务要求

Web 服务采用“浏览器/服务器”模式，在客户端使用浏览器访问存放在服务器上 Web 网页时，客户端与服务器之间采用 HTTP 协议传输数据。安装 Web 服务器，并在 Web 服务器（IIS）实现网站的发布，具体要求如下。

（1）在 Web 服务器上安装 IIS 组件。

（2）安装完成后，测试 IIS 组件是否可以正常运行。

（3）创建一个新的网站及测试页，并在 Web 服务器（IIS）实现网站的发布。网站主要设置项如表 9.1.1 所示。

表 9.1.1　网站主要设置项

设　置　项	计划设置方案
网站名称	phei 公司 Web
端口	80
IP 地址	Web 服务器 IP 地址：192.168.1.204
物理路径（主目录）	E:\phei_web
主页文件	主页文件名为 index.html，内容按需呈现
虚拟目录	建立一个用于发布公司日程表的虚拟目录 mvd

任务实施

1. 安装 Web 服务器（IIS）

本任务在主机为 web.phei.com.cn 的成员服务器上安装和配置 Web 服务器（IIS）。

步骤 1：在服务器上打开“服务器管理器”窗口，依次选择“仪表板”→“快速启动”→“添加角色和功能”选项。

步骤 2：打开“添加角色和功能向导”窗口，在“开始之前”界面中，单击“下一步”按钮。

步骤 3：在“选择安装类型”界面中，选中“基于角色或基于功能的安装”单选按钮，单击“下一步”按钮。

步骤 4：在“选择目标服务器”界面中，选中“从服务器池中选择服务器”单选按钮，选择“web”选项，单击“下一步”按钮。

步骤 5：在“选择服务器角色”界面中，勾选“Web 服务器（IIS）”复选框，在弹出的“添加 Web 服务器（IIS）所需的功能？”提示对话框中单击“添加功能”按钮，返回“选择服务器角色”界面，在确认“Web 服务器（IIS）”角色处于已勾选状态后，单击“下一步”按钮，如图 9.1.1 所示。

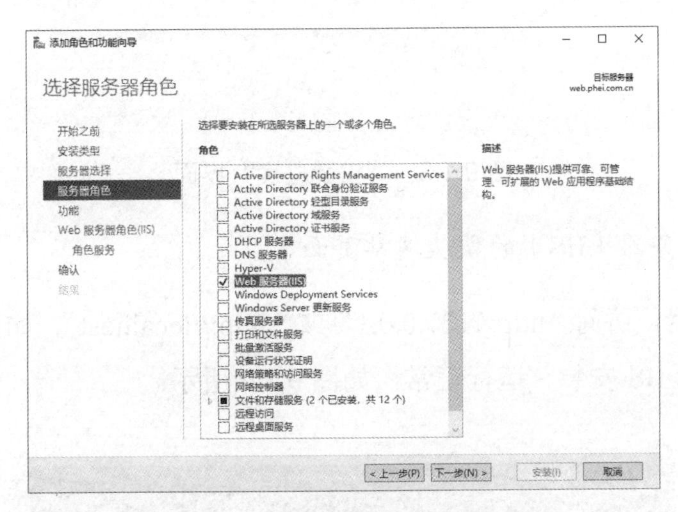

图 9.1.1 “选择服务器角色”界面

步骤 6：在“选择功能”界面中，保持默认设置，单击“下一步”按钮。

步骤 7：在“Web 服务器角色（IIS）”界面中，保持默认设置，单击“下一步”按钮。

步骤 8：在“选择角色服务”界面中，保持默认设置，单击“下一步”按钮。

步骤 9：在“确认安装所选内容”界面中，单击“安装”按钮进行安装，如图 9.1.2 所示。

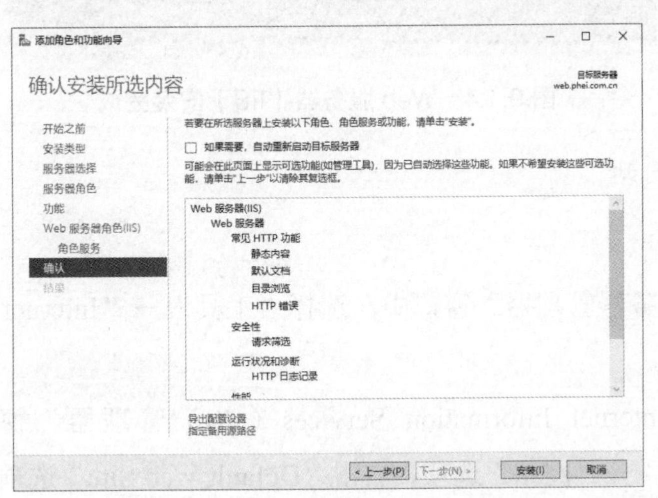

图 9.1.2 “确认安装所选内容”界面

步骤 10：安装完成后，在“安装进度”界面中，单击“关闭”按钮，如图 9.1.3 所示。

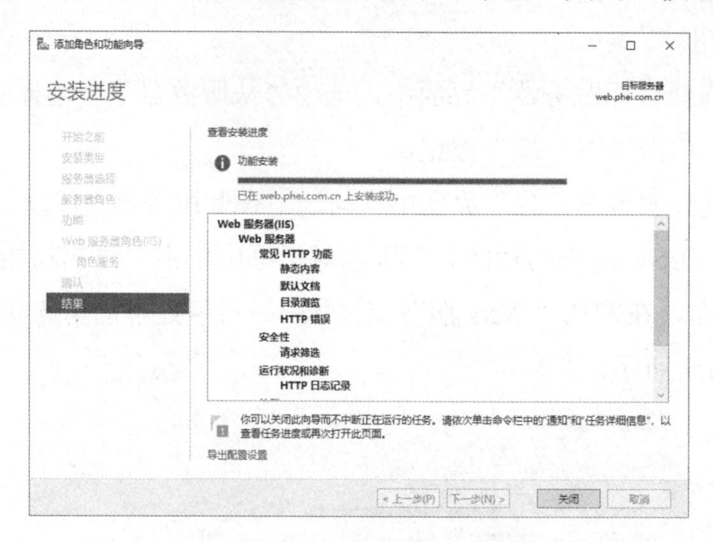

图 9.1.3　“安装进度”界面

2. 访问 Web 服务器（IIS）的默认网站页面

打开 Web 浏览器，访问“http://127.0.0.1”或“http://localhost”，如果能够浏览 IIS 的默认网站页面，则表示 IIS 安装、运行正常，如图 9.1.4 所示。

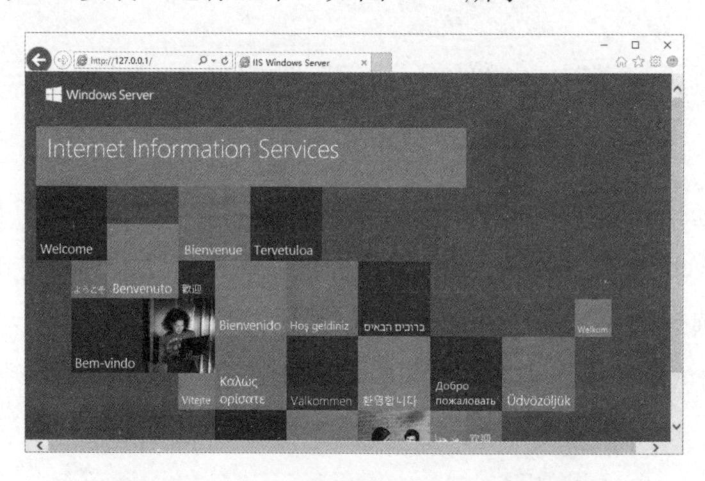

图 9.1.4　Web 服务器（IIS）安装完成

3. 创建并发布网站

1）停止默认网站

步骤 1：在“服务器管理器”窗口中，选择“工具”→“Internet Information Services（IIS）管理器”命令。

步骤 2：在“Internet Information Services（IIS）管理器”窗口中，展开“WEB（PHEI\administrator）”→“网站”选项，右击“Default Web Site”选项，在弹出的快捷菜单中选择“管理网站”→“停止”命令，如图 9.1.5 所示。

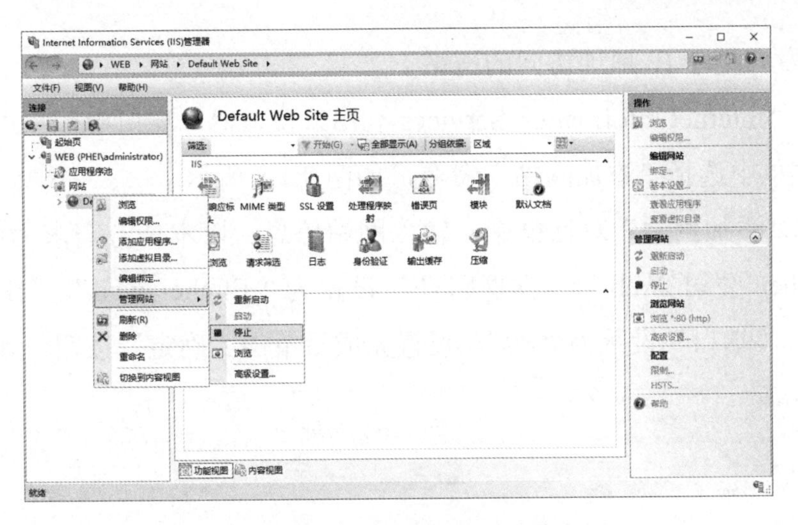

图 9.1.5 停止默认网站

2）创建网站物理路径及其主页文件

步骤 1：在 E 盘下创建保存网站的物理路径“phei_web”文件夹，并在“phei_web”文件夹中创建主页文件“default.htm”，如图 9.1.6 所示。

步骤 2：编辑主页文件“default.htm”，输入主页内容为“phei 公司测试主页”，如图 9.1.7 所示。

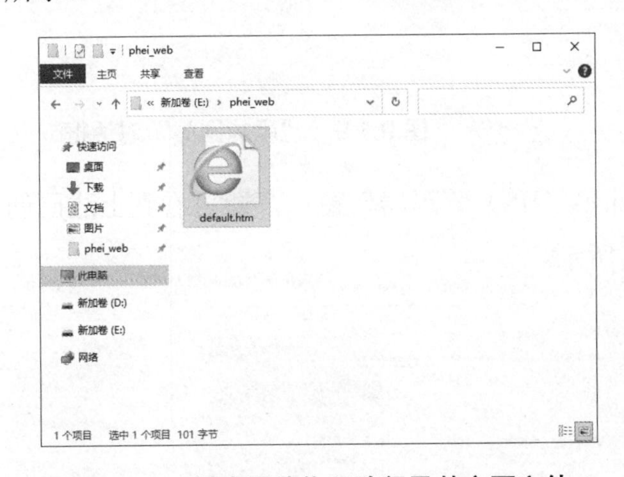

图 9.1.6 创建网站物理路径及其主页文件

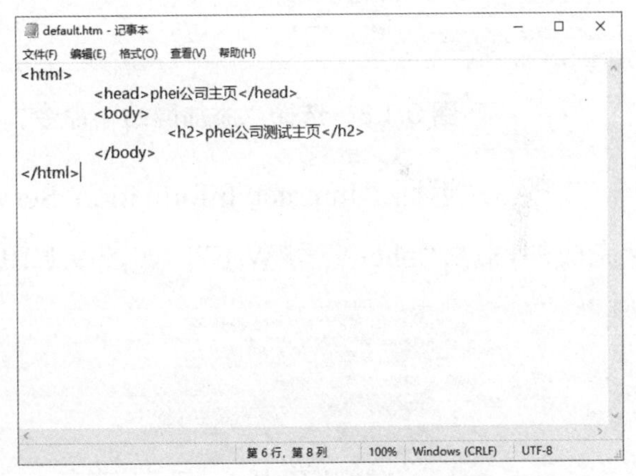

图 9.1.7 输入主页内容

小贴士：

网站开发可以使用 Sublime、Visual Studio Code、Dreamweaver、Hbuilder 等工具，如果只建立基本的网页，则可以使用“记事本”等工具。在本任务中，可以使用记事本编辑文件内容，并保存为 index.html。Windows Server 2022 默认不显示文件的扩展名，只需在“此电脑”窗口的“查看”选项卡中勾选“文件扩展名”复选框，即可显示扩展名。

3）创建并发布基于 IP 地址访问的网站

步骤 1：在“Internet Information Services（IIS）管理器”窗口中，右击“网站”选项，在弹出的快捷菜单中选择“添加网站”命令，如图 9.1.8 所示。

步骤 2：在“添加网站”对话框中，输入网站信息。以本任务需求为例，将“网站名称”设置为“phei 公司 Web”，“物理路径”设置为“E:\phei_web”，“IP 地址”设置为“192.168.1.104”，“端口”设置为“80”，设置完成后单击“确定”按钮，如图 9.1.9 所示。

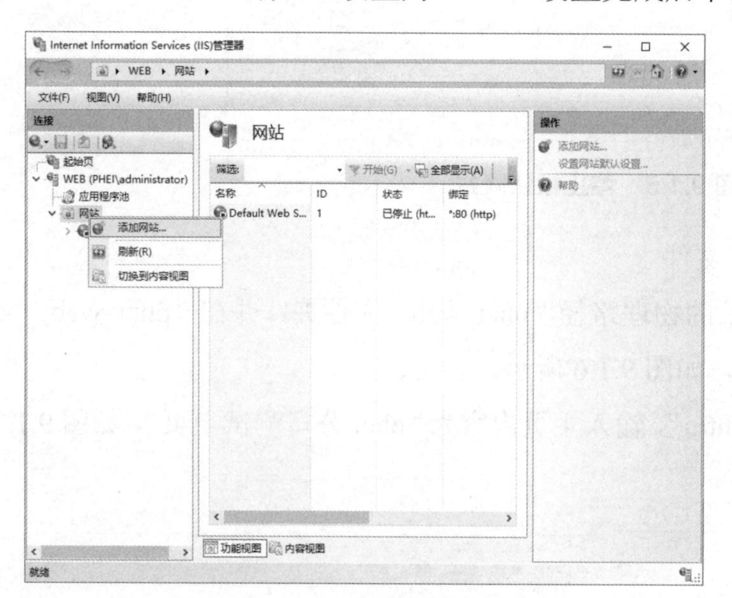

图 9.1.8 选择“添加网站”命令

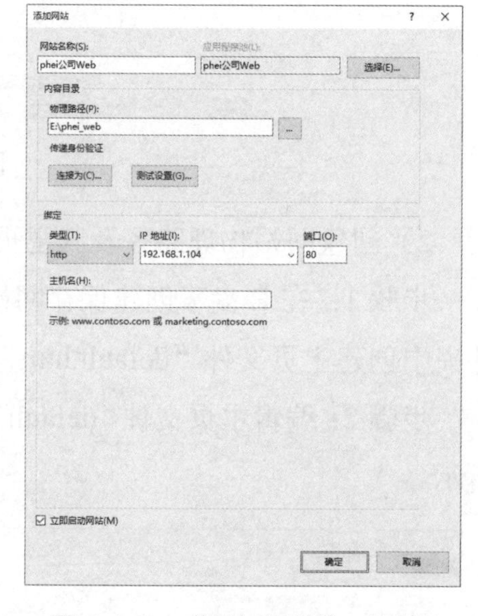

图 9.1.9 “添加网站”对话框

步骤 3：返回“Internet Information Services（IIS）管理器”窗口，即可看到上述已创建完成的网站“phei 公司 Web”，如图 9.1.10 所示。

图 9.1.10 创建完成的网站

4）访问网站

在 client 客户端上，打开浏览器访问“http://192.168.1.104”，即可浏览上述步骤创建的网站，如图 9.1.11 所示。

4. 添加虚拟目录

1）创建虚拟目录对应的物理路径及其文件

创建保存网站的物理路径“E:\会议通知”，里面包含一个存放会议通知的文件“会议日程安排.txt”，如图 9.1.12 所示。

图 9.1.11　浏览网站

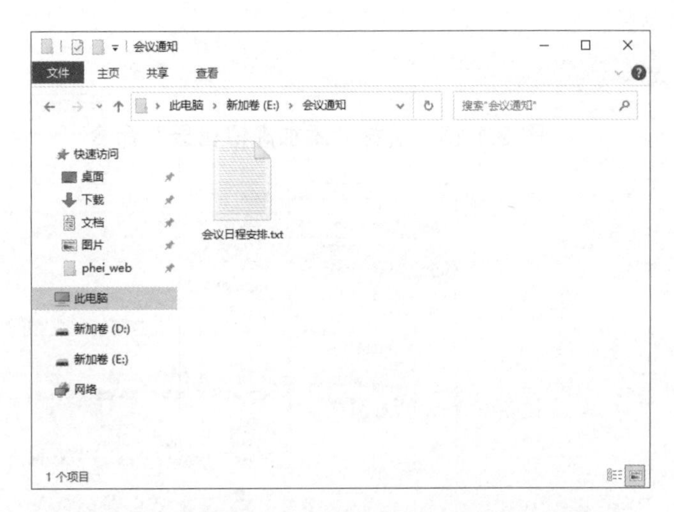

图 9.1.12　创建虚拟目录对应的物理路径及其文件

小贴士：

网站资源并非全部放在对应的物理路径（主目录）下，如果需要调用网站物理路径之外位置的资源，只需使用虚拟目录功能访问虚拟目录的别名，即可访问对应物理路径的内容，而用户则不知道别名所对应的物理路径。

2）创建虚拟目录

步骤 1：在“Internet Information Services（IIS）管理器”窗口中，右击“phei 公司 Web”选项，在弹出的快捷菜单中选择“添加虚拟目录”命令，如图 9.1.13 所示。

步骤 2：在“添加虚拟目录”对话框中输入虚拟目录信息，本任务将“别名”设置为“pvd”，对应的“物理路径”设置为“E:\会议通知”，如图 9.1.14 所示。

步骤 3：返回“Internet Information Services（IIS）管理器”窗口，双击“pvd”选项，在右侧的“pvd 主页”工作区中双击“默认文档”图标，如图 9.1.15 所示。

图 9.1.13　选择“添加虚拟目录”命令

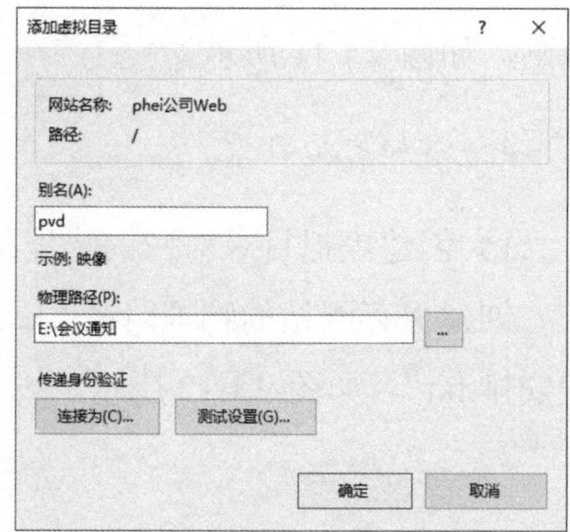

图 9.1.14　输入虚拟目录信息

图 9.1.15　查看网站设置项

步骤 4：在“默认文档”工作区的空白处右击，在弹出的快捷菜单中选择“添加”命令，如图 9.1.16 所示。

步骤 5：由于 IIS 默认只识别 Default.htm 等 5 种文件名作为网站打开后的默认主页，而虚拟目录对应的物理路径下的文件名并不包含在内，因此必须在“添加默认文档”对话框的“名称”文本框中输入“会议日程安排.txt”，输入完成后单击“确定”按钮，如图 9.1.17 所示。

步骤 6：返回后即可看到“默认文档”工作区中已有“会议日程安排.txt”，如图 9.1.18 所示。

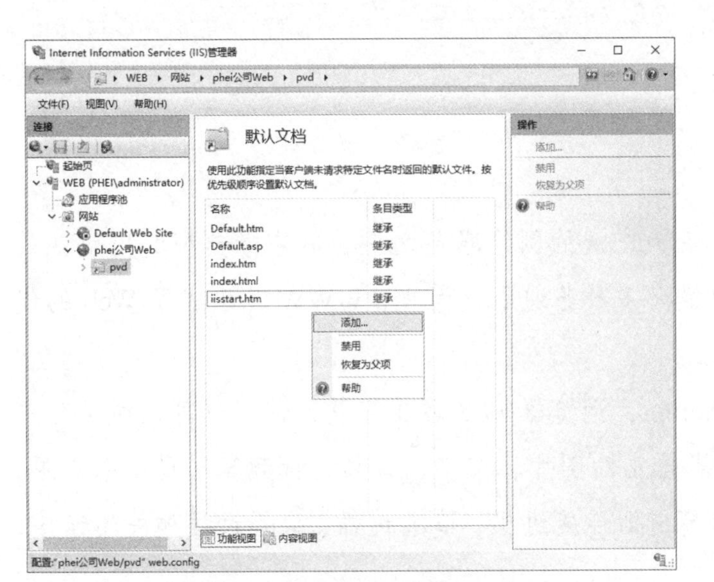

图 9.1.16　选择“添加”命令

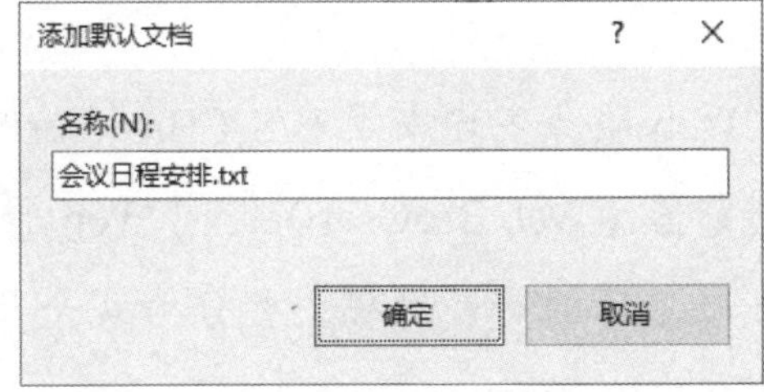

图 9.1.17　“添加默认文档”对话框

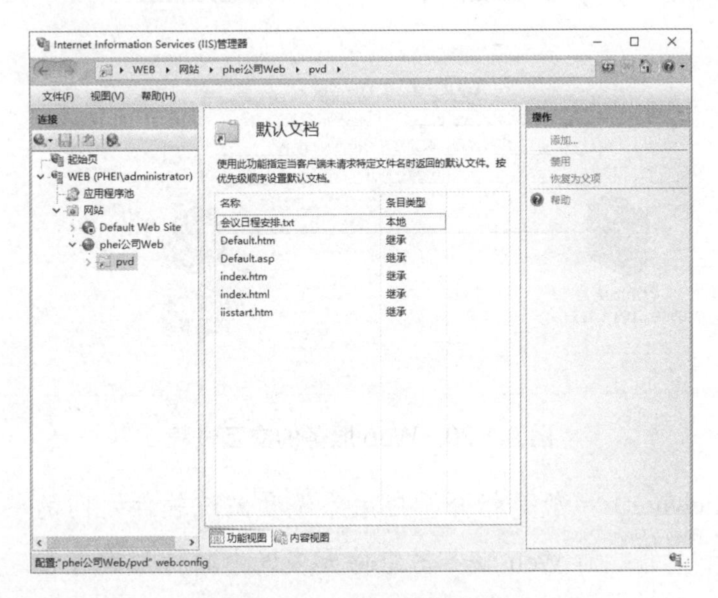

图 9.1.18　默认文档信息

3）访问虚拟目录

打开浏览器访问“http://192.168.1.104/pvd”，即可浏览虚拟目录的默认页面，如图 9.1.19 所示。

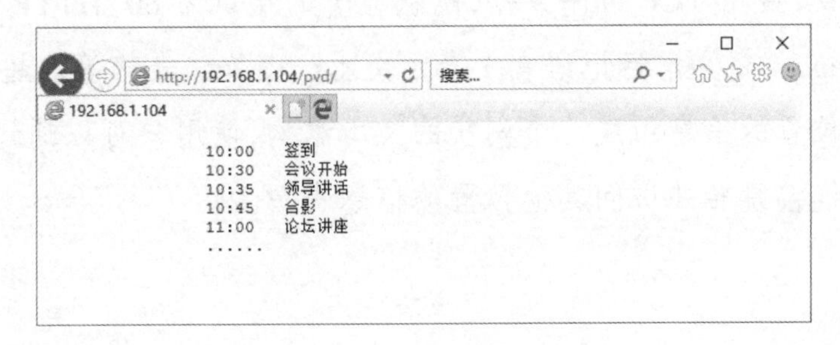

图 9.1.19　访问虚拟目录

知识链接

1. Web 与 WWW

Web（网页）服务是互联网上应用最为广泛的网络服务之一，其中最典型的应用就是 WWW（World Wide Web，万维网）。对绝大多数普通用户而言，WWW 几乎成了 Web 的代名词。

Web 服务主要采用 B/S（Browser/Server，浏览器/服务器）架构，使用户可以通过客户端浏览器（Web Browser）访问 Web 服务器上的图片、文字、音频、视频等网页信息资源。Web 服务器的交互过程主要分为 4 个步骤，即连接过程、请求过程、应答过程和关闭连接，如图 9.1.20 所示。

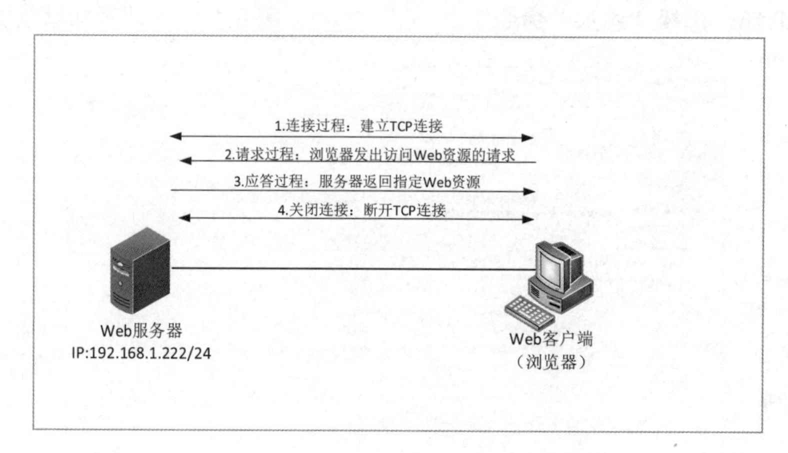

图 9.1.20　Web 服务的交互过程

中间件（Middleware）一般是指介于应用系统和系统软件之间的一类软件，为系统软件提供基础的服务和功能，而 Web 服务器组件大多以中间件形式存在。主流的 Web 服务器有 Windows 系统下的 IIS，以及 Linux 平台下的 Apache、Nginx 等。

2. HTTP

HTTP（HyperText Transfer Protocol，超文本传输协议）是浏览器和 Web 服务器通信时所采用的应用层协议，使用 TCP 传递数据，默认监听的端口为 80。HTTP 使用 HTML（Hyper Text Markup Language，超文本标记语言）表示文本、图片、表格等。超文本是指使用超链接方法将位于不同位置的信息组成一个网状的文本结构，使用户可以通过 Web 页面中文字、图片等所包含的超链接跳转并访问其他位置的信息资源。

3. URL

URL（Uniform Resource Locator，统一资源定位符）是访问 WWW、FTP 等服务指定

资源位置的表示方法，一般格式为“协议类型://服务器地址[:端口号]/路径/文件”，若端口为 80，则可省略；若默认，则使用 HTTP，如 http://www.phei.com.cn。

4. Web 虚拟主机

Web 虚拟主机是指在一台物理 Web 服务器上建立多个网站的一种技术，使用此技术可以减少搭建多个网站的成本，提高服务器的利用率。在一般情况下，实现 Web 虚拟主机的技术有 3 种，一般是利用不同的 IP 地址、端口、域名来建立 Web 虚拟主机。在本地服务器上建立的 Web 虚拟主机，会共享服务器的硬件资源和带宽，适用于企业内网需要多个网站的情况，且要由网络管理员维护。如果需要有更高的带宽要求、更简便的维护形式，则可以在提供 Web 虚拟主机租售的互联网服务提供商处按需购买使用。

5. 物理目录

从网站管理角度出发，网页文件应该分门别类地存储到专用的文件夹中，以便管理。用户可以直接在网站主目录下建立多个子文件夹，并将网页文件放置到主目录与这些子文件夹中，这些子文件夹被称为物理目录。

6. 虚拟目录

将网页存储到非物理目录的位置，如本地计算机的其他磁盘分区的文件夹，或者其他计算机的共享文件夹，并通过虚拟目录来映射这个文件夹。每一个虚拟目录都有一个别名，用户通过别名来访问这个文件夹中的网页。虚拟目录的好处是：不管将网页的实际存储位置更改到何处，只要别名不变，用户仍然可以通过相同的别名来访问网页。

任务拓展

设置网站的身份验证，授权 Windows Server 2022 服务器操作系统中的用户访问，未取得授权的用户则无法登录网站。

任务 9.2 发布多个 Web 网站

任务描述

公司的一台 Web 服务器上已经有了一个网站，但公司新购置的基于 B/S 架构的内控系统也需要创建一个网站。此外，公司销售部、采购部的网页内容需要经常更新，因此公司希望能建立独立的网站并由网络管理员小王完成这一任务。

任务要求

Windows Server 2022 的 Web 服务器组件 IIS 支持在同一台服务器上发布多个网站，这些网站也被称为 Web 虚拟主机，并且要在 IP 地址、端口、主机名 3 项中，至少有一项与其他网站有所不同。

由于当前的 Web 服务器只具有一个 IP 地址，因此可以创建端口、主机名不同的多个网站。网站主要设置项如表 9.2.1 所示。

表 9.2.1　网站主要设置项

设　置　项	内 部 网 站	销售部网站	采购部网站
网站名称	Web8080	销售部 web	采购部 web
端口号	8080	80	80
IP 地址	192.168.1.104	192.168.1.104	192.168.1.104
物理路径（主目录）	D:\nb_8080	D:\销售部 web	D:\采购部 web
主机名	无特定要求	xs.phei.com.cn	cg.phei.com.cn
主页文件	index.html	index.html	index.html

任务实施

1. 利用不同端口发布多个网站

1）创建网站物理路径及其主页文件

步骤 1：在 E 盘下创建保存网站的物理路径“nb_8080”文件夹，并在“nb_8080”文件夹中创建主页文件“index.html”。

步骤 2：编辑主页文件“index.html”，输入主页内容为“phei 公司内部网页，端口号为 8080”。

2）创建端口为 8080 的网站

步骤 1：在“Internet Information Services（IIS）管理器”窗口中右击“网站”选项，在弹出的快捷菜单中选择“添加网站”命令。

步骤 2：在“添加网站”对话框中，输入网站信息，将“网站名称”设置为“Web8080”，“物理路径”设置为“E:\nb_8080”，“IP 地址”设置为“192.168.1.104”，由于 80 端口已经被网站“phei 公司 Web”所使用，此处可将“端口”设置为“8080”，如图 9.2.1 所示，单击“确定”按钮。

步骤 3：返回“Internet Information Services（IIS）管理器”窗口，可以看到上述已创建完成的网站“Web8080”，如图 9.2.2 所示。

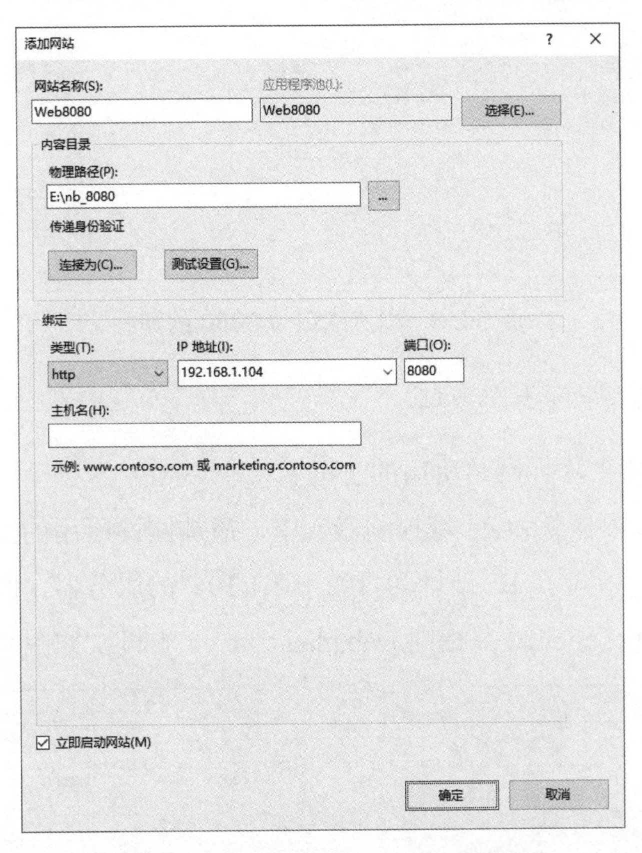

图 9.2.1　添加端口为 8080 的网站

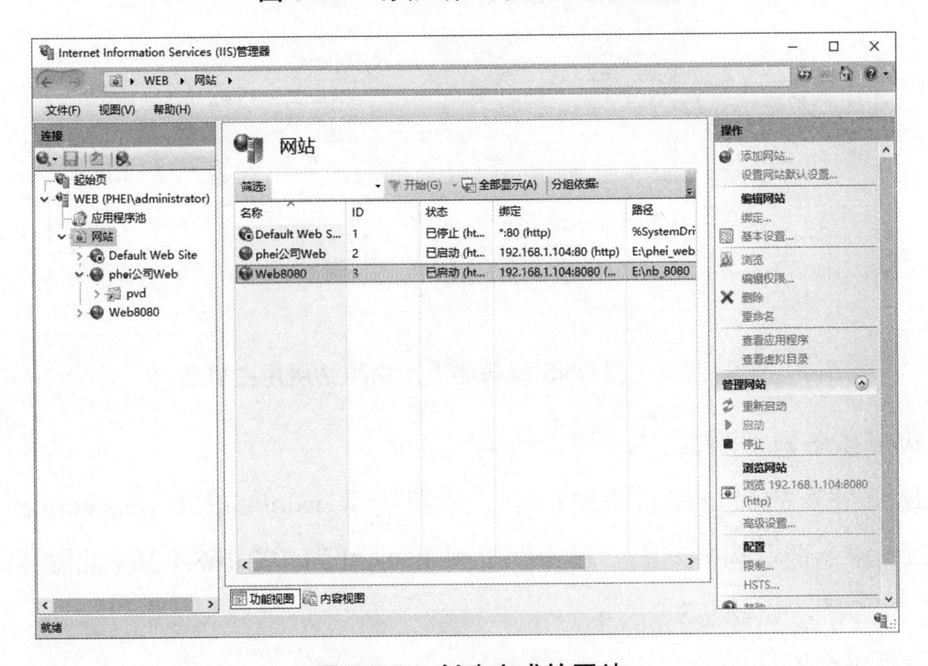

图 9.2.2　创建完成的网站

3）访问端口为 8080 的网站

打开浏览器访问“http://192.168.1.104:8080”，即可浏览上述步骤所创建的网站，如图 9.2.3 所示。

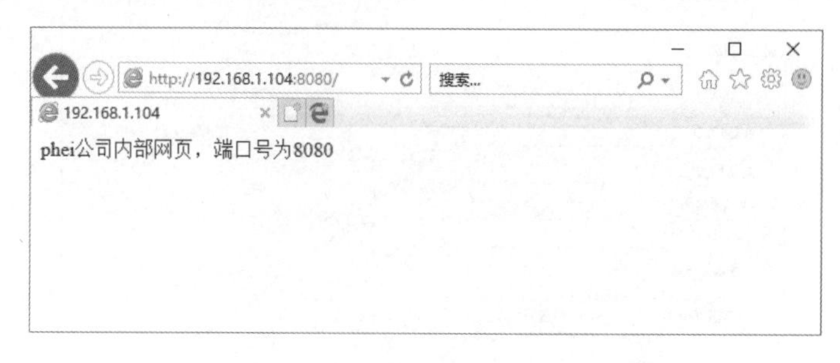

图 9.2.3　浏览端口为 8080 的网站

2. 利用不同主机名发布多个网站

1）在 DNS 服务器上添加网站所用的主机名

在 DNS 服务器（本任务为 dc 域控制器）中，添加网站所用的主机名。由于已有主机记录 web.phei.com.cn 指向了 IP 地址为 192.168.1.104 的服务器，因此需要创建别名记录 xs.phei.com.cn 与 cg.phei.com.cn 并指向 web.phei.com.cn 主机，如图 9.2.4 所示。

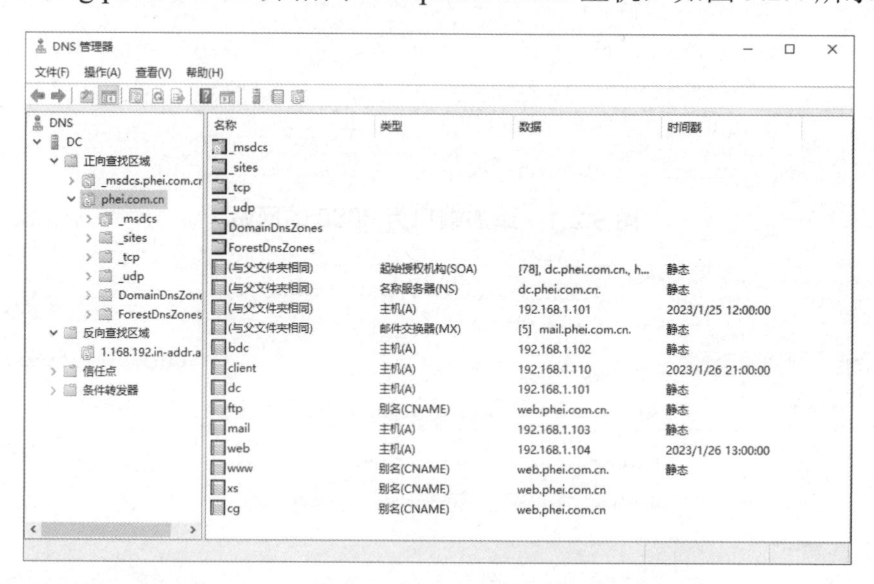

图 9.2.4　在 DNS 服务器上添加网站所用主机名

2）在 Web 服务器上测试 DNS 解析结果

在 Web 服务器的命令提示符窗口中，分别使用 nslookup xs.phei.com.cn、nslookup cg.phei.com.cn 命令查看解析结果，最终解析到 IP 地址为 192.168.1.104 的服务器，即本任务中的 Web 服务器，如图 9.2.5 所示。

3）创建主机名不同的网站

步骤 1：在 Web 服务器上分别创建“E:\销售部 web”“E:\采购部 web”两个网站的物理路径（主目录）及其主页文件“index.html”。

步骤 2：编辑主页文件“index.html”，分别输入主页内容为“销售部的网站”和“采购部的网站”。

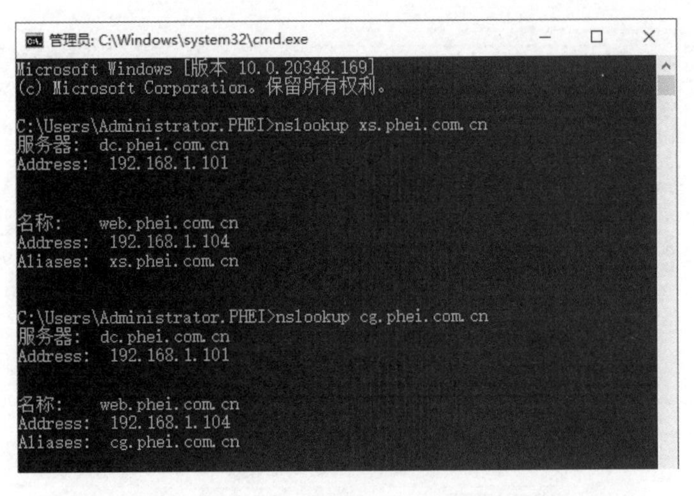

图 9.2.5　在 Web 服务器上测试 DNS 解析结果

步骤 3：在“Internet Information Services（IIS）管理器”窗口中右击“网站”选项，在弹出的快捷菜单中选择“添加网站”命令。

步骤 4：在“添加网站”对话框中输入网站信息，将“网站名称”设置为“销售部 web”，“物理路径”设置为“E:\销售部 web”，“IP 地址”设置为“192.168.1.104”，“端口”设置为默认的“80”，“主机名”设置为“xs.phei.com.cn”，如图 9.2.6 所示，单击“确定”按钮。

步骤 5：使用同样的步骤创建网站名称为“采购部 web”的网站，将“物理路径”设置为“E:\采购部 web”，“IP 地址”设置为“192.168.1.104”，“端口”设置为默认的“80”，“主机名”设置为“cg.phei.com.cn”，如图 9.2.7 所示，单击“确定”按钮。

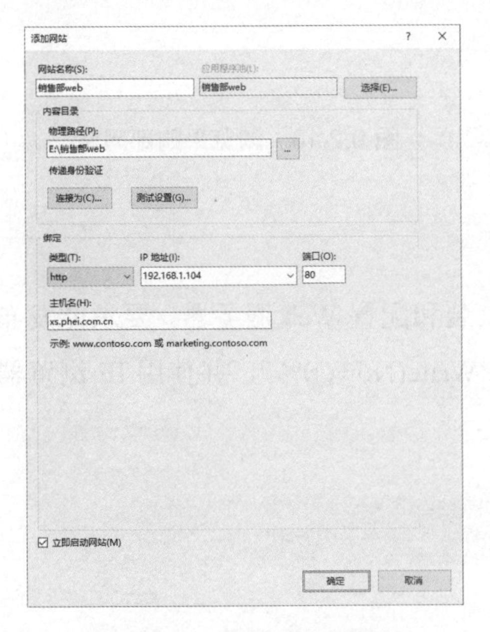

图 9.2.6　添加销售部网站

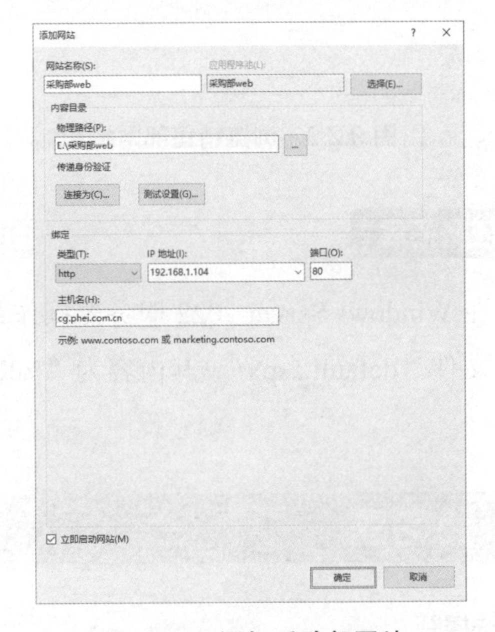

图 9.2.7　添加采购部网站

步骤 6：返回“Internet Information Services（IIS）管理器”窗口，可以看到上述已创建完成的网站“销售部 web”和“采购部 web”，如图 9.2.8 所示。

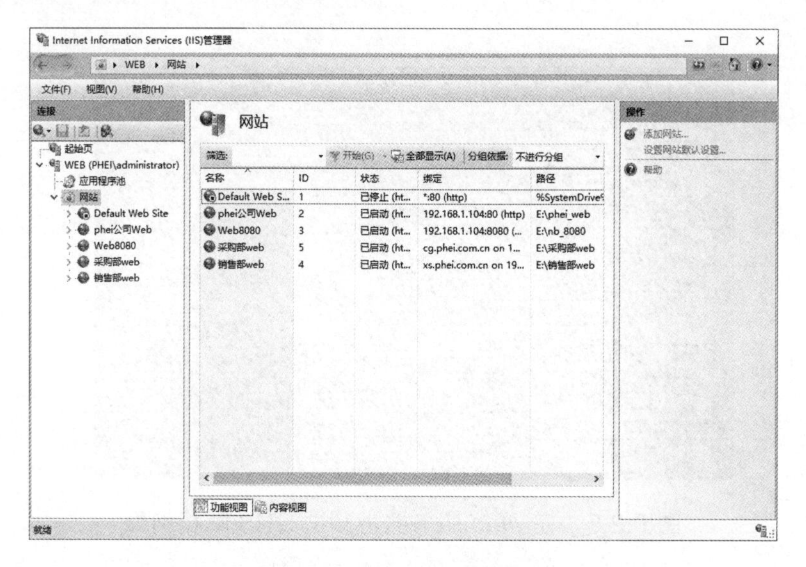

图 9.2.8　创建完成的网站

4）访问主机名不同的网站

步骤 1：打开浏览器访问“http://xs.phei.com.cn”，即可浏览销售部网站，如图 9.2.9 所示。

步骤 2：打开浏览器访问“http://cg.phei.com.cn”，即可浏览采购部网站，如图 9.2.10 所示。

图 9.2.9　浏览销售部网站

图 9.2.10　浏览采购部网站

任务拓展

在 Windows Server 2022 服务器操作系统中安装和配置 Web 服务器，要求能发布动态网页文件“default.aspx”，其内容为“%Response.Write(Now())%”，并使用 IE 浏览器测试网站。

练习题

一、选择题

1．浏览器与 Web 服务器之间使用的协议是（　　）。

A．SNMP　　B．SMTP　　C．DNS　　D．HTTP

2．在 Windows Server 2022 服务器操作系统中可以通过安装（　　）组件创建 Web 站点。

A．IIS　　　　B．IE

C．WWW　　　　D．DNS

3．在 Windows Server 2022 服务器操作系统中，与访问 Web 无关的组件是（　　）。

A．DNS　　　　B．TCP/IP

C．IIS　　　　D．WINS

4. 在 Windows 系统中，要实现一台具有多个域名的 Web 服务器，正确的方法是（　　）。

A．使用虚拟目录　　　　B．使用虚拟主机

C．安装多套 IIS　　　　D．为 IIS 配置多个 Web 服务端口

5．虚拟主机技术不能通过（　　）架设网站。

A．计算机名　　　　B．TCP 端口

C．IP 地址　　　　D．主机头名

6．虚拟目录不具备的特点是（　　）。

A．便于扩展　　　　B．增删灵活

C．易于配置　　　　D．动态分配空间

7．默认 Web 服务器端口号是（　　）。

A．80　　　　B．88

C．21　　　　D．53

二、实训题

某公司配置了一台 Web 服务器，IP 地址为 172.16.1.100，现要在此服务器上部署 3 个网站。请完成以下要求。

1．添加 Web 服务器（IIS）服务。

2．创建 3 个网站，为网站指定相同 IP 地址和不同的端口号。

3．使用 IE 浏览器测试网站。

配置与管理 FTP 服务器

知识目标

1. 了解 FTP 的应用场景。
2. 了解 FTP 的基本工作原理，以及主动传输、被动传输的特点。
3. 掌握 FTP 身份验证、授权规则、用户隔离的基本概念和使用方法。

能力目标

1. 能安装 FTP 服务器。
2. 能创建 FTP 站点并按需设置身份验证、授权规则。
3. 能实现 FTP 站点的用户隔离。
4. 能使用虚拟目录技术扩展 FTP 的目录结构。
5. 能在 FTP 客户端上登录站点。

素质目标

1. 逐步养成服务意识，主动了解用户的共享需求。
2. 逐步养成信息安全意识，按需灵活调整服务器的访问规则。
3. 增强问题意识，不断提出真正解决问题的新理念、新思路、新办法。

本项目单词

FTP：File Transfer Protocol，文件传输协议

Home Directory：主目录　　Index：索引

Global：全局的　　Virtual：虚拟的

项目需求

某公司是一家电子商务运营公司，现准备部署一台 FTP 服务器来满足员工的文件上传和下载需求，并由网络管理员小王完成此项工作。要求首先在公司的 Active Directory 域 phei.com.cn 中创建用于 FTP 访问的用户，然后在公司的一台安装了 Windows Server 2022 服务器操作系统的服务器上安装 FTP 服务器组件并按需创建 FTP 站点。

本项目主要介绍在 Windows Server 2022 服务器操作系统中 FTP 服务器的安装、配置与管理方法。项目拓扑结构如图 10.0.1 所示。

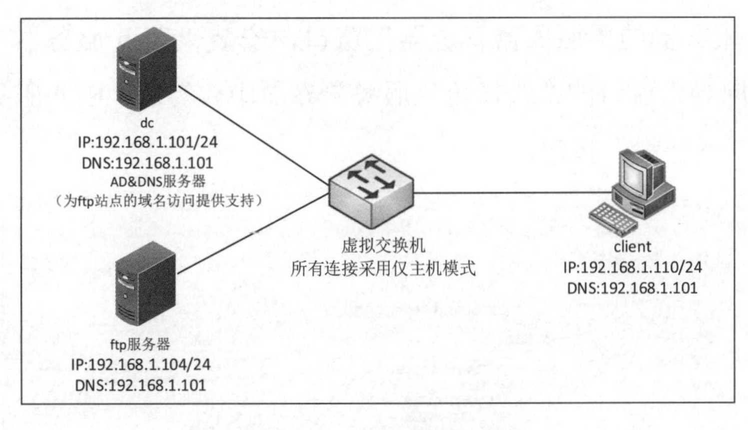

图 10.0.1　项目拓扑结构

任务 10.1 安装与配置 FTP 服务器

任务描述

在公司一台 Windows Server 2022 服务器上安装 Web 服务器组件 IIS（包含 FTP 服务器），并创建 FTP 站点。

任务要求

当在 Windows Server 2022 服务器上安装 Web 服务器组件 IIS 时，在其“角色服务”中安装 FTP 服务器，并创建一个 FTP 站点，要求匿名用户只能以只读方式访问，只有指定的 FTP 用户才可以读取、写入数据。FTP 站点主要设置项如表 10.1.1 所示。

表 10.1.1　FTP 站点主要设置项

设　置　项	计划设置方案
FTP 站点名称	phei_FTP
端口	21
IP 地址	192.168.1.104
物理路径（站点主目录）	E:\phei_FTP
FTP 授权规则	匿名用户只能读取，而指定的 FTP 用户 Lisi 可以读取、写入数据

任务实施

1. 安装 FTP 服务器

本任务使用计算机名为 web.phei.com.cn 的成员服务器来安装和配置 FTP 服务器。

步骤 1：打开服务器的“服务器管理器”窗口，安装“Web 服务器（IIS）”角色，在“添加角色和功能向导”窗口的“选择角色服务”界面中，勾选“FTP 服务器”复选框（见图 10.1.1），单击“下一步”按钮。

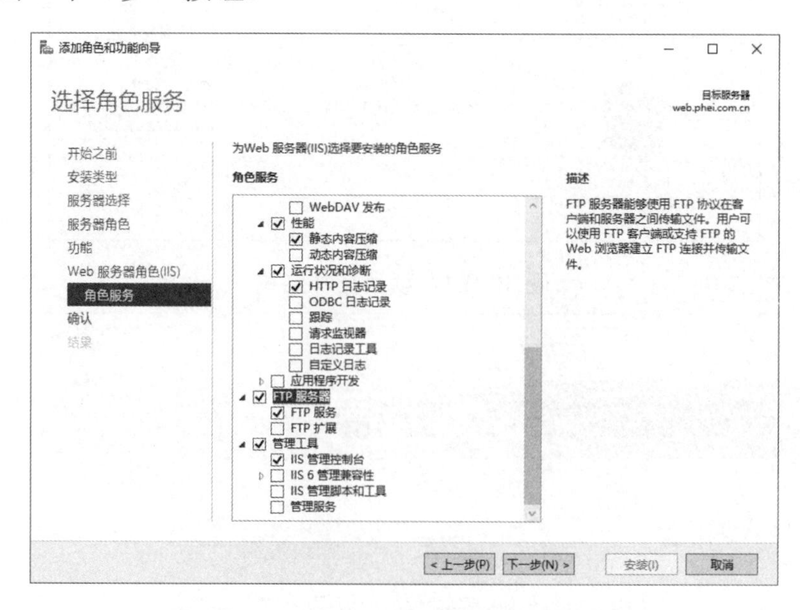

图 10.1.1　勾选“FTP 服务器”复选框

步骤 2：在“确认安装所选内容”界面中，单击“安装”按钮进行安装，如图 10.1.2 所示。

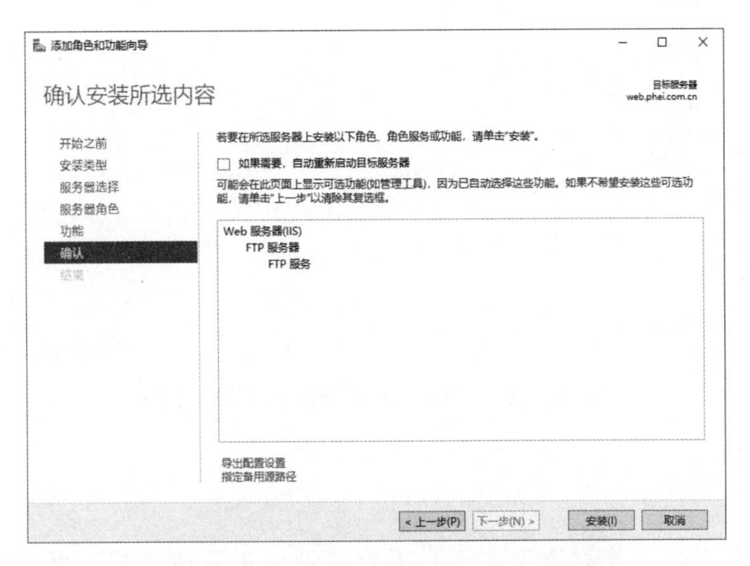

图 10.1.2 “确认安装所选内容”界面

步骤 3：安装完成后，在“安装进度”界面中，单击“关闭”按钮，如图 10.1.3 所示。

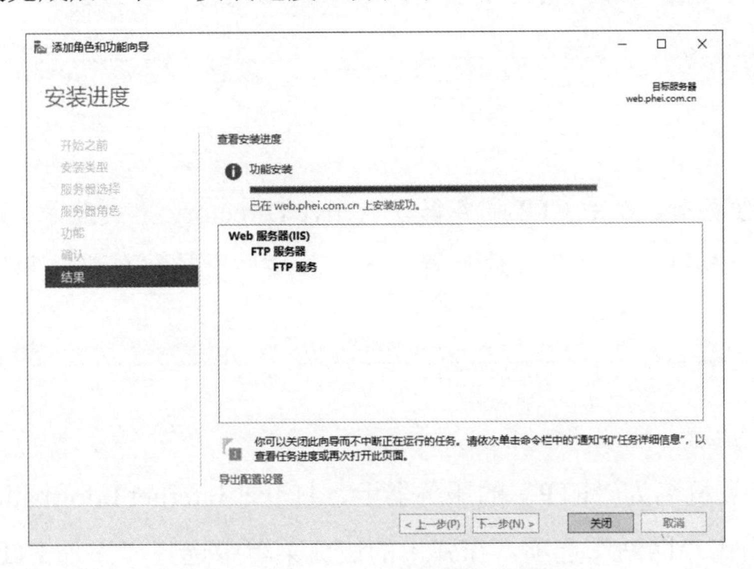

图 10.1.3 “安装进度”界面

2. 创建并测试 FTP 站点

1）在域控制器上添加 FTP 用户

在 phei.com.cn 的域控制器（服务器名为“dc”）上创建两个 FTP 用户。在本任务中，网络管理员小王已创建了 Zhangsan、Lisi 两个用户（前面项目 6 已创建），如图 10.1.4 所示。

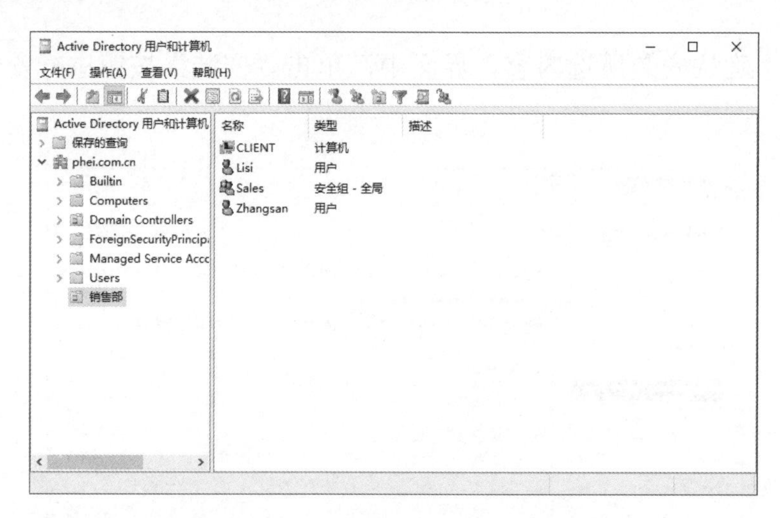

图 10.1.4 在域控制器上添加 FTP 用户

小贴士：

创建 FTP 用户时，若勾选了“用户下次登录时须更改密码”复选框，则必须在访问 FTP 服务器前更改密码，否则在登录 FTP 服务器后会陷入死循环。因此，本书建议在创建 FTP 用户时不勾选“用户下次登录时须更改密码”复选框。

小贴士：

在完成本任务时，如果 FTP 服务器以 Active Directory 方式登录，则本书建议同时关闭域、公用、专用这 3 种防火墙设置。尤其是域防火墙，其默认规则对非域内客户端的影响较大。

2）添加 FTP 站点

步骤 1：在计算机名为“FTP”的服务器上，打开“Internet Information Services（IIS）管理器”窗口，右击“网站”选项，在弹出的快捷菜单中选择“添加 FTP 站点”命令，如图 10.1.5 所示。

步骤 2：在“添加 FTP 站点”对话框的“站点信息”界面中，将“FTP 站点名称”设置为“phei_FTP”，“物理路径”设置为“E:\phei_FTP”，单击“下一步”按钮，如图 10.1.6 所示。

步骤 3：在“绑定和 SSL 设置”界面中，将 FTP 站点的“IP 地址”设置为“192.168.1.104”，“端口”设置为默认的“21”，选中“无 SSL”单选按钮，单击“下一步”按钮，如图 10.1.7 所示。

步骤 4：在“身份验证和授权信息”界面中，勾选“身份验证”选区中的“匿名”复选框和“基本”复选框，此处暂不进行授权规则设置，使用默认的“未选定”即可，单击“完成”按钮，如图 10.1.8 所示。

图 10.1.5 选择“添加 FTP 站点”命令

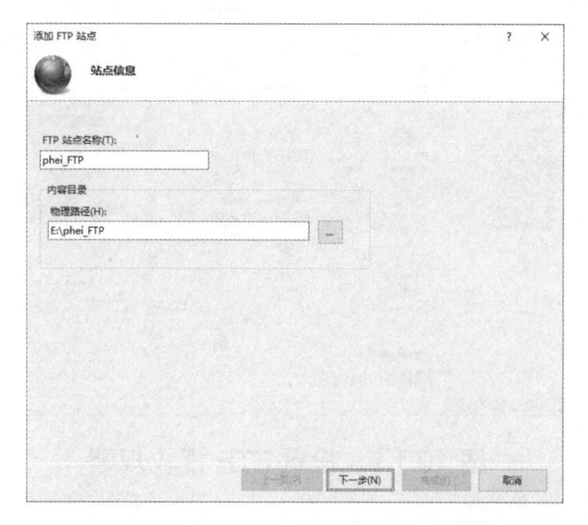

图 10.1.6 “站点信息”界面

图 10.1.7 “绑定和 SSL 设置”界面

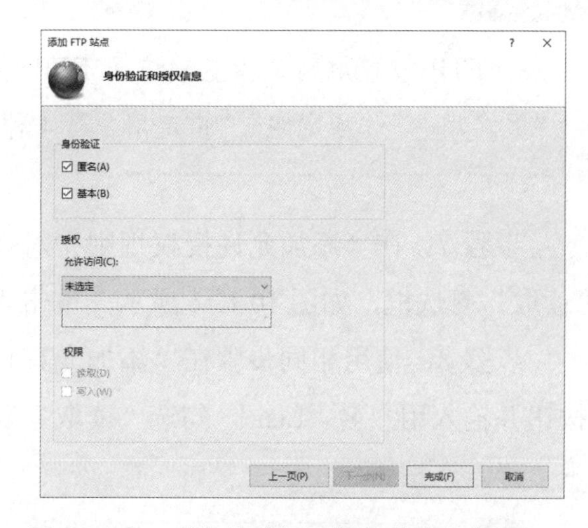

图 10.1.8 “身份验证和授权信息”界面

小贴士：

FTP 身份验证是指允许访问 FTP 站点的身份类型，可以分为基本用户和匿名用户两种。其中，基本用户包括本地用户和域用户，而匿名用户则适用于需要访问 FTP 站点，但又没有特定用户账户的情况，因此匿名用户可以使用 Anonymous 作为用户名。

步骤 5：返回“Internet Information Services（IIS）管理器”窗口，双击上述步骤创建的 FTP 站点，即“phei_FTP”选项，在右侧的“phei_FTP 主页”工作区中双击“FTP 授权规则”选项，如图 10.1.9 所示。

步骤 6：在“FTP 授权规则”工作区的空白处右击，在弹出的快捷菜单中选择“添加允许规则”命令，如图 10.1.10 所示。

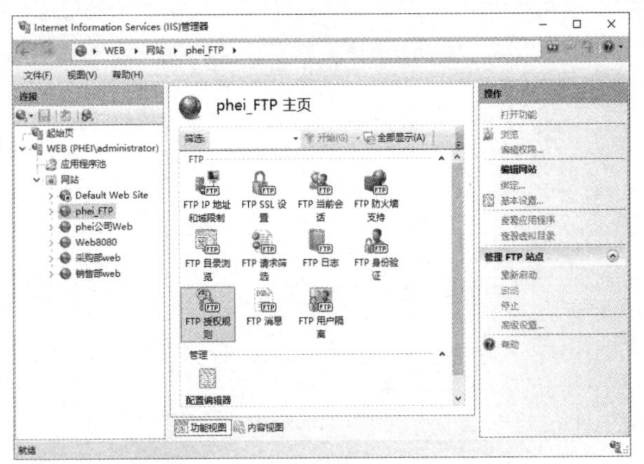

图 10.1.9　设置 FTP 授权规则

图 10.1.10　选择“添加允许规则”命令

小贴士：

FTP 授权规则是指能够访问 FTP 站点的用户所具有的权限，可以对“所有用户”“匿名用户”“指定组”“指定用户”4 种用户分类设置权限。

步骤 7：在“添加允许授权规则”对话框中，选中“所有匿名用户”单选按钮，勾选“读取”复选框，如图 10.1.11 所示，单击“确定”按钮。

步骤 8：使用相同步骤在“添加允许授权规则”对话框中，选中“指定的用户”单选按钮并输入用户名“Lisi”，勾选“读取”复选框和“写入”复选框，如图 10.1.12 所示，单击“确定”按钮。

图 10.1.11　设置匿名用户的权限

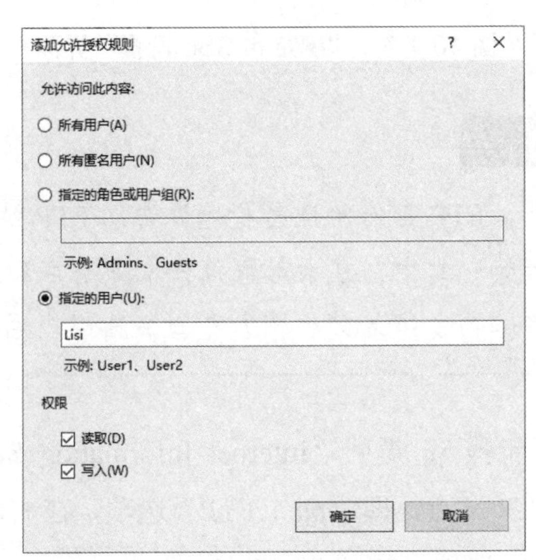

图 10.1.12　设置 Lisi 用户的权限

步骤 9：返回“Internet Information Services（IIS）管理器”窗口，可以看到创建完的 FTP 授权规则，如图 10.1.13 所示。

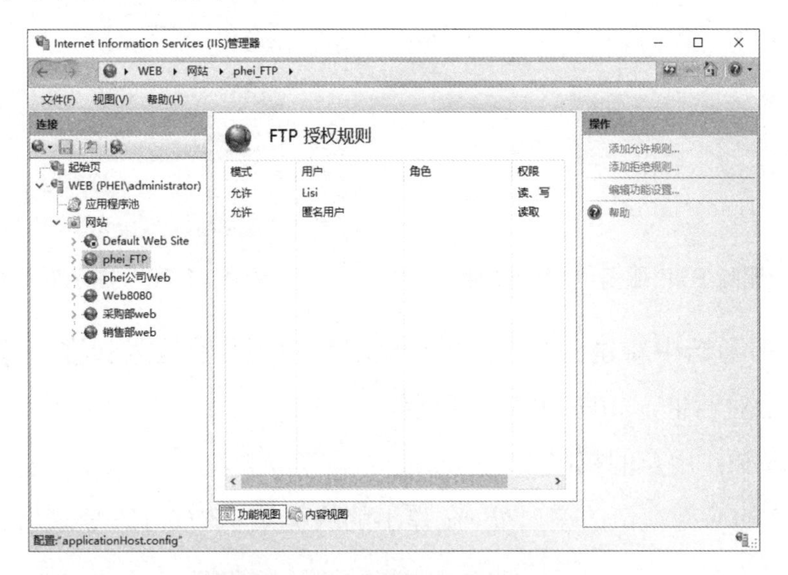

图 10.1.13 查看 FTP 授权规则

小贴士：

如出于安全考虑，需要进一步设置用户访问 FTP 站点的权限，除了在 IIS 中设置 FTP 授权规则，还需要在物理路径上设置与站点授权规则相匹配的 NTFS 权限。

3）测试 FTP 站点

步骤 1：在 FTP 客户端上打开资源管理器，本任务以 Windows 10 客户端中的“此电脑”窗口为例，输入“ftp://192.168.1.104”，若有 DNS 记录也可以使用域名形式，此时系统默认以匿名用户登录，窗口中所显示的即为匿名用户所能访问的资源，如图 10.1.14 所示。

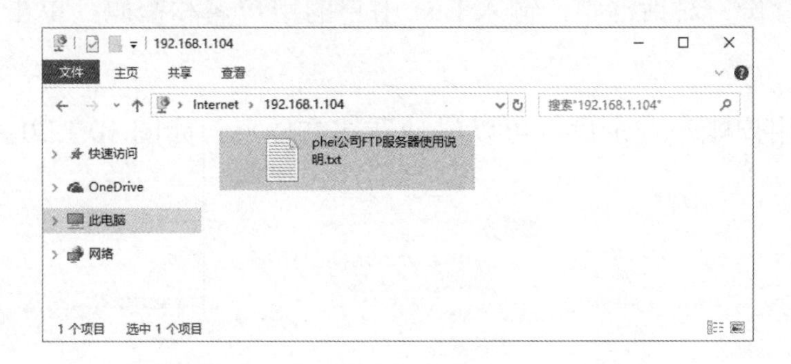

图 10.1.14 以匿名身份访问 FTP 服务器

步骤 2：测试匿名用户的权限。

① 删除 FTP 服务器中的文件，如图 10.1.15 所示。

② 由于匿名用户不具有写入权限，因此在删除时会弹出“FTP 文件夹错误”提示对话框，如图 10.1.16 所示。

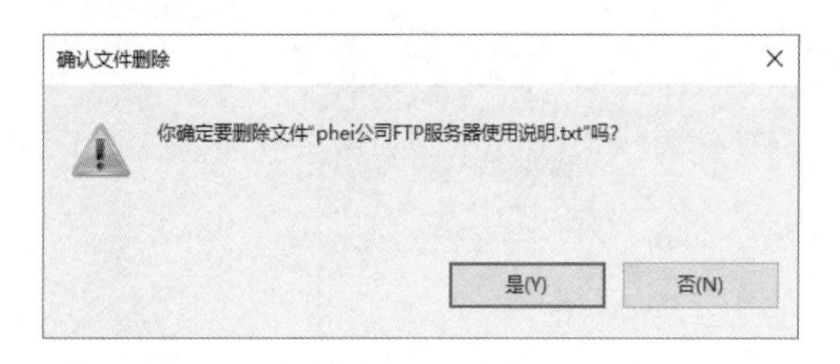

图 10.1.15　删除 FTP 服务器中的文件

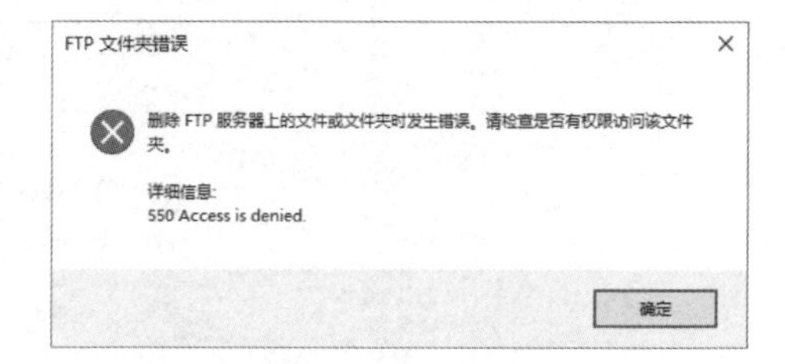

图 10.1.16　提示对话框（1）

③ 在 FTP 服务器中新建文件夹，由于匿名用户不具有写入权限，因此会弹出“FTP 文件夹错误”提示对话框，如图 10.1.17 所示。

步骤 3：测试 Lisi 用户的权限。

① 右击 FTP 的访问窗口的空白处，在弹出的快捷菜单中选择“登录”命令，如图 10.1.18 所示。

图 10.1.17　提示对话框（2）

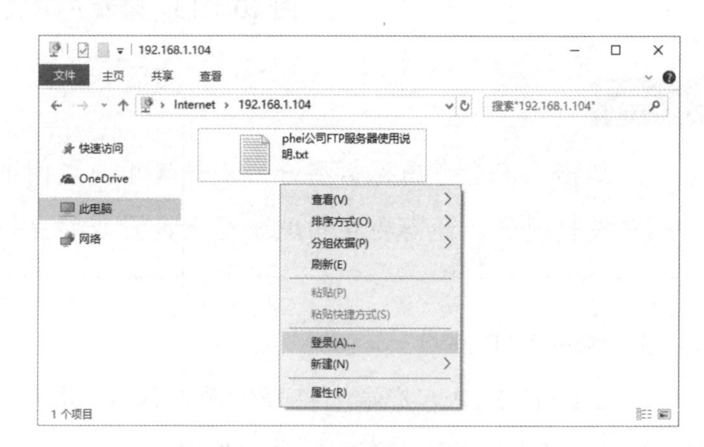

图 10.1.18　选择“登录”命令

② 在“登录身份”对话框中，输入 Lisi 用户的用户名和密码，单击“登录”按钮，如图 10.1.19 所示。

③ 使用 Lisi 用户账户登录后，可以成功新建文件夹，如图 10.1.20 所示。

图 10.1.19　“登录身份”对话框

图 10.1.20　新建文件夹

知识链接

1. FTP 基本概念

FTP（File Transfer Protocol，文件传输协议）是一种通过 Internet 传输文件的协议，通常用于文件的上传和下载，在 Windows、Linux 等多种操作系统中均可使用。FTP 服务器可以为不同类型用户提供存储空间，使用户可以根据权限来访问空间内的数据。FTP 服务器主要采用 C/S（Client/Server，客户端/服务器）架构，在使用 FTP 客户端登录服务器后，不仅可以将文件传送到 FTP 服务器上，也被称为“上传”；还可以将 FTP 服务器上的文件传送到本地计算机上，也被称为“下载”。

2. FTP 的主动传输和被动传输

FTP 通过 TCP 建立会话，可以使用两个端口提供服务，分别为命令端口（也被称为控制端口）和数据端口。在通常情况下，命令端口是 21，而数据端口则按是否由 FTP 服务器发起数据传输，分为主动传输模式和被动传输模式。

主动传输模式也被称为 PORT 模式，如图 10.1.21 所示。FTP 客户端利用随机端口 *N*（*N*>1023）和 FTP 服务器的 21 端口建立连接，而在示例图中，FTP 客户端使用的是 1301 端口。在这个通道上发送 PORT 命令，包含了 FTP 客户端用什么端口接收数据，由于 FTP 客户端接收数据的端口一般为 *N*+1，因此示例图中为 1302。FTP 服务器通过自己的 20 端口连接至 FTP 客户端指定的 1302 端口来传输数据。此时，FTP 服务器与 FTP 客户端之间有两个连接：一个是 FTP 客户端 *N* 端口和 FTP 服务器 21 端口建立的控制连接，另一个是 FTP 服务器 20 端口和 FTP 客户端 *N*+1 端口建立的数据连接。

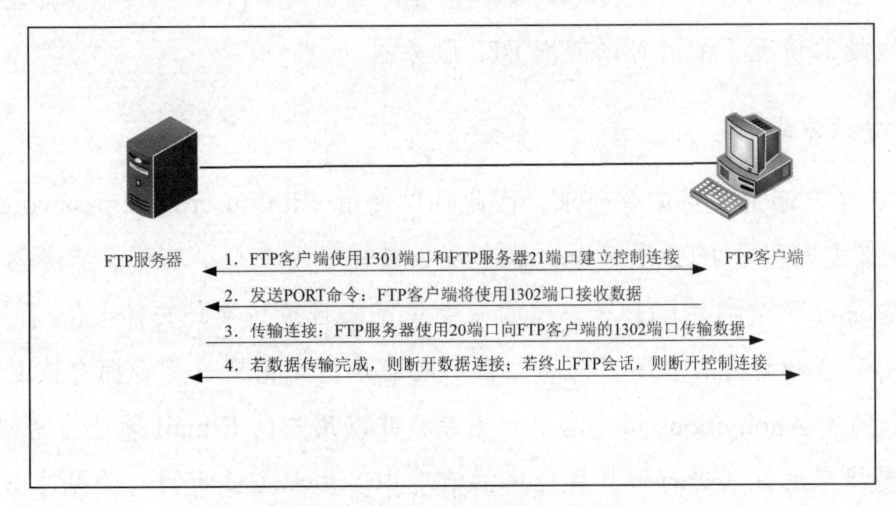

图 10.1.21 FTP 主动传输模式

被动传输模式也被称为PASV模式，如图10.1.22所示。FTP客户端利用端口N(N>1023）和FTP服务器的21端口建立控制连接，如示例图中FTP客户端使用的是1301端口。在这个通道上发送PASV命令，FTP服务器随机打开一个临时数据端口M（1023<M<65535），如示例图中FTP服务器使用1400端口连接用户数据，并通知FTP客户端。FTP客户端使用N+1端口访问FTP服务器的M端口并传输数据，如在示例图中FTP客户端使用1302端口访问FTP服务器的2001端口并传输数据。

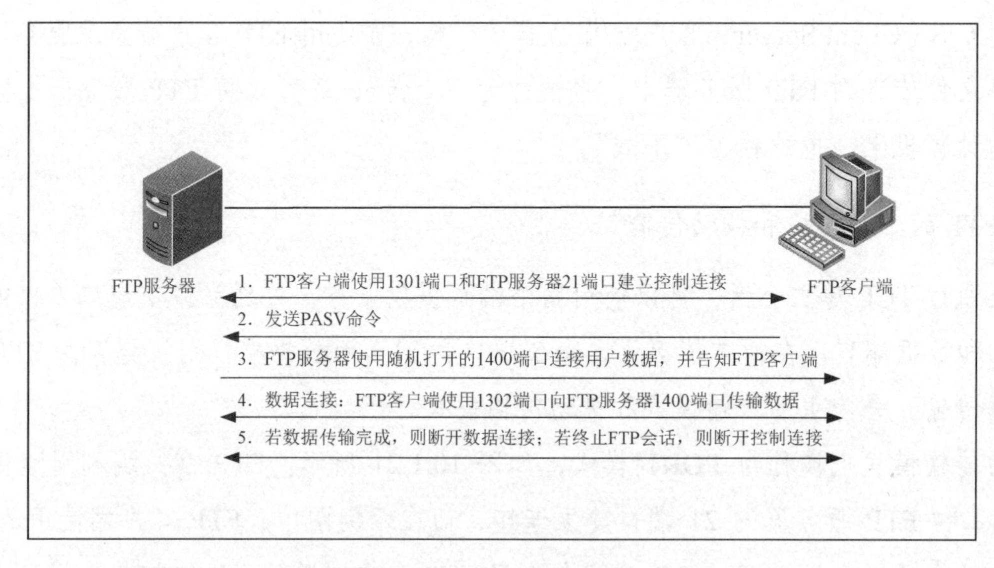

图 10.1.22 FTP 被动传输模式

主动传输模式和被动传输模式的判断标准为FTP服务器是否为主动传输数据。在主动传输模式下，数据连接是在FTP服务器的20端口和FTP客户端的N+1端口上建立的，若FTP客户端启用了防火墙，则会造成FTP服务器无法发起连接。被动传输模式只需FTP服务器打开一个临时端口用于数据传输，由FTP客户端发起FTP数据传输，就能使FTP客户端在开启防火墙的情况下依然可以使用FTP服务器。

3. FTP登录方式

许多FTP客户端都支持命令登录，因此可以使用“ftp://username:password@hostname:port”的命令格式来登录FTP服务器，这个命令包含了用户名、密码、服务器IP，或者域名、端口。登录后可以使用FTP客户端的命令集完成目录切换、文件上传/下载等操作。

FTP的用户名分为匿名和用户两种方式。匿名是指无论用户是否拥有该FTP服务器的账户，都可以使用Anonymous用户名进行登录，并以用户的E-mail地址为密码（非强制），适用于不需要指定用户名进行下载和应用的情境中。用户方式也被称为基本方式、本地用户方式，是指在登录FTP服务器时，必须使用在FTP服务器上创建的用户账户登录，适用于需要用户验证的情境中。

Windows 资源管理器（此电脑、计算机、我的电脑等）可作为 FTP 客户端使用，也可使用 FileZilla、CuteFTP、FlashFXP 等支持断点传输功能的第三方工具。

4. 必要条件

若 FTP 服务器能够正常使用，则必须具备以下条件。

（1）有固定的 IP 地址。

（2）安装并启动 IIS（包含 FTP 服务）。

（3）存在允许使用 FTP 访问服务器的用户。

（4）至少存在一个已发布的 FTP 站点。

（5）关闭防火墙，或者设置防火墙入站规则，允许客户端访问 FTP 的相关端口。

任务拓展

（1）了解 FileZilla、FlashFXP 等第三方 FTP 客户端软件的功能与特点。

（2）下载第三方 FTP 客户端软件，并尝试登录 FTP 站点。

（3）了解在 Windows 系统的命令提示符窗口中 ftp 命令的使用方法，并使用该命令访问 FTP 站点。

任务 10.2 实现 FTP 站点的用户隔离

任务描述

网络管理员小王已在公司服务器上部署了 FTP 服务，越来越多的员工开始使用 FTP 分享文件，但在使用过程中又提出了新的需求，如销售部需要使用一个额外的 FTP 站点来存储数据；每位员工都需要有单独的文件夹，使其他员工不能随意访问。

任务要求

在 Windows Server 2022 服务器上，想要实现 FTP 用户拥有单独的文件夹，需要在创建 FTP 站点时做好两方面的设置：一方面是为每个 FTP 用户创建文件夹，另一方面是在“FTP 用户隔离”工作区中选择适当的方式实现隔离。在本任务中，匿名用户只能访问公用文件夹且只具有读取权限，而普通 FTP 用户则可在自身的主目录中读取和写入数据。

任务实施

1. 创建满足隔离需求的 FTP 目录结构

步骤 1：创建 FTP 站点主目录。首先在“E:\销售部员工 FTP”路径下创建“LocalUser”文件夹，用于存放本地用户和匿名用户的目录；然后在“E:\销售部员工 FTP”路径下创建“PHEI”文件夹，用于存放域用户的数据，如图 10.2.1 所示。

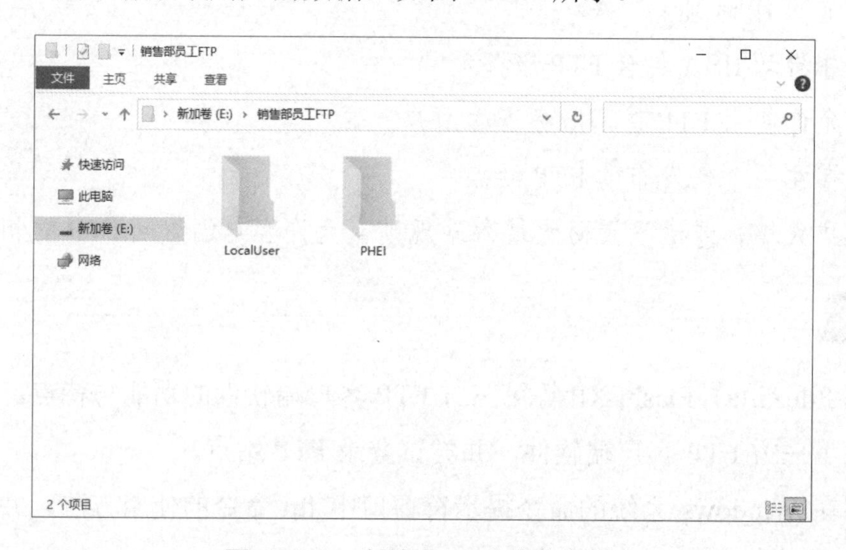

图 10.2.1　创建 FTP 站点主目录

步骤 2：由于本任务中的 FTP 服务器部署在 Active Directory 环境中，因此不需要在 FTP 服务器上再创建本地用户，只需在“LocalUser”文件夹下创建用于存放匿名用户文件的文件夹即可，如图 10.2.2 所示。

步骤 3：在“PHEI”文件夹下创建与域内 FTP 用户同名的“Zhangsan”文件夹和“Lisi”文件夹，如图 10.2.3 所示。

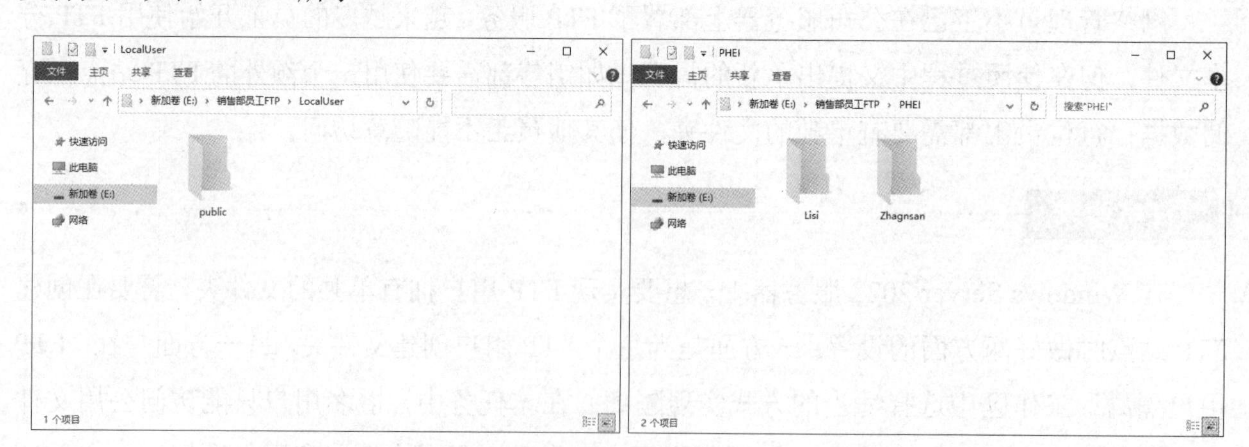

图 10.2.2　“LocalUser”文件夹下的目录结构　　图 10.2.3　“PHEI”文件夹下的目录结构

小贴士：

由于后续步骤需要设置 FTP 用户隔离，无论选中的是“用户名目录（禁用全局虚拟目录）”单选按钮还是“用户名物理目录（启用全局虚拟目录）”单选按钮，都需要按照 IIS 的指定格式创建 FTP 主目录结构。在本任务中，先创建“D:\销售部员工 FTP”作为后续设置的站点主目录，然后在其创建的“LocalUser”文件夹下创建用于存放匿名用户文件的“public”文件夹，以及与本地 FTP 用户同名的用户名目录，如 Zhangsan 用户的主目录的完整路径为“D:\销售部员工 FTP\LocalUser\Zhangsan”。若需要创建支持 FTP 访问的域用户账户，则需要在站点主目录下先创建以 NetBIOS 域名命名的文件夹，再创建与域用户同名的用户名目录。

2. 创建 FTP 站点并设置用户隔离

步骤 1：创建 FTP 站点。在“站点信息”界面中，将“FTP 站点名称”设置为“销售部员工 FTP”，“物理路径”设置为“E:\销售部员工 FTP”，单击“下一步”按钮，如图 10.2.4 所示。

步骤 2：在“绑定和 SSL 设置”界面中，将绑定 FTP 服务器的“IP 地址”设置为“19.168.1.104”，由于本项目任务 1 中的 FTP 站点已经占用了 21 端口，因此此处将“端口”设置为“2121”，选中“无 SSL”单选按钮，单击“下一步”按钮，如图 10.2.5 所示。

图 10.2.4　“站点信息”界面

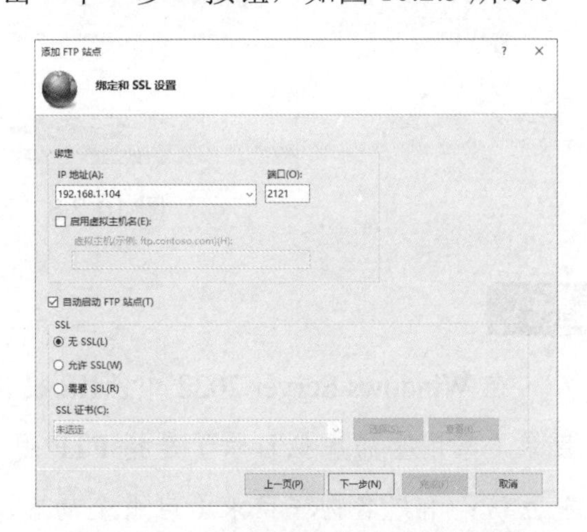

图 10.2.5　“绑定和 SSL 设置”界面

步骤 3：在“身份验证和授权信息”界面中，勾选“匿名”复选框和“基本”复选框，将“允许访问”设置为默认的“未选定”，单击“完成”按钮，如图 10.2.6 所示。

步骤 4：双击“销售部员工 FTP”选项，在右侧的“销售部员工 FTP 主页”工作区中双击“FTP 授权规则”选项，添加 FTP 授权规则，包括允许匿名用户读取，允许 Zhangsan

用户和 Lisi 用户读取、写入，设置结果如图 10.2.7 所示。

图 10.2.6 “身份验证和授权信息”界面

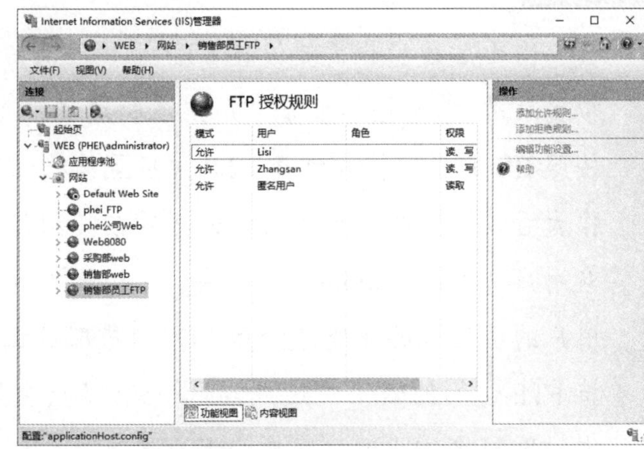

图 10.2.7 FTP 授权规则设置结果

步骤 5：返回“销售部员工 FTP 主页”工作区，双击“FTP 用户隔离”选项，如图 10.2.8 所示。

图 10.2.8 设置 FTP 用户隔离

小贴士：

在 Windows Server 2022 中，IIS 提供的 FTP 用户隔离方式有 3 种。其中，用户名目录（禁用全局虚拟目录）是指 FTP 用户登录后只能访问自己的主目录，用户之间不能互访；用户名物理目录（启用全局虚拟目录）是指 FTP 用户登录后除了能访问自己目录中的数据，还能访问独立于用户主目录的虚拟目录；在 Active Directory 中配置的 FTP 主目录是指通过读取 Active Directory 中用户的 msIIS-FTPRoot 属性值和 msIIS-FTPDir 属性值来确定用户的 FTP 主目录的位置，不同用户的主目录可位于不同服务器、分区和文件夹中。在域控制器上执行 adsiedit.msc 命令，在打开的“ADSI 编辑器”窗口中对此功能进行设置。

步骤 6：在“FTP 用户隔离”工作区中，选中“用户名物理目录（启用全局虚拟目录）”单选按钮，如图 10.2.9 所示，选择右侧的“应用”选项。

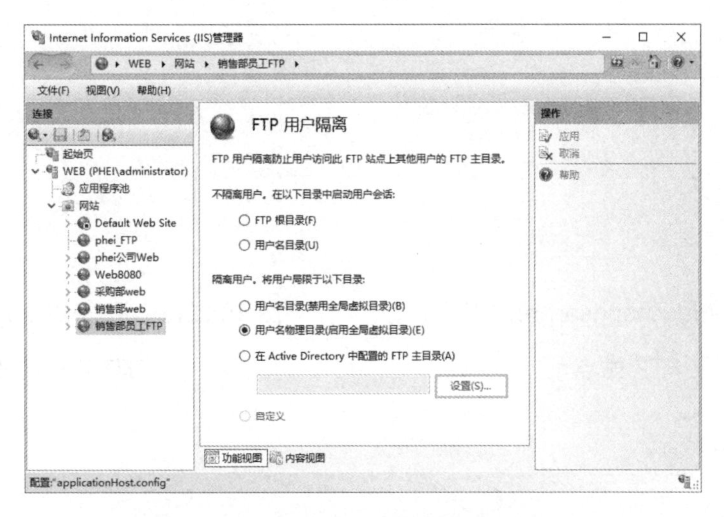

图 10.2.9　选择 FTP 用户隔离方式

3. 测试 FTP 用户隔离效果

步骤 1：在 FTP 客户端资源管理器的地址栏中，通过输入“ftp://192.168.1.104:2121”来访问“销售部员工 FTP”站点，若以默认的匿名用户登录，则显示的是 FTP 站点物理路径下的“public”文件夹（E:\销售部员工 FTP\LocalUser\public）的内容，如图 10.2.10 所示。由于匿名用户只具有读取权限，因此创建文件夹失败，如图 10.2.11 所示。

图 10.2.10　使用匿名用户访问 FTP 站点　　　　图 10.2.11　使用匿名用户测试写入权限

步骤 2：使用 Zhangsan 用户账户登录，可以看到其位于 FTP 服务器上同名文件夹中的内容（E:\销售部员工 FTP\PHEI\Zhangsan），如图 10.2.12 所示。由于此前设置了 Zhangsan 用户具有读取、写入权限，因此 Zhangsan 用户能成功创建文件夹，如图 10.2.13 所示。

步骤 3：使用 Lisi 用户账户登录，可以看到其位于 FTP 服务器上同名文件夹中的内容（E:\销售部员工 FTP\PHEI\Lisi），与 Zhangsan 用户的主目录是隔离的，如图 10.2.14 所示。由于此前设置了 Lisi 用户具有读取、写入权限，因此 Lisi 用户也能成功创建文件夹，如图 10.2.15 所示。

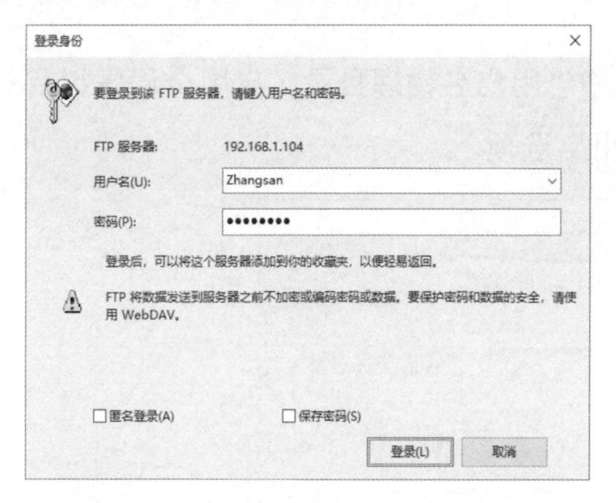

图 10.2.12　使用 Zhangsan 用户账户登录 FTP 站点

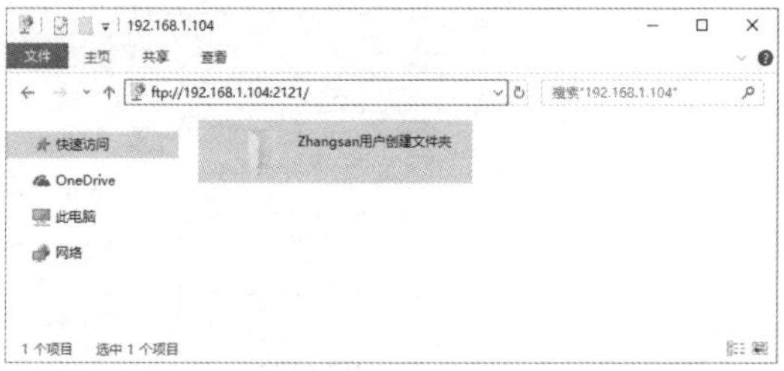

图 10.2.13　测试 Zhangsan 用户访问 FTP 站点的权限

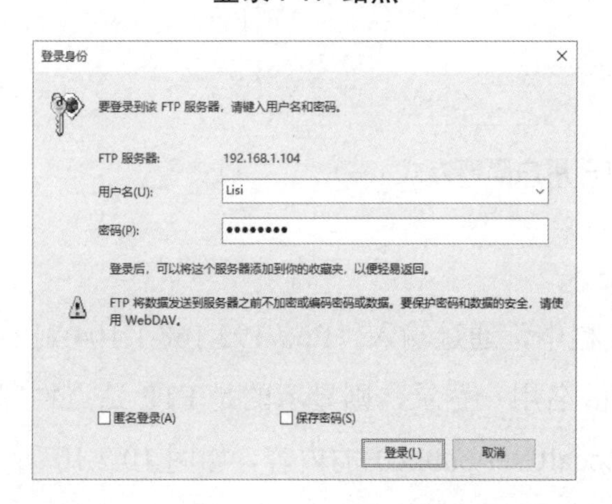

图 10.2.14　使用 Lisi 用户账户登录 FTP 站点

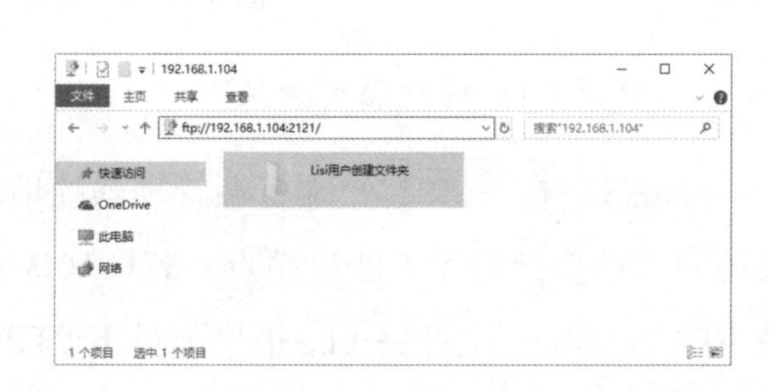

图 10.2.15　测试 Lisi 用户访问 FTP 站点的权限

知识链接

当用户连接 FTP 站点时，不论使用的是匿名账户还是普通账户，都默认定向到 FTP 站点的主目录中，不过可以利用 FTP 用户隔离功能来让用户拥有其专用的主目录。此时，用户登录 FTP 站点后，不仅会被定向到其专用主目录，还会被限制在其专用主目录中，即无法切换到其他用户的主目录，因此无法查看或修改其他用户主目录中的文件。FTP 站点的用户隔离设置分为以下两种形式。

1. 不隔离用户

在以下目录中启动用户会话就不会隔离用户。

（1）FTP 根目录：所有用户都会被定向到 FTP 站点的主目录（默认值）。

（2）用户名目录：用户拥有自己的主目录，不过并不隔离用户。也就是说，只要拥有适当的权限，用户不仅可以切换到其他用户的主目录，还可以查看、修改其中的文件。

它所采用的方法是在 FTP 站点主目录中创建目录名称与用户账户名称相同的物理或虚

拟目录，使用户连接到 FTP 站点后，便被定向到目录名称（物理目录的文件夹名称或虚拟目录的别名）与用户账户名称相同的目录中。

2. 隔离用户

将用户局限于以下目录就会隔离用户。用户拥有其专用主目录，而且会被限制在其专用主目录中，因此无法查看或修改其他用户主目录中的文件。

（1）用户名目录（禁用全局虚拟目录）：在 FTP 站点中创建目录名称与用户账户名称相同的物理或虚拟目录，使用户在连接到 FTP 站点后，便被定向到目录名称（或别名）与用户账户名称相同的目录中。用户无法访问 FTP 站点中的全局虚拟目录。

（2）用户名物理目录（启用全局虚拟目录）：在 FTP 站点中创建目录名称与用户账户名称相同的物理目录，使用户在连接到 FTP 站点后，便被定向到目录名称与用户账户名称相同的目录中。用户可以访问 FTP 站点中的全局虚拟目录。

（3）在 Active Directory 中配置的 FTP 主目录：用户必须利用域用户账户来连接 FTP 站点，并在域用户的账户中指定其专用主目录。

任务拓展

（1）了解第三方 FTP 服务器组件 Serv-U 的功能与特点。

（2）下载支持 Windows 平台的 Serv-U，并使用 Serv-U 配置一台与本任务功能相似的 FTP 站点。

任务 10.3 配置与使用 FTP 全局虚拟目录

任务描述

网络管理员小王已经在公司服务器上为销售部创建了 FTP 站点，并使用用户隔离技术实现了不同用户对 FTP 主目录的独立管理。在使用过程中，销售部员工之间经常需要共享一些客户的电话回访记录，因此需要在现有“销售部员工 FTP”站点下创建一个能够让多个用户共同访问的目录。

任务要求

在使用 Windows Server 2022 创建 FTP 站点时，可以使用虚拟目录技术扩展 FTP 站点的目录结构，从而实现对 FTP 服务器中多个物理路径的访问。在 IIS 的 FTP 主目录及其下的目录中添加虚拟目录，使这些虚拟目录可以继承上一级 FTP 目录的身份验证、授权规则等设置，也可以按需修改这些设置。

本任务需要在“销售部员工 FTP”站点中创建一个别名为“share”的全局虚拟目录来存放公共文件，其物理路径为“E:\销售部公用”，身份验证、授权规则等设置与 FTP 站点现有设置一致。

任务实施

1. 创建 FTP 全局虚拟目录

步骤 1：在“Internet Information Services（IIS）管理器”窗口中，右击“销售部员工 FTP”选项，在弹出的快捷菜单中选择“添加虚拟目录”命令，如图 10.3.1 所示。

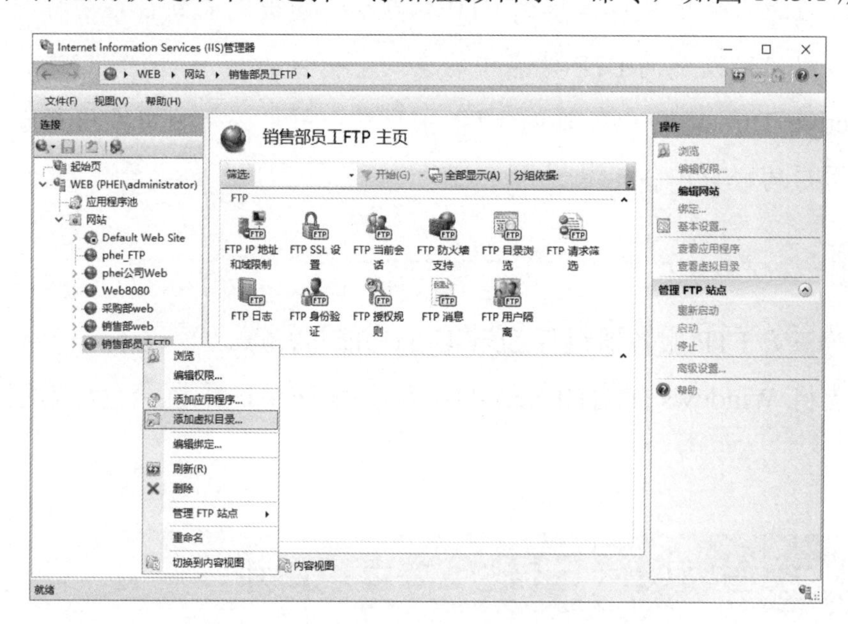

图 10.3.1　选择“添加虚拟目录”命令

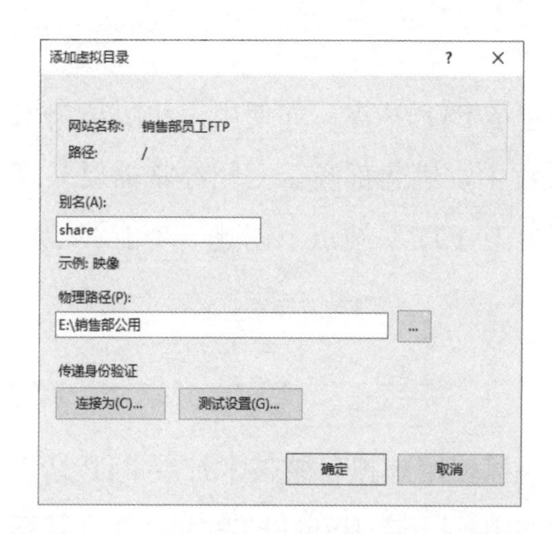

图 10.3.2　设置虚拟目录的别名和物理路径

步骤 2：在弹出的“添加虚拟目录”对话框中，分别输入别名“share”，以及其对应的物理路径“E:\销售部公用”，如图 10.3.2 所示，单击“确定”按钮。

步骤 3：返回“Internet Information Services（IIS）管理器”窗口，双击“share”选项，在“share 主页”工作区中双击“FTP 授权规则”选项。由于全局虚拟目录存放了客户回访信息，且不允许匿名用户访问，因此需要在“FTP 授权规则”工作区中删除匿名用户的允许规则，设置结果如图 10.3.3 所示。

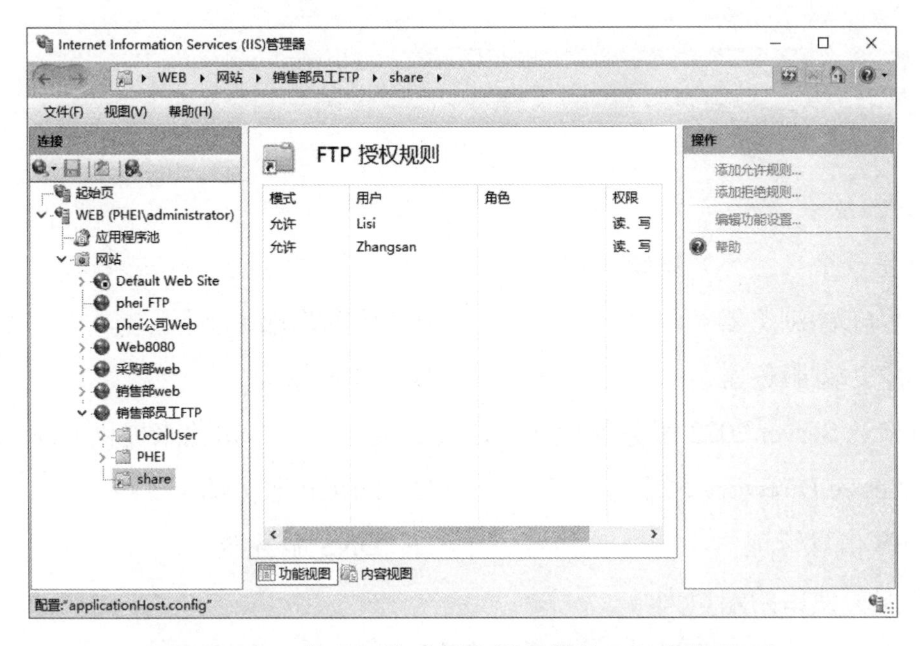

图 10.3.3 "share" 全局虚拟目录的 FTP 授权规则

2. 测试 FTP 全局虚拟目录

在 FTP 客户端资源管理器的地址栏中，通过输入"ftp://192.168.1.104:2121/share"来访问"share"全局虚拟目录。分别使用上述任务中的 Zhangsan 用户账户和 Lisi 用户账户登录，经测试，两个用户都能够读取和写入数据，即"share"全局虚拟目录能作为销售部存储公共数据使用，如图 10.3.4 所示。

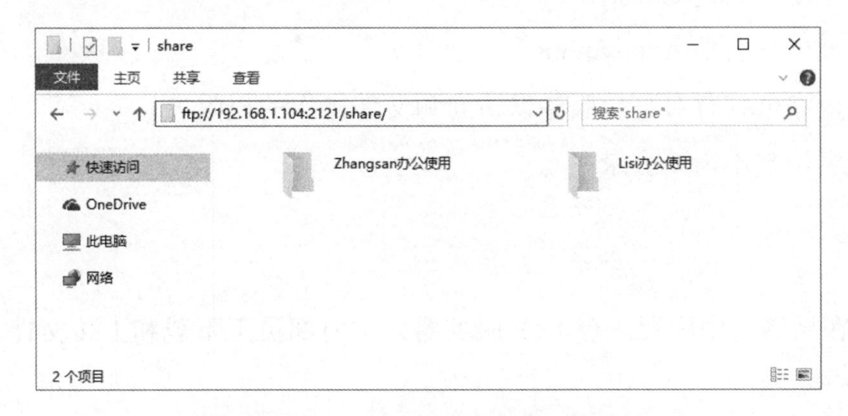

图 10.3.4 测试 FTP 全局虚拟目录

任务拓展

设置基于 AD 域隔离用户的 FTP 服务器，实现用户 Pengwu 和 Zhaoliu 仅允许访问自己的目录而无法访问他人的目录。

练习题

一、选择题

1．FTP 是一个（　　）系统。

A．客户端/浏览器　　B．单客户端

C．客户端/服务器　　D．单服务器

2．Windows Server 2022 服务器管理器通过安装（　　）角色来提供 FTP 服务。

A．Active Directory 域服务　　B．DHCP 服务器

C．IIS 信息管理　　D．DNS 服务器

3．FTP 服务使用的端口为（　　）。

A．21　　B．23

C．25　　D．53

4．在 Windows Server 2022 中，FTP 服务器的默认主目录是（　　）。

A．C:\　　B．\inetpub\wwwroot

C．C:\inetpub\ftproot　　D．C:\wwwroot

5．关于匿名 FTP 服务，下列说法正确的是（　　）。

A．登录用户名是 Guest

B．登录用户名是 Anonymous

C．用户完全具有对整台服务器访问和文件操作的权限

D．匿名用户不需要登录

二、实训题

公司需要在局域网中配置一台 FTP 服务器，供内部员工下载和上传文件。请完成以下要求。

1．安装 FTP 服务。

2．创建 FTP 站点。

3．设置 FTP 站点访问权限：不允许匿名用户登录，其他用户可上传和下载文件。

4．在命令提示符窗口或 IE 浏览器中访问 FTP 站点。

项目 11

综合实训

本项目重点针对服务器操作系统 Windows Server 2022 的综合应用进行讲述，为学习服务器配置课程的初学者在设计、配置服务器操作系统，以及排除服务器操作系统的故障方面提供了良好的案例，使初学者更熟悉服务器操作系统的配置和在实际企业中的综合应用。

知识目标

1. 理解域控制器的功能和应用场景。
2. 理解 DNS、DHCP、Web 和 FTP 等综合服务的应用方法。
3. 理解 DNS、DHCP、Web 和 FTP 等综合服务的优点和应用场景。

能力目标

1. 能正确安装和创建域控制器。
2. 能正确安装和配置 DNS、DHCP、Web 和 FTP 等服务。
3. 能正确排除在配置过程中遇到的故障。

素质目标

1. 增强服务意识，主动关注用户需求，不仅要为用户便捷使用网络提供支持，还要提高网络服务的可靠性。

2. 树立节约意识，合理分配 IP 地址并充分利用现有服务器等网络资源。

3. 增强信息系统安全意识，设置系统权限以授权合法用户访问数据。

项目描述

某公司是一家集计算机软硬件产品、技术服务和网络工程于一体的信息技术企业。随着业务的拓展和规模的扩大，公司购置了几台服务器，并将其作为域控制器、DNS 服务器、DHCP 服务器、Web 服务器和 FTP 服务器等。考虑到服务器的硬件条件和能提供的网络服务，新购入的服务器已经安装了 Windows Server 2022 服务器操作系统，现需要完成对服务器的配置，以便实现公司员工的日常办公需求。项目拓扑结构如图 11.0.1 所示。

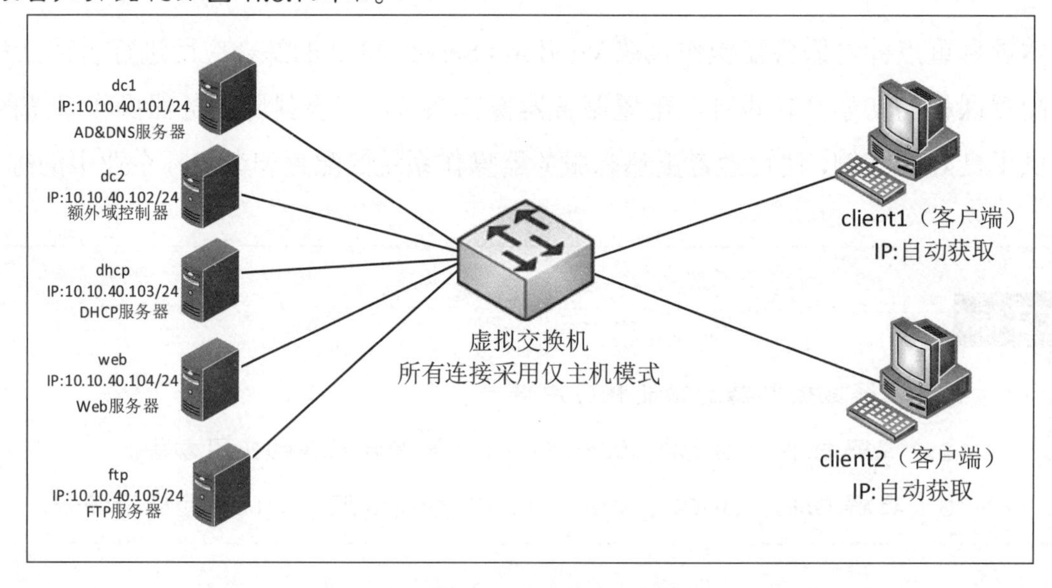

图 11.0.1　项目拓扑结构

项目需求

为了实现高效管理，公司网络管理员小王首先需要在服务器上安装 Windows Server 2022 服务器操作系统，然后采用域控制器集中管理的方式来提升企业网络的安全程度，并整合局域网中基于网络的资源。通过安装 DNS、DHCP、Web 和 FTP 等服务来实现相应服务的配置与管理，并为公司用户提供服务。服务器角色分配如表 11.0.1 所示。

表 11.0.1　服务器角色分配

主机名	IP 地址/子网掩码	角　色	功　能
dc1	10.10.40.101/24	AD&DNS	为实现公司内部网络的高效集中管理，采用域控制器整合局域网中基于网络的资源。 提供域名解析服务，特别是 FTP、Web 等服务器都能通过域名直接访问
dc2	10.10.40.102/24	额外域控制器	为提高用户登录的效率并增加容错功能，即使其中一台域控制器出现故障，仍然可以由其他域控制器提供服务，让用户可以正常登录，并提供用户身份验证
dhcp	10.10.40.103/24	DHCP 服务器	为了提高 IP 地址的使用率，减少 IT 技术人员的工作量，公司内部采用 DHCP 服务器来实现 IP 地址及其他网络参数的动态分配
web	10.10.40.104/24	Web 服务器	为客户获取公司产品信息和企业宣传的需要，公司内部采用 IIS 搭建 Web 服务
ftp	10.10.40.105/24	FTP 服务器	为公司内部网络实现文件资源更安全、快捷的存储和传输
client1	动态获取	客户端	用于测试
client2			

项目实施

1. 域控制器及 DNS 服务器的配置

（1）配置 dc1.phei.com.cn 服务器的域服务和 DNS 服务，将 DNS 正反向区域存储在 Active Directory 中，为 phei.com.cn 域中的主机提供正向和反向解析。

（2）将网络中所有其他 Windows 主机添加到 hanteng.cn 域中。

（3）在 dc1 上添加 3 块磁盘，大小均为 60GB。对 3 块磁盘进行初始化，分区格式为 GPT 分区，将 3 块磁盘转化为动态磁盘，并建立 RAID-5 卷，其盘符为 D。

（4）在 dc1 上新建名称为 managers、sales 的两个组织单元。在每个组织单元中新建与组织单元同名的全局安全组。在每个组中新建 10 个用户，其中行政部为 managers101～managers110，销售部为 sales101～sales110。所有用户只能每天 9:00～18:00 可以登录，不能修改其口令，密码永不过期。

（5）将每个用户的“文档”文件夹重定向到 DC 的 C:\Document 目录中，并为每个用户创建一个文件夹。

（6）新建“D:\Share”共享文件夹，共享名称为 Share，管理员组有完全访问权限，其他用户有只读权限；在 AD DS 中发布该共享。

（7）配置域中行政部的所有员工必须启用密码复杂度要求、密码长度最小为 10 位、密码最长存留 34 天、允许失败登录尝试的次数为 4 次、重置账户锁定计数器（分钟）为 5 分钟，直至管理员手动解锁账户（2 分）。

（8）配置相关策略，实现所有销售部的计算机开机后会自动弹出“温馨提示”对话框，显示的内容为“请注意销售数据的安全！”。

2. 额外域控制器的配置

将 dc2 的服务器升级成 phei.com.cn 域的辅助域控制器。

3. DHCP 服务器的配置

（1）将 dc2 和 dhcp 配置为 DHCP 服务器，其中 DHCP IPv4 的作用域名称为 meiteng，地址范围为 10.10.40.201 ~ 10.10.40.249，租约期为 5 小时，网关为 10.10.40.254，DNS 为 10.10.40.101 和 10.10.40.102，DNS 域名为 phei.com.cn。

（2）实现两台 DHCP 服务器的故障转移，其中故障转移关系名称为 meiteng，最长客户端提前期为 4 小时，模式为负载平衡，负载平衡比例各为 50%，状态切换间隔为 60 分钟。

4. Web 服务器的配置

（1）在 Web 服务器上新建网站，其中站点名称为 meiteng_web，网站目录为 D:\mtweb，主页文档 index.aspx 的内容为“<%Response.Write(Request.ServerVariables(" remote_addr "))%>
”。

（2）启用 Windows 身份验证，只有通过身份验证的用户，才能访问到该站点。

（3）在 Web 服务器的 meiteng_web 网站上，创建虚拟目录 mweb，用于发布公司通知。

5. FTP 服务的配置

（1）将服务器配置为 FTP 服务器，其中 FTP 站点名称为 meiteng_ftp，站点绑定本机 IP 地址，站点根目录为 D:\meiteng\mtftp。

（2）FTP 站点通过 Active Directory 隔离用户，限制各用户目录相互隔离。每个用户允许使用的 FTP 空间大小为 500MB，使用 manager1 和 manager2 用户账户进行测试。

（3）将 FTP 最大客户端的连接数设置为 100，并将无任何操作的超时时间设置为 5 分钟，数据连接的超时时间设置为 1 分钟。

项目验收

1. 在 dc1 的命令提示符窗口中，输入命令“systeminfo”，查看是否为域控制器。

2. 在所有计算机的命令提示符窗口中，输入命令“sysdm.cpl”，查看是否为域成员。

3. 在 dc1 上，打开“PowerShell”对话框，输入命令“dnscmd/enumzones”，查看是否包括 DNS 区域。

4. 在 dc1 上，打开“PowerShell”对话框，输入命令“Get-DnsServerResourceRecord phei.com.cn”，查看是否包含了所有 A 记录。

5. 在 dc1 上，查看 3 块磁盘是否为 GPT 分区，是否成功建立 RAID-5 卷。

6. 在 dc1 上，查看两个 OU 是否正确建立，以及组内用户建立和登录时间是否正确。

7. 每个用户的“文档”文件夹重定向是否正确。

8. 新建共享文件夹的名称和权限是否正确，是否在 AD DS 中发布。

9. 在 dc1 上，打开“PowerShell”对话框，输入命令“Get-ADfineGrainedPasswordpolicy'创建时的名称'”，测试用户密码策略是否配置正确。

10. 在 dc2 的命令提示符窗口中，输入命令“systeminfo”，查看是否为额外域控制器。

11. 在 client1 上，测试销售部计算机开机后是否自动弹出“温馨提示”对话框。

12. 在 client1 和 client2 上，测试能否正确获取到 DHCP 服务器分配的 IP 地址。

13. 在 client1 和 client2 上，测试 DHCP 服务器的故障转移是否采用负载模式。

14. 在 client1 上，打开 IE 浏览器，使用 http://www.phei.com.cn 域名测试网页内容能否正确显示服务器端的 IP 地址。

15. 在 client1 上，打开 IE 浏览器，使用 http://www.phei.com.cn/mwb 域名测试虚拟目录。

16. 在 client1 上，测试 manager1 和 manager2 的用户目录是否项目隔离，目录大小是否为 500MB。

客观题习题答案

项目1

一、选择题

1. C　2. A　3. B　4. B　5. A　6. C

项目2

一、选择题

1. A　2. C　3. B　4. A　5. D

项目3

一、选择题

1. D　2. B　3. C　4. A　5. B　6. C

项目4

一、选择题

1. D　2. C　3. C　4. B　5. D　6. D　7. C　8. C

项目 5

一、选择题

1. A　2. C　3. C　4. B　5. D　6. A　7. B　8. D

项目 6

一、选择题

1. A　2. B　3. B　4. C　5. B　6. D

项目 7

一、选择题

1. C　2. A　3. B　4. D　5. C　6. B

7. D　8. A　9. A　10. A　11. D

项目 8

一、选择题

1. C　2. D　3. B　4. A　5. C　6. B　7. C　8. B

项目 9

一、选择题

1. D　2. A　3. D　4. B　5. A　6. C　7. A

项目 10

一、选择题

1. C　2. C　3. A　4. C　5. B